混流装配制造系统
运行优化及分析

饶运清　张春江　陈　伟　刘　琼　著

华中科技大学出版社

中国·武汉

内 容 简 介

本书主要介绍混流装配制造系统运行中若干典型优化问题的建模、求解与分析方法及其工程应用实例。全书共8章,第1章为绪论,简要介绍混流装配制造系统的基本概念、特点及优化运行所面临的主要问题,并对国内外相关领域的研究现状进行了概述;第2~6章为本书的主体部分,主要介绍求解混流装配制造系统若干典型运行优化问题的理论与方法,包括混流装配制造系统的投产批量优化、生产排序优化、关键零部件加工调度优化、混流装配-加工系统集成运行优化、物料配送调度与路径优化等;第7章则从制造环境动态变化的角度,研究运用信息熵理论对混流装配制造系统优化运行的计划时效性和调度有效性进行分析与评估;第8章介绍基于上述理论研究成果开发的混流装配系统运行优化平台及其在某发动机公司的应用。

本书可供从事机械制造、工业工程、企业管理等相关工作的研究人员和工程技术人员阅读,也可作为相关专业研究生的选修课教材和参考书。

图书在版编目(CIP)数据

混流装配制造系统运行优化及分析 / 饶运清等著. -- 武汉 : 华中科技大学出版社,2024. 10.
ISBN 978-7-5772-1261-6

Ⅰ. TH164

中国国家版本馆 CIP 数据核字第 2024NA2905 号

混流装配制造系统运行优化及分析　　　　　　　　　　　　饶运清　张春江
Hunliu Zhuangpei Zhizao Xitong Yunxing Youhua ji Fenxi　　　陈　伟　刘　琼　著

策划编辑:万亚军
责任编辑:杨赛君
封面设计:刘　卉
责任监印:朱　玢
出版发行:华中科技大学出版社(中国·武汉)　　　电话:(027)81321913
　　　　　武汉市东湖新技术开发区华工科技园　　　邮编:430223
录　　排:华中科技大学惠友文印中心
印　　刷:武汉市洪林印务有限公司
开　　本:710mm×1000mm　1/16
印　　张:21.25
字　　数:453千字
版　　次:2024 年 10 月第 1 版第 1 次印刷
定　　价:98.00 元

前　　言

　　需求个性化逐渐成为市场主流,制造企业面临着越来越激烈的竞争,产品多样性与交货速度成为与制造成本及质量同等重要的因素,较高的生产柔性、较低的制造成本、较强的产品交付能力成为生产系统运行的主要目标。混流装配制造系统通过改变生产组织方式就能够充分利用原有的设施设备实现多品种的高效率生产,已经成为众多制造企业实现制造柔性的一项重要策略,在汽车、工程机械、发动机、空调等行业中应用极为广泛。然而,混流装配制造系统生产的产品种类较多、各种产品单个订单需求数量较小,同时面临着波动的市场需求和频繁的需求变更等情况,这类系统的生产运作与传统的大批量生产系统相比,在生产批量优化、作业排序方法和物料配送策略等方面均表现出迥异的特征,向生产管理人员提出了新的挑战,如何应用优化技术来提高混流装配制造系统的生产效率、降低制造成本,是所有此类制造企业所面临的共同课题。

　　生产分批、作业排序及物流配送优化等是混流装配制造系统运行中的典型优化问题。在生产分批方面,区别于生产过程稳定的大批量生产系统,混流装配制造系统生产的产品种类多、需求批量少且需求变化快,频繁的需求变更(如紧急插单等)导致系统中的批量决策问题有着不确定性和非线性的特征,其优化难度远远超出单一品种大批量模式下的批量决策。在作业排序方面,除了装配排序与加工调度外,还存在两者之间的集成优化问题。在混流装配制造系统中,某一型号产品的装配作业必须在某些特定种类的零部件均齐备之后才能开始,如果加工作业调度不当,则会导致下游装配作业因缺件而中断,或需维护多余的在制品库存来防止缺件,导致生产成本增加,因此需要对零部件加工线的作业排序进行协调,提高零部件在制品的成套性,以较低的在制品库存成本来满足装配线的零部件需求。因此,要提高整个混流装配生产系统的生产效率和效益,只单独考虑加工线或单独考虑装配线的优化是不够的,必须将关键零部件加工线和整机装配线作为一个系统进行整体研究。如果采用完全混流的生产组织方式,则容易造成生产系统的频繁切换,从而影响生产系统的高效运行。可见,对混流装配制造系统中的装配线排序与加工线调度进行集成优化具有十分重要的意义。此外,在混流装配制造系统中对物料搬运车辆进行合理调度,以及对物料配送路径进行合理规划,也成为这类系统运行优化的一项重要任务。

　　制造过程的随机性与不确定性导致制造系统总是处于不断变化的动态环境之中,制造过程已由个人行为和孤立机器完成的简单生产活动演变成必须由众多制造要素组成的制造系统来完成的复杂系统工程。由于制造系统所固有的复杂性特征的存在,很多动态扰动因素(如人员疲劳、操作失误、加工超时等)会对理想条件下求解的优化方案的运行效果产生影响,因此需要对其有效性进行分析和评估,为生产管理决策提供参考。本书运用信息熵理论对混流装配制造系统的生产计划时效性和装配调度有效性进行分析与评估,帮助生产管理决策者及时调整生产计划与调度方案,以适应不断变化的动态环境。

　　本书作者所在团队长期从事制造系统建模仿真与运行优化、车间生产调度与控制、数字化车间与制造执行系统等方面的科研与教学工作,先后在国家高技术研究发展计划"轿车发动机协同制造技术及其软硬件平台研发与应用"(2007AA04Z186)、国家自然科学基金面上项目"复杂装配制造系统的调度有效性及其综合优化与控制研究"(50875101)、国家自然科学基金重点项目"离散车间制造系统高效低碳运行优化理论与关键技术"(51035001)、国家自然科学基金面上项目"考虑班次调整的批量流柔性作业车间调度方法研究"(52275489)等项目支持下,结合不断发展的智能优化技术,对混流装配制造系统若干优化问题进行了较深入的研究与探索。

　　本书是对作者团队近年来在混流装配制造系统运行优化领域相关理论研究与应用成果的总结,主要涉及混流装配制造系统的投产批量与生产排序优化、面向装配的加工调度优化、混流装配-加工系统集成运行优化、物流配送调度与路径优化等,以及对生产计划时效性与调度有效性的分析、度量与评估,此外还介绍了在上述理论研究基础上所开发的相关软件系统及其应用情况。本书可供从事机械制造、工业工程、企业管理等相关工作的研究人员和工程技术人员阅读,也可作为相关专业研究生的选修课教材和参考书。

　　本书由饶运清、张春江、陈伟、刘琼共同撰写。感谢作者所在课题组的研究生王孟昌、刘炜琪、王炳刚、王芳、何非、范正伟等,他们富有价值的研究工作为本书的撰写提供了大量素材。感谢研究生徐小斐为本书素材的收集和整理所做的工作。特别感谢本书参考文献的作者们,感谢华中科技大学出版社的支持,感谢各位编辑为本书的出版所付出的努力。

　　由于作者水平所限,本书难免存在疏漏与不足之处,恳请行业内专家和广大读者批评指正。

作　者
2024 年 2 月

目　　录

第 1 章　绪　　论

　　市场竞争的加剧,促使企业不断改进生产模式,从传统的大批量、重复性粗放生产转变为多品种、小批量精益生产,以满足用户个性化及多样性的需求。传统的单品种、大批量刚性制造系统不能响应市场需求的变化,越来越多的企业采用支持柔性生产的混流制造系统。它在不改变已有的生产设备、生产人员及生产能力的条件下,通过恰当的调度策略改变生产组织模式,在一条流水线上加工不同数量、不同型号的产品。好的生产调度不仅可以使产品数量、设备负荷、劳动强度达到全面均衡,确保生产系统有序运行,还能够提高产品质量,降低制造成本。因此,混流制造系统的生产调度在企业的生存与发展中起着至关重要的作用。

1.1　混流装配制造系统概述

1.1.1　混流装配制造系统基本概念

　　自改革开放以来,我国凭借劳动力和工业原料成本优势,在全球的制造业格局中稳步扩张,逐步成为全球的制造中心。进入 21 世纪后,随着社会的进步和全球化进程的深入,一方面劳动力价格不断上升,另一方面对环境和资源的保护日益成为社会共识,工业原料的价格也持续上扬。面对劳动力成本和原材料成本不断增长的压力,以及日益多样化、个性化的市场需求,制造企业展开了越来越激烈的竞争,利用科学的方法不断地改进生产模式、改善生产流程、采用先进的管理工具、提升企业自动化和信息化水平等,成了企业提升竞争力的有效途径。

　　对于顾客而言,供应商交货期的可靠性及产品柔性与产品成本及质量一样关键,西门子公司曾将影响顾客采购其产品的关键因素按重要性进行统计和排序,结果表明产品交付可靠性、交付时间和柔性成为紧跟在质量与价格之后的最关键因素,而以最低的生产成本及物流成本确保最大的交付能力和可靠性正是生产系统管理追求的目标[1]。制造柔性在许多领域已成为一项关键指标,尤其是汽车行业,投资大、需求预测困难、人力成本日渐上升,这些因素使得制造柔性成为竞争力的关键。混流生产是在生产组织层次上实现制造柔性的一种重要方式,它充分利用生产线设备层次的柔性,通过合理地制订生产计划和安排作业顺序,生产系统可以维持传统单一品种大批量生产模式的生产效率,同时尽可能地提高产品多样性且保持足够快的交付速度及足够低的生产成本。混流生产已成为企业应对多样化需求的一种重要策略。

本书所述的混流装配制造系统,是指由混流装配线和与其配套的若干条关键零部件加工线构成、用于装配型产品混流生产的混合制造系统,其混流装配所需的关键零部件由加工线来提供,其结构如图 1-1 所示。混流装配制造系统广泛应用于汽车、工程机械、发动机、家具、家电等行业,在设备层达到了较高的自动化和柔性化水平。除通过零部件加工线自制关键零部件以外,系统中成品装配所需的其他零部件从外部采购,并在装配过程中配送到相应装配工位处的线边缓存区(如料架、料框等设施)中。为充分满足外部的顾客需求,生产管理人员需要合理确定装配投产批量,同时,为保障装配作业顺利流畅地进行,防止因缺件而造成停工待料,同时尽量减少生产成本,生产管理人员还需要合理确定加工线的作业排序,以及零部件的配送调度。以轿车发动机制造行业为例,其生产系统一般由发动机混流装配线与五条并行的 5C 件加工线构成(见图 1-2),五条加工线分别加工缸体、缸盖、曲轴、凸轮轴、连杆五种关键零部件(因其英文名称首字母均为"C",故称"5C 件"),发动机装配所需的飞轮、活塞、进气管、空调压缩机、螺栓等其他零部件则由外部供应商供应,再由物料小车将其配送到装配线上相应的工位进行装配;在系统运行过程中,生产管理人员需要根据下游的整车装配的需求来安排发动机上线装配的批量,安排各 5C 件加工线的加工计划、加工顺序以及装配排序,同时,还需要合理地安排物料配送作业。

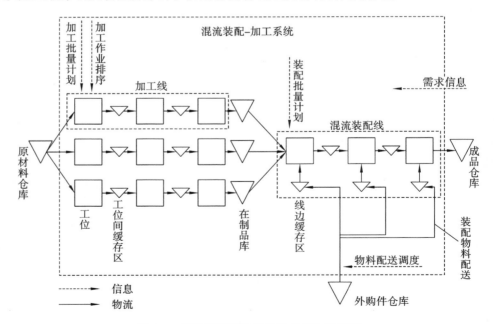

图 1-1　混流装配制造系统组成结构示意图

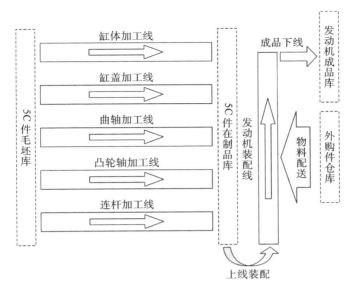

图 1-2　典型发动机混流生产系统示意图

1.1.2　混流装配制造系统运行特点

由于混流装配制造系统生产的产品种类繁多、各种产品单个订单需求数量较小，同时面临着波动的市场需求、频繁的需求变更（如紧急插单）等情况，这类系统的运作与传统的大批量生产系统相比，在生产批量、作业排序和物料配送等方面均表现出迥异的特征，向生产管理人员提出了新的挑战，这些新矛盾和难题可归纳如下。

1. 需求的多样化和不确定性令装配投产批量决策更加困难

面对不断变化的需求，装配投产批量决策旨在通过合理安排生产能力以满足顾客需求。在大批量生产系统中，生产过程相对稳定，有固定的节拍，一天或一个班次内往往只投入一种产品，对某一批量决策是否满足生产能力约束的验证，可直接根据批量大小来判断。而在混流装配制造系统所处的多样化需求条件下，需求之间的可替代性越来越弱，产品的生命周期越来越短，不同产品一定时期内的需求批量越来越小，同时需求也处于快速变化之中，生产系统还面临越来越频繁的需求变更等状况，需求的不确定性越来越明显。为应对多样化和不确定的需求，保持具有竞争优势的交货速度，同时降低生产成本，特别是成品库存持有成本，生产管理人员需要合理安排在计划期各个班次内各品种的装配批量，其中涉及对不确定性需求的刻画及处理。在验证生产能力约束时，由于多品种混流装配的生产节拍成为变量，往往不能直接根据批量大小来判断，因此混流装配制造系统中的批量决策问题有着不确定性和非线性的特征，其决策难度远远超出单一品种大批量生产模式下的批量决策。

2. 生产过程的不确定性及设备负荷的不均衡性使混流装配线的排序更复杂

混流装配制造系统采用不同产品共线生产方式，极大地增加了生产管理的复杂性,由于生产的产品数量较多,加之各种产品的生产量一般也不相同,而不同产品的工艺和装配所需零部件也不尽相同,因此同一时期生产设备负荷难以均衡。总体来看,生产设备负荷在一定幅度内呈变化的波动状态。混流装配制造系统必须使这种波动幅度尽可能小,而不是消除波动。混流装配制造系统生产过程受大量随机因素的影响,相对单一装配线生产而言,混流装配线生产受随机因素影响更加明显,如不同的操作工对同一工件加工时间很难一致,而产品的切换会明显放大这一现象产生的影响,且生产过程中的随机性增加了生产计划的制订难度。

3. 面向混流装配的加工线作业排序的协调性影响装配作业

在混流装配制造系统中,零部件加工作业的完成情况决定了在制品库的结构,某一型号产品的装配作业必须在某些特定种类的零部件均齐备之后才能开始,如果加工作业调度不当,则会出现下游的装配作业因缺件而中断或使得装配调度重排,影响生产的顺利进行,或者必须为各型号的零部件维护多余的在制品库存来防止缺件,从而大大提高总体生产成本。因此,在混流装配制造系统中,需要对并行的零部件加工线的作业排序进行协调,尽量提高零部件在制品的成套性,以较低的在制品库存成本来满足装配线的零部件需求。

4. 混流加工线与装配线的计划协调更复杂

在生产中,为保障装配线的零部件供应,同时充分利用加工线上的设备,往往根据装配需求和现有在制品库存及产能限制,以最小化生产成本和准备成本来确定计划期内各时段的投产批量。面对相对平稳的装配需求,既可以使用经典的经济生产批量(economic production quantity,EPQ)模型来确定最优的加工线批量,也可以从在制品库存的角度依据(t, S)策略来安排加工线的投产批量,还可以采用看板方式来动态地控制加工线的投产以控制加工线与装配线间的在制品水平。在混流装配制造系统中,加工线的投产批量一般由 MRP Ⅱ 系统(制造资源计划系统)依据装配线投产计划、物料清单(bill of materials,BOM)、在制品库存和提前期等将成品的需求展开为零部件需求量并分配到计划期内不同时段中,再通过负荷与能力平衡来反复计算和调整加工批量乃至装配线的投产批量,这一过程十分烦琐。尤其当加工线被设计用于加工多个型号的零部件时,加工线投产批量对应的生产能力也与加工作业排序密切相关,负荷与能力平衡的过程更加复杂。而调整后的批量计划,即使满足了生产能力的要求,但仍有可能因批量分配不当而导致在制品库存水平居高不下,增加生产成本。

混流装配-加工系统生产的产品通常都是由各种零部件组成的,这些零部件根据装配需求的顺序,可以在不同的生产时间和不同的生产地点进行加工制造,零部件加工完成后,再集中在装配地点进行装配。装配所用各种零部件的加工可以同时进行,也可以按照需求的先后顺序进行。混流装配-加工系统的生产过程在时间上是可以中断的。目前,混流装配-加工系统取得了广泛的应用,比如发动机、汽车等的生产系统都是该类系统。与传统的流水车间相比,混流装配-加工系统更为复杂,是现实中最为常用的一类生产系统,对混流装配-加工系统的优化问题的研究,从理论和实践的角度,都具有重要的意义。

5. 装配线物料配送更复杂

在单一大批量生产中,各装配工序所需的零部件单一、消耗速率稳定,通过看板方式,可以高效地指导装配工位处的零部件补充。而当多品种混流装配时,装配工序涉及多种不同零部件,由于各型号产品的装配并没有固定的节拍,每种零部件在工位上的消耗速率波动较大,并且不同的班次中装配内容还可能有较大差异,在恰当的时刻向工位补充恰当数量和恰当品种的零部件成为难题。理论上,在工位处为各种零部件维护大量的线边库存可以解决这一问题,但这种方案一方面需要占用大量空间,另一方面还可能造成所需的零部件被其他零部件压住或遮挡而干扰装配作业,而且大量的线边库存也增加了生产成本,因此,采用多频率、小批量的配送方式无疑是一种更经济的方案。正如 Khayat、Boysen 等指出,物料搬运车辆在生产系统中越来越重要,需要当成和机器一样重要的约束对待,在混流装配制造系统中对物料搬运车辆进行合理调度,成为这类系统运行的一项重要任务。

上述问题的显现,反映了制造企业所处环境正在从简单向复杂变迁,生产组织方式也在从粗放向精细转变。随着混流装配制造系统生产线在汽车、家电等行业中逐渐普及,对上述突出问题展开深入研究十分必要。

本书以混流装配制造系统的生产为背景,从混流装配制造系统投产批量、生产排序、面向混流装配的加工排序、混流装配-加工系统集成运行、装配系统物料配送调度等角度,对混流装配制造系统运行中的关键问题展开深入分析和研究,探求混流装配制造系统运行的内在规律,并尝试提出有效的优化方法;同时,在前述系统优化的基础上,引入基于信息熵的复杂性理论与度量方法,对混流装配制造系统中的计划时效性与调度有效性进行分析与评估,基于对复杂性的测度,可以定量评价不同的系统设计方案,具体分析导致系统复杂性的原因,从而优化系统设计、改善系统运行性能。本书的研究对于应用混流装配制造系统的企业而言,在分析生产过程、降低生产成本、提高服务水平等方面具有重要意义。

下面就本书所研究的混流装配制造系统典型的优化问题展开介绍,并对其国内外研究现状进行概述。

1.1.3　混流装配制造系统运行优化问题

1. 混流装配线计划与调度优化

制造业市场竞争的全球化和产品需求的多样化对企业生产提出了更高的要求,主要包括更多的产品品种、更低的生产成本和更高的产品质量、更短的产品生命周期。多品种混流生产成为一种趋势。近二三十年来,混流生产线在日、美、欧等发达国家(地区)已经被广泛采用,混流装配线上生产的产品通常都是结构和工艺相似,但规格和型号不同的系列产品。混流装配线要求生产系统的柔性更大,能够快速而经济地更换工装夹具,产品的生产批量可以很小,甚至可进行单件生产。

混流装配线的研究内容可以分为装配线平衡问题、装配线排序问题与装配线投产批量问题。装配线平衡是指合理分配作业强度、平衡各工位的工作负载,涵盖厂房布局、设施规划等问题,是生产管理中需中长期考虑的重要问题,由于涉及工厂硬件设施的改造,一般企业难以承受时间成本及资金成本。装配线排序问题研究装配线上不同产品的生产序列,通过排序更易于实现优化生产,且风险相对较低。不断缩短的提前期和不断丰富的产品谱系,使得需求变动更加频繁,需求的不确定性表现明显,企业装配车间的批量计划需要充分满足外部需求,同时还需要在成本与风险之间权衡。本书重点研究制造系统运行优化过程中的混流装配线投产批量与排序问题。

1)混流装配线投产批量优化

当前,制造企业面临越来越多样化的顾客需求,为满足顾客需求并尽量降低生产成本,混流装配线的投产批量(lot-sizing)问题,即多种不同的产品在给定的计划期内各时间段装配批量的确定问题,得到了广泛的关注,并且成为 MRP Ⅱ/ERP 系统中的一个关键问题。

混流装配线投产批量问题的描述:某一混流装配车间由一定数量装配工位串联构成,该车间的外部需求涉及多个品种的产品,其外部需求信息来自其下游工厂在后续一个较短的周期(周或月)内各天内的需求计划,各品种预计的需求数量与实际的数量可能会存在一定的偏差,依约定允许该偏差在一定比例范围之内。需确定后续一周(或一月)内各品种在各天的投产批量计划,以满足下游需求,同时不致产生过多的成品库存持有费用。

对于不确定需求下的混流装配制造系统投产批量优化问题,不确定产能受限批量问题(capacitated lot sizing problem,CLSP)模型仍是该方面研究的热点。在处理不确定性时,大多数研究使用正态分布、泊松分布的随机变量,或三角形、梯形等少数几种特定隶属度函数的模糊变量,以方便使用它们的特殊性质来进行清晰化;还有研究使用期望值或极值来清晰化不确定量。此外,大多数不确定 CLSP 模型中生产能力约束为批量的线性组合,由于混流装配线的装配时间无法简单地表述成工件数量的线性组合,模型中的这种假设与工位较多的混流装配流程实际情况往往相差较远。由于 CLSP 本身的复杂性,研究开发出更高效率的求解算法仍有重要意义。

2)混流装配线排序优化

混流装配线和经典流水车间都具有工序一致的相似之处,而且排序和调度的结果都可以表示为第一工位的投产序列,但是混流装配线排序问题的优化目标基本上是与生产和物流的瓶颈问题有关的,如部件消耗平顺化和生产负荷均衡化等,而流水车间排序问题的优化目标大多是与完工时间和生产、库存成本有关的,如最小化最大完工时间和最小化总的生产成本等。

混流装配线上的产品投放顺序直接影响工作站的负荷与物料消耗,这对确保稳定且均衡的多品种生产至关重要。当前研究者们主要聚焦两大关键目标:生产负荷均衡与物料消耗控制。生产负荷均衡旨在优化各工位的产能利用率,防止过载,以保障生产流程的顺畅与设备的稳定运行;物料消耗控制则体现准时制(JIT)生产理念,力求物料消耗的均衡性,避免供需失衡,确保生产线的持续稳定,同时降低在制品库存成本,提升整体效率。

　　混流装配线排序问题本质上是一类复杂的组合优化问题,已被理论证实属于NP-完全问题。面对这类问题,传统数学方法如分支定界法与动态规划法很难求得最优解,主要是因为随着问题规模的扩大,这些方法的计算时间呈指数级增长,难以在可接受的时间范围内获得最优解。早期研究中,启发式算法因其实用性和相对较高的效率,在混流装配线排序问题中得到广泛应用。近年来,生物启发算法不断涌现和发展成熟,特别是其固有的并行处理能力和群体智能优势,为解决多目标优化问题开辟了新路径。这些算法不仅能够有效处理混流装配线排序的复杂性,还展现出在探索全局最优解方面的潜力,成为解决此类难题的前沿工具。

　　因此,混流装配线的排序优化不仅关乎生产流程的精细调控,还牵涉到物料管理的精准匹配。面对排序问题的计算挑战,生物启发算法的引入为寻求高效、均衡的生产方案提供了全新视角和强大支持。未来的研究方向将聚焦于算法的进一步优化,以实现更加智能化、自动化的生产线管理。

　　3)混流装配线物料配送

　　考虑某一混流装配线,其装配顺序已提前确定,一辆物料小车负责从仓库向工位配送所涉及的关键零部件,每一个零部件必须在其相应装配作业开始之前送达相应的工位,需要确定在该环境中如何调度小车,即确定每一趟配送的开始时刻、装载零部件种类和数量以及配送路线。

　　物料配送是保障混流装配制造系统平稳高效运转的关键。物料配送的开销也是企业成本的重要组成部分。为准时将生产物料准确无误送达既定工位,送料小车不断往返于配送中心与车间工位之间,因此物料配送系统本质上可以归结为车辆路径问题(vehicle routing problem,VRP)。混流装配制造系统一般采用 JIT 生产模式,整个生产对时间限定有着特殊的要求。混流装配制造系统中的物料配送,可看作带时间窗的车辆路径问题(vehicle routing problem with time windows,VRPTW),本质上是对经典车辆路径问题(VRP)的扩展延伸。VRPTW 不仅承袭了 VRP 的复杂性,更引入了时间窗口这一关键约束,强调配送活动必须紧密贴合客户的可用时间,确保服务的及时性和顾客满意度的提升。VRPTW 的求解需兼顾时间效率与物流成本,即在满足顾客需求的同时,优化配送路径和时间安排。其当前求解方法主要有构造算法、两阶段算法和元启发式算法。

2. 面向混流装配的加工调度优化

　　混流装配制造系统多品种、小批量的生产特点决定了零部件配套供应的复杂度。零部件配套供应通过两种方式实现:一种是通过供应商获取零部件,这些零部件通常具有一定的通用性,达到一定规模批量后订购即可降低采购成本;另一种是通过车间生产零部件以满足装配线生产配套要求,此类零部件一般为非通用件,使用范围较窄,若通过供应商外购势必导致库存积压与资金占用。车间现场制造所需配套零部件则消除了这一弊端,在提高零部件配套灵敏性的同时,降低了企业的生产成本。

多品种、小批量自制件的生产属于典型的流水车间优化调度问题,可以将面向装配的加工调度优化问题描述为:n 个工件在 m 台机器上加工,工件 $J_i (1 \leqslant i \leqslant n)$ 包含 n_i 个顺序执行的工序,机器集合 M_{ij} 是一个子集,由 m 台机器中可以执行工序 O_{ij} 的机器组成,工序 O_{ij} 在机器 $k (1 \leqslant k \leqslant m)$ 上的加工时间是固定的,记为 P_{ijk},任何两个相邻工位之间存在一个有限容量的缓存区。优化目标是分配所有的工序到机器上,确定工序的开始时间和完成时间,以获得某些目标优化的调度方案。

普通流水车间作业排序当前的优化目标主要集中在完工时间、流程时间、延误时间/成本、机器负荷、制造费用等方面,三台以上机器的流水车间排序问题即是强 NP-难问题。当考虑向下游的混流装配线供应零部件时,如果仅仅优化加工线的完工时间或机器负荷,可能导致当前某一装配作业所需零部件尚未完工,从而停工待料造成损失,或者必须设置较高的在制品库存来平缓零部件的供应,从而增加生产成本。因此,零部件供应不齐套导致的缺料等待问题不容忽视,当前学术界主要从投产批量的层次来优化零部件供应齐套性。

3. 混流装配-加工系统集成运行优化

采用混流生产模式的生产系统中最典型一类是由混流装配线和关键零部件加工线构成的混流装配-加工系统,零部件根据装配需求的顺序,可以在不同的生产时间和不同的生产地点进行加工制造,零部件加工完成后,再集中在装配地点进行部件和产品的装配。它被广泛应用于汽车、农用机械、发动机、家具、空调等行业,零部件加工线运行优化与混流装配线运行优化作为两个独立的问题已经被广泛研究过,然而,在加工/装配型车间或企业中,要提高整个生产系统的效率和效益,这两个问题应该同时进行考虑,需要考虑两者间的相互影响。下面就混流装配-加工系统的批量计划与排序集成优化问题分别展开介绍。

1) 混流装配-加工系统批量计划集成优化

在混流装配-加工系统中,装配投产批量的确定往往还需要充分考虑零部件加工线产能的约束,不恰当的装配投产批量可能导致零部件加工线无法在规定的时间向装配线供应足够的零部件,从而使得批量计划不可行,还可能导致加工线过于频繁的品种切换或加工批量过大而造成生产准备成本或在制品库存成本的增加,使得批量计划不经济。

混流装配-加工系统的批量计划集成优化问题可描述如下:考虑某工厂包含 m 条零部件加工线及 n 条装配线,每条加工线生产一类主要零部件,而每类均涉及多种不同型号,零部件在装配线上被装配成不同型号的最终产品。外部对最终产品的需求表现为不确定的需求计划,计划中每一天的需求量在一定范围内变动,其具体的数值直到临近当天时才能最终完全确定。为满足需求,同时保持较低的在制品库存及成品库存费用,需合理确定各生产线在各个时段内的投产批量。此外,各生产线均存在产能约束,各生产线每天的生产时间不能超过相关的限制。

对于由产品装配线和零部件加工线组成的生产系统而言,当前先制订主生产计划,再生成零部件的加工批量计划的方式,是一种分别求解子问题的层次(递阶)策略,其所得的计划并不能保证总体较优的生产成本。根据是否考虑生产能力约束,装配与加工生产计划协调问题可分为两类:多层批量问题(multi-level lot sizing problem,MLLSP)和多层产能受限批量问题(multi-level capacitated lot sizing problem,MLCLSP)。这两类问题都是 NP-难问题,现有研究主要集中于启发式算法和元启发式算法的开发。

2)混流装配-加工系统排序集成优化

混流装配-加工系统通常由若干条混流装配线和零部件加工线组成,现实中,要提高整个混流生产系统的生产效率和效益,只单独考虑加工线或单独考虑装配线的排序优化是不够的,必须将零部件加工线和整机装配线作为一个系统进行整体研究。

本书研究的混流装配-加工系统可以描述如下:它是由若干条混流装配线和零部件加工线组成的拉式生产系统,加工线加工并向装配线提供不同零部件。混流装配线工位数已知,每个工位只有一台机器;每条加工线上的工位数、各工位的机器数以及相邻工位间的缓存区容量已知。需要确定在该条件下混流装配线的装配序列和加工线第一工位的加工序列,使系统目标达到最优。

零部件加工调度和混流装配排序作为两个独立的问题已被广泛研究过,尽管有些研究者已经对带装配操作的流水车间调度问题进行了研究,但是多数研究对象只是由两台或三台机器组成的系统,或者只是由一条传统零部件流水加工线和一个装配工位组成的系统;在优化目标方面,大多是以完工时间为目标进行单目标优化。事实上,在混流装配-加工复杂系统中,仅仅考虑这一个目标并不总能保证整个系统的性能优化。在优化方法上,已提出的方法包括分支定界法和动态规划法等精确求解方法,还有一些启发式算法。对于较大规模的问题,精确算法往往很难在可接受的时间内求得问题的最优解。近些年来,采用元启发式算法对复杂生产系统的调度和排序问题进行研究以在可接受的计算时间内求得问题的最优解或近优解是一个明显的趋势。

1.2 混流装配制造系统典型优化问题的国内外研究概况

混流装配制造系统的典型优化问题已在上一节做了介绍,主要包括混流装配制造系统的投产批量优化、生产排序优化、面向装配的加工调度优化、混流装配-加工系统集成运行优化、物流配送调度与路径优化等,本节主要针对上述问题的国内外研究现状展开综述。同时,为实现对计划时效性与调度有效性的分析,本节对其所采用的基于信息熵的复杂性理论与方法也进行概述。

1.2.1　混流装配系统投产批量优化

投产批量优化研究可追溯到经济生产批量(economic production quantity/lot-size,EPQ/EPL)模型,它由塔夫特(E. W. Taft)于 1918 年基于经济订购批量(economic order quantity,EOQ)模型提出,用来确定使库存成本最低的生产批量。该模型假设具有确定的需求和确定的产出,对生产/采购过程中的不确定性未予考虑,所求解出的"最优解"通常并不能适应现实情况。为应对需求不确定的情况,人们提出了三种主要的模型:报童模型(newsboy/news-vendor/single-period model)[2]、基准库存模型(base stock model)[3] 和 (Q, r) 模型[4]。但这些模型中产品相互独立,这一假设使得这些模型的实际应用范围十分有限。为解决生产实践中越来越普遍的多品种问题,特别是混流生产中不同产品相互耦合的情况,许多学者在这些模型基础上进行了扩展。

对于多品种混流生产方式而言,多种产品存在对资源的竞争,突出表现在对生产能力的竞争上。产能受限批量问题(CLSP)同时考虑生产能力限制和确定的时变需求,该问题也是 NP-难问题,当考虑切换时间时,该问题的提出即获得了广泛的关注,该问题较早期的研究主要是使用混合整数规划、割生成(cut-generation)方法或变量重定义(variable redefinition)方法来精确求解小规模的实例[5]。该问题本身的难度,促使人们尝试应用启发式算法。Trigeiro 基于 Silver-Meal 算法开发了一种启发式算法来求解 CLSP,算法从批对批方法构造的解开始,当有时段中的批量超出产能约束时,则将其中部分项目调整到更早的时段中[6]。常剑峰等以动态库存成本与加班惩罚费用之和作为优化目标,考虑单台机器的生产能力,研究生产批量计划问题,建立了数学模型,提出基于遗传算法、参数线性规划方法和启发式算法的分级混合算法[7]。

Brandimarte 指出,当产能约束明显时,在投产批量问题中建立明确考虑需求不确定性的模型比直接使用需求期望值的确定性模型有显著的优势[8]。Helber 等认为传统的生产批量问题研究忽略需求上的不确定性,导致这些研究所提出的策略在实践中使系统的服务水平处于失控状态[9]。根据考虑需求不确定性特点的不同,现有考虑需求不确定的生产库存研究主要可以分为以下三类:随机需求批量优化研究、模糊需求批量优化研究以及模糊随机需求批量优化研究。

Wang 和 Gerchak[10]研究了每个时段需求量为独立同分布随机变量的批量优化问题。Aghezzaf 等研究了多品种多工位生产系统在随机需求下的短期生产计划问题,考虑每个工位均涉及线性的产能约束,提出了三种随机鲁棒优化模型,并比较了三种模型所得策略的性能[11]。Fildes 和 Kingsman 考虑相继时段需求并不完全相互独立的情况,将不确定的外部需求描述为一系列随机过程[12]。Shen 研究了各品种各时段需求量相互独立且服从正态分布的批量问题[13]。

Pappis 和 Karacapilidis 认为对未来需求量的估计本质上就存在不精确性,为刻画这种不精确现象,他们在生产库存问题中使用三角模糊数来代替对不准确量的估计值[14]。祝勇和潘晓弘考虑三角模糊形式的客户需求,并基于可信性理论将其描述为等价的清晰形式[15]。文献[16]至文献[19]也将不确定的需求描述为三角模糊量。文献[20]将不确定需求描述为梯形模糊变量。

Bag 等及 Lan 等考虑同时具有随机性与不精确性特征的需求量,将其描述为模糊随机变量(fuzzy random variable)[21,22]。文献[23]在批量问题中考虑需求和工艺参数都是随机模糊数的情况。

除上述三类主要的不确定需求的描述形式外,Dangelmaier 和 Kaganova 在批量问题中考虑上下界已知的不确定需求,并使用"不确定集"来描述这种形式的需求[24]。

Bookbinder 和 Tan 提出了应对需求不确定性的三类基本策略:第一类称为"静态不确定"方法,即在实际需求到达之前一次性确定各时段内各产品的生产批量;第二类称为"动态不确定"方法,即各时段的批量仅在该时段的需求明确的时刻才确定;第三类称为"静态-动态不确定"方法,即各时段内分配的品种和先后顺序预先确定,但各时段内的批量在该时段的需求明确时再确定[25]。第一类基本策略中最典型且应用最广泛的策略包括恒定基准库存(constant base stock)策略和确定性安全库存水平(safety stock levels)策略。文献[26]对传统确定性问题进行扩展,在确定性模型中引入不确定的需求变量,一次性求解计划期里各时段(一般为班或天)内的品种和批量,也属于上述第一类基本策略,这种求解方法通常优于恒定基准库存策略和确定性安全库存水平策略[27]。Tempelmeier 认为,当以服务水平为目标时,较好的策略是基于需求量的预测来确定一定时期内各时段内的品种和批量,并在一定时期内"冻结"该计划,属于"动态不确定"方法[28]。

1.2.2 混流装配系统生产排序优化

1. 混流装配线投产排序研究

混流装配线的研究内容可以分为装配线平衡(assembly line balancing,ALB)问题与装配线排序(assembly line sequencing,ALS)问题。前者主要考虑合理分配作业强度、平衡各工位的工作负载,涵盖厂房布局、设施规划等问题,是生产管理中需中长期考虑的重要问题。它涉及工厂硬件设施的改造,实施后能显著提高生产性能,但往往也要付出高昂的资金成本及很长的时间成本,一般企业难以承受。后者主要研究装配线上不同产品的生产序列。相较于前者,后者的研究更易于实现优化生产,且风险相对较低。装配工艺的不一致性,对工作站的负荷、物料配送等产生持续的影响是必然的。如何优化投产顺序,从而提高整个生产系统性能,是车间生产现场决策的重要问题,也是本书研究的重点内容。

混流装配线不同产品的投放顺序对工作站负荷和物料消耗产生直接联动作用，为了能稳定、混合地共线生产多种产品，研究者普遍关注两个目标[29]：生产负荷匹配与生产物料消耗均衡。生产负荷匹配是使各工位既最大可能满足生产能力又能尽量避免工位的超负荷运转[30]。良好的负载匹配不仅能减少负载波动，实现高效流畅生产，还能保持操作人员与生产设备的平稳连续运转。生产物料消耗均衡是准时制（JIT）生产方式的内在需求，也是执行多品种混流装配的核心问题[31]。

混流装配线排序本质上是组合优化问题，已被证明是 NP-难问题[32]。对于组合优化问题，传统的数学解析方法包括分支定界法[33]和动态规划法[34]，然而这类方法却很难求解混流装配线排序问题，原因在于混流装配线排序问题是 NP-难问题，上述方法的求解时间随着问题规模的扩大呈指数增长，不能在合理的时间内求得最终解[35]。启发式算法在混流装配线排序的早期研究中有着广泛的应用，而伴随生物启发算法的出现及不断发展，其隐含并行性、群体性等特性，在多目标优化问题的处理方面优势明显，为解决混流装配线排序问题提供了崭新的思路。

1）单目标研究

早期的研究者普遍运用启发式算法与精确算法求解混流装配线排序问题，元启发式算法运用较少。

（1）启发式算法

Toyota 公司提出了"目标追踪法"（goal chasing）[13]解决汽车制造的零部件消耗问题。基本方法是当确定第 n 辆车的投产顺序后，在余下尚未排序的车辆中，选择使各零件的消耗率达到均衡最优为第 $n+1$ 辆车。由于目标追踪法是一种贪婪算法[36]，在算法的早期即排除了隐含的全局最优排列，只能保证局部最优，难以达到全局最优。此外，汽车零部件品种繁杂、数量多变，因此对所有零部件使用目标追踪法缺乏实际意义。这些都制约了目标追踪法的推广应用。Zhu 与 Ding[37]以两阶段为启发式规则求解零部件消耗率，结果表明两阶段求解效果优于单一阶段求解效果。Ding 等[38]运用两阶段方式调度混流装配线的生产，即在第一阶段从全部周期角度均衡物料消耗，在第二阶段从单个周期角度均衡物料消耗。

（2）精确算法

Miltenburg[31]用非线性整数规划方法求解混流装配线物料消耗平准化模型。物料消耗平准化的具体定义为所有产品实际消耗率与理想产品消耗率相差之和最小化。文献[31]同时指出产品消耗率在所有型号产品有相同数目零部件的条件下等同于零部件消耗率。Kubiak 等[39]采用动态规划方法求解多级模式，研究表明多级问题也是 NP-难问题。

（3）元启发式算法

Tamura 等[40]研究了带支路的混流装配线排序问题，并运用目标追踪法、禁忌搜索算法和动态规划法求解，结果表明禁忌搜索算法能够搜索到更好的解，但目标追踪法的计算时间却短于其他算法。Kim 等[41]分别研究了开放式工位、封闭式工位的混流装配线模型,并运用遗传算法求解切换时间目标,得到了比分支定界法更好的结果。Leu 等运用遗传算法进行求解,计算结果表明遗传算法优于目标追踪法[42]。

2)多目标研究

研究者在最初探索混流产品投产排序问题时普遍考虑单一目标优化[43],然而单一目标优化无法满足现实企业车间生产的内在需求,迫切需要对多个不同的,甚至是相互矛盾的目标进行综合衡量、全面考虑,从而达到最优调度效果。如前所述,混流装配线排序问题属于 NP-难问题,对于多目标优化问题,研究者大多使用生物启发算法求解,较少采用启发式算法与精确算法求解。

（1）启发式算法与精确算法

Miltenburg 等[44]研究部件消耗平顺化和工位负荷均衡化的问题,并提出了相关的非线性混合整数规划模型,也运用两阶段启发式算法求解问题。Tsai[45]提出一种精确的计算方法用于求解简单的调度模型,该模型仅含有两种产品和一个工作站,同时优化停线次数与总装工时两个目标,可以看出模型过于简单,无法应用于实际生产。Aigbedo 和 Monden[46]提出的模型考虑四个目标,即平顺化部件消耗、最小化生产率变化、均衡装配线负载和子装配线负载,算法以这四个目标为偏好信息进行求解。Zeramdini 等[47]提出一种两阶段方法优化两个目标,即先用目标追踪法保持恒定的部件消耗率,然后用距离约束法平顺工位负载。McMullen[48]考虑零部件使用率和切换次数两个目标,采用权重法同时优化这两个目标,并运用禁忌搜索算法求解。此后,研究者采用多种元启发式算法对 McMullen[48]的双目标优化模型进行了深入研究。例如,McMullen 和 Frazier[49]的研究结果表明模拟退火算法优于禁忌搜索算法。Ventura 和 Radhakrishnan[50]建立了线性整数规划模型,并运用拉格朗日松弛法优化两个目标:库存成本与缺货成本。Drexl 等[51]采用两阶段算法快速求解可行解,即先平衡生产负荷,然后平准化物料消耗。Malave 等[52]分析了印刷电路板生产线的特点,并运用多目标线性规划优化零件选取、产品排序、负载平衡等目标。Yoo 等[53]提出了一种模拟退火算法和禁忌搜索算法相结合的混合算法求解带辅助装配人员的混流装配线排序问题。

（2）生物启发算法

在生物启发算法中,研究者们主要运用遗传算法进行求解。Hyun 等[54]提出了一种小生境遗传算法优化三个目标:辅助工作时间、零部件消耗与切换时间。该研究表明小生境遗传算法优于其他遗传算法。McMullen 等[55]研究表明禁忌搜索算法不如遗传算法和模拟退火算法,同时指出遗传算法计算比较复杂,但性能与模拟退火算法同样高效。这三种算法的详细比较可参考文献[56]。Miltenburg[57]采用遗传算法求解多目标问题,研究结果表明基于帕累托的小生境选择效果优于目标加权效果。Mansouri[58]提出了一种改进的多目标遗传算法,算法效率在小规模问题上优于枚举法,在最终解的质量和分布性上,优于先前的遗传算法、模拟退火算法和禁忌搜索算法。Yu 等[59]研究工位间缓存区无限大的混流装配线排序问题,以部件消耗平顺化和最小化最大完工时间为优化目标,提出一种多目标遗传算法进行求解。Guo 等[60]提出两级遗传算法求解双目标混流装配线排序模型,优化目标为最小化闲置与超载费用和均衡零部件消耗。该算法构造了一种全新的染色体表达方式,并改进了与之相适应的交叉与变异操作,研究表明算法有着较强的适应性和更高的效率。Hwang 等[61]研究 U 形混流装配线排序问题,以提高生产效率和减少工作站负载调整为优化目标,并采用改进的遗传算法求解,计算结果表明采用优先编码的方法能够改善最终解的质量。

还有一些研究者尝试将其他生物启发算法应用于多目标混流装配线排序问题,并进行了有益的探索。采用与文献[62]相同的测试数据,McMullen[63]的研究表明,蚁群算法在算法性能与 CPU 配置要求上,与遗传算法(GA)、模拟退火(SA)算法、禁忌搜索(TS)算法和自组织映射(SOM)[62]算法相比,有很强的竞争力,证明了用蚁群算法求解混流装配线排序问题的有效性。Kim 等[64]提出了一种协同进化算法求解 U 形装配线的平衡和排序问题。Tavakkoli-Moghaddam 和 Rahimi-Vahed[65]提出一种文化基因算法优化三个目标——超载负荷、平准化零部件消耗及产品切换时间,计算结果证实了文化基因算法在求解大规模问题方面具有优异性能。

2. 混流装配线重排序研究

目前混流装配线排序问题或侧重于静态环境下混流装配线排序算法研究,或侧重于排序目标的研究,较少考虑车间制造过程中不可预料的实时事件。在实际生产过程中,存在着大量不可预料的扰动,如机器故障、次品工件、物料投放不及时、订单修改等[66,67]。在扰动发生时,生成的投产方案要么性能恶化,要么完全变得不可执行,需要进行重排序。Boysen 等[68]认为,当装配车间发生了机器故障或物料短缺等不可预料的扰动时,对给定的生产排序进行重排序变得极其重要。他们还综述了装配线重排序的研究,描述了重要问题的设置、变化缓存的配置和决策问题的生成。Gusikhin 等[69]在喷漆车间后面考虑一个随机存取的自动存储和检索系统(automatic storage and retrieval system,ASRS),提供一定程度的重排序功能,同时提出了一个生成车身被送入喷漆车间的投放序列的启发式程序。文献[38]聚焦于汽车制造行业中的混合模型装配线,讨论了两种不同情景下的重排序:①在移出喷漆车间之后恢复初始的排序;②在进入喷漆车间之前考虑喷漆的批量。针对这两种情况,简单填充和释放策略被引进到动态重排序环境。文献[70]讨论了在准时化顺序供应(just-in-sequence)条件下重排序的方法等。

在采取 JIT 组织生产的汽车行业,如德国大众,由于缺件和次品造成的物料不齐套现象经常发生,为了缩小零部件的投放和物料需求之间的差距,允许在生产过程中调整车身车间、涂装车间的产品投放序列。汽车生产要经过车身、涂装、总装三个车间,一方面要响应缺件或次品等引起的物料不齐套,另一方面要维持生产计划的稳定,保持主生产计划不变。在汽车重排序的模型中,为了满足上述两个要求,车间与车间之间设置有缓存区,在缓存区内调整产品的顺序,并通过一定的规则生成进入下一个车间的投放序列;当产品从该车间出来的时候,通过缓存区来存储以恢复到原来的排序序列,保证整体生产计划不变。例如,当车身进入涂装车间前,在车身车间与涂装车间的缓存区内调整进入涂装车间的投放序列,按照一定的批量和一定的规则进入涂装车间,以减少产品间切换成本。

这些研究都是基于轿车排序(car sequencing)方法下的重排序问题,而且只注重实时事件的响应能力,即只关注获取良好的排序性能,不考虑重排序和排序之间的稳定性。然而,本书提出的混流装配线重排序与汽车重排序的研究环境有很大的不同。首先,汽车重排序考虑的是多车间的排序,需要协调各车间的生产计划,维持主生产计划不变。其次,汽车重排序为了得到更好的实时事件响应性能,在车间与车间之间设置缓存区,按照一定规则重排序产品的投放顺序,排序的目标比较单一,如涂装车间要求产品间的切换成本最小。本书提出的混流装配线重排序问题的研究背景为一些生产较独立的车间,如发动机装配车间,不需要考虑其他车间的排序计划,采取不同的重排序方法,即优化算法,目前尚未有关于混流装配线重排序的研究。

1.2.3 面向混流装配的加工调度优化

1. 面向混流装配的并行加工系统排序优化研究

混合流水车间(hybrid flow shop,HFS)的概念最早出现在文献中是在 20 世纪 70 年代[71],它是对经典多机流水车间的一种延伸。在混合流水车间里,机器被依次安排在若干生产阶段上,至少在一个阶段存在多台机器,这些机器可以是相同的并行机,也可以是均匀并行机,还可以是不相关的并行机,通常假定相邻的两个阶段之间的缓存区容量为无限大,每件工件需要按相同的顺序依次经过每个阶段,而且要在每个阶段的一台机器上进行加工。如果在各生产阶段都只有一台机器,则混合流水车间就转化为经典的流水车间。如果只有一个生产阶段,则混合流水车间就转化为并行机车间。混合流水车间生产效率的提高在很大程度上取决于对该系统的优化调度,而在混流装配制造系统中,产品成套性是零部件加工线不可忽视的重要因素。

文献[72]认为物料需求计划(material requirement planning,MRP)不能清晰反映工序间的制约关系和产品成套性的问题,影响了制造业管理信息化的应用效果。文献[73]研究了由多条零部件加工线和一条装配线所构成系统中的调度排序问题,比较了采用各线单排序和考虑零部件可得性的综合排序两种方式,实验显示,在不同规模的问题中后者产品交付提前期比前者平均缩短 5%~13%。文献[74]认为,混流生产中因调度时不考虑齐套性,常造成装配时出现大量缺件,从而严重影响装配作业和产品交付。

最早系统地研究齐套性并尝试给出齐套性定义的学者为 Ronen,他在对印刷电路板装配过程的研究中,引入了齐套(complete kit,CK)的概念,分析了不齐套的后果以及齐套概念应用的阻力所在[75]。他还使用囚徒困境模型分析了现实中常采用非齐套方式的原因,并用一个简略的模型分析了使用齐套概念的益处[76]。文献[77]

研究了多架飞机装配过程中的零部件配套问题,提出了动态配套性、全过程配套和局部配套的概念,并基于动态配套性概念提出了配套状态的计算方法,用于及时发现缺件情况。

由于零部件齐套性往往反映在产品装配的完工时间上,因而,完工时间常被用来作为齐套性的评价指标。文献[78]提出了一种基于广义随机 Petri 网(GSPN)的供应链产品成套性建模和仿真方法,通过计算系统的平均执行时间来衡量供应的成套性。文献[79]研究随机环境中由两个零件加工工位和一个装配工位组成的生产系统,基于排除论分析了零件配送时的齐套性能。文献[80]为优化作业车间环境中的齐套性,在经典的作业车间问题基础上引入装配顺序约束,使用完工时间来间接描述齐套性,提出了一类综合作业调度问题,并应用遗传算法来求解。

另外,因为零部件不齐套会导致部分零部件处于等待状态而增加库存,因此,也有研究使用库存成本作为齐套性的评价指标。文献[81]研究了考虑互换性的多品种多阶段的装配系统中如何分配零部件的问题,其评价指标为零部件的延迟、提前及持有总成本。文献[82]研究由一个制造商和两个零部件供应商组成的供应链系统中供应商间的横向协同问题,使用制造商的库存成本作为齐套性的评价指标,提出了零部件供应商横向协同的理论模型,仿真实验结果表明,零部件供应商的横向协同可明显地降低制造商的库存成本,同时保持较高的成套率。

为防止不齐套对装配作业造成严重影响,研究者们提出了一些对应策略。文献[7]提出了一种基于 BOM 的齐套性优化方法。文献[83]引入了物料配送 BOM(DBOM)的概念,介绍了使用 DBOM 进行物料成套性配送控制的方法。文献[84]基于"组件"的概念来解决汽车装配中的装配套件优化设计问题。文献[85]提出一种基于齐套性的装配计划及零部件生产计划方法,即在制订计划前先进行齐套性查询,获取零部件/在制品库存中针对需求产品的最大可齐套数量,如果该数量小于需求数量,则根据缺件情况制订零部件生产计划。

2. 柔性流水车间碳效优化调度研究

碳排放是造成全球变暖和气候变化的主要原因[86],而制造行业的碳排放量占全球总碳排放量的一半[87]。通过降低生产过程中的能耗来减少工厂和企业的碳排放量,成为 21 世纪最重要的环保话题。由于过量的碳排放会被征收高额税费,因此未来制造企业会更加关注生产中的碳足迹,同时生产过程中的碳效优化调度也将成为企业生产调度的一个新目标。

目前制造企业通常采用两种方法来减少制造时的能量消耗和碳排放:一种是采用高能效的机器[88,89],另一种是利用嵌入式制造能量框架[90]。因为采用高能效机器需要相当大的资金和成本投入,所以该方法难以被小规模或中等规模的制造企业采用。而第二种方法是采用操作战略和先进调度方案来实施制造能量框架[91],实施更方便,成本也更低。因此,该方法获得了研究者和企业家更多的关注,其中一种广为人知的机器开启和关闭调度框架在 2007 年被 Mouzon 等提出[92],这个框架后来被他们进一步研究和改进[93]。2015 年 Tang 等将该调度框架进一步拓展成能量效率动态框架[94]。

据统计,我国制造业能耗占能耗总量的 60% 左右,高于全球 50% 的水平,且能耗大、利用率低下成为制约我国经济发展的重要因素之一[95]。刘献礼和陈涛[96]详细分析了机械加工过程中的绿色制造理论与方法,并指出通过调度优化可以有效利用资源、缩短加工时间。重庆大学的刘飞课题组成功构建了绿色制造理论体系框架,提出了绿色制造实施的风险评估方法[97];他们还在明确绿色制造内涵和生产过程优化基础上,设计了考虑资源能耗和环境影响因素的集成优化调度模型,来满足绿色制造的机械加工系统任务要求[98]。同样地,Bruzzone 等[99]通过单独考虑能源优化,对原始生成的计划和调度系统进行调整,构建能源感知调度模型。Dai 等[100]针对同时优化完工时间和总能耗的 FFSP(柔性流水车间调度问题),构建了相应的数学模型,并基于遗传-模拟退火算法求解该问题。Liu 等[101]主要研究了作业车间的节能调度,研究表明通过工艺路线、机床和工序次序选择可以同时优化能耗和完工时间。何彦等[102]提出了一种面向机械车间柔性工艺路线的节能调度方法,通过选择零件各工序的加工机床和加工工序,确定零件工序次序来实现能耗、完成时间和机床负载三个目标的同时优化。但是这些研究都没有考虑加工参数对调度方案的影响,限制了节能的空间。在检索到的文献中,仅 Yan 等[103]通过机床层面和车间层面两层优化实现了加工参数和调度方案的同时优化;Zhang 等[104]通过设计两个阶段来完成对加工参数与调度的优化。虽然这种调度方法优于单纯的工件排序和机器分配优化,但把工艺优化与调度优化割裂成了两个过程,影响了优化的效果。

1.2.4 混流装配-加工系统集成运行优化

1. 混流装配-加工系统批量计划集成优化研究

最早的 MRP 系统中,零部件加工批量根据主生产计划、物料清单、库存状态等数据来确定,其中的关键问题为无产能约束的生产批量计划问题(uncapacitated lot sizing problem,ULSP)[105],常用的启发式算法有 Silver-Meal 算法以及 Wagner-Whitin 方法[106]。

对于整个生产系统而言,这种先制订主生产计划,再生成零部件的加工批量计划的方式,是一种分别求解子问题的层次(递阶)策略,其所得的计划并不能保证总体较优的生产成本。于是,有研究提出同时考虑主生产计划和加工批量计划的多层批量问题(MLLSP)[81],该问题被证明为 NP-难问题,相关的研究主要集中在元启发式算法的设计开发上。例如,Dellaert 等针对一般无能力约束的 MLLSP 提出了一种遗传算法,在算法中使用二进制编码方法,并设计了五种具体的操作来确保搜索仅限于可行域中[107];Pitakaso 等针对 MLLSP 提出一种蚁群优化(ant colony optimization)算法[108];Han 等提出一种粒子群优化(PSO)算法来求解无能力约束的 MLLSP,其中惯性权重允许取负实数值,并将 PSO 算法与遗传算法的性能进行了比较,结果显示该 PSO 算法在绝大多数算例上优于遗传算法[106]。

上文所述算法并不考虑零部件加工设备的生产能力约束,所得策略在实际生产系统中的可行性并没有保证[109]。20 世纪 70 年代出现了闭环 MRP 系统,将生产计划和生产能力计划结合起来,极大增强了所生成计划的可行性。因可以描述多品种多阶段生产环境中面临的计划问题,学者对多层产能受限批量问题(MLCLSP)展开了深入的研究。文献[110]将 MLCLSP 表述为混合整数规划模型,并提出了一种 RF (relax-and-fix)启发式方法。Wu 等提出一种结合 RF 策略和线性规划松弛的启发式算法来求解 MLCLSP,与之前的研究相比,该算法表现出较好的性能[111]。文献 [112]提出了一种结合 FO(fix-and-optimize)和多群体的遗传算法的混合算法来求解 MLCLSP。文献[113]基于拉格朗日松弛方法来求解 MLCLSP,其中能力约束被松弛,并使用交叉熵(cross entropy,CE)算法来求解松弛后的模型。

随着实际需求的变迁,近年来学者们开始在 MLCLSP 模型中考虑不确定性的外部需求,相关研究主要有:Mula 等研究了一个考虑市场需求及能力数据不确定的多时段多品种多层制造环境中的计划问题,采用梯形模糊变量来描述不确定性,提出了一种可能性规划模型,应用实际数据与确定性模型进行对比,其结果显示在应对不确定性时,模糊模型更具优势[114];文献[115]在多工位流水线的批量计划问题中考虑不确定的外部需求及作业时间,以最小化总的库存成本和延迟交货成本为目标,提出了一种不确定的 MLCLSP 模型,因涉及不确定量,该模型被表述成一个机会约束规划;文献[23]考虑两个目标,即最小化总库存成本和延迟交货成本以及最大化资源利用率,用模糊随机变量来描述需求和工艺相关的参数,在求解时,模糊随机变量先基于上下界被转化为模糊量,再使用期望值来代替模糊量,得到清晰的多目标整数规划模型后使用 LINGO 软件求解。

2. 混流装配-加工系统集成优化排序问题研究

零部件加工调度和混流装配排序作为两个独立的问题已被广泛研究过,这方面综述性的研究可参看文献[116]。然而,在加工/装配型车间或企业中,要提高整个生产系统的效率和效益,这两个问题应该同时被考虑。但是关于带装配操作的车间调度问题的研究文献并不是很多,可以将这类问题的研究分为两大类:带装配操作的作业车间调度问题和带装配操作的流水车间调度问题。

对于带装配操作的作业车间调度问题,Huang[117]分别以流经时间、延迟时间、拖期、等待时间和拖后工件数百分比为优化目标,首先对 12 种优先分派规则的优化性能进行了比较,发现 SPT 和 ASMF-SPT 规则具有较好的优化性能;然后将这两种规则进行组合,提出了一种新的分派规则。以等待时间为目标,该方法的性能优于 SPT 规则;对于其他目标,该方法的性能优于 ASMF-SPT 规则。Cheng[118]针对带装配操作的作业车间如何预测流经时间的平均值和标准偏差问题提出了一种基于关键路径的近似方法,并利用具有不同结构复杂性的产品对该方法的有效性进行了计算机仿真实验,结果显示总体来说,该方法对于结构复杂性较低的产品具有更高的准确性,对于结构复杂性较高的产品在一定的试验条件下也是一种简单而有效的预测方法;另外,针对带多级装配操作的作业车间调度问题提出了一种新的排序规则。考虑交货期约束,以最大化机器利用率为目标,Doctor 等[119]对作业车间环境下的加工和装配调度问题进行了研究,他们首先将若干已完成加工的零部件在装配工位组装成子装配件,再将不同的子装配件装配成产品,同时针对此问题提出了一种启发式的求解方法。先以最小化总的库存成本和切换成本为目标,然后分别以最小化加权平均调度成本、最小化加权平均流经时间、最小化加权平均拖期、最小化最大总调度成本、最小化最大加权流经时间、最小化最大加权拖期为目标,考虑产品不同的复杂结构、不同库存成本和拖期成本,Thiagarajan 和 Rajendran[120]对带装配操作的动态作业车间的调度问题提出了几种有效的分派规则,这些分派规则对最小化总调度成本的变化、最小化总的加权流经时间的变化和最小化总的加权拖期的变化问题也具有很好的优化效果。之后,首先以最小化提前期和拖期加权成本为目标,然后以最小化提前期、拖期和完工时间加权总成本为目标,考虑不同的单位提前期、拖期和完工时间成本,Thiagarajan 和 Rajendran[121]对带装配操作的动态作业车间调度问题又提出了几种分派规则,这些分派规则也能够有效处理最小化上述目标的平均值和最大值问题。

在带装配操作的流水车间调度问题研究方面,以最小化最大完工时间为目标,Lee 等[122]建立了三机装配型流水车间调度问题的优化数学模型,在该问题中,每种产品是由两种零件装配而成的,第一台机器加工一种零件,第二台机器加工另一种零件,两种零件都加工完成后,第三台机器将这两种零件装配成产品。他们首先证明该问题是强 NP-完全问题,然后对可求得最优解的几种特例提出了多项式时间求解算法,并对该问题的一般情况提出了三种启发式求解算法。以最小化最大完工时间为目标,Potts 等[123]提出了一种新的分支定界法对两阶段加工/装配型流水车间调度问题进行了研究,第一阶段存在 m 台机器,第二阶段只存在一台机器,第一阶段每台机器加工一种产品装配所需的一种零件,当所有的零件都加工完成后,第二阶段的机器将所有的零件装配成一件产品。首先证明即使当 $m=2$ 时,该问题已是 NP-难问题,然后提出了一种启发式的求解算法。Cao 和 Chen[124]针对由两条零部件流水加工线和一个装配工位组成的加工/装配系统的调度问题,以加工线总的切换时间和生产负荷均衡化为目标,建立了该问题的非线性混合整数规划模型,采用枚举的方法对问题进行求解,可以同时确定加工线最优的部件分配、生产序列和批量。以平均完工时间最小化为目标,Yokoyama[125]对带加工、切换和装配操作的生产系统的调度问题进行了研究,提出了一种动态规划方法和一种分支定界求解算法。该研究中,部件加工线是由多台机器组成的流水生产线,装配工位只有一台机器,当机器开始加工一种零部件或当加工的零部件型号发生变化时,需要一定的切换时间,每件产品由若干不同的零部件装配而成,零部件的加工操作被分成若干个块,同一块中的同种零部件要进行连续加工。该研究的目的是确定如何对零部件加工操作进行分块以及如何对每一块中零部件进行排序,以使得目标函数值最小。

1.2.5　混流装配系统物料配送调度与路径优化

文献[126]指出,产品多样性的增长向装配线零部件配送提出了越来越严峻的考验,尤其是在汽车制造行业中,汽车装配涉及成千上万种产品型号。文献[127]认为,物料搬运车辆变得越来越重要,应该被当成和机器同等重要约束来对待。而当前针对混流装配线的研究,主要集中在生产线平衡和作业排序上[128],关于车辆调度的研究主要集中在车辆路径问题(VRP)及其扩展。

文献[129]最早提出 VRP 概念,但对 VRP 的研究最早可追溯到 1954 年对 VRP 的一种特例的研究[130]。直到 20 世纪 90 年代,由于计算机技术的飞速发展,关于 VRP 的研究开始急速增多,学者们开始使用元启发式算法来求解 VRP,包括模拟退火算法、禁忌搜索算法、遗传算法、蚁群算法及神经网络等,本书对近 50 年 1494 篇典型的关于 VRP 文献进行了深入的分类和总结。

在车间环境中,车辆调度则主要集中在工序间工件搬运[131,132],以及单一品种大批量装配线的零部件配送中[133]。混流装配制造系统一般采用 JIT 生产模式,整个生产对时间限定有着特殊的要求。因此,对于混流装配制造系统而言,物料配送可以看成 VRP 的一个扩展,即带时间窗口的 VRP(VRPTW)。VRPTW 是 VRP 的一种派生,也属于 NP-难问题[134]。VRPTW 增加了顾客服务时间的约束,即车辆必须在既定的时间窗口内服务顾客[135],更好地满足顾客需求。同时涉及车辆调度和混流装配线的研究十分稀少[136]。从决策方式可以将这些研究分为静态策略和动态策略两类。其中,静态策略根据可获取的信息一次性或周期性地制定配送车辆的调度,动态策略则基于预先定义的规则动态确定车辆的路径或装载量。

采用静态策略的研究主要包括:文献[137]研究了混流装配线的物料供给问题,提出一种动态供应系统,即不同的产品在同一工位消耗相同数量的相同零件,零件由物料小车从仓库运送到工位,每隔一个小时根据零件消耗的估算,确定一次分配给各小车的数量及小车的路径,作者将该问题表述为 VRP 模型。文献[138]考虑每一次配送仅允许装载一个单位零部件的情况,将混流装配线物料配送中的单车辆调度问题描述为非线性规划模型,针对三种特殊情况给出三类子问题的性质,并给出基于这三个性质的启发式算法。文献[136]提出了一个零部件仓库和装配线不在同一楼层的升降机调度问题,即装在料盒里的零部件由升降机搬运到装配线所在楼层后,由一辆叉车将料盒运送到相应的工位,该问题旨在获得一个最优的料盒的搬运顺序,作者证明该问题为强 NP-难问题,并提出了一种有界动态规划算法和一种模拟退火算法。文献[139]针对混流装配线物料配送问题,以行驶距离最短、车辆利用率最高、配送次数最少为目标,建立了多目标配送车辆路径优化模型,并设计了一种双层递进的多目标进化算法。文献[140]基于工位物料配送 BOM,提出了一种带有混合时间窗的配送车辆路径规划模型,并使用一种改进的遗传算法进行求解。文献[141]根据工位需求信息、工位之间运输时间、需求时间窗等是否包含模糊量的情况分别提出了确定型带能力约束与时间窗的车辆调度模型和相应的机会约束规划模型,并使用遗传算法求解确定型模型,同时使用一种基于"六度理论"假说的小世界优化算法(small world optimization algorithm)来求解机会约束规划模型。

应用动态策略的研究主要包括:文献[142]研究混流轿车装配线物料配送问题,基于现场总线技术建立了 Andon 系统,装配过程中的物料呼叫信息通过大显示屏展示给配送人员,配送人员根据线边库存状态确定配送目的地和零部件数量。文献[143]利用 RFID 技术为汽车混流装配线设计了一种工位物料监控系统,以实现物料的动态配送。

此外,还有部分研究着重于混流装配线物料配送中车辆数量等配置的优化。文献[144]采用仿真方法分析了摩托车企业发动机装配线物料配送问题,并对线边初始存量及配送车辆数量进行了简单的优化。文献[145]利用 Plant Simulation 建立了面向订单的混流装配线的物料配送系统的仿真模型,通过仿真实验,优化了搬运小车数量、装载量、速度及暂存区的最大/最小库存量等。

近年来,越来越多的学者关注随机型 VRPTW 的研究。Gendreau 等[146]将随机因素划分为随机行驶时间、随机需求和随机顾客。Laporte 等[147]用随机规划对带随机旅行时间和服务时间的 VRPTW 进行数学建模,并运用分支定界法求解。Ando 与 Taniguchi[148]研究带随机时间的 VRPTW,模型以费用为优化目标,包括过早或延迟服务的惩罚费用、操作费用和车辆的固定使用费用,模型使用遗传算法求解以使总费用最少。Russell 与 Urban[149]建立了旅行时间服从已知概率分布的随机变量模型,并提出了一种禁忌搜索方法来优化车辆数、行驶距离和惩罚服务时间等目标。

1.2.6　制造系统运行优化分析方法

在全球经济一体化的趋势下,制造企业面临越来越激烈的市场竞争。由于客户需求日益个性化和多样化,现代制造系统的信息环境充满着动态性、多变性和不确定性。国内外研究学者除了将研究的重点投入制造系统的运行优化方面外,也对制造系统的运行优化分析方法展开了研究与探讨。

1. 制造系统运行优化典型分析方法

制造系统运行分析是对制造系统在实际运行过程中各项性能指标、效率、瓶颈、资源利用、流程协调性等方面进行深入考察和量化评估的过程,旨在识别问题、提出改进建议并优化整体运作效率,国内外众多学者已对此展开了研究。

1) Petri 网分析

Petri 网模型可以描述制造系统的动态行为和并发过程,通过计算基本指标(如可达性、活性、死锁等)分析系统的运行状态,预测潜在问题,优化系统结构和控制策略。Petri 网的相关理论已经日渐成熟,并且广泛应用于柔性制造系统[150]、故障诊断系统[151]和离散事件系统[152]等众多领域的分析。

2）分形理论

制造信息系统本身是一个非线性动力学系统,因此分形理论可以用来研究制造信息系统各层次之间功能和结构的复杂性、自相似性以及非线性特征。利用分形理论,可以将制造复杂大系统用简单的子系统来逼近和覆盖,各子系统间的功能既互相独立又互相联系,该方法针对制造系统提供了从局部来认识整体的方法[153]。

3）失效模式与效应分析

对优化后的制造系统进行失效模式与效应分析(failure mode and effects analysis,FMEA),识别潜在的故障模式及其可能的影响和现有控制措施的有效性,为预防性维护、风险防范提供依据。当前国内外学者常将 FMEA 与模糊方法一起使用,以解决专家评估的不确定性[154]。

4）智能代理

智能代理可对制造系统进行建模,这样可以对制造系统的自重构能力加以提升,从而帮助制造系统适应新的技术、产生新的结构,并产生出新的工作方式。这种模式下的制造系统常被称为主动智能制造系统,它能够快速适应新的制造策略,并帮助其开发出新的产品以快速响应市场需求[155]。

5）复杂性分析

制造系统已经成为一个复杂大系统,其在运作过程中处处都表现出难以预计的复杂性特征,内外部环境的变化是制造系统复杂性产生的根本原因。对制造系统复杂性进行度量,可研究制造信息对制造系统的作用规律,建立复杂制造信息的处理方法,解释制造系统的运行机理并建立优化决策方法[156]。

在全球经济一体化的形势下,跨行业、跨地区乃至跨国界的制造企业和制造资源正在集结成一个庞大的、复杂的制造网络系统。"制造"已由个人行为和孤立机器完成的简单生产活动演变成必须由众多制造要素组成的制造系统来完成的复杂的系统工程。如果仍从某一点或者某一层等单方面孤立地去分析,将无法获得最佳效果,更加无法从全局上使"制造"这样一个复杂大系统处于最佳运行状态。因此,本书从系统的观点出发,充分利用系统科学中的理论和方法来深入挖掘制造系统复杂性的本质,寻找构建制造系统复杂性模型与度量的方法。下面首先介绍在制造系统中应用最广泛的复杂性理论分支。

（1）模因论

模因论是基于达尔文进化论的观点解释文化进化规律的一种新理论。它试图从历史和进化的视角对事物之间的普遍联系以及文化具有传承性这种本质特征的进化规律进行诠释。模因论主要用于研究制造系统的发展问题,它主要从系统科学的研究层次对制造系统演化过程进行探讨。其最主要的应用是理解存在于制造组织机构中的知识管理过程[157]。

（2）非线性及混沌理论

一般认为,制造系统的行为是非线性的、动态的、随机的。而混沌理论却认为这种系统的随机性特征并不是无中生有的,它具有确定的来源,而且这些动态行为具有一定的规律性。混沌理论一般应用于制造组织管理中的供应链管理、质量管理和制造稳定性等问题。将混沌理论引入制造系统复杂性研究,将有助于理解和揭示制造系统复杂性本质,从而为制造系统的预测、控制与优化运行提供重要的理论依据[158-160]。

（3）耗散结构论

耗散结构论认为一个开放系统在达到远离平衡态的非线性区时,一旦系统的某个参量的变化达到一定阈值,通过涨落,系统就有可能发生突变(即非平衡相变),即由原来无序的混乱状态转变到一种时间、空间或功能有序的新状态,这种新的状态通过与外界交换物质和能量,维持并保持一定的稳定性。涨落可以理解为影响制造系统发展因素(如管理理念、规模变化、成本变化、市场变化、技术因素等)在正常值上下的波动。在特殊情况下,这些因素可能跳跃,并使制造系统进入一个临界点。制造系统同样具有"耗散结构"的特征[161]。制造系统中把原料加工成产品是一种有序化的过程,一个好的系统可以根据环境变化不断调整自身的结构,使其更加有序。

（4）信息论及熵度量

熵是系统科学研究的重要内容,主要用于对复杂性特征的一个重要指标——不确定性的度量。熵最早是在 1872 年被玻尔兹曼用于热力学的研究,20 世纪 40 年代,由于信息技术的发展,美国数学家香农(Shannon)又将熵引进,用于研究通信中的不确定性[162]。目前,这一研究方法已经逐渐被国际上的研究者所接受,并对此进行深入研究,其中最主要的代表者有剑桥大学制造研究所的 Frizelle、牛津大学制造系统研究组的 Efstathiou、美国普渡大学的 Deshmukh 等人,具体研究内容将在下文详细介绍。

（5）自组织理论

自组织可定义为一个系统的要素按彼此的协同性、相干性或某种默契形成特定结构与功能的过程。它不依靠任何外来的干预,而获得的一种空间、时间或功能(时-空)的结构。一般来说,自组织途径主要有两条：①控制参量的变化引起的自组织；②系统要素的质与量的变化引起的自组织[163]。通过自组织理论,我们可以认为制造系统的形成与扩散过程,定制化与批量化生产的交替出现过程,以及全面质量管理、精益生产、敏捷网络化制造等不同制造系统的演变过程,都是系统自组织的外在表现[164]。

2. 制造系统的信息熵度量

信息论是关于信息的本质和传输规律的科学理论,是由美国数学家 Shannon 于 20 世纪 40 年代所创立的,是研究信息的计量、发送、传递、交换、接收和存储的学科[162]。随着广义信息论、信息科学的兴起,越来越多的研究证明物质的形态及其运动形式之间存在着必然的信息联系,信息论为现代科学与现代管理提供了全新的科学方法。制造活动中的信息特征也被逐渐认识,任何制造活动都是由信息驱动的,它是由制造的目的特征、人为特征和物质特征所确定的。没有信息就不可能进行任何活动,而且任何活动都可由信息来表述,信息论逐渐成为研究制造系统的重要方法。

　　根据 Shannon 对信息的定义,信息是事物运动状态或存在方式的不确定性的描述,而不确定性正是复杂系统的重要特征之一。因此,信息论为研究制造系统复杂性提供了非常有效的方法,信息熵度量方法则成为系统复杂度的定量化研究的手段之一[165]。测度复杂性,可以定量评价不同的系统设计与运行的决策方案,具体分析各类不确定因素对制造系统运行复杂性的影响,从而优化系统设计、改善系统运行性能。事实上,复杂性是一柄"双刃剑"——复杂度太小则制造系统可能缺乏足够的柔性,而复杂度太大则易造成系统失控。因此,对复杂性进行管理和控制,"兴利除弊",是优化制造系统设计与运行的有效途径。

　　利用信息论及信息熵对制造系统进行研究最早出现在 20 世纪 80 年代,哥伦比亚大学的 YAO 等人在研究柔性制造系统的动态零件排序的过程中,为了计算其柔性的大小,首次引入了信息熵的概念,通过对所有工作及其机器设备所含信息容量大小的度量来体现系统柔性的大小[166,167]。与此同时,加拿大卡尔顿大学的 Kapur 等也注意到了制造柔性的定量化问题,同样采用了信息熵进行度量[168]。进入 20 世纪 90 年代后,信息熵被正式应用于制造系统复杂性的研究,美国普渡大学的 Deshmukh 等[169,170]从研究制造系统柔性出发,逐渐发现系统的复杂性问题,并将制造系统复杂性区分为结构复杂性、动态复杂性和控制复杂性等,利用信息熵对结构复杂性进行了度量。剑桥大学的 Frizelle[171-173]等则从制造系统中的排队问题、供应链问题出发,挖掘制造系统的复杂性,并将其区分为结构复杂性和运作复杂性。之后,牛津大学的 Efstathiou 等[174-178]和加拿大温莎大学 EIMaraghy 等[179-181]研究团队分别对制造系统的复杂性进行了分类与建模。目前,针对制造系统的复杂性分类及其熵评价的模型主要有如下几种。

　　1) 流程柔性熵模型

　　流程柔性熵模型是 Yao 等人在解决柔性制造系统的柔性设计时提出的[166]。他们指出,在柔性制造系统(flexible manufacturing system,FMS)中制定零件工艺路线的零件选择和机器选择决策时应符合"最小熵减少"原理,流程柔性只能在并行作业和设备轮换两个层次上得以实现。他们引入下一工序清单(NOL)概念,即每一个进入加工系统的零件,都有一张记录下一工序和相应待加工设备的信息表。每完成一道工序,该表就更新一次。生产过程中的流程熵为

$$H = \sum_{t=1}^{N_p} Q(t) \sum_{i=1}^{N_S(t)} \Big[\sum_{n=1}^{N_p(t)} H_n(t,i) + \ln N_p(t)! \Big]$$

$$H_n(t,i) = - \sum_{m_n(t,i)=1}^{M_n(t,i)} \frac{r[m_n(t,i)]}{A_n(t,i)} \ln \frac{r[m_n(t,i)]}{A_n(t,i)}$$

$$A_n(t,i) = \sum_{m_n(i)=1}^{M_n(i)} r[m_n(t,i)]$$

式中：N_p 为待生产零件类型的数目；$Q(t)$ 为批量规模；t 为零件型号，$t=1,2,\cdots,N_p$；$H_n(t,i)$ 为在加工第 t 种型号且处于第 i 道工序的设备的熵；$r[m_n(t,i)]$ 为设备 $m_n(t,i)$ 的可靠性，可以用正常加工时间来表示；$m_n(i)$ 为加工操作处于第 i 道工序的设备数量。同一子集内的所有操作工序没有固定顺序，可以依据任务而定。

2）动态复杂性模型

剑桥大学制造研究所的 Frizelle 等[171-173]认为多样性和不确定性是制造系统复杂性的两个显著特点，他们定义了两类复杂性：结构复杂性和运作复杂性。结构复杂性是由于复杂的结构设计会影响到制造过程中所需的各种资源，从而导致资源多样性与不确定性。运作复杂性则决定了制造系统的运作行为，这些行为通过对制造过程的直接观测而获取。Frizelle 熵方法假设待测定系统稳定，认为系统可靠性随运作复杂性程度增加而降低，且复杂性最高过程是整个加工过程的瓶颈。动态复杂性描述如下：

$$H_d = -p\log_2 p - (1-p)p\log_2(1-p)$$
$$-(1-p)\left(\sum_{i=1}^{M^q}\sum_{j=1}^{N^q} p_{ij}^q \log_2 p_{ij}^q + \sum_{i=1}^{M^m}\sum_{j=1}^{N^m} p_{ij}^m \log_2 p_{ij}^m + \sum_{i=1}^{M^b}\sum_{j=1}^{N^b} p_{ij}^b \log_2 p_{ij}^b\right)$$

式中：H_d 为动态熵；M 为设备数量；M^q、M^m、M^b 分别为队长大于 1、不大于 1、非常规状态下的设备数量；N^q、N^m、N^b 分别为队长大于 1、不大于 1、非常规状态下的状态数量；p_{ij} 为设备 j 处于第 i 种状态的概率；p 为系统处于可控状态下的概率；p^q、p^m、p^b 分别为队长大于 1、不大于 1、非常规状态下的概率。

另外，牛津大学制造系统研究组的 Efstathiou 等将复杂性分为静态和动态两种方式，其中静态复杂性只考虑制造系统按调度所预期发生的状态，而动态复杂性则关注制造系统运行过程中实际发生的状态，主要用于描述系统在受到各种不确定因素的作用后系统状态的变化。

3）批量熵模型

Karp 与 Ronen[182,183]认为，已知产品在装配线上各点位置的概率时，可计算一批产品在装配线上位置的信息量，计算方法如下：

$$H(S) = -\frac{N}{C^2 P}\log_2 \frac{N}{PSC} - \left(\frac{1}{C} - \frac{N}{PC^2}\right)\log_2\left(1 - \frac{N}{PC}\right)$$

式中：$H(S)$ 为批量熵；S 为生产线上所有加工位置的总数；P、N 分别为加工某一产品所用零件数和每批加工零件数，且 $P=N\times B$，B 为加工零件批数；C 为不小于 1 的常数，其含义是在单一批量产品生产过程中，总生产时间（生产加工时间＋用于成品上的时间）与净生产时间（仅包括生产加工时间）之比。

4）产品熵模型

EIMaraghy 等[179,180]从产品的结构及生产过程出发，将制造复杂性区分为产品复杂性、过程复杂性和操作复杂性。其中，产品复杂性是描述不同产品的材料、设计和特殊技术条件之间差异的函数；过程复杂性则是描述产品的空间需求、工作环境的函数,其主要关注生产过程中使用的设备、步骤、工具、工装夹具等;而操作复杂性则是描述具体生产的执行情况的函数,包括调度计划、生产准备、监测和设备维护等内容。

3. 复杂性分析法在具体生产控制问题中的应用研究

随着制造系统复杂性研究的不断深入,越来越多的学者都试图将复杂性理论应用到实际的工程优化问题中去,特别是在基于信息熵的复杂性测度研究方面,由于其研究的本质是对制造系统中的各种不确定信息进行测度,因此利用熵测度方法可以较容易地对制造系统中的不确定性进行度量,从而实现对制造系统的控制与优化。一般来说,这些研究与上述复杂性分类与建模的研究相互交叉、相互发展,促进了这一领域研究的发展。从传统的复杂性分类与建模出发对实际工程问题的研究主要包括如下几个方面:Yao 等在研究制造系统柔性的同时,利用信息熵分别构建了零件选择规则和机器选择规则,在这两种规则的基础上提出了调度最小熵减少(least reduction in entropy,LRE)规则来对制造系统的柔性进行了研究[166],研究表明,这种规则较之最短加工时间(SPT)规则有很大的优越性。Piplani 和 Talavage 等则进一步比较了 LRE、LSLACK、LPTR 等多种调度规则,分别找出了各种方案之间的优缺点[184]。新加坡南洋理工大学的 Piplani 等[185]则深入研究了 Yao 等所提出的 LRE 规则,并进一步提出了 LRRE(least relative reduction in entropy)规则,这种规则较之 LRE 规则能取得更好的优化结果。Sivadasan 等用复杂性理论评价了基于网络的专家系统的组织结构的复杂性[176]。Zhang 等利用复杂性理论研究了在四种不同库存策略下的大规模定制制造系统,研究证明高的结构复杂性容易导致系统动态行为的混乱[186]。

近几年,越来越多的研究者投入这一领域的研究中来,他们给这一领域的研究带来了很多新的思想。Zhu 等[187]从混流装配制造出发,探讨在混流装配产品切换的过程中出现的复杂性问题,并对单个工位复杂性及多工位相互关联复杂性进行度量,为产品切换过程的优化提供有效依据。Kuzgunkaya 等[188]则从可重构制造系统出发,对制造系统的结构复杂性进行了研究及度量,在度量过程中分别考虑了生产设备、缓存区、物料搬运装置等多种制造设备,并研究了在生产不同产品时结构复杂性的大小。Yu 等[189]研究了一种计算大型制造网络复杂性的方法,并且给出了系统复杂性及产量与设备利用率之间的关系。Jaber 等[190]则研究了在不同产品批次及其允许延迟条件下的信息熵的减少情况。这些研究的研究对象更加具体,其研究的问题也更贴近于实际的生产环境,使得制造系统复杂性的研究进入了一个高速发展期。

1.3　本书的主要内容与结构

当前产品多样性与交货速度逐渐成为与制造成本及质量同等关键的因素,混流装配线通过改变生产组织方式就能够充分利用原有的设施设备实现多品种、高效率的生产,它已经成为众多制造企业实现制造柔性的一种重要策略。本章为绪论,在上述背景下,本书对混流装配系统运行优化中存在的若干典型关键问题展开深入的研究(第 2 章~第 6 章),并提出装配制造系统计划时效性与调度有效性分析与评估的方法(第 7 章),在上述研究基础上,实现混流装配制造平台的开发与应用(第 8 章)。全书整体结构如图 1-3 所示,以下做具体介绍。

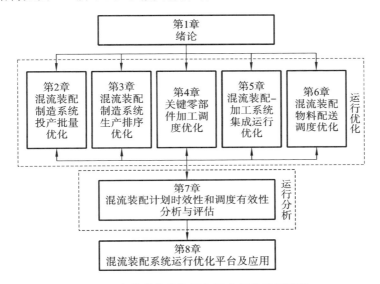

图 1-3 本书整体结构及各章之间关系示意图

第 1 章为绪论,主要介绍混流装配制造系统流程,指出当前各领域所面临的问题,以及国内外研究概况。

第 2 章为混流装配制造系统投产批量优化,考虑不确定需求下混流装配制造系统批量优化问题,以最小化成品库存和延迟交货总成本为目标,将模型重新表述为一个非线性的模糊机会约束模型,并提出了一种基于径向基函数网络和粒子群算法的混合求解算法。

第 3 章为混流装配制造系统生产排序优化,分别针对混流装配制造系统初始排序和重排序问题展开研究。首先建立了混流装配排序的确定型模型,探寻工位负荷平衡、产品平顺化生产和产品切换等目标的优化,提出 GA-PSO 混合算法求解;其次,以期望超载量、零部件消耗率和切换次数为优化目标,建立了工件加工时间服从正态随机分布的随机型混流装配线排序模型,并提出一种粒子群优化算法与模拟退火算法相结合的混合算法;最后,针对生产过程中频繁出现产品物料不齐套的情况,建立了产品物料不齐套条件下的混流装配线重排序数学模型,并对该问题及其求解方法进行了深入分析和探讨。

第 4 章为关键零部件加工调度优化,针对混流装配制造中的关键零部件与轴类零件生产排序展开研究。首先针对关键零部件生产,以提高齐套性为目标,提出一种评价齐套性的指标来建立优化模型并求解;其次,设计一种采用两种编解码方式的混合进化算法来求解自制件的混合流水车间加工调度优化问题;最后,为帮助生产企业减少碳排放,考虑制造过程中各操作的能耗与碳排放,针对轴类零件车削车间构造柔性流水车间碳效优化调度的数学模型,并寻求问题的高效求解算法。

第5章为混流装配-加工系统集成运行优化,分别对投产批量与集成排序优化问题进行研究。首先,考虑零部件加工计划和装配投产批量间的相互影响,并将其表述为两层模糊机会约束规划模型,应用迭代策略求解;其次,对混合流水部件集成排序优化问题进行研究,以平顺化混流装配线的部件消耗及最小化加工线总的切换时间为优化目标,设计可适应多目标优化的遗传算法用于求解该问题。

第6章为混流装配物料配送调度与路径优化,对混流装配线物料供应中的车辆调度问题展开研究。首先提出了一种逆序回溯算法求解小规模问题,并提出了一种应用启发式规则的 GASA 算法(遗传-模拟退火算法)求解大规模实际问题。其次,假设车辆的运送时间是服从正态分布的随机变量,构建了物料配送系统的多目标优化模型,并用多目标人工蜂群算法求解。

第7章为混流装配计划时效性和调度有效性分析与评估,考虑到生产中各种动态扰动导致系统变化,将复杂性引入对计划时效性与调度有效性的分析与评估中。首先,对混流装配制造系统的复杂性特征展开介绍,并建立了基于信息熵的混流装配制造系统复杂性模型。其次,为避免原始计划与实际执行计划偏差过大,导致生产任务混乱,分别基于静态和动态复杂性度量方法对计划的时效性展开分析,并给出了最大计划时限及计划时效性实时评估的计算方法,用以指导生产计划执行周期的制定。最后,为对变动或干扰因素做出响应,提出一种制造系统调度有效性的分析方法,利用过程控制复杂性和生产偏离度方法来综合分析设备故障、紧急插单、工件优先级变化等多种因素对当前调度有效性的影响,以此来指导企业进行重调度决策。

第8章为混流装配系统运行优化平台及应用,基于前文章节所述的优化模型与方法,应用 J2EE 相关技术,设计并开发了面向混流装配系统的运行优化平台及关键功能模块,以支持混流装配系统中生产计划、排序、物料配送等方面的优化以及关键决策的制定,同时介绍了该平台在某发动机公司部署的实际情况及应用效果。

本章参考文献

[1] NYHUIS P,WIENDAHL H-P. Fundamentals of production logistics:theory, tools and applications[M]. Berlin,Heidelberg:Springer Science & Business Media,2008.

[2] KHOUJA M. The single-period(news-vendor)problem:literature review and suggestions for future research[J]. Omega,1999,27(5):537-553.

[3]　HARIGA M, BEN-DAYA M. Some stochastic inventory models with deterministic variable lead time[J]. European Journal of Operational Research,1999,113(1):42-51.

[4]　VEINOTT A F, HADLEY G, WHITIN T M. Analysis of inventory systems [J],1963.

[5]　KARIMI B, GHOMI S M T F, WILSON J M. The capacitated lot sizing problem:a review of models and algorithms[J]. Omega,2003,31(5):365-378.

[6]　TRIGEIRO W W. A simple heuristic for lot sizing with setup times[J]. Decision Sciences,1989,20(2):294-303.

[7]　常剑峰,钟约先,韩赞东.制造系统中能力约束下的生产批量计划优化方法[J].清华大学学报:自然科学版,2004,44(5):605-608.

[8]　BRANDIMARTE P. Multi-item capacitated lot-sizing with demand uncertainty[J]. International Journal of Production Research,2006,44(15):2997-3022.

[9]　HELBER S, SAHLING F, SCHIMMELPFENG K. Dynamic capacitated lot sizing with random demand and a service level constraint[J]. Session 3(3 talks),2010:27.

[10]　WANG Y Z,GERCHAK Y. Periodic review production models with variable capacity,random yield,and uncertain demand[J]. Management Science,1996,42(1):130-137.

[11]　AGHEZZAF E-H, SITOMPUL C, NAJID N M. Models for robust tactical planning in multi-stage production systems with uncertain demands[J]. Computers & Operations Research,2010,37(5):880-889.

[12]　FILDES R, KINGSMAN B. Incorporating demand uncertainty and forecast error in supply chain planning models[J]. Journal of the Operational Research Society,2011,62:483-500.

[13]　SHEN Y L. Multi-item production planning with stochastic demand:a ranking-based solution[J]. International Journal of Production Research,2013,51(1):138-153.

[14]　PAPPIS C, KARACAPILIDIS N. Lot size scheduling using fuzzy numbers [J]. International Transactions in Operational Research,1995,2(2):205-212.

[15]　祝勇,潘晓弘.模糊环境下基于可信性规划的生产计划方法[J].计算机集成制造系统,2011,17(2):344-352.

[16]　杨红红,吴智铭.模糊需求环境下多工艺批量生产计划[J].上海交通大学学报,2002,36(8):1121-1126,1137.

[17] REZAEI J, DAVOODI M. Genetic algorithm for inventory lot-sizing with supplier selection under fuzzy demand and costs[C]//ALI M, DAPOIGNY R. Advances in applied artificial intelligence:19th international conference on industrial, engineering and other applications of applied intelligent systems, IEA/AIE 2006, Annecy, France, June 2006 proceedings. Berlin, Heidelberg: Springer, 2006.

[18] 赵建华,白进达,魏喜凤,等. 模糊供应链批量生产计划问题[J]. 系统工程与电子技术, 2007, 29(8):1299-1304.

[19] 张琳,李海燕,王莉. 模糊需求下批量生产优化模型[J]. 辽宁科技大学学报, 2008, 31(1):15-20.

[20] KAO C, HSU W-K. Lot size-reorder point inventory model with fuzzy demands[J]. Computers & Mathematics with Applications, 2002, 43(10-11): 1291-1302.

[21] BAG S, CHAKRABORTY D, ROY A R. A production inventory model with fuzzy random demand and with flexibility and reliability considerations[J]. Computers & Industrial Engineering, 2009, 56(1):411-416.

[22] LAN Y F, ZHAO R Q, TANG W S. Minimum risk criterion for uncertain production planning problems[J]. Computers & Industrial Engineering, 2011, 61(3):591-599.

[23] SAHEBJAMNIA N, TORABI S A. A fuzzy stochastic programming approach to solve the capacitated lot size problem under uncertainty[C]// Proceedings of the 2011 IEEE International Conference on Fuzzy Systems (FUZZ-IEEE 2011). New York:IEEE, 2011.

[24] DANGELMAIER W, KAGANOVA E. Robust solution approach to CLSP problem with an uncertain demand[C]//WINDT K. Robust manufacturing control. Berlin, Heidelberg:Springer, 2012.

[25] BOOKBINDER J H, TAN J-Y. Strategies for the probabilistic lot-sizing problem with service-level constraints[J]. Management Science, 1988, 34(9): 1096-1108.

[26] HELBER S, SAHLING F, SCHIMMELPFENG K. Dynamic capacitated lot sizing with random demand and dynamic safety stocks[J]. OR Spectrum, 2013, 35:75-105.

[27] SOX C R, MUCKSTADT J A. Multi-item, multi-period production planning with uncertain demand[J]. IIE Transactions, 1996, 28(11):891-900.

[28] TEMPELMEIER H. A column generation heuristic for dynamic capacitated lot sizing with random demand under a fill rate constraint[J]. Omega, 2011,

39(6):627-633.

[29] THOMOPOULOS N T. Line balancing-sequencing for mixed-model assembly[J]. Management Science,1967,14(2):B-59-B-75.

[30] OKAMURA K,YAMASHINA H. A heuristic algorithm for the assembly line model-mix sequencing problem to minimize the risk of stopping the conveyor[J]. International Journal of Production Research,1979,17(3): 233-247.

[31] MILTENBURG J. Level schedules for mixed-model assembly lines in just-in-time production systems[J]. Management Science,1989,35(2):192-207.

[32] JONATHAN F, DAR-ELJ E, SHTUB A. An analytic framework for sequencing mixed model assembly lines [J]. International Journal of Production Research,1992,30(1):35-48.

[33] KAUFMANN A. Integer and mixed programming:theory and applications [Z],1977.

[34] BELLMAN R. Dynamic programming[J]. Science,153(3731):34-37.

[35] BLAZEWICZ J,ECKER K H,PESCH E,et al. Scheduling computer and manufacturing processes[M]. Berlin,Heidelberg:Springer,2001.

[36] MONDEN Y. Toyota production system:an integrated approach to just-in-time[M]. 4th ed. New York:Productivity Press,2011.

[37] ZHU J,DING F-Y. A transformed two-stage method for reducing the part-usage variation and a comparison of the product-level and part-level solutions in sequencing mixed-model assembly lines [J]. European Journal of Operational Research,2000,127(1):203-216.

[38] DING F-Y,SUN H. Sequence alteration and restoration related to sequenced parts delivery on an automobile mixed-model assembly line with multiple departments[J]. International Journal of Production Research,2004,42(8): 1525-1543.

[39] KUBIAK W,STEINER G,SCOTT YEOMANS J. Optimal level schedules for mixed-model, multi-level just-in-time assembly systems[J]. Annals of Operations Research,1997,69:241-259.

[40] TAMURA T,LONG H,OHNO K. A sequencing problem to level part usage rates and work loads for a mixed-model assembly line with a bypass subline [J]. International Journal of Production Economics,1999,60-61:557-564.

[41] KIM Y K,HYUN C J,KIM Y. Sequencing in mixed model assembly lines:a genetic algorithm approach[J]. Computers & Operations Research,1996,23 (12):1131-1145.

[42] LEU Y-Y,MATHESON L A,REES L P. Sequencing mixed-model assembly lines with genetic algorithms[J]. Computers & Industrial Engineering,1996, 30(4):1027-1036.

[43] BOYSEN N,FLIEDNER M,SCHOLL A. Sequencing mixed-model assembly lines: survey, classification and model critique [J]. European Journal of Operational Research,2009,192(2):349-373.

[44] MILTENBURG J,GOLDSTEIN T. Developing production schedules which balance part usage and smooth production loads for just-in-time production systems[J]. Naval Research Logistics,1991,38(6):893-910.

[45] TSAI L-H. Mixed-model sequencing to minimize utility work and the risk of conveyor stoppage[J]. Management Science,1995,41(3):485-495.

[46] AIGBEDO H, MONDEN Y. A parametric procedure for multicriterion sequence scheduling for JustIn-Time mixed-model assembly lines [J]. International Journal of Production Research,1997,35(9):2543-2564.

[47] ZERAMDINI W,AIGBEDO H,MONDEN Y. Bicriteria sequencing for just-in-time mixed-model assembly lines[J]. International Journal of Production Research,2000,38(15):3451-3470.

[48] MCMULLEN P R. JIT sequencing for mixed-model assembly lines with setups using tabu search[J]. Production Planning & Control,1998,9(5): 504-510.

[49] MCMULLEN P R, FRAZIER G V. A simulated annealing approach to mixed-model sequencing with multiple objectives on a just-in-time line[J]. IIE Transactions,2000,32(8):679-686.

[50] VENTURA J A,RADHAKRISHNAN S. Sequencing mixed model assembly lines for a Just-In-Time production system [J]. Production Planning & Control,2002,13(2):199-210.

[51] DREXL A,KIMMS A,MATTHIEßEN L. Algorithms for the car sequencing and the level scheduling problem[J]. Journal of Scheduling, 2006,9 (2): 153-176.

[52] MALAVE C O, SANDERS R C, DIAZ E. Operational planning and electronic assembly: case of two machines, multiple products [J]. International Journal of Industrial Engineering,2004,11(1):54-65.

[53] YOO J K,SHIMIZU Y, HINO R. A sequencing problem for mixed-model assembly line with the aid of relief-man[J]. JSME International Journal Series C,2005,48(1):15-20.

[54] HYUN C J,KIM Y,KIM Y K. A genetic algorithm for multiple objective

sequencing problems in mixed model assembly lines [J]. Computers & Operations Research,1998,25(7-8):675-690.

[55] MCMULLEN P R, TARASEWICH P, FRAZIER G V. Using genetic algorithms to solve the multi-product JIT sequencing problem with set-ups [J]. International Journal of Production Research,2000,38(12):2653-2670.

[56] MCMULLEN P R. An efficient frontier approach to addressing JIT sequencing problems with setups via search heuristics [J]. Computers & Industrial Engineering,2001,41(3):335-353.

[57] MILTENBURG J. Balancing and scheduling mixed-model u-shaped production lines [J]. International Journal of Flexible Manufacturing Systems,2002,14(2):119-151.

[58] MANSOURI S A. A multi-objective genetic algorithm for mixed-model sequencing on JIT assembly lines [J]. European Journal of Operational Research,2005,167(3):696-716.

[59] YU J F,YIN Y H,CHEN Z N. Scheduling of an assembly line with a multi-objective genetic algorithm [J]. The International Journal of Advanced Manufacturing Technology,2006,28(5):551-555.

[60] GUO Z X, WONG W K, LEUNG S Y, et al. A genetic-algorithm-based optimization model for scheduling flexible assembly lines [J]. The International Journal of Advanced Manufacturing Technology,2008,36(1): 156-168.

[61] HWANG R, KATAYAMA H. A multi-decision genetic approach for workload balancing of mixed-model u-shaped assembly line systems [J]. International Journal of Production Research,2009,47(14):3797-3822.

[62] MCMULLEN P R. A Kohonen self-organizing map approach to addressing a multiple objective, mixed-model JIT sequencing problem [J]. International Journal of Production Economics,2001,72(1):59-71.

[63] MCMULLEN P R. An ant colony optimization approach to addressing a JIT sequencing problem with multiple objectives [J]. Artificial Intelligence in Engineering,2001,15(3):309-317.

[64] KIM Y K,KIM S J,KIM J Y. Balancing and sequencing mixed-model u-lines with a co-evolutionary algorithm[J]. Production Planning & Control,2000, 11(8):754-764.

[65] TAVAKKOLI-MOGHADDAM R, RAHIMI-VAHED A R. Multi-criteria sequencing problem for a mixed-model assembly line in a JIT production system[J]. Applied Mathematics and Computation,2006,181(2):1471-1481.

[66] FÄRBER G H,COVES MORENO A M. Overview on: sequencing in mixed model flowshop production line with static and dynamic context[R/OL]. http://hdl. handle. net/2117/521.

[67] VIEIRA G E, HERRMANN J W, LIN E. Rescheduling manufacturing systems:a framework of strategies, policies, and methods[J]. Journal of Scheduling,2003,6:39-62.

[68] BOYSEN N, SCHOLL A, WOPPERER N. Resequencing of mixed-model assembly lines: survey and research agenda [J]. European Journal of Operational Research,2012,216(3):594-604.

[69] GUSIKHIN O,CAPRIHAN R,STECKE K E. Least in-sequence probability heuristic for mixed-volume production lines[J]. International Journal of Production Research,2008,46(3):647-673.

[70] GUJJULA R,GUNTHER H-O. Resequencing mixed-model assembly lines under just-in-sequence constraints [C]//Proceedings of the 2009 International Conference on Computers & Industrial Engineering. New York:IEEE,2009.

[71] ARTHANARI T S,RAMAMURTHY K G. An extension of two machine sequencing problem[J]. Opsearch,1971,8:10-22.

[72] 吴勃,刘胜辉.CIM 环境下 MRP 与 CPM 一体化系统[J]. 机电产品开发与创新,2003(1):38-40.

[73] RAO Y Q,WANG M C,WANG K P. A Study on the scheduling problem in two-stage convergent mixed-model production systems[J]. Advanced Science Letters,2013,19(11):3428-3431.

[74] 王万雷. 制造执行系统(MES)若干关键技术研究[D]. 大连:大连理工大学,2006.

[75] RONEN B. The complete kit concept [J]. The International Journal of Production Research,1992,30(10):2457-2466.

[76] GROSFELD-NIR A,RONEN B. The complete kit:modeling the managerial approach[J]. Computers & Industrial Engineering,1998,3(34):695-701.

[77] 黎小平,宁宣熙. 基于架次管理的装配过程零件动态配套性算法[J]. 计算机集成制造系统-CIMS,1999,5(4):66-71.

[78] 罗建强,韩玉启,姜涛,等. 基于 GSPN 的供应链产品成套性建模与分析[J]. 系统仿真学报,2007,19(22):5264-5268.

[79] RAMACHANDRAN S,DELEN D. Performance analysis of a kitting process in stochastic assembly systems[J]. Computers & Operations Research,2005, 32(3):449-463.

[80] 王林平.应用齐套概念的离散制造业生产调度问题研究[D].大连:大连理工大学,2009.

[81] CHEN J F,WILHELM W. Kitting in multi-echelon,multi-product assembly systems with parts substitutable[J]. International Journal of Production Research,1997,35(10):2871-2898.

[82] 李毅鹏,马士华.供求不确定下零部件供应商横向协同研究[J].管理学报,2013,10(7):1054-1059.

[83] 徐建萍,郭钢.基于工艺流程的物料配送 BOM 模型[J].重庆大学学报:自然科学版,2005,28(6):19-21.

[84] MEDBO L. Assembly work execution and materials kit functionality in parallel flow assembly systems[J]. International Journal of Industrial Ergonomics,2003,31(4):263-281.

[85] 刘霞,尚利.基于齐套方法的离散制造装配计划[J].煤矿机械,2013,34(6):117-119.

[86] DING J Y,SONG S J,WU C. Carbon-efficient scheduling of flow shops by multi-objective optimization[J]. European Journal of Operational Research,2016,248(3):758-771.

[87] FANG K,UHAN N A,ZHAO F,et al. Flow shop scheduling with peak power consumption constraints[J]. Annals of Operations Research,2013,206:115-145.

[88] LI W,ZEIN A,KARA S,et al. An investigation into fixed energy consumption of machine tools[C]//HESSELBACH J,HERRMANN C. Glocalized solutions for sustainability in manufacturing. Berlin,Heidelberg:Springer,2011.

[89] MORI M,FUJISHIMA M,INAMASU Y,et al. A study on energy efficiency improvement for machine tools[J]. CIRP Annals,2011,60(1):145-148.

[90] KARA S,MANMEK S,HERRMANN C. Global manufacturing and the embodied energy of products[J]. CIRP Annals,2010,59(1):29-32.

[91] GUTOWSKI T,DAHMUS J,THIRIEZ A. Electrical energy requirements for manufacturing processes[C/OL]. https://web. mit. edu/2.813/www/readings/Gutowski-CIRP. pdf.

[92] MOUZON G,YILDIRIM M B,TWOMEY J. Operational methods for minimization of energy consumption of manufacturing equipment[J]. International Journal of Production Research,2007,45(18-19):4247-4271.

[93] MOUZON G,YILDIRIM M B. A framework to minimise total energy consumption and total tardiness on a single machine[J]. International Journal

of Sustainable Engineering,2008,1(2):105-116.

[94] TANG D B, DAI M, SALIDO M A, et al. Energy-efficient dynamic scheduling for a flexible flow shop using an improved particle swarm optimization[J]. Computers in Industry,2016,81:82-95.

[95] 唐德才,宋平,李长顺. 中国制造业低碳发展现状研究[J]. 产业与科技论坛, 2011(21):5-7.

[96] 刘献礼,陈涛. 机械制造中的低碳制造理论与技术[J]. 哈尔滨理工大学学报, 2011,16(1):1-8.

[97] 刘飞,李聪波,曹华军,等. 基于产品生命周期主线的绿色制造技术内涵及技术体系框架[J]. 机械工程学报,2009(12):115-120.

[98] 何彦,刘飞,曹华军,等. 面向绿色制造的机械加工系统任务优化调度模型[J]. 机械工程学报,2007,43(4):27-33.

[99] BRUZZONE A A G, ANGHINOLFI D, PAOLUCCI M, et al. Energy-aware scheduling for improving manufacturing process sustainability: a mathematical model for flexible flow shops[J]. CIRP Annals,2012,61(1): 459-462.

[100] DAI M, TANG D B, GIRET A, et al. Energy-efficient scheduling for a flexible flow shop using an improved genetic-simulated annealing algorithm [J]. Robotics and Computer-Integrated Manufacturing, 2013, 29 (5): 418-429.

[101] LIU Y,DONG H B,LOHSE N,et al. An investigation into minimising total energy consumption and total weighted tardiness in job shops[J]. Journal of Cleaner Production,2014,65:87-96.

[102] 何彦,王乐祥,李育锋,等. 一种面向机械车间柔性工艺路线的加工任务节能调度方法[J]. 机械工程学报,2016,52(19):168-179.

[103] YAN J H,LI L,ZHAO F Y,et al. A multi-level optimization approach for energy-efficient flexible flow shop scheduling [J]. Journal of Cleaner Production,2016,137:1543-1552.

[104] ZHANG C Y,GU P H,JIANG P Y. Low-carbon scheduling and estimating for a flexible job shop based on carbon footprint and carbon efficiency of multi-job processing [J]. Proceedings of the Institution of Mechanical Engineers, Part B: Journal of Engineering Manufacture, 2015, 229 (2): 328-342.

[105] WOLSEY L A. Uncapacitated lot-sizing problems with start-up costs[J]. Operations Research,1989,37(5):741-747.

[106] HAN Y, TANG J F, KAKU I, et al. Solving uncapacitated multilevel lot-

sizing problems using a particle swarm optimization with flexible inertial weight[J]. Computers & Mathematics with Applications,2009,57(11-12): 1748-1755.

[107] DELLAERT N,JEUNET J,JONARD N. A genetic algorithm to solve the general multi-level lot-sizing problem with time-varying costs [J]. International Journal of Production Economics,2000,68(3):241-257.

[108] PITAKASO R,ALMEDER C,DOERNER K F, et al. A MAX-MIN ant system for unconstrained multi-level lot-sizing problems[J]. Computers & Operations Research,2007,34(9):2533-2552.

[109] PANDEY P, YENRADEE P, ARCHARIYAPRUEK S. A finite capacity material requirements planning system[J]. Production Planning & Control, 2000,11(2):113-121.

[110] AKARTUNALı K,MILLER A J. A heuristic approach for big bucket multi-level production planning problems[J]. European Journal of Operational Research,2009,193(2):396-411.

[111] WU T, SHI L Y, SONG J. An MIP-based interval heuristic for the capacitated multi-level lot-sizing problem with setup times[J]. Annals of Operations Research,2012,196:635-650.

[112] TOLEDO C F M,DE OLIVEIRA R R R,FRANCA P M. A hybrid multi-population genetic algorithm applied to solve the multi-level capacitated lot sizing problem with backlogging[J]. Computers & Operations Research, 2013,40(4):910-919.

[113] CASERTA M,RICO E Q. A cross entropy-Lagrangean hybrid algorithm for the multi-item capacitated lot-sizing problem with setup times[J]. Computers & Operations Research,2009,36(2):530-548.

[114] MULA J, POLER R, GARCIA-SABATER J P. Capacity and material requirement planning modelling by comparing deterministic and fuzzy models [J]. International Journal of Production Research,2008,46(20):5589-5606.

[115] RAMEZANIAN R,SAIDI-MEHRABAD M. Hybrid simulated annealing and MIP-based heuristics for stochastic lot-sizing and scheduling problem in capacitated multi-stage production system [J]. Applied Mathematical Modelling,2013,37(7):5134-5147.

[116] ALAYKÝRAN K,ENGIN O,DÖYEN A. Using ant colony optimization to solve hybrid flow shop scheduling problems[J]. The International Journal of Advanced Manufacturing Technology,2007,35:541-550.

[117] HUANG P Y. A comparative study of priority dispatching rules in a hybrid

assembly/job shop[J]. International Journal of Production Research,1984,22
(3):375-387.

[118] CHENG T. Analysis of material flow in a job shop with assembly operations
[J]. The International Journal of Production Research, 1990, 28 (7):
1369-1383.

[119] DOCTOR S R,CAVALIER T M,EGBELU P J. Scheduling for machining
and assembly in a job-shop environment [J]. International Journal of
Production Research,1993,31(6):1275-1297.

[120] THIAGARAJAN S,RAJENDRAN C. Scheduling in dynamic assembly job-
shops with jobs having different holding and tardiness costs[J]. International
Journal of Production Research,2003,41(18):4453-4486.

[121] THIAGARAJAN S,RAJENDRAN C. Scheduling in dynamic assembly job-
shops to minimize the sum of weighted earliness, weighted tardiness and
weighted flowtime of jobs[J]. Computers & Industrial Engineering,2005,
49(4):463-503.

[122] LEE C-Y,CHENG T C E,LIN B M T. Minimizing the makespan in the 3-
machine assembly-type flowshop scheduling problem [J]. Management
Science,1993,39(5):616-625.

[123] POTTS C N,SEVAST'JANOV S,STRUSEVICH V A,et al. The two-stage
assembly scheduling problem:complexity and approximation[J]. Operations
Research,1995,43(2):346-355.

[124] CAO D,CHEN M Y. A mixed integer programming model for a two line
CONWIP-based production and assembly system[J]. International Journal of
Production Economics,2005,95(3):317-326.

[125] YOKOYAMA M. Flow-shop scheduling with setup and assembly operations
[J]. European Journal of Operational Research,2008,187(3):1184-1195.

[126] BOYSEN N, FLIEDNER M, SCHOLL A. Assembly line balancing:joint
precedence graphs under high product variety[J]. IIE Transactions,2009,41
(3):183-193.

[127] EL KHAYAT G, LANGEVIN A, RIOPEL D. Integrated production and
material handling scheduling using mathematical programming and
constraint programming [J]. European Journal of Operational Research,
2006,175(3):1818-1832.

[128] DREXL A, KIMMS A. Sequencing JIT mixed-model assembly lines under
station-load and part-usage constraints[J]. Management Science, 2001, 47
(3):480-491.

[129] GOLDEN B L, MAGNANTI T L, NGUYEN H Q. Implementing vehicle routing algorithms[J]. Networks,1977,7(2):113-148.

[130] DANTZIG G, FULKERSON R, JOHNSON S. Solution of a large-scale traveling-salesman problem[J]. Journal of the Operations Research Society of America,1954,2(4):393-410.

[131] ANWAR M F, NAGI R. Integrated scheduling of material handling and manufacturing activities for just-in-time production of complex assemblies [J]. International Journal of Production Research,1998,36(3):653-681.

[132] CAUMOND A, LACOMME P, MOUKRIM A, et al. An MILP for scheduling problems in an FMS with one vehicle[J]. European Journal of Operational Research,2009,199(3):706-722.

[133] 党立伟,孙小明. 基于配送 BOM 的装配线物料循环准时化配送研究[J]. 机械制造,2012,50(7):89-91.

[134] SAVELSBERGH M W P. Local search in routing problems with time windows[J]. Annals of Operations Research,1985,4(1):285-305.

[135] EL-SHERBENY N A. Vehicle routing with time windows:an overview of exact, heuristic and metaheuristic methods [J]. Journal of King Saud University-Science,2010,22(3):123-131.

[136] BOYSEN N, BOCK S. Scheduling just-in-time part supply for mixed-model assembly lines[J]. European Journal of Operational Research,2011,211(1):15-25.

[137] CHOI W, LEE Y. A dynamic part-feeding system for an automotive assembly line [J]. Computers & Industrial Engineering, 2002, 43 (1-2):123-134.

[138] RAO Y Q, WANG M C, WANG K P. JIT single vehicle scheduling in a mixed-model assembly line [J]. Advanced Materials Research, 2011, 211:770-774.

[139] 高贵兵,张红波,张道兵,等. 混流制造车间物料配送路径优化[J]. 计算机工程与应用,2014,50(15):228-234.

[140] 王楠. 基于实时状态信息的混流装配生产优化与仿真技术研究[D]. 武汉:华中科技大学,2012.

[141] 李晋航. 混流制造车间物料配送调度优化研究[D]. 武汉:华中科技大学,2009.

[142] 曹振新,朱云龙. 混流轿车总装配线上物料配送的研究与实践[J]. 计算机集成制造系统,2006,12(2):285-291.

[143] 尚文利,史海波,邱文萍,等.基于 RFID 的混流装配汽车生产线物料动态配送研究[J].机械设计与制造,2007(2):157-159.

[144] 刘纪岸,周康渠,夏敏,等.某摩托车企业发动机装配线物料配送仿真与优化[J].重庆工学院学报:自然科学版,2009(12):7-11.

[145] 周金平.混流装配线物料配送仿真与优化[J].机电工程技术,2011,40(8):25-28,98.

[146] GENDREAU M,LAPORTE G,SÉGUIN R. Stochastic vehicle routing[J]. European Journal of Operational Research,1996,88(1):3-12.

[147] LAPORTE G,LOUVEAUX F,MERCURE H. The vehicle routing problem with stochastic travel times [J]. Transportation Science, 1992, 26 (3): 161-170.

[148] ANDO N,TANIGUCHI E. Travel time reliability in vehicle routing and scheduling with time windows[J]. Networks and Spatial Economics,2006,6 (3-4):293-311.

[149] RUSSELL R A,URBAN T L. Vehicle routing with soft time windows and Erlang travel times[J]. Journal of the Operational Research Society,2007,59 (9):1220-1228.

[150] 秦江涛.基于 Petri 网仿真的制造系统性能分析研究[J].工业工程与管理, 2014,19(1):8-15.

[151] LEFEBVRE D,LECLERCQ E. Stochastic Petri net identification for the fault detection and isolation of discrete event systems[J]. IEEE Transactions on Systems,Man,and Cybernetics—Part A:Systems and Humans,2010,41 (2):213-225.

[152] ZHANG J F,KHALGUI M,LI Z W,et al. Reconfigurable coordination of distributed discrete event control systems[J]. IEEE Transactions on Control Systems Technology,2015,23(1):323-330.

[153] 彭文利,张定华,秦忠宝,等.基于分形理论的制造系统建模方法研究[J].计算机工程与应用,2003(20):32-34,94.

[154] FATTAHI R,KHALILZADEH M. Risk evaluation using a novel hybrid method based on FMEA, extended MULTIMOORA, and AHP methods under fuzzy environment[J]. Safety Science,2018,102:290-300.

[155] SHEN W M,NORRIE D H. Agent-based systems for intelligent manufacturing:a state-of-the-art survey[J]. Knowledge and Information Systems,1999,1:129-156.

[156] 何非.装配制造系统复杂特性建模及其应用研究[D].武汉:华中科技大学,2010.

[157] DE GEUS A P. Planning as learning[M]. Boston:Harvard Business Review, 1988.

[158] DESSERT P E,JAMES S D. Applying chaos to manufacturing process optimization[J]. Journal of Advanced Manufacturing Systems,2002,1(2): 201-210.

[159] SCHMITZ J,VAN BEEK D A,ROODA J E. Chaos in discrete production systems? [J]. Journal of Manufacturing Systems,2002,21(3):236-246.

[160] KIM S H,LEE C M. Nonlinear prediction of manufacturing systems through explicit and implicit data mining[J]. Computers & Industrial Engineering, 1997,33(3-4):461-464.

[161] MACINTOSH R, MACLEAN D, ARBON I, et al. Transforming organisations—(some)insights from complexity theory[C]//BITITCI U S, CARRIE A S. Strategic management of the manufacturing value chain. Berlin,Heidelberg:Springer,1998.

[162] SHANNON C E. A mathematical theory of communication [J]. ACM SIGMOBILE Mobile Computing and Communications Review,2001,5(1): 3-55.

[163] MASSOTTE P. Smart production systems and self-organization[J]. FUCAM April 4th and 5th Marrakech,Marocco,1995.

[164] 马新莉. 基于自组织理论的制造系统演化机制研究[J]. 陕西工学院学报, 2003,19(1):52-55.

[165] SHANNON C E. A mathematical theory of communication[J]. The Bell System Technical Journal,1948,27(3):379-423.

[166] YAO D D,PEI F F. Flexible parts routing in manufacturing systems[J]. IIE Transactions,1990,22(1):48-55.

[167] YAO D D. Material and information flows in flexible manufacturing systems [J]. Material Flow,1985,2(2-3):143-149.

[168] KAPUR J N,KUMAR V,HAWALASHKA O. Maximum-entropy principle in flexible manufacturing systems[J]. Defence Science Journal,1985,35(1): 11-18.

[169] DESHMUKH A V. Complexity and chaos in manufacturing systems[M]. West Lafayette:Purdue University Press,1993.

[170] DESHMUKH A V, TALAVAGE J J, BARASH M M. Complexity in manufacturing systems, part 1: analysis of static complexity [J]. IIE Transactions,1998,30(7):645-655.

[171] FRIZELLE G, SUHOV Y M. An entropic measurement of queueing

behaviour in a class of manufacturing operations[J]. Proceedings of the Royal Society of London Series A: Mathematical, Physical and Engineering Sciences, 2001, 457(2011): 1579-1601.

[172] FRIZELLE G. The management of complexity in manufacturing: a strategic route map to competitive advantage through the control and measurement of complexity[M]. Business Intelligence, 1998.

[173] FRIZELLE G, WOODCOCK E. Measuring complexity as an aid to developing operational strategy[J]. International Journal of Operations & Production Management, 1995, 15(5): 26-39.

[174] EFSTATHIOU J, CALINESCU A, KARIUKI S, et al. 1-S-1 What manufacturing wants from scheduling[C]//Proceedings of International Symposium on Scheduling, 2002.

[175] SIVADASAN S, EFSTATHIOU J, CALINESCU A, et al. Advances on measuring the operational complexity of supplier-customer systems[J]. European Journal of Operational Research, 2006, 171(1): 208-226.

[176] SIVADASAN S, EFSTATHIOU J, FRIZELLE G, et al. An information-theoretic methodology for measuring the operational complexity of supplier-customer systems[J]. International Journal of Operations & Production Management, 2002, 22(1): 80-102.

[177] CALINESCU A. Manufacturing complexity: an integrative information-theoretic approach[D]. Oxford: University of Oxford, 2002.

[178] EFSTATHIOU J. The utility of complexity[manufacturing system evolution][J]. Manufacturing Engineer, 2002, 81(2): 73-76.

[179] EIMARAGHY W H, URBANIC R J. Assessment of manufacturing operational complexity[J]. CIRP Annals, 2004, 53(1): 401-406.

[180] ELMARAGHY H A, KUZGUNKAYA O, URBANIC R J. Manufacturing systems configuration complexity[J]. CIRP Annals, 2005, 54(1): 445-450.

[181] ELMARAGHY W H, URBANIC R J. Modelling of manufacturing systems complexity[J]. CIRP Annals, 2003, 52(1): 363-366.

[182] KARP A, RONEN B. Improving shop floor control: an entropy model approach[J]. International Journal of Production Research, 1992, 30(4): 923-938.

[183] RONEN B, KARP R. An information entropy approach to the small-lot concept[J]. IEEE Transactions on Engineering Management, 1994, 41(1): 89-92.

[184] PIPLANI R, TALAVAGE J. Launching and dispatching strategies for multi-

criteria control of closed manufacturing systems with flexible routeing capability[J]. International Journal of Production Research, 1995, 33 (8): 2181-2196.

[185] PIPLANI R, WETJENS D. Evaluation of entropy-based dispatching in flexible manufacturing systems [J]. European Journal of Operational Research, 2007, 176(1):317-331.

[186] ZHANG T, EFSTATHIOU J. The complexity of mass customization systems under different inventory strategies[J]. International Journal of Computer Integrated Manufacturing, 2006, 19(5):423-433.

[187] ZHU X W, HU S J, KOREN Y, et al. Modeling of manufacturing complexity in mixed-model assembly lines[J]. Journal of Manufacturing Science and Engineering, 2008, 130(5):051013.

[188] KUZGUNKAYA O, ELMARAGHY H A. Assessing the structural complexity of manufacturing systems configurations [J]. International Journal of Flexible Manufacturing Systems, 2006, 18:145-171.

[189] YU S B, EFSTATHIOU J. An introduction of network complexity[C/OL]. https://www.researchgate.net/publication/228952688_An_introduction_of_ network_complexity.

[190] JABER M Y. Lot sizing with permissible delay in payments and entropy cost [J]. Computers & Industrial Engineering, 2007, 52(1):78-88.

第2章　混流装配制造系统投产批量优化

　　为了满足越来越多样化的顾客需求并尽量降低生产成本,混流装配线的投产批量问题得到了广泛的关注,并且成为 MRP II 和 ERP 系统中的一个关键问题。不断缩短的提前期和不断丰富的产品谱系,使得需求变动更加频繁,需求的不确定性表现日益明显,企业装配车间的批量计划需要在充分满足外部需求的基础上,在成本与风险之间取得平衡。因此,研究不确定需求下考虑装配排序的批量计划优化问题,无论是在理论上还是实践中无疑都具有重要的意义。本章针对现有混流装配系统投产批量优化问题研究在不确定需求及产能限制的处理上存在的不足,提出了非线性模糊机会约束规划模型,并综合运用智能优化算法、模糊模拟技术、神经网络来进行求解,同时用企业实例对模型与算法进行验证。

2.1　投产批量优化问题描述

　　随着市场的发展和竞争的深入,制造企业面临越来越多样化的顾客需求,混流装配线成为应对这一趋势的主要策略,被广泛应用于汽车、发动机、家电、家具等行业。为满足顾客需求并尽量降低生产成本,混流装配线的投产批量(lot-sizing)问题,即多种不同的产品在给定的计划期内各时间段装配批量的确定问题,得到了广泛的关注,并且成为 MRP II/ERP 系统中的一个关键问题[1]。

　　最早的投产批量研究可追溯到 1913 年哈里斯(F. W. Harris)提出的经济订购批量(EOQ)模型,以及随后塔夫特(E. W. Taft)基于经济订购批量模型提出的经济生产批量(EPQ/EPL)模型,该模型考虑在恒定且连续的外部需求下确定生产批量以最小化生产成本。Wagner 和 Whitin 于 1958 年提出一种动态的 EOQ 模型(Wagner-Whitin 模型),该模型松弛了 EOQ 模型中关于需求恒定的假设,考虑确定的时变需求下的批量问题[2]。

　　在考虑生产能力限制的研究中,最早提出的经济生产批量计划问题(economic lot scheduling problem,ELSP)考虑产能有限的生产系统在恒定且连续的外部需求下投产批量的确定[3],该问题被证明为 NP-难问题。产能受限批量问题(CLSP)同时考虑生产能力限制和确定的时变需求,该问题也是 NP-难问题,当考虑切换时间时,该问题变成 NP-完全问题。由于 CLSP 模型相对而言较贴近混流装配系统的生产实际,它一经提出即获得了广泛的关注,因其本身的难度,研究中绝大多数求解方法集中于启发式方法[4]。随着需求不确定性的突显,学者们开始在 CLSP 模型中引入不确定的需求。Wang 和 Gerchak[5] 研究了每个时段需求量为独立同分布随机变量的批量优化问题。Tempelmeier 研究了随机需求下的多品种能力有限的批量问题,其中各种产品在某一时段内的需求量为服从已知概率分布的随机变量[6]。Pappis 和 Karacapilidis 认为对未来需求量的估计本质上就存在不精确性,为刻画这种不精确性,他们在批量问题中使用三角模糊数来代替对不准确量的估计值[7]。Bag 等考虑同时具有随机性与不精确性特征的需求量,将其描述为模糊随机变量(fuzzy random variable)[8]。在这些研究中,特殊形式的模糊变量可以被转换成相应的等价清晰形式,从而将不确定模型转化成确定性模型。

由于 CLSP 模型中通常假设生产能力的消耗与批量呈线性关系,对于涉及较多工位的混流装配线而言,该假设并不成立,并且,相同批量在不同装配顺序下占用的生产能力通常也存在差异,因此,在确定批量时,有必要考虑装配排序。然而,由于三个工位以上的装配排序问题本身即为强 NP-难问题,随着工位的增多,考虑装配排序的批量问题也越来越难以求解。已有的考虑排序的 CLSP 研究主要包括:文献[9]研究一个机器上的批量与排序问题,考虑时变的确定性需求和顺序依赖的切换时间,并提出了一种基于局部搜索的双重优化算法;文献[10]考虑了确定时变需求下的单机器产能受限批量与调度问题,并建立了一种混合整数规划(MIP)模型;Sikora[11] 提出了一种混流生产线上的批量和排序问题的遗传算法,并使用 5 台机器 10 个工件的实例验证了不同参数下算法的性能。对于现实中的混流装配线而言,其装配工位往往远不止一个,例如某发动机公司的装配工位有 70 个,远远大于文献[11]算例中的工位数量,再加上一个班次内投产的总批量远远大于 10 个(通常在 150 个以上),现有的研究成果无法满足这样较大规模的系统的需求,而同时考虑不确定需求和装配排序的 CLSP 目前仍缺乏深入研究。

不断缩短的提前期和不断丰富的产品谱系,使得需求变动更加频繁,需求的不确定性表现明显。例如在某发动机公司,其发动机装配车间某一班次各型号发动机的具体的需求量直到前一班次临近结束时才能确定,而在此之前,仅有一个参考数量以供组织指导生产,该装配车间的批量计划需要充分满足外部需求,同时还需要在成本与风险之间取得平衡。因此,研究不确定需求下考虑装配排序的批量计划优化问题,无论是在理论上还是实践中无疑都具有重要的意义。该问题具体可描述如下:

考虑某一混流装配车间,由一定数量装配工位(以及工位间的缓存区)串联构成,在一定时期内,该车间的外部需求涉及多个品种的产品,先进设备或快速换模技术的应用,允许多个品种的工件在同一个班次内混流装配;并且,该车间并非处于供应链的末端,其外部需求信息来自其下游工厂(企业/销售商),其中包括下游工厂在后续一个较短的周期(周或月)内各天内的需求计划。由于市场变动及其他方面不可避免的不确定性,各品种预计的需求数量与实际的数量可能会存在一定的偏差,为控制成本和分担风险,依约定允许该偏差在一定比例范围之内。该装配车间面临的问题在于如何合理确定后续一周（或一月）内各品种在各天的投产批量计划，以满足下游需求，同时不致产生过多的成品库存持有费用。

为不失一般性，除上文所述因素外，本章还引入以下假设：

①允许部分满足当天的需求，但所有差额均需在计划期内补足，并产生一定缺货费用；

②该混流装配线无切换时间或切换成本；

③装配所需物料无限即时可得，即不考虑物料供应对装配作业的影响；

④成品仓库有足够的容量，不会影响装配作业的进行。

2.2　投产批量优化问题建模

借鉴文献[7,12,13]对不确定量的处理方式，本章假设需求量上存在的不确定性可以由具有一定隶属度函数的模糊量来描述，考虑到模型的应用范围以及现实不确定性的多样性，本章用更一般性的模糊量来描述需求的不确定性，并不局限在三角模糊、梯形模糊等特殊的模糊形式上。

2.2.1　预备知识

1. 模糊变量

在模糊理论中，$\text{Pos}\{A\}$描述事件A发生的可能性，为保证$\text{Pos}\{A\}$在实际应用中的合理性，Nahmias[14]和Liu[15]给出了以下四条公理（假设Θ为非空集合，$\wp(\Theta)$表示Θ的幂集）：

公理 2.1　$\text{Pos}\{\Theta\}=1$。

公理 2.2　$\text{Pos}\{\varnothing\}=0$。

公理 2.3　对于$\wp(\Theta)$中任意集合$\{A_i\}$，$\text{Pos}\{\bigcup_i A_i\}=\sup_i \text{Pos}\{A_i\}$。

公理 2.4　如果Θ_i为非空集合，其上定义的$\text{Pos}_i\{\cdot\}$，$i=1,2,\cdots,n$，满足前三条公理，且$\Theta=\Theta_1\times\Theta_2\times\cdots\times\Theta_n$，$\forall A\in\wp(\Theta)$，

$$\text{Pos}\{A\}=\sup_{(\Theta_1,\Theta_2,\cdots,\Theta_n)\in A}\text{Pos}\{\Theta_1\}\wedge\text{Pos}\{\Theta_2\}\wedge\cdots\wedge\text{Pos}\{\Theta_n\}$$

定义 2.1（可能性空间）　假设Θ为非空集合，$\wp(\Theta)$表示Θ的幂集，Pos满足公理2.1～公理2.3，则三元组$(\Theta,\wp(\Theta),\text{Pos})$称为可能性空间。

定义 2.2（必要性测度）　假设$(\Theta,\wp(\Theta),\text{Pos})$是可能性空间，$A$是幂集$\wp(\Theta)$中的一个元素，称

$$\text{Nec}\{A\}=1-\text{Pos}\{A^c\}$$

为事件A的必要性测度。

定义 2.3（可能性测度）　假设$(\Theta,\wp(\Theta),\text{Pos})$是可能性空间，$A$是幂集中的一个元素，称

$$\text{Cr}\{A\} = \frac{1}{2}(\text{Pos}\{A\} + \text{Nec}\{A\})$$

为事件 A 的可信性测度。

根据上述定义,文献[16]指出,模糊理论与概率论中概率相对应的并非可能性,而是可信性。当一个模糊事件可能性为 1 时,该事件未必成立;同样,当该事件的必要性为 0 时,该事件也可能成立;但如果该事件的可信性为 1,则其必然成立,反之,若其可信性为 0,则必不成立。

定义 2.4(模糊变量)　假设 ξ 是从一个可能性空间 $(\Theta, \wp(\Theta), \text{Pos})$ 到实数集 **R** 的函数,则称 ξ 为一个模糊变量。

定义 2.5(α 水平集)　假设 ξ 是可能性空间 $(\Theta, \wp(\Theta), \text{Pos})$ 上的模糊变量,称
$$\xi_a = \{\xi(\theta) \mid \theta \in \Theta, \text{Pos}(\theta) \geqslant \alpha\}$$
为 ξ 的 α 水平集。

定义 2.6(隶属度)　假设 ξ 是可能性空间 $(\Theta, \wp(\Theta), \text{Pos})$ 上的模糊变量,其隶属度函数可由可能性测度 Pos 寻出,即
$$\mu(x) = \text{Pos}\{\theta \in \Theta \mid \xi(\theta) = x\}, \quad x \in \mathbf{R}$$

2. 模糊模拟技术

当模糊事件中涉及的函数为线性函数且涉及的模糊量为三角模糊数或梯形模糊数时,可以解析地求出该模糊事件的可能性和可信性;然而,当模糊事件中涉及的函数比较复杂,或模糊量并非三角模糊数或梯形模糊数时,往往无法解析地求取可能性和可信性。文献[16]基于可信度理论,提出了计算模糊事件可能性、可信性的模糊模拟技术。

1) 可能性模拟

设 $f: \mathbf{R}^n \to \mathbf{R}$ 是实值函数,$\xi = \{\xi_1, \xi_2, \cdots, \xi_n\}$ 是可能性空间 $(\Theta, \wp(\Theta), \text{Pos})$ 上的模糊变量,其可能性 $L = \text{Pos}\{f(\xi) \leqslant 0\}$ 的计算过程如下:

①置 $L \leftarrow \alpha$,其中 α 为 L 的一个较小估计值;

②分别从模糊变量 ξ_i 的 α 水平集中均匀产生 $u_i, i = 1, 2, \cdots, n$,记作 $u = \{u_1, u_2, \cdots, u_n\}$;

③置 $\mu \leftarrow \mu_1(u_1) \wedge \mu_2(u_2) \wedge \cdots \wedge \mu_n(u_n)$;

④如果 $f(u) \leqslant 0$ 且 $L < \mu$,则置 $L \leftarrow \mu$;

⑤重复步骤②到步骤④,共 n 次;

⑥返回 L。

2) 可信性模拟

对于模糊事件的可信性 $L = \text{Cr}\{f(\xi) \leqslant 0\}$,其计算过程如下。

①分别从 Θ 中均匀产生 θ_k,使得 $\text{Pos}\{\theta_k\} \geqslant \varepsilon, k = 1, 2, \cdots, N, \varepsilon$ 是一个充分小的数,记 $v_k = \text{Pos}\{\theta_k\}$。

②按下式计算 L 估计值:

$$L = \frac{1}{2}(\max_{1\leq k\leq N}\{v_k/f(\xi(\theta_k))\leq 0\} + \min_{1\leq k\leq N}\{1-v_k/f(\xi(\theta_k))>0\})$$

③返回 L。

3）临界值模拟

临界值 $\overline{f}_{\max} = \max_{\overline{f}}\{\overline{f}/\mathrm{Cr}\{f(\xi)\geq\overline{f}\}\geq\alpha\}$ 的模拟计算过程如下：

①分别从 Θ 中均匀产生 θ_k，并使其满足 $\mathrm{Pos}\{\theta_k\}\geq\varepsilon$，$k=1,2,\cdots,N$，$\varepsilon$ 为充分小的数，记 $v_k=\mathrm{Pos}\{\theta_k\}$；

②求取 $r^* = \max\{r|L(r)\geq\alpha\}$，其中 $L(r)$ 定义为

$$L(r) = \frac{1}{2}(\max_{1\leq k\leq N}\{v_k/f(\xi(\theta_k))\geq r\} + \min_{1\leq k\leq N}\{1-v_k/f(\xi(\theta_k))<r\})$$

③返回 r^*。

2.2.2　投产批量优化数学模型

1. 符号

①T：计划期涉及的时段，$t\in\{1,2,\cdots,T\}$；

②K：产品品种总数，$k\in\{1,2,\cdots,K\}$；

③$\tilde{d}_{kt}$：产品 k 在时段 t 中的需求，其取值范围为 $[(1-\eta_k)d_k,(1+\eta_k)d_k]$，$0\leq\eta_k<1$；

④$\tilde{d}=\{\tilde{d}_{11},\tilde{d}_{21},\cdots,\tilde{d}_{K1},\cdots,\tilde{d}_{KT}\}$；

⑤Q_{kt}：产品 k 在 t 时段的计划批量；

⑥$\boldsymbol{Q}_t=(Q_{1t},\cdots,Q_{Kt})^{\mathrm{T}}$，为时段 t 中的正常投产批量向量；

⑦$\boldsymbol{Q}=\{\boldsymbol{Q}_1,\cdots,\boldsymbol{Q}_T\}$；

⑧$Y_{k,t-1}$，$Y_{k,t}$：产品 k 在 t 时段初和该时段末的库存量；

⑨α_{kt}：产品 k 在时段 t 中的单位库存持有成本；

⑩γ_{kt}：产品 k 在时段 t 中的单位缺货成本；

⑪C_t：时段 t 中正常可用能力；

⑫$F(\boldsymbol{Q}_t)$：完成 $\boldsymbol{Q}_t$ 需要的装配时间。

2. 数学模型

记 $Z(\boldsymbol{Q}) = \sum_{t=1}^{T}\sum_{k=1}^{K}(\alpha_{kt}\max\{0,Y_{kt}\}-\gamma_{kt}\min\{0,Y_{kt}\})$，表示批量计划对应的总成本，则以总成本最小化为目标的模型可表述如下：

$$\min Z(\boldsymbol{Q}) \tag{2-1}$$

s.t.

$$Y_{k,t} = Y_{k,0} + \sum_{\tau=1}^{t}Q_{k\tau} - \sum_{\tau=1}^{t}\tilde{d}_{k\tau}, \quad \forall t,k \tag{2-2}$$

$$Y_{k,T}\geq 0, \quad \forall k \tag{2-3}$$

$$F(\boldsymbol{Q}_t) \leqslant C_t, \quad \forall\, t \tag{2-4}$$

$$Q_{kt} \geqslant 0, \quad \forall\, k, t \tag{2-5}$$

其中,式(2-2)为质量守恒约束;式(2-3)表示计划期的需求须全部满足;式(2-4)为生产能力约束;式(2-5)为非负约束。

如果不考虑需求的不确定性,且假设装配时间 $F(\boldsymbol{Q}_t)$ 为批量的线性函数,则该模型即可退化为经典能力受限批量问题(CLSP)。然而,由于所考虑的混流生产线由多个工位组成,某一批量向量对应的装配时间并非批量的线性函数,并且与具体的装配排序密切相关,特别是当工位数量较多时,确定其最短装配时间的问题为 NP-难问题,不存在简单的线性函数可用来表达最优装配时间[17]。Nawaz 等[18] 提出了著名的 NEH 启发式算法,可以极快求出较优的解,一项较近的研究[19]通过比较显示,该算法仍然是可用算法中性能最好的一种。Liu 等[20] 采用 NEH 算法求得的解作为最优解的近似值。记 $F_{\text{NEH}}(\boldsymbol{Q}_t)$ 为批量向量 $\boldsymbol{Q}_t$ 采用 NEH 算法求得的装配时间,则式(2-4)可近似表示为

$$\sigma F_{\text{NEH}}(\boldsymbol{Q}_t) \leqslant C_t, \quad t = 1, 2, \cdots, T \tag{2-6}$$

其中,综合系数 $\sigma > 0$,表示装配线在装配过程中的稳定程度及装配排序的优化程度,其具体数值可根据经验确定。σ 越大,表明装配过程越不稳定,从而须保留更多的能力裕量,或实际排序优化的结果越远离最优排序;σ 越小,表明装配过程越稳定,且排序优化程度越高。

然而,该模型中包含不确定量 $\tilde{d}$,因此并不能像确定性规划模型一样极小化目标函数 $Z(\boldsymbol{Q})$。一种较直观的处理方法是用期望值来近似代替 $\tilde{d}$ 本身[21],但这种方式忽略了解的可靠性或风险[22];文献[23]基于最差情况(worst-case)分析建立了鲁棒优化模型,回避了对不确定量的处理,虽然其所得解在应对不确定性方面具有较强的鲁棒性,但它基于对系统或环境的悲观估计,其解难免失于保守而远离最优解;此外,当不确定量可描述为三角模糊变量或梯形模糊变量,且模型为线性模型时,可基于扩张原理或可信性理论将不确定模型转化为等价的确定性模型[24]。由于本章考虑的目标函数涉及非线性函数,其等价的清晰形式难以解析地导出,因此本章将该问题重新表述为不确定机会约束规划模型(uncertain chance constrained programming model)。

机会约束规划最早由 A. Charnes 和 W. Cooper 于 1959 年提出,是在一定置信水平下满足约束的最优化理论,应用于需要在随机变量的具体数值(即约束条件中的不确定因素)显现之前,就提前做出决策的问题情境[25]。文献[26]将机会约束规划理论扩展到涉及模糊变量的情况,提出了模糊机会约束规划(fuzzy chance constrained programming)理论,不同于概率论领域中的概率,模糊机会约束规划采用可能性、必要性或可信性作为置信水平的测度。本章采用可信性测度,将上述模型表述为如下形式:

$$\min \widetilde{Z} \tag{2-7}$$

s. t.

$$\mathrm{Cr}\{Z(\boldsymbol{Q}) \leqslant \widetilde{Z}\} \geqslant \varepsilon \tag{2-8}$$

$$Y_{k,t} = Y_{k,0} + \sum_{\tau=1}^{t} Q_{k\tau} - \sum_{\tau=1}^{t} \widetilde{d}_{k\tau}, \forall t, k$$

$$\begin{cases} \mathrm{Cr}\{Y_{k,T} \geqslant 0\} \geqslant \theta, \forall k \\ \alpha F_{\mathrm{NEH}}(\boldsymbol{Q}_t) \leqslant C_t, \forall t \\ Q_{kt} \geqslant 0, \forall k, t \end{cases} \tag{2-9}$$

其中,ε 和 θ 为给定置信水平。式(2-8)表示目标函数不超过 $\widetilde{Z}$ 的置信水平,即不低于 ε;式(2-9)表示到计划期末完全满足需求的置信水平不低于 θ,表示对服务水平的强调。

2.3　投产批量优化问题的 PSO 和 RBFN 混合算法

2.3.1　粒子群优化(PSO)算法简介

由于在现实生产中,$\boldsymbol{Q}$ 的取值空间巨大,对于一个每日总产量仅 50 件且仅涉及 3 种型号成品的车间,如果计划期为 5 天,则该空间中包括的候选解的个数为 $\left[\sum_{N=0}^{50} \sum_{i=0}^{N+1} (i+1)\right]^5 = 9.39 \times 10^{21}$。由于经典的确定性 CLSP 已被证明是 NP-难问题[27],本章研究的不确定批量问题还涉及非线性的约束条件,其计算复杂性将不低于前者。考虑到求解方法的效率与实用性,本章考虑选用元启发式算法。粒子群优化(particle swarm optimization,PSO)算法具有参数少、收敛快等优点,一经提出,很快被成功应用在许多领域的优化问题中,它在求解复杂的问题中表现出优异的性能,如 Ourique 等使用 PSO 算法来对化工过程进行动态分析[28],李宁等用 PSO 算法来求解车辆路径优化问题[29],肖健梅等用 PSO 算法来求解 TSP(travel salesman problem,旅行商问题)[30],Xia 等利用 PSO 算法来求解作业车间调度问题[31],Liao 等使用 PSO 算法来求解流水车间调度问题[32],等等。基于 PSO 算法的优势和已研究的成功经验,本章选用 PSO 算法来求解混流装配系统投产批量优化模型。

粒子群优化算法是一种进化计算技术,由 J. Kennedy 和 R. Eberhart 于 1995 年提出[33],它对鸟群等在觅食过程中的社会行为进行模拟,每个解被视作搜索空间中"飞行"的一个"粒子"。在飞行中,每个粒子都能利用自身和同伴的飞行经验来调整飞行的速度和轨迹,整个群体具有飞向更优的搜索区域的能力。

对于一个在 d 维空间中的粒子 i,其位置记为 $x_i = \{x_{i1}, x_{i2}, \cdots, x_{id}\}$,飞行速度记为 $v_i = \{v_{i1}, v_{i2}, \cdots, v_{id}\}$,自身曾飞过的最优位置记为 $p_i = \{p_{i1}, p_{i2}, \cdots, p_{id}\}$,同伴飞过

的最好位置记为 $g=\{g_1,g_2,\cdots,g_d\}$。在每一次迭代中,粒子的速度与位置按下列算式进行更新:

$$v_i^* = w \cdot v_i + c_1 \cdot \text{rand}() \cdot (p_i - x_i) + c_2 \cdot \text{Rand}() \cdot (g_i - x_i) \quad (2\text{-}10)$$

$$x_i^* = x_i + v_i^* \quad (2\text{-}11)$$

式中:w 为惯性权重(inertia weight),表示粒子保持自身方向的趋势,用于增强群体的全局搜索能力;c_1 为认知加速系数(cognition acceleration coefficent),表示粒子对本身经验的利用;c_2 为社会加速系数(social acceleration coefficent),表示粒子间的信息共享和相互合作;rand()、Rand() 为两个在[0,1]范围变动的随机值。

标准 PSO 算法流程如下[34]:

①初始化一定规模的粒子群,随机确定它们的初始位置和初始速度;

②评价各粒子的适应度;

③对每个粒子,将当前的适应度值与其经历过的最好位置 p_i 进行比较,如果当前更优,则用当前位置更新 p_i;

④对每个粒子,将当前的适应度值与群体经历过的最好位置 g 进行比较,如果当前更优,则用当前位置更新 g;

⑤根据式(2-10)和式(2-11)来更新每个粒子的速度和位置;

⑥如果没有达到终止条件(如适应度值足够好,或者达到了预设的最大迭代次数等),则回到步骤②。

2.3.2　径向基函数网络(RBFN)简介

本章研究的不确定优化模型涉及非线性的模糊函数临界值的计算,如果对候选解直接应用前文所述的模糊模拟技术(见 2.2.1 节),即使元启发式方法可以大大缩小搜索空间,但对候选解的验证仍然意味着巨大的计算量;同样地,尽管 NEH 算法有着相当快的计算速度,当求解中需要验证大量的候选解时,其累计的计算时间仍然相当可观。

根据万能逼近定理(universal approximation theorem),包含有限数量神经元的前向神经网络具有逼近任意函数的能力[35],在调度排序问题[36,37]和不确定模拟[16,38]中,神经网络得到了广泛的应用。训练后的神经网络,可快速地产生与输入对应的输出,并且具有一定的泛化能力,即神经网络可以针对样本之外的输入产生足够精度的对应输出。考虑到在训练速度和泛化能力上的优势,本章将在求解中应用径向基函数网络(radial basis function network,RBFN)。

径向基函数网络是以函数逼近理论为基础构造的一类前向人工神经网络(artificial neural network,ANN),由 Powell 于 1985 年提出,它使用径向基函数(radial basis function,RBF)作为神经元的激活函数。径向基函数是指函数值仅取决于自变量到原点或某一中心点距离的实值函数,即满足 $\Phi(x)=\Phi(\|x\|)$ 或 $\Phi(x-c)=\Phi(\|x-c\|)$ 的函数,其中 $\|\cdot\|$ 表示欧氏范数或其他范数。常用的径向基函

数如高斯函数：

$$\Phi(r) = \exp\left(-\frac{r^2}{\delta^2}\right) \tag{2-12}$$

其中，δ 称为该径向基函数的扩展（spread）常数或宽度。

径向基函数网络被证明为一种通用的逼近网络[39]，它不仅具有良好的泛化能力，而且避免了传统的反向转播（BP）网络所需的烦琐、冗长的计算，其学习速度可以比通常的 BP 方法快 $10^3 \sim 10^4$ 倍[40]。径向基函数网络一经提出，即被广泛应用于自动控制、图像识别、结构优化等领域[41,42]。

一个径向基函数网络通常包含三层，即一个输入层、一个使用径向基函数作为激活函数的隐层以及一个线性的输出层，如图 2-1 所示。

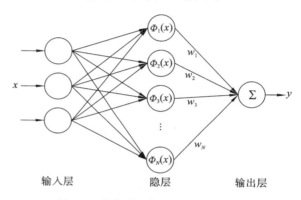

图 2-1　径向基函数网络结构示意图

聚类方法是最经典的 RBFN 学习算法，由 Moody 和 Darken 于 1989 年提出，其思路是先用无监督学习确定 RBFN 中隐层上节点的"中心"，并根据各数据中心之间的距离确定各隐层节点的扩展常数，然后用有监督学习训练隐层节点的输出权值。

1. 隐层上节点的中心和扩展常数的确定

假设共有 J 个样本，隐层上共有 N 个 RBF 节点，记 $c_i(k)$ 为第 i 个节点在第 k 次迭代时的聚类中心，相应的聚类域为 $\Lambda_i(k)$，节点的中心点 c_i 和扩展常数 δ_i 的确定步骤如下：

①从所有样本输入中随机选取 N 个各不相同的样本输入，作为 N 个聚类的初始中心；

②计算所有样本输入与中心的距离 $\| x_j - c_i(k) \|$，$j=1,2,\cdots,J$，$i=1,2,\cdots,N$；

③对于样本输入 x_j，按最小距离原则对其进行归类，即如果 $\| x_j - c_i(k) \| \leqslant \| x_j - c_n(k) \|$，$\forall n$，则 $x_j \in \Lambda_i(k)$；

④重新计算各聚类中心，记 $|\Lambda_i(k)|$ 为聚类域 $\Lambda_i(k)$ 包含的样本个数，新的聚类中心为

$$c_i(k+1) = \frac{1}{|\Lambda_i(k)|} \sum_{x \in \Lambda_i(k)} x, \quad i=1,2,\cdots,N \tag{2-13}$$

⑤如果 ∃i，$c_i(k+1) \neq c_i(k)$，转到步骤②，否则聚类结束并转到步骤⑥；

⑥记 l_i 为第 i 个中心到其他中心间的最短距离，即 $l_i = \min_{i \neq n} \| c_n(k) - c_i(k) \|$，扩展常数 $\delta_i = \kappa l_i$（κ 称为重叠系数）。

2. 隐层节点的输出权值的确定

根据上述步骤确定隐层节点的中心点 c_i 和扩展常数 δ_i 后，隐层上第 i 个节点的输出为

$$\alpha_i = \Phi_i(\| x - c_i \|) \tag{2-14}$$

记隐层上第 i 个节点到输出节点的权重为 w_i，则 RBFN 的输出为

$$y = \sum_{i=1}^{N} w_i \alpha_i \tag{2-15}$$

对于 J 个样本，隐层上第 i 个节点对第 j 个样本的输出记为 $a_{j,i}$，记 $\hat{A} = [a_{j,i}]$，$\hat{A} \in \mathbf{R}^{N \times J}$，记 $w = [w_1, w_2, \cdots, w_N]^T$，则 RBFN 的输出应为

$$\hat{y} = \hat{A} w \tag{2-16}$$

假设样本输出 $y = [y_1, y_2, \cdots, y_J]$，则逼近误差为

$$\varepsilon = \| y - \hat{y} \| = \| y - \hat{A} w \| \tag{2-17}$$

为使误差最小，据最小二乘法可得

$$w = (\hat{A}^T \hat{A})^{-1} \hat{A}^T y \tag{2-18}$$

2.3.3　基于 RBFN 和 PSO 的混合求解算法

1. 解的表达及适应度值的计算

本章研究的不确定需求下混流生产计划问题需要确定各品种在每个时段内的正常投产批量和加班批量，算法中代表解的粒子位置可表示为

$$x = (Q_1, \cdots, Q_T) \tag{2-19}$$

引入如下两个不确定函数以及一个非线性函数：

$$\tilde{f}(x) = \min\{\tilde{Z} \mid Z(Q) \leqslant \tilde{Z}\} \geqslant \varepsilon\} \tag{2-20}$$

$$\tilde{f}'(x) = \theta - \min_k \mathrm{Cr}\{Y_{k,T} \geqslant 0\} \tag{2-21}$$

$$f(Q_t) = s F_{\mathrm{NEH}}(Q_t) - C_t \tag{2-22}$$

可用下式来评价解的适应度：

$$\mathrm{Fit}(x) = \frac{C_0}{\tilde{f}(x) + U(x)} \tag{2-23}$$

其中，C_0 为大小合适的常数，函数 $U(x)$ 定义为

$$U(x) = \sum_{t=1}^{T} \delta(f(Q_t)) + \sum_{k=1}^{K} \delta(\tilde{f}'_k(x)) \tag{2-24}$$

式中，算子 δ 定义为

$$\delta(x) = \begin{cases} 0, & x \leqslant 0 \\ \text{足够大正实数}, & x > 0 \end{cases} \tag{2-25}$$

为快速评价计算中产生的新解的适应度,本章利用 RBFN 可无限逼近非线性函数的特性,来逼近不确定函数 $\tilde{f}$ 和 $\tilde{f}'$ 以及非线性函数 f。先均匀地随机生成一定数量的 x 作为 RBFN 的样本输入,基于上文所述模糊随机模拟算法和 NEH 算法,计算对应的 $\tilde{f}$ 和 $\tilde{f}'$ 以及 f 值,作为样本输出,再应用这一组样本依上述方法训练 RBFN。将新解输入训练好的 RBFN,得到的输出 $\tilde{f}$ 和 $\tilde{f}'$ 以及 f 应用到式(2-23)中,得到新解的适应度。

2. 粒子位置的更新

为防止速度过大而导致算法收敛过慢,一般将速度限制在一定范围内,算法中粒子位置的更新过程如下:

$$v_i^* = w \cdot v_i + c_1 \times \text{rand}() \cdot (p_i - x_i) + c_2 \cdot \text{Rand}() \cdot (g_i - x_i)$$

$$v_i^* = \begin{cases} -v_{\max_i}, & v_i^* < -v_{\max_i} \\ v_{\max_i}, & v_i^* > v_{\max_i} \\ v_i^*, & \text{其他} \end{cases} \tag{2-26}$$

$$x_i^* = x_i + v_i^*$$

3. 对标准 PSO 算法的改进

PSO 算法虽然有诸多优势,但也存在易早熟的缺点。Shi 和 Eberhart 提出了惯性权重随迭代次数线性下降的改进策略[34],即在算法早期通过较大的惯性权重扩大搜索范围,降低落入局部最优的可能性;在算法后期,以较小的权重增强局部搜索能力,以提高搜索精度。陈国初和俞金寿提出了一种惯性权重随迭代次数余弦减小的方法,取得了较好的效果[43]。文献[44]引入时变的加速系数,增强了算法的局部搜索能力,有效地提高了搜索的精度。还有学者将 PSO 算法与遗传算法、模拟退火算法等相结合,也显示出较好的效果[45,46]。

本章结合惯性权重线性下降法,借鉴模拟退火算法中的邻域搜索的思想,采用考虑了持续未改进代数的接受策略,对 PSO 算法进行改进,以防止算法早熟、提高算法精度,主要步骤如下:

①对于每次更新后的解,均进行一定次数的邻域内的采样,每次采样得到的解,依概率接受作为群体中的解,此概率依式(2-27)确定,式中 x' 为采样所得的解,N_{NI} 为截至当前代群体最优解连续没有发生改进的代数,Γ_T 为常数;

$$\text{Prob}(\boldsymbol{x} \leftarrow \boldsymbol{x}') = \begin{cases} 1, & r^*(\boldsymbol{x}) \geqslant r^*(\boldsymbol{x}') \\ \exp\left(\dfrac{r^*(x) - r^*(x')}{\Gamma_T \cdot N_{NI}}\right), & r^*(\boldsymbol{x}) < r^*(\boldsymbol{x}') \end{cases} \tag{2-27}$$

②惯性权重依式(2-28)更新,式中 w_0 为初始的惯性权重,N 为当前代数,$N_{\max}$ 为总代数。

$$w^* = w_0 \cdot \left(1 - \frac{N}{N_{\max}}\right) \tag{2-28}$$

在采样过程中,随机采取以下两种方式之一:

①取当前解 x 的任意两个分量,交换它们的值;

②取当前解 x 的任意一个分量,随机增加或者减小 1。

基于 RBFN 和 PSO 算法的总体流程如图 2-2 所示。

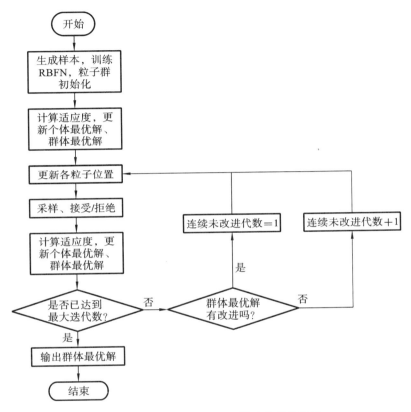

图 2-2　基于 RBFN 和 PSO 算法的总体流程

2.4　实例验证及结果分析

2.4.1　实例数据

以某发动机公司装配车间为例,共生产 14 种不同型号发动机,各型号发动机在一周中每天的需求量由上周末的"生产平衡会"得到的下游总装企业周需求计划确定,但实际需求的变动使得该周计划并不能完全执行,每天临近结束时,会获取第二天准确的日生产计划,该装配车间可得到各型号产品在第二天的实际需求量。该需求量与由周计划得到的需求相比,存在一定差异,为避免某一型号需求量的急剧波动,该差异被限制在一个事先约定的范围内。

目前该装配车间有一条混流装配线,该装配线共有 70 个工位,常见型号在各工位相应作业时间及工位间缓存区容量见附表 1-2。

以某周的成品需求情况为例,所涉及产品型号共 5 种,分别为 481F、481H、484F、DA2、DA2-2,各品种在该周内每天的预计需求量 d_{kt} 如表 2-1 所示,单位库存持有成本和单位缺货成本分别为 $\alpha_k = 8.5$ 元/(件·天)和 $\gamma_k = 19.0$ 元/(件·天),$\forall k$;依约定某一型号在一天内的实际需求量波动不超出预计量的 5%($\eta = 0.05$),用于刻画该不确定性的模糊变量的隶属度函数为

$$\mu_{kt}(x) = \begin{cases} \exp\left[-\dfrac{(x-d_{kt})^2}{0.8}\right], & (1-\eta)d_{kt} \leqslant x \leqslant (1+\eta)d_{kt} \\ 0, & 其他 \end{cases} \tag{2-29}$$

式中,$x \in \mathbf{N}$。

该车间须参考该需求计划制订下周各工作日的批量计划。考虑该装配车间运行较稳定的情况,取 $\sigma = 1$。

表 2-1　某一周预计需求量

型号	需求量(d_{kt})				
	周一	周二	周三	周四	周五
481F	80	80	90	120	100
481H	90	85	90	100	100
484F	40	50	65	70	0
DA2	0	20	0	30	0
DA2-2	50	50	60	0	0

2.4.2　RBFN 的训练及逼近效果

基于上述数据,在 CPU 为 2.0 GHz 的 PC 机上使用 C++语言编写实验程序,随机生成 4000 组样本输入,并通过模糊模拟及 NEH 算法得到相应的 $\tilde{f}$ 和 $\tilde{f}'$ 以及 f 的值,作为 RBFN 的训练样本,统计网络中包含不同数量隐层神经元时的训练及逼近效果,见表 2-2。除求取广义逆矩阵外,RBFN 的训练过程涉及的计算复杂度较低,在求逆时应用 LU 分解,可大大加快计算速度,实验中隐层规模从 50 到 500,其平均训练时间均未超过 1 s。此外,因较大的隐层神经元数量需要更多的训练样本才能收敛,随着隐层神经元数量的增加,网络的逼近误差先逐渐减小,当隐层神经元数量继续增加时,逼近误差又逐渐增大。

表 2-2　不同数量隐层神经元时 RBFN 的训练及逼近效果(样本量为 4000)

误差项目		相对误差率/(%)									
$\tilde{f}$	平均	4.01	3.38	2.75	2.33	1.96	1.27	0.90	0.82	0.82	0.87
	最大	57.73	44.02	32.71	19.90	9.54	4.22	2.39	1.66	1.67	2.25
$\tilde{f}'$	平均	3.97	3.42	2.88	2.16	1.72	1.13	0.80	0.80	0.80	0.84
	最大	51.09	42.73	33.92	20.77	10.02	6.93	3.16	2.49	1.97	2.53
f	平均	3.36	2.86	2.20	2.05	1.82	1.37	1.26	0.79	1.32	1.72
	最大	43.73	35.24	19.60	16.61	13.68	4.52	3.90	2.70	4.61	7.52
隐层神经元数量		50	100	150	200	250	300	350	400	450	500
平均训练时间/s		<1	<1	<1	<1	<1	<1	<1	<1	<1	<1

　　当取隐层神经元数量为 400 时,三组网络在不同的训练样本数量下逼近误差统计如图 2-3 所示。当样本量为 800 时,三组网络的误差率分别为 10.40%、9.14% 和 5.81%;随着样本数量的增加,网络的逼近精度逐渐提高,当样本量增至 4000 时,三组网络的误差率均降至 1% 以下。

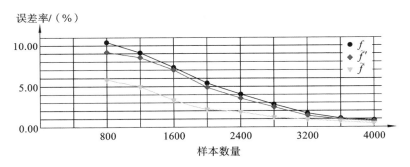

图 2-3　不同样本数量下的平均误差率(隐层神经元数量为 400)

2.4.3　混合算法计算结果

　　本章使用 C++ 语言实现了上述基于 RBFN 及 PSO 的混合算法,考虑成品库存费用及加班费用,针对表 2-1 所示的需求量,对装配线的批量计划进行优化,通过试探法选取算法参数如下:粒子群规模取 600,最大迭代次数取 800,v_{max} 取 5,$C_0 = 8000$,$\kappa = 1.0$,$\Gamma_T = 10^{-3}$,邻域搜索长度为 50。在前文所述 PC 机上进行计算实验,其中使用模糊模拟及 NEH 算法生成样本共耗时 2600 s,混合算法共耗时 1120 s,所得的最佳批量计划见表 2-3。算法的收敛过程如图 2-4 所示,在计算过程中,适应度值从最初的 0.00 经过 30 余代迭代上升至 0.07 后较长时间内保持不变,直至 110 代左右再次开始上升至 0.26,之后逐渐上升,至 240 代左右达到并保持在 2.47。

表 2-3　基于 RBFN 及 PSO 的混合算法计算所得投产批量计划

型号	投产批量（Q_{kt}）				
	周一	周二	周三	周四	周五
481F	84	84	94	125	103
481H	93	89	94	98	112
484F	46	63	53	73	0
DA2	6	30	0	3	15
DA2-2	75	32	62	0	0
临界成本/元	3245.20				
满足需求置信度	0.94				

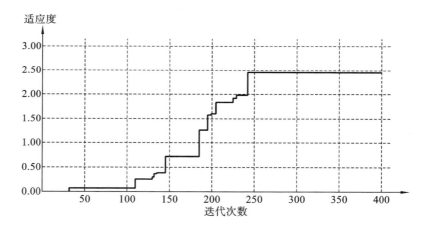

图 2-4　基于 RBFN 及 PSO 的混合算法收敛过程

　　为评价模型及算法所得解的优劣,本章还对前文所述模型中不确定需求量采用均值[21]和最大值[23]两种方式分别进行简化,再将式(2-4)简化为

$$\sum_{k=1}^{K} Q_{kt} \leqslant R_t^{[\max]}$$

其中,$R_t^{[\max]}$为根据经验确定的数量,即只要总批量不超出该值,则一般不超出能力限制。

　　得到两个简化的整数规划模型,并通过 IBM ILOG CPLEX 求解引擎求解。IBM ILOG CPLEX 经过二十余年的发展,如今已被广泛用于线性规划、整数规划、混合整数规划、二次规划等形式的问题的求解[47,48]。用 IBM ILOG CPLEX 求解上述简化模型得到的结果见表 2-4 及表 2-5。

表 2-4　确定性简化模型所得投产批量计划(需求量取均值,$R_t^{[\max]}=296$)

型号	投产批量(Q_{kt})				
	周一	周二	周三	周四	周五
481F	80	80	92	96	122
481H	90	85	90	100	100
484F	40	61	54	70	0
DA2	0	20	0	30	0
DA2-2	50	50	60	0	0
临界成本/元	3590.20				
满足需求置信度	0.47				

表 2-5　确定性简化模型所得投产批量计划(需求量取最大值,$R_t^{[\max]}=296$)

型号	投产批量(Q_{kt})				
	周一	周二	周三	周四	周五
481F	106	78	79	126	105
481H	95	89	95	105	105
484F	42	53	69	32	42
DA2	0	22	0	33	0
DA2-2	53	54	53	8	10
临界成本/元	3457.54				
满足需求置信度	0.99				

与需求量取均值的简化模型相比,不确定性模型求解所得批量计划的临界成本降幅为 9.61%;与需求量取最大值的简化模型相比,临界成本降幅为 6.14%。需求量取均值的简化模型所得批量计划满足需求的置信度仅为 0.47,意味着该批量计划在很大程度上不能满足需求,存在较大的风险;需求量取最大值的简化模型所得批量计划满足需求的置信度高达 0.99,意味着该计划几乎可以保证完全满足所有需求,但其代价是较高的库存持有成本。

2.5　本章小结

本章研究了不确定需求下混流装配系统批量优化问题,基于模糊可信性理论,以最小化库存持有成本及缺货成本为目标,建立了不确定需求下混流装配车间批量计划问题的模糊机会约束规划模型,并应用 NEH 启发式算法得到该模型的近似规划模型。考虑模型中的非线性产能约束以及更一般形式的不确定性,本章基于模糊模拟技术、径向基函数网络、粒子群优化算法等提出了一种混合求解算法,并通过计算实例与简化的不确定模型进行比较,分析了该混合算法的性能,计算结果也表明本章所提的模型体现了应对不确定需求时成本和风险间的权衡,所提出的混合算法在求解速度和解的质量上都具有较好的性能,且求得的批量结果均优于由 IBM ILOG CPLEX 求解引擎求解常见的简化模型所得到的批量结果。

本章参考文献

[1] 任漪舟,阚树林,尉玉峰,等. 汽车零部件生产企业生产批量计划优化研究[J]. 机械制造,2009,47(12):57-60.

[2] WAGNER H M,WHITIN T M. Dynamic version of the economic lot size model[J]. Management Science,1958,5(1):89-96.

[3] ELMAGHRABY S E. The economic lot scheduling problem(ELSP):review and extensions[J]. Management Science,1978,24(6):587-598.

[4] KARIMI B,GHOMI S M T F,WILSON J. The capacitated lot sizing problem:a review of models and algorithms[J]. Omega,2003,31(5):365-378.

[5] WANG Y Z,GERCHAK Y. Periodic review production models with variable capacity,random yield,and uncertain demand[J]. Management Science,1996, 42(1):130-137.

[6] TEMPELMEIER H. A column generation heuristic for dynamic capacitated lot sizing with random demand under a fill rate constraint[J]. Omega,2011,39 (6):627-633.

[7] PAPPIS C P,KARACAPILIDIS N I. Lot size scheduling using fuzzy numbers [J]. International Transactions in Operational Research,1995,2(2):205-212.

[8] BAG S,CHAKRABORTY D,ROY A R. A production inventory model with fuzzy random demand and with flexibility and reliability considerations[J]. Computers & Industrial Engineering,2009,56(1):411-416.

[9] MEYR H. Simultaneous lotsizing and scheduling by combining local search with dual reoptimization[J]. European Journal of Operational Research,2000, 120(2):311-326.

[10] KOVÁCS A,BROWN K N,TARIM S A. An efficient MIP model for the capacitated lot-sizing and scheduling problem with sequence-dependent setups[J]. International Journal of Production Economics,2009,118(1): 282-291.

[11] SIKORA R. A genetic algorithm for integrating lot-sizing and sequencing in

scheduling a capacitated flow line[J]. Computers & Industrial Engineering, 1996,30(4):969-981.

[12] LEE Y Y,KRAMER B A,HWANG C L. A comparative study of three lot-sizing methods for the case of fuzzy demand[J]. International Journal of Operations & Production Management,1991,11(7):72-80.

[13] PEIDRO D,MULA J,POLER R. Supply chain planning under uncertainty:a fuzzy linear programming approach[C]//Proceedings of the 2007 IEEE International Fuzzy Systems Conference. New York:IEEE,2007.

[14] NAHMIAS S. Fuzzy variables[J]. Fuzzy Sets and Systems, 1978, 1(2): 97-110.

[15] LIU B D. Toward fuzzy optimization without mathematical ambiguity[J]. Fuzzy Optimization and Decision Making,2002,1:43-63.

[16] 刘宝碇,赵瑞清,王纲. 不确定规划及应用[M]. 北京:清华大学出版社,2003.

[17] PINEDO M L. Scheduling:theory, algorithms and systems[M]. Berlin, Heidelberg:Springer,1995.

[18] NAWAZ M,ENSCORE E E,Jr, HAM I. A heuristic algorithm for the m-machine,n-job flow-shop sequencing problem[J]. Omega, 1983, 11(1): 91-95.

[19] KALCZYNSKI P J, KAMBUROWSKI J. On the NEH heuristic for minimizing the makespan in permutation flow shops[J]. Omega, 2007, 35 (1):53-60.

[20] LIU Q,ULLAH S,ZHANG C Y. An improved genetic algorithm for robust permutation flowshop scheduling[J]. The International Journal of Advanced Manufacturing Technology,2011,56:345-354.

[21] SAHEBJAMNIA N, TORABI S A. A fuzzy stochastic programming approach to solve the capacitated lot size problem under uncertainty[C]// Proceedings of the 2011 IEEE International Conference on Fuzzy Systems (FUZZ-IEEE 2011). New York:IEEE,2011.

[22] BRANDIMARTE P. Multi-item capacitated lot-sizing with demand uncertainty[J]. International Journal of Production Research,2006,44(15): 2997-3022.

[23] DANGELMAIER W,KAGANOVA E. Robust solution approach to CLSP problem with an uncertain demand[C]//WINDT K. Robust manufacturing control: proceedings of the CIRP sponsored conference RoMaC 2012, Bremen,Germany,18th-20th June 2012. Berlin,Heidelberg:Springer,2013.

[24] 祝勇,潘晓弘. 模糊环境下基于可信性规划的生产计划方法[J]. 计算机集成制

造系统,2011,17(2):344-352.

[25] CHARNES A, COOPER W W. Chance-constrained programming [J]. Management Science,1959,6(1):73-79.

[26] LIU B D, IWAMURA K. Chance constrained programming with fuzzy parameters[J]. Fuzzy Sets and Systems,1998,94(2):227-237.

[27] FLORIAN M, LENSTRA J K, RINNOOY KAN A H G. Deterministic production planning:algorithms and complexity[J]. Management Science, 1980,26(7):669-679.

[28] OURIQUE C O,BISCAIA E C,Jr,PINTO J C. The use of particle swarm optimization for dynamical analysis in chemical processes[J]. Computers & Chemical Engineering,2002,26(12):1783-1793.

[29] 李宁,邹彤,孙德宝. 带时间窗车辆路径问题的粒子群算法[J]. 系统工程理论与实践,2004,24(4):130-135.

[30] 肖健梅,李军军,王锡淮. 改进微粒群优化算法求解旅行商问题[J]. 计算机工程与应用,2004,40(35):50-52.

[31] XIA W J,WU Z M,ZHANG W,et al. A new hybrid optimization algorithm for the job-shop scheduling problem[C]//Proceedings of the 2004 American Control Conference. New York:IEEE,2004.

[32] LIAO C-J,TSENG C-T,LUARN P. A discrete version of particle swarm optimization for flowshop scheduling problems[J]. Computers & Operations Research,2007,34(10):3099-3111.

[33] EBERHART R,KENNEDY J. A new optimizer using particle swarm theory [C]//Proceedings of the Sixth International Symposium on Micro Machine and Human Science. New York:IEEE,1995.

[34] SHI Y, EBERHART R. A modified particle swarm optimizer[C]//1998 IEEE International Conference on Evolutionary Computation Proceedings. IEEE World Congress on Computational Intelligence(Cat. No. 98TH8360). New York:IEEE,1998.

[35] CYBENKO G. Approximation by superpositions of a sigmoidal function[J]. Mathematics of Control,Signals and Systems,1989,2(4):303-314.

[36] SATAKE T,MORIKAWA K,NAKAMURA N. Neural network approach for minimizing the makespan of the general job-shop[J]. International Journal of Production Economics,1994,33(1-3):67-74.

[37] LEE I,SHAW M J. A neural-net approach to real time flow-shop sequencing [J]. Computers & Industrial Engineering,2000,38(1):125-147.

[38] LIU B D,LIU Y K. Expected value of fuzzy variable and fuzzy expected value

models[J]. IEEE Transactions on Fuzzy Systems,2002,10(4):445-450.

[39]　PARK J, SANDBERG I W. Universal approximation using radial-basis-function networks[J]. Neural Computation,1991,3(2):246-257.

[40]　YU H,XIE T T,PASZCZYNSKI S,et al. Advantages of radial basis function networks for dynamic system design[J]. IEEE Transactions on Industrial Electronics,2011,58(12):5438-5450.

[41]　PARK J, SANDBERG I W. Approximation and radial-basis-function networks[J]. Neural Computation,1993,5(2):305-316.

[42]　KITAYAMA S,ARAKAWA M,YAMAZAKI K. Sequential approximate optimization using radial basis function network for engineering optimization [J]. Optimization and Engineering,2011,12:535-557.

[43]　陈国初,俞金寿.增强型微粒群优化算法及其在软测量中的应用[J].控制与决策,2005,20(4):377-381.

[44]　RATNAWEERA A,HALGAMUGE S K,WATSON H C. Self-organizing hierarchical particle swarm optimizer with time-varying acceleration coefficients[J]. IEEE Transactions on Evolutionary Computation,2004,8(3):240-255.

[45]　LIAN Z G,GU X S,JIAO B. A similar particle swarm optimization algorithm for permutation flowshop scheduling to minimize makespan[J]. Applied Mathematics and Computation,2006,175(1):773-785.

[46]　王华秋,曹长修.基于模拟退火的并行粒子群优化研究[J].控制与决策,2005,20(5):500-504.

[47]　霍佳震,钟海嫣,吴群,等.钢管生产调度中可中断 Job-Shop 问题的数学模型[J].系统仿真学报,2008,20(11):2789-2792,2796.

[48]　MULLER L F,SPOORENDONK S,PISINGER D. A hybrid adaptive large neighborhood search heuristic for lot-sizing with setup times[J]. European Journal of Operational Research,2012,218(3):614-623.

第3章　混流装配制造系统生产排序优化

混流装配流水线和经典流水生产线都具有工序流向一致的特点,而且排序和调度的结果都可以表示为第一工位的投产序列。在常规产品混流装配线排序模型中工件的装配时间为常量,不因操作人员、机器品质、加工过程等加工环境的改变而发生变化。然而,对于定制产品的生产,由于非通用零部件的广泛使用,实际混流装配线的生产涉及大量的随机因素,典型表现为产品加工时间不确定,因此,研究随机型混流装配线的排序问题有着重要的现实意义。在实际生产过程中,存在着大量不可预料的扰动,如机器故障、次品工件、物料投放不及时、订单修改等。在扰动发生时,生成的投产方案要么性能恶化,要么完全变得不可执行,此时进行重排序尤为重要。重排序可以提高制造车间在物料不齐套情况发生时的应对能力和加强企业对生产计划的改善与控制,提升企业生产效率,进而增强客户满意度和产品的市场竞争优势。本章针对确定型与随机型混流装配线的排序优化,以及混流装配线物料不齐套引起的重排序优化问题展开研究。

3.1　确定型混流装配制造系统排序优化

确定型混流装配线排序模型是一个被研究者广泛采用的排序模型,早期研究大多关注单一目标的优化,然而实际生产中混流装配线排序问题往往涉及多个目标的同时优化,因此后期的研究普遍集中于多目标的优化。由于各个目标之间通常是互相牵制和矛盾的,多目标优化的结果一般是多个解,称为帕累托非支配解集[1]。本节基于通用产品的生产特点,建立了混流装配线排序问题多目标优化确定型模型,探寻工位负荷平衡、产品平顺生产和产品切换等目标的优化,并提出了一种混合算法——GA-PSO算法进行求解。

3.1.1　确定型混流装配制造系统排序问题描述

混流装配线支持多品种产品的装配,被广泛应用于轿车、发动机、家用空调等行业,以适应多样化的市场需求。由于大量采用自动化设备,这类混流装配线装配同一型号产品的作业时间差异不大,研究中往往认为其为常量。然而,由于不同产品之间的工艺差异,产品的投放顺序将直接影响工位的负荷。合理的产品排序不仅能较好地匹配机器负荷、提高设备利用率,还能减少错装、漏装的情况,提高产品的生产品质。

　　确定型混流装配线排序问题属于 NP-难问题[2]，鉴于问题的复杂性，学者们普遍应用各种启发式或元启发式规则进行求解。早期的研究大多专注于单一目标的处理，代表性的算法有目标追踪法[3]、两阶段方法[4,5]、非线性整数规划方法[6]、动态规划方法[7]等。后期的研究普遍关注于多目标的处理，学者们普遍应用遗传算法进行求解，如 Hyun 等[8]提出了小生境遗传算法；Miltenburg[9]对比分析了遗传算法中的不同选择策略对算法性能的影响，研究结果表明基于帕累托的小生境选择效果优于目标加权效果；Guo 等[10]提出两级遗传算法；等等。

　　上述多目标研究往往使用单一算法进行求解，尽管采用了大量的策略改进算法，然而受限于算法的固有特点，改进后的算法仍然存在搜索能力不强、搜索效率过低等问题。McMullen 等[11]分别研究了禁忌搜索算法、模拟退火算法和遗传算法的求解性能，指出遗传算法运行过程比较复杂，搜索能力较强。采用混合式的生物启发算法往往能取得更满意的结果。

　　目前国内外学者已提出多种典型求解多目标的进化算法（multi-objective evolutionary algorithm，MOEA），如 Zitzler 等[12]提出的 SPEA2、Deb 等[13]提出的 NSGA-Ⅱ等。这些算法在如何搜索帕累托非支配解集上取得了较大成功，然而在搜索帕累托前沿过程的同时保持解良好的分布性一直是一个难点。为此，本节将 GA 与 PSO 算法结合，用于求解多目标混流装配线排序问题，可有效解决这两个方面的问题。

3.1.2　确定型混流装配线排序问题建模

　　混流装配线模型可以描述为不同数量的多种型号的产品混合地经过流水装配线直至成品下线的过程，如图 3-1 所示。假设装配产品共有 M 种型号，每一种型号生产量可以依次记为 $D_1,D_2,\cdots,D_M$。考虑装配线有 J 个封闭的操作工位，即操作工只能在各自的区间工作而不能越过。由于每个工位长度是预先固定的，因此工位 j 的区间长度可用 L_j 表示且为常数。一般而言，装配线的传送带传输速率 V_c 及装配工件投放间距 W 决定了装配线的生产节拍。

　　最小生产循环（minimal production set，MPS）模式是混流装配线普遍采用的生产形式，所有型号产品的生产是由一系列重复 MPS 组成[14]。设一个 MPS 各种型号产品的生产量记作 $d_1,d_2,\cdots,d_m,\cdots,d_M=(D_1/h,D_2/h,\cdots,D_M/h)$，其中，$h$ 是 D_1，$D_2,\cdots,D_M$ 的最大公约数，d_m 为第 m 种产品在一个 MPS 生产中的生产数量。显然，重复循环 h 次 MPS，即可完成产品 m 的生产总量 D_m。

　　本节混流装配线排序问题涉及以下目标优化。

1. f_1：最小化超载时间

　　产品的投产顺序对装配线上各工位负荷产生直接影响。混流装配线上不同产品共线生产，不同产品工艺有一定的差异性，同一工位对不同产品有不同的负荷要求，同一产品的不同工序对工位负荷要求也不相同，这些都会引起工位负荷波动。由于

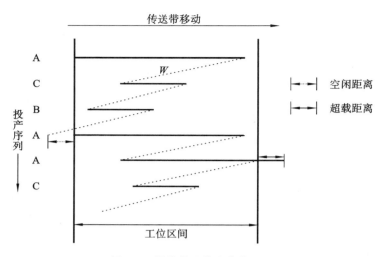

图 3-1　混流装配线生产作业图

装配线传送带的速度和工件投放间距都是固定的,如工作站内的操作工能够提前完成某个装配任务,等待下一个任务到来,则产生工位空闲;而若工作站内的操作工不能完成某个装配任务,需要辅助工帮助完成,则造成工位超载。工位空闲会降低系统的运行效率,而工位超载会造成操作工的生产疲劳,容易引起产品质量问题。因此,合理安排装配线的投产顺序,实现工作站负荷匹配,是混流装配线生产的首要问题。

　　Hyun 等[8] 提出的超载模型虽然考虑了 MPS 运行衔接问题,即本轮 MPS 投产序列最后一个工件的操作将确定下一轮 MPS 投产序列第一个工件的初始加工位置,但却没有考虑与其他工件相关的初始加工位置,工位负荷模型不够完备。因此,本节基于 Hyun 等提出的超载模型,研究 MPS 投产序列中所有工件的初始加工位置,扩展后的目标模型数学表达式如下:

$$f_1 = \min \sum_{j=1}^{J} \Big(\sum_{i=1}^{I} U_{ij} + Z_{i+1,j}/V_c \Big) \tag{3-1}$$

s. t.

$$\sum_{m=1}^{M} x_{im} = 1 \quad \forall i \in \{1,2,\cdots,I\} \tag{3-2}$$

$$\sum_{i=1}^{I} x_{im} = d_m \quad \forall m \in \{1,2,\cdots,M\} \tag{3-3}$$

$$Z_{i+1,j} = \max\Big\{0, \min\Big(Z_{ij} + V_c \sum_{m=1}^{M} x_{im} t_{jm} - W, L_j - W\Big)\Big\} \tag{3-4}$$

$$U_{ij} = \max\Big\{0, \Big(Z_{ij} + V_c \sum_{m=1}^{M} x_{im} t_{jm} - L_j\Big)/V_c\Big\} \tag{3-5}$$

$$x_{im} = 0 \text{ 或 } 1 \quad \forall i \in \{1,2,\cdots,I\}, \forall m \in \{1,2,\cdots,M\} \tag{3-6}$$

$$Z_{1j} = 0, Z_{ij} \geqslant 0 \quad \forall i \in \{1,2,\cdots,I\}, \forall j \in \{1,2,\cdots,J\} \tag{3-7}$$

$$U_{ij} \geqslant 0 \quad \forall i \in \{1,2,\cdots,I\}, \forall j \in \{1,2,\cdots,J\} \tag{3-8}$$

式(3-1)是所求目标的数学表达式,其中第一项是超载时间,第二项是开始时间。m 型产品在工位 j 的装配操作时间可记为 t_{jm}。在确定型的混流装配模型中,假设所有产品在任何一个工位上所需的操作时间均为定值,即 t_{jm} 为常数。Z_{ij} 表示位于产品加工序列第 i 位的产品在工位 j 的初始加工位置;U_{ij} 表示位于产品加工序列第 i 位的产品在工位 j 的超载时间。式(3-2)描述了产品加工序列的任意位置有且只有一个产品。式(3-3)说明了在一个 MPS 中 m 型号产品的产量为 d_m。式(3-4)为位于序列 $i+1$ 的产品在工位 j 的初始加工位置计算方法,其值与位于前一个产品序列 i 的产品在工位 j 的生产情况紧密相关。式(3-5)计算位于产品序列 i 的产品在工位 j 加工的超载时间,与初始加工位置有关。式(3-6)表明 x_{im} 的值与生产序列有关,若处于第 i 位的产品是型号 m 产品,则 x_{im} 等于 1,否则为 0。式(3-7)表明最先开始投放的产品在所有工位的初始加工位置均为 0,且任意产品在全部工位的初始加工位置是大于或等于 0 的。式(3-8)说明了任意产品在全部工位的超载时间是大于或等于 0 的。

2. f_2:产品生产平准化

混流装配线生产的重要原则是平准化生产。如果某一时期生产的品种比较单一,且数量较大,则会引起相应零部件的大量需求,造成上游零部件生产尖峰负荷或外协件大量供应。如果短时期需要的自制零部件品种少且数量较多,则将引起零部件生产车间负荷分布不均衡。如果零部件通过供应商获得,由于零部件种类繁多,而总装生产的不确定性和连续性势必造成大量的库存,以保障生产。产品投产顺序对上游车间生产和库存管理有放大作用,因此务求使装配线的生产品种多样化、数量均衡化,以避免生产过程中出现尖峰负荷。

一般而言,必须使产品序列中产品的实际生产率与理想的生产率尽可能接近,从而实现平顺生产。Miltenburg 的平准化模型数学描述如下[6]:

$$f_2 = \min \sum_{i=1}^{I} \sum_{m=1}^{M} \left(\left| \sum_{l=1}^{i} \frac{x_{lm}}{i} - \frac{d_m}{I} \right| \right) \tag{3-9}$$

s. t. :式(3-2),式(3-3),式(3-4)。

式(3-9)中,x_{lm} 表示产品 m 在投产序列的第 1 位到第 l 位区间的数量;d_m 表示一个生产循环中产品 m 的总数量。

理想的产品 m 的生产是均匀的,即产品 m 的理想生产率是 d_m/I。然而,在完成装配序列中第 i 件产品后,实际产品 m 的生产率是 x_{im}/i,为了使产品的生产尽可能地达到理想均匀状态,优化目标设计成在完成装配序列中第 i 件产品后,产品 m 实际生产率 x_{im}/i 尽可能与理想消耗率 d_m/I 接近。从式(3-9)可以看出,若产品生产平准化的值为 0,则表明所有产品生产处于绝对均匀状态,即最佳状态。

3. f_3:最小化总切换时间

对混流装配线而言,不同型号产品的切换也是影响生产的重要因素。频繁的切换将增加操作人员出错概率,甚至引发错装和漏装现象,严重影响生产质量。Hyun

等提出总切换时间作为衡量切换的重要指标[8]，数学表达式如下：

$$f_3 = \min \sum_{j=1}^{J} \sum_{i=1}^{I} \sum_{m=1}^{M} \sum_{r=1}^{M} x_{imr} c_{jmr} \tag{3-10}$$

s. t.

$$\sum_{m=1}^{M} \sum_{r=1}^{M} x_{imr} = 1 \quad \forall i \in \{1, 2, \cdots, I\} \tag{3-11}$$

$$\sum_{m=1}^{M} x_{imr} = \sum_{p=1}^{M} x_{(i+1)rp} \quad \forall i \in \{1, 2, \cdots, I-1\}, \forall r \in \{1, 2, \cdots, M\} \tag{3-12}$$

$$\sum_{m=1}^{M} x_{Imr} = \sum_{p=1}^{M} x_{1rp} \quad \forall r \in \{1, 2, \cdots, M\} \tag{3-13}$$

$$\sum_{i=1}^{I} \sum_{r=1}^{M} x_{imr} = d_m \quad \forall m \in \{1, 2, \cdots, M\} \tag{3-14}$$

$$x_{imr} = 0 \text{ 或 } 1 \quad \forall i \in \{1, 2, \cdots, I\}, \forall m \in \{1, 2, \cdots, M\} \tag{3-15}$$

式(3-10)是所求目标的数学表达式，其中 c_{jmr} 表示工位 j 从产品 m 转换成产品 r 的切换时间；式(3-11)与式(3-12)确保投产序列的可行性，即每次投放一个产品；式(3-13)阐明了 MPS 循环运行时的切换连接；式(3-14)指出产品切换次数与加工数量之间的关系；式(3-15)描述产品与投放序列之间的关系，即若产品 m 处于序列中第 i 位，而产品 r 处于序列中第 $i+1$ 位，则 x_{imr} 等于 1，否则为 0。

3.1.3　确定型混流装配制造系统排序的 GA-PSO 混合算法

混流装配线排序问题属于数学中的组合优化问题，是典型的 NP-难问题。随着问题规模的扩大，相应的搜索空间也急剧扩展。混流装配线的排序问题解空间规模 S_a 可用式(3-16)计算：

$$S_a = \left(\sum_{m=1}^{M} d_m \right)! \Big/ \prod_{m=1}^{M} (d_m!) \tag{3-16}$$

生物启发算法是一类随机搜索算法，它通过模拟生物自然行为或自然进化特征来寻找最优解。生物启发算法以群体为规模进行搜索计算，与所求帕累托非支配解集为多个解类似，一次运行便能得到一个解集，特别适合用于求解多目标优化问题。遗传算法(GA)与粒子群优化(PSO)算法都属于生物启发算法，因此两种算法有一定的相似性，主要有以下几个方面。

（1）基于群体的方法

遗传算法是基于生物种群演化的方法，而粒子群优化算法是基于鸟类种群觅食的方法。两者的搜索过程都可以映射为相应的种群行为，通过群体的行为搜索出待求问题的最优解。

（2）随机搜索方法

遗传算法与粒子群优化算法的搜索过程包含了大量的随机因素，不保证搜索到最优解，但一定可以搜索到满意解。现实很多工程优化问题都很难找到最优解，因此搜索出满意解代替最优解成为必然的选择。而对实际工程优化问题而言,最优解与满意解的应用差别可以忽略,因此两种算法在工程上有着广泛应用。

（3）并行搜索方法

两种算法的搜索过程都是从一个解的集合开始,具有生物群体行为。搜索过程中,优解与劣解都在种群中,因此具有隐含的并行特征,一次运行得到一组解,特别适合多目标优化问题的求解。

然而,遗传算法与粒子群优化算法毕竟各自的原理不同,两者存在以下差异。

（1）算法机理迥异

遗传算法的原理基于生物种群适者生存的自然定律,通过不断淘汰差的个体及产生新的个体,使得整个种群不断向前进化。而粒子群优化算法则借鉴了鸟类群体觅食行为,通过鸟的信息共享,不断搜索出新的觅食位置,从而使整个鸟群迅速占领最优位置。

（2）算法操作不同

遗传算法包括选择、交叉、变异三种操作。粒子群优化算法没有这些操作,而是通过速度更新推动位置更新。两者的不同是由算法信息传递机理决定的。对于遗传算法,信息主要由染色体的基因记录并传承至下一代种群,其中的选择操作可以使信息完整地保留在子代种群中,交叉和变异操作也使染色体中的部分基因遗留在子代种群中,并产生新的个体。对于粒子群优化算法,信息的记录是鸟类个体的行为,即所有粒子都会记录个体路径上的历史最优解,通过共享全局最优解和历史最优解信息来指导整个群体的运动。

（3）初始种群对搜索性能的影响不同

遗传算法的运作机理使得它对初始种群的质量不敏感。大量研究表明,无论通过既定规则产生质量较好的初始种群,还是通过完全随机规则产生质量一般的初始种群,它们对遗传算法最终解的影响极其有限。对遗传算法性能产生主要影响的是选择策略的设置、交叉操作及变异操作的设计。而粒子群优化算法对初始种群的质量较为敏感,研究表明,较好的初始种群能让粒子群优化算法更易于收敛到最优解。总体来看,遗传算法对初始种群无特殊要求,但进化过程比较复杂,参数多,难以调整;粒子群优化算法对初始种群质量有一定要求,但搜索过程简单,只更新速度和位置,参数少,较容易实现。

（4）算法应用范围不同

遗传算法应用十分广泛,几乎涉及所有类型问题的优化,不仅适用于连续问题的优化,还适用于离散问题的优化。而粒子群优化算法主要适用于连续问题的优化,适合在连续空间搜索最优解。对于离散问题,粒子群优化算法则存在先天不足,从粒子移动更新公式可知,粒子在离散空间搜索时极易产生非法解,必须通过变换加以解决,严重制约算法的性能及效率。

本节利用遗传算法与粒子群优化算法各自的优点搜索可行解空间。遗传算法的优势在于各染色体之间能互相共享信息,从而使基因能够在种群的迭代进化中不断被选择与改良,最终表现为整个种群逐步逼近帕累托前沿。粒子群优化算法的突出特点在于所有粒子均保存邻域内的最优解,局部最优与全局最优的相互作用促使种群不断演变,最终逐步逼近帕累托前沿。为充分利用两种算法各自的优点,本节提出的混合算法在搜索功能上各不相同:GA 算法优势在于全局搜索,因此侧重于探索能力;PSO 算法侧重于开发能力,对标准 PSO 算法进行必要改进,使之适合在局部空间搜索。

1. GA-PSO 算法框架

GA-PSO 算法流程是两种算法交替轮流执行搜索的过程,如图 3-2 所示。算法开始就初始化种群,即随机产生一定规模的初始解组成初始种群。初始解满足混流装配线排序问题 MPS 型号约束、数量约束即可。GA-PSO 算法一次迭代搜索过程由 N 代 GA 进化搜索和 M 代 PSO 移动搜索组成。N 与 M 是算法的重要参数,它们的相互关系对最终解的结果有重要影响。基于多次试验测试,最终取 $N=2M$。算法首先执行 N 代 GA 运算,然后执行 M 代 PSO 运算。两种算法不断交替循环搜索,直至找出最优解。

2. 种群个体编码方法

GA-PSO 算法虽然应用了两种不同的生物启发算法,但却拥有同一个种群。因此,种群中的个体既表示 GA 种群中的染色体,又是 PSO 种群中的粒子。种群个体采用基于工件序列的编码方法,工件序列代表投产顺序。编码长度就是基因序列长度 I,反映了一个 MPS 中生产的所有产品生产数量。例如,设有一个 MPS 中共有 A、B、C 三种产品,且生产量分别是 2、1、2,易知 A、B、C 三种产品的总产量为 5,即基因序列长度 I 等于 5。如投产顺序为 ACBAC,则一个有效的编码序列为 13213。编码从左到右表示投产产品顺序,数字表示相应的产品型号。

3. 种群个体评价

种群个体评价对算法的迭代进化会产生重要的影响,涉及以下两个重要组成部分。

1)帕累托非支配解集阶层

多目标优化中的最优解通常不是单个解,而是互不支配的多个解,它们构成了帕累托最优解集[1]。分级的方法可描述为循环找出种群中不受其他个体支配的个体,并暂时将它们移出种群,直至种群为空。最先找出的个体阶层最高,可令其阶层 rank 等于 1。后续找出的个体阶层逐渐降低,相应的阶层 rank 逐步变大。对不同阶层的个体的评价准则:阶层高的个体比阶层低的个体好。

2)密集度

种群进化的同时必须保持个体的多样性,以维持个体良好的分布性。研究者普遍运用小生境方法解决这一问题,小生境距离表达式如下[8]:

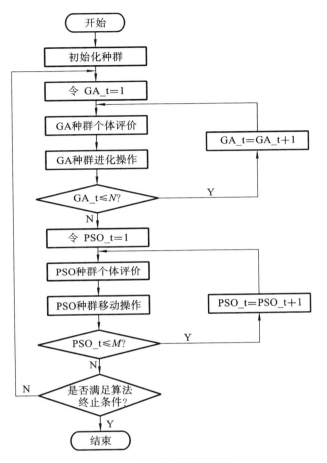

图 3-2　GA-PSO 算法流程

$$\sigma_{lt} = \frac{\mathrm{MAX}_{lt} - \mathrm{MIN}_{lt}}{\sqrt[K]{\mathrm{pop\_size}}} \quad \forall l \in \{1,2,\cdots,K\} \tag{3-17}$$

当迭代到第 t 代时,目标 l 的最大值用 MAX_{lt} 标识,而 MIN_{lt} 与之相反,是最小值;K 为优化目标数目;σ_{lt} 是目标 l 在第 t 代时的小生境距离。本节提出了一种基于小生境的个体密集度 Sh 计算公式,如下所示:

$$\mathrm{Sh} = \begin{cases} \displaystyle\sum_{i=1}^{N} \sqrt{\sum_{l=1}^{K}\left(1 - \frac{d_{il}}{\sigma_{lt}}\right)^2}, & (d_{il} \leqslant \sigma_{lt}) \\ 0, & \text{其他} \end{cases} \tag{3-18}$$

其中,N 为小生境距离内个体的数量;d_{il} 是该个体与小生境范围内第 i 个体在第 l 个目标值的距离。Sh 值反映了个体的拥挤程度,从式(3-18)中可以得出,如果个体在小生境范围内没有其他个体,则密集度等于 0。对不同密集度个体的评价准则:密集度低的个体分布性优于密集度高的个体。

从以上可以看出,个体的评价以帕累托阶层和密集度为基础,评价准则如下:

①阶层高的个体优于阶层低的个体;

②同一阶层中密集度低的个体优于密集度高的个体。

4. 算法的遗传操作

GA-PSO 算法的遗传操作由选择、交叉和变异组成,具体执行如下所述。

1）选择

选择操作是从父代种群中选择一些个体进入子代种群。从生物遗传的观点来看,优先选择优良的个体和具有潜质的个体是种群进化的基本条件。本节的选择操作如下:首先选择帕累托阶层最高的个体无条件进入下一代种群,体现出精英策略,避免了最优解的丢失;然后对其他阶层个体采取竞争机制,即随机选择两个个体,再运用贪婪准则进行选取,即若两个个体位于不同的帕累托阶层,则选择帕累托阶层高的个体进入下一代种群,若两个个体位于同一帕累托阶层,则选择密集度低的个体进入下一代种群。

2）交叉

交叉操作是种群产生新个体的主要途径。交叉操作是以概率 P_c 从父代种群中随机选择两个个体为一组,进行交叉操作,产生一组新个体进入下一代种群。选用 modOX(modified order crossover)交叉规则[15]产生子代个体,如图 3-3 所示。

3）变异

变异是种群保持多样性的重要途径。变异操作是以概率 P_m 从父代种群中随机选择一个个体进行变异操作,产生新个体并进入下一代种群。鉴于混流装配线排序问题是组合优化问题,因此选用倒序变异,以提高算法的性能。倒序变异是首先随机选中序列中两点,然后将两点之间的部分进行倒序排列,两点之外的部分则保持不变,如图 3-4 所示。

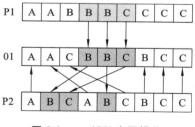

图 3-3　modOX 交叉操作

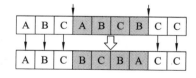

图 3-4　倒序变异操作

5. 粒子群优化算法部分

1）粒子群优化算法的适应性改进

惯性权重 w 是粒子群优化算法的重要参数,对搜索性能有重要影响:w 值小则算法偏向于局部搜索,粒子快速聚集,加速收敛;w 值大则粒子倾向于探索新的区域,侧重全局搜索,避免陷入局部最优。一般将 w 设计为线性函数,其值随着迭代次数增加而逐渐减小。这种设计旨在使算法初期侧重全局空间搜索,避免种群早熟,而在算法后期侧重局部寻优,加速算法收敛。本节的混合算法中 PSO 算法被设计成局部搜索算法:令 $w=0.5r_w$,其中 r_w 为[0,1]的随机数,确保了多个方向搜索,扩大了搜索面。学习因子 c_1、c_2 也取较小值,设置为 0.5。调整后 w 值较小,粒子群优化算法偏重局部搜索。改进后的速度更新公式如下:

$$\overrightarrow{V_{n+1}} = 0.5r_w\overrightarrow{V_n} + 0.5r_1(\overrightarrow{Z_{pbest}} - \overrightarrow{Z_n}) + 0.5r_2(\overrightarrow{Z_{gbest}} - \overrightarrow{Z_n}) \tag{3-19}$$

式中:r_1 和 r_2 分别表示在[0,1]区间内均匀分布的随机数。

2) PSO 粒子连续值的转换

由粒子群优化算法公式可知,粒子的运动是基于连续空间的,移动后必定产生类似图 3-5 所示的连续解,必须将连续解转换为离散解,否则无法应用于混流装配线排序问题。图 3-5 显示了粒子由连续解转换成离散解的过程。

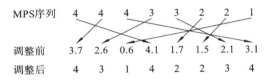

图 3-5　PSO 算法粒子转换示意图

首先 MPS 序列排列为从左至右的降序排列。转换过程为从左至右在 MPS 序列中依次取值并取代相应的连续解,具体操作为第 1 次取出的 4 替换连续解中的最大值 4.1,而第 2 次取出的 4 替换连续解中的次大值 3.7,依次类推,最后取出的 1 取代最小值 0.6。转换的实质是在欧氏空间中寻找距离最近的离散解代替当前连续解。

3) 局部最优解更新

种群中的每个粒子都会记录目前找到的最优解,称为局部最优解。粒子移动一步后即产生新解,若新解好于当前局部最优解则更新记录,否则保持不变。算法判优基于加权法,即比较三个目标值相加之和的大小,若新解三者之和小于局部最优解三者之和,则将新解设置为局部最优解;否则不予更新。

4) 全局最优解选择

从粒子运动公式可知必须为每个粒子指定全局最优解,从而控制粒子的运动方向。对于多目标优化问题,全局最优解是多个解,即帕累托解集。算法采用从帕累托解集中随机选择一个解作为种群粒子的最优解,这不仅保证了最优个体必定处于全局最优的位置,使种群向全局最优位置移动,而且避免了同时向某个最优点移动,确保了搜索方向的多元化,从而保证了种群的多样性。

3.1.4　基准问题测试

为测试算法求解确定型混流装配线排序问题的性能,采用基准问题进行测试。算法采用 Visual C++语言编程,运行平台为 Windows XP,硬件配置 CPU 为 2.0 GHz。算法以达到预先设置的迭代次数为运算终止条件。

1. 基准问题

研究者广泛使用 Bard 等[2]的基准数据进行测试。在 Bard 等的测试模型中,装配线移动速度 $V_c=1$,产品在工位的装配时间及相应工位长度见表 3-1。产品之间的切换时间如表 3-2 所示。为简化模型,Bard 等仅考虑第一个工位的切换时间。

表 3-1　产品在各工位的装配时间及各工位长度

J	M			L_j
	1	2	3	
1	4	8	7	12
2	6	9	4	14
3	8	6	6	12
4	4	7	5	11

表 3-2　产品的切换时间

M	M		
	1	2	3
1	0	1	2
2	3	0	1
3	2	3	0

基于以上初始数据设置,可以形成 5 个不同规模的 MPS 问题,表 3-3 列出了这 5 个 MPS 问题的搜索空间规模,由式(3-16)计算得出。

表 3-3　MPS 问题设置

问题	I	MPS	可行解空间	投放间隔
1	10	5,3,2	2520	6.1
2	10	4,4,2	3150	6.3
3	10	4,3,3	4200	6.1
4	11	4,6,1	2310	6.6
5	11	6,3,2	4620	6.0

2. 算法运行比较

1)算法参数设置

为综合比较算法性能,将 GA-PSO 混合算法与 SPEA2[12]、NSGA-Ⅱ[13]和 PS-NCGA[8]算法进行对比验证。由于本节所提 GA-PSO 混合算法中,GA 算法主导全局搜索,因此与普通 GA 算法相比,交叉概率 P_c 取值较小,变异概率 P_m 取值较大。经过多次测试,设定各算法参数值如下:

①算法总迭代循环次数 $T=50$；

②GA-PSO 算法中 PSO 间隔迭代次数 $M=4$；

③GA-PSO 算法中 GA 间隔迭代次数 $N=8$；

④种群规模 pop_size $=50$；

⑤GA-PSO 算法中 GA 交叉概率 $P_c=0.7$，其他算法 $P_c=0.9$；

⑥GA-PSO 算法中 GA 变异概率 $P_m=0.3$，其他算法 $P_m=0.1$。

2）评价指标

多目标算法的评价往往采用以下 5 个不同的指标，以全面衡量算法的性能。同时，为消除生物启发算法随机因素的影响，以算法运行 20 次的平均结果作为评价基准。

①帕累托最优解数量：算法找到帕累托最优解数量，值越大则表明有更多的解位于帕累托前沿，直观地反映了算法搜索能力。

②误差率（error ratio，ER）：算法找到的帕累托近似前沿与真实帕累托前沿的重合度，值越小表明重合度越高，算法搜索能力越强[16]。

$$ER = \sum_{i=1}^{n} e_i / n \tag{3-20}$$

$$e_i = \begin{cases} 0, & i \in PF_{ture}, \quad i=(1,2,\cdots,n) \\ 1, & 其他情况 \end{cases} \tag{3-21}$$

③世代距离（generational distance，GD）指标：算法找到的帕累托近似前沿与真实帕累托前沿的接近程度[17]。

$$GD = \frac{\left(\sum_{i=1}^{n} d_i^p\right)^{\frac{1}{p}}}{n} \tag{3-22}$$

式中：n 是非支配解数目；d_i 表示第 i 个解与帕累托前沿的距离；p 一般取为 2。

④间隔（spacing）指标：反映了算法最终帕累托解集中各个解的分布程度[13]。

$$S = \sqrt{\frac{1}{n-1}\sum_{i=1}^{n}(\overline{d}-d_i)^2} \tag{3-23}$$

⑤运行时间（computational time）：算法一次运行所消耗的时间。

几种算法上述指标的比较分别见表 3-4～表 3-8。

表 3-4 可找到帕累托最优解数量的比较

问题	最优解数量	SPEA2	NSGA-II	PS-NCGA	GA-PSO
1	8	6.3	6.5	6.7	6.9
2	13	9.8	10.3	10.6	10.8
3	19	14.8	15.2	14.9	15.9
4	25	20.1	19.7	19.2	20.8
5	7	5.4	5.1	5.2	5.5

表 3-5　误差率(ER)的比较

问题	SPEA2	NSGA-Ⅱ	PS-NCGA	GA-PSO
1	0.18	0.13	0.16	0.11
2	0.32	0.22	0.27	0.20
3	0.20	0.15	0.17	0.11
4	0.18	0.14	0.19	0.13
5	0.13	0.19	0.14	0.12

表 3-6　世代距离(GD)比较

问题	SPEA2	NSGA-Ⅱ	PS-NCGA	GA-PSO
1	0.18640	0.13043	0.16963	0.12042
2	0.23854	0.19296	0.18460	0.16538
3	0.31503	0.20950	0.29300	0.18962
4	0.27556	0.34791	0.24629	0.21749
5	0.29283	0.36658	0.21136	0.20235

表 3-7　间隔(spacing)比较

问题	SPEA2	NSGA-Ⅱ	PS-NCGA	GA-PSO
1	1.803	1.864	1.782	1.732
2	1.175	1.236	1.224	1.021
3	1.431	1.418	1.374	1.286
4	1.278	1.569	1.315	1.191
5	2.105	1.981	2.167	1.737

表 3-8　运行时间(computational time)比较　　　　　(单位:s)

问题	SPEA2	NSGA-Ⅱ	PS-NCGA	GA-PSO
1	1.7	1.9	1.8	1.7
2	1.2	1.4	1.5	1.3
3	1.4	1.4	1.3	1.3
4	1.4	1.8	1.7	1.5
5	1.5	1.3	1.1	1.4

　　从表 3-4 可看出,GA-PSO 算法的帕累托解的数量多于其他算法,最接近理论数量,反映出更多的解位于帕累托前沿。从表 3-5 可以看出,GA-PSO 算法误差率小于其他算法,表明该算法最终解集与真实帕累托解集重合度高。从表 3-6 可看出,GA-PSO

算法世代距离小于其他算法,表明该算法帕累托近似前沿更接近真实帕累托前沿。以上三个指标均反映了所提混合算法优良的搜索能力。表 3-7 反映了最终解的分布性,GA-PSO 算法间隔指标小于其他算法,表明该算法帕累托解分布更均匀。从表 3-8 可以看出,GA-PSO 算法运行时间与其他算法相当。综合以上分析,在运行时间基本相同的情况下,GA-PSO 算法搜索效果更好,证实了 GA-PSO 算法是一种高效的算法。

3.2　随机型混流装配制造系统排序优化

针对定制产品的实际加工时间波动性强,确定型排序模型不能准确反映定制产品的生产情形的问题,本节建立了加工时间服从随机分布的随机型混流装配线排序模型。模型以加工时间服从正态分布为基础,优化目标为最小化期望超载时间、零部件消耗平准化和最小化切换次数。本节提出一种改进的多目标粒子群优化算法来求解模型,在粒子群优化算法中引入模拟退火思想,避免了粒子群优化算法过早收敛;运用帕累托概念更新粒子局部最优解,避免了最优解的丢失。最后通过实例验证了模型的可行性和算法的有效性。

3.2.1　随机型混流装配制造系统排序问题建模

混流装配线支持定制产品的生产,以适应个性化的客户需求。由于大量非标准件的应用,这类混流装配线装配同一型号产品的作业时间往往波动较大,研究中往往认为其为服从随机分布的变量。因此,确定型排序模型已不能准确反映这类混流装配线的生产情形,必须构建随机型排序模型。

随机型混流装配线排序模型与确定型混流装配线排序模型主要区别在于产品的加工时间。在确定型排序模型中,产品的加工时间是恒定不变的,而在随机型排序模型中,产品的加工时间是随机变化的。大量的生产资料统计表明,混流装配线产品加工时间服从正态随机分布。因此,本节在 3.1 节构建的确定型混流装配线排序模型的基础上,构建了随机型混流装配线排序模型,模型考虑期望超载时间、零部件消耗平准化和切换次数等目标,它们分别描述如下。

1.　f_1:最小化期望超载时间

产品的加工时间是服从正态分布的随机变量,因此,原优化目标最小化超载时间相应地转变为最小化期望超载时间,数学表达式如下:

$$f_1 = \min E\left\{ \sum_{j=1}^{J} \left(\sum_{i=1}^{I} U_{ij} + Z_{i+1,j}/V_c \right) \right\} \tag{3-24}$$

s. t.

$$\sum_{m=1}^{M} x_{im} = 1 \quad \forall i \in \{1,2,\cdots,I\} \tag{3-25}$$

$$\sum_{i=1}^{I} x_{im} = d_m \quad \forall\, m \in \{1,2,\cdots,M\} \tag{3-26}$$

$$Z_{i+1,j} = \max\left\{0, \min\left(Z_{ij} + V_c \sum_{m=1}^{M} x_{im} t_{jm} - W, L_j - W\right)\right\} \tag{3-27}$$

$$U_{ij} = \max\left\{0, \left(Z_{ij} + V_c \sum_{m=1}^{M} x_{im} t_{jm} - L_j\right)/V_c\right\} \tag{3-28}$$

$$x_{im} = 0 \text{ 或 } 1 \quad \forall\, i \in \{1,2,\cdots,I\}, \forall\, m \in \{1,2,\cdots,M\} \tag{3-29}$$

$$Z_{1j} = 0, Z_{ij} \geqslant 0 \quad \forall\, i \in \{1,2,\cdots,I\}, \forall\, j \in \{1,2,\cdots,J\} \tag{3-30}$$

$$U_{ij} \geqslant 0 \quad \forall\, i \in \{1,2,\cdots,I\}, \forall\, j \in \{1,2,\cdots,J\} \tag{3-31}$$

以上各符号的含义与 3.1 节中的基本一致,可参考 3.1 节的说明。需要指出的是,t_{jm} 仍然表示产品 m 在工位 j 的操作时间,但与确定型排序模型中 t_{jm} 为定值不同,t_{jm} 是服从正态分布的随机变量。

2. f_2:零部件消耗平准化

设混流装配线共有 M 种产品,由 K 种零部件组成。产品与零部件数量的对应关系如表 3-9 所示。

表 3-9　产品与零部件关系

产品	零部件							
	P_1	P_2	P_3	P_4	P_5	P_6	⋯	P_K
J_1	n_{11}	n_{12}	n_{13}	n_{14}	n_{15}	n_{16}	⋯	n_{1K}
J_2	n_{21}	n_{22}	n_{23}	n_{24}	n_{25}	n_{26}	⋯	n_{2K}
⋯	⋯	⋯	⋯	⋯	⋯	⋯	⋯	⋯
J_M	n_{M1}	n_{M2}	n_{M3}	n_{M4}	n_{M5}	n_{M6}	⋯	n_{MK}

混流装配生产中平准化零部件消耗至关重要。在确定型排序模型中,产品生产率是度量生产平顺的重要目标。一方面,混流装配线上的产品是由不同的零部件组装而成的。由于产品的差异性,不同产品对零部件的类型和数量需求不尽相同。而另一方面,由于产品的相似性,不同产品可能具有相同的零部件。因此,生产线上产品的生产率不能准确反映出零部件供应的消耗率。基于以上原因,本节以零部件消耗平准化为优化目标,使产品序列中零部件的实际消耗率与理想的消耗率尽可能接近,实现平顺生产。

装配生产过程中,导致生产不稳定的一个重要原因是上游零部件供应不均衡。若某段生产时段内对某种零部件需求比较集中,势必使得上游相应零部件生产负荷和供应配送加重。因此,各种零部件的生产和供应必须尽可能均衡。混流装配线排序问题必须考虑产品零部件的消耗均衡化,其数学表达式[18]为

$$f_2 = \min \sum_{i=1}^{I} \sum_{k=1}^{K} \left| \frac{x_{ik}}{i} - \frac{N_k}{I} \right| \tag{3-32}$$

s. t.

$$\sum_{m=1}^{M} d_m = I \tag{3-33}$$

$$\sum_{m=1}^{M} d_m b_{mk} = N_k \tag{3-34}$$

式中：x_{ik} 表示排产序列中从第 1 到第 i 个产品完成装配所要的零部件 k 的数量；N_k 表示一个生产循环中需要的零部件 k 的总数量；d_m 表示一个生产循环中需要的产品 m 的总数量；b_{mk} 表示产品 m 需要的零部件 k 的装配数量。

理想的零部件 k 的消耗是均匀的，即零部件 k 的理想消耗率是 N_k/I。然而，在完成装配序列中第 i 件产品后，实际零部件 k 的消耗率是 x_{ik}/i，为了使零部件消耗尽可能地达到理想均匀状态，优化目标设计成在完成装配序列中第 i 件产品后，零部件 k 的实际消耗率 x_{ik}/i 尽可能与理想消耗率 N_k/I 接近。从式（3-32）可以看出，若零部件消耗平准化的值为 0，则表明所有零部件消耗处于绝对均匀状态，即最佳状态。

3. f_3：最小化切换次数

在确定型排序模型中，以切换时间度量产品的切换，然而以切换时间度量切换对生产的影响并不全面，总切换时间虽小但仍可能出现切换频繁的情况，这是由不同产品之间的工艺差异引起的。频繁切换会使产品错装、漏装的可能性大大增加，加之切换时间与产品的加工时间在实际生产中是互相影响的，很难将两者单独考虑，因此在本节的随机型排序模型中用切换次数代替切换时间进行生产切换目标优化。最小化切换次数数学表达式如下：

$$f_3 = \min \sum_{j=1}^{J} \sum_{i=1}^{I} \sum_{m=1}^{M} \sum_{r=1}^{M} x_{imr} \quad m \neq r \tag{3-35}$$

s. t.

$$\sum_{m=1}^{M} \sum_{r=1}^{M} x_{imr} = 1 \quad \forall i \in \{1, 2, \cdots, I\} \tag{3-36}$$

$$\sum_{m=1}^{M} x_{imr} = \sum_{p=1}^{M} x_{(i+1)rp} \quad \forall i \in \{1, 2, \cdots, I-1\}, \forall r \in \{1, 2, \cdots, M\} \tag{3-37}$$

$$\sum_{m=1}^{M} x_{Imr} = \sum_{p=1}^{M} x_{1rp} \quad \forall r \in \{1, 2, \cdots, M\} \tag{3-38}$$

$$\sum_{i=1}^{I} \sum_{r=1}^{M} x_{imr} = d_m \quad \forall m \in \{1, 2, \cdots, M\} \tag{3-39}$$

$$x_{imr} = 0 \text{ 或 } 1 \quad \forall i \in \{1, 2, \cdots, I\}, \forall m \in \{1, 2, \cdots, M\} \tag{3-40}$$

以上各符号的含义与 3.1 节的一致，可参考 3.1 节的说明。

3.2.2　基于蒙特卡洛模拟的期望求解方法

1. 蒙特卡洛模拟

蒙特卡洛（Monte Carlo）模拟又称为统计模拟方法（statistical simulation

method),是 20 世纪 40 年代提出的一种以概率统计理论为指导的数值计算方法。它使用随机数对随机变量进行抽样统计,所得的结果是近似结果而非精确结果,特别适用于非线性和复杂数学问题的求解。蒙特卡洛模拟方法基于大数定理,数学描述如下。

定理:设 $X_1, X_2, \cdots, X_n$ 是相互独立的随机变量序列,且具有相同的数学期望与方差,$E(X_k) = \mu, D(X_k) = \sigma^2 (k = 1, 2, \cdots)$,则 $\langle X_n \rangle$ 服从大数定律,即对于任意正数 ε,有

$$\lim_{n \to \infty} P\{ |Y_n| < \varepsilon \} = \lim_{n \to \infty} P\left\{ \left| \frac{1}{n} \sum_{i=1}^{n} X_i - \mu \right| < \varepsilon \right\} = 1 \tag{3-41}$$

证明:由于

$$E\left(\frac{1}{n} \sum_{i=1}^{n} X_i \right) = \frac{1}{n} \sum_{i=1}^{n} E(X_i) = \frac{1}{n} \cdot n\mu = \mu$$

$$Y_n = \frac{1}{n} \sum_{i=1}^{n} [X_i - E(X_i)] = \frac{1}{n} \sum_{i=1}^{n} (X_i - \mu) = \frac{1}{n} \sum_{i=1}^{n} X_i - \mu$$

$$D\left(\frac{1}{n} \sum_{i=1}^{n} X_i \right) = \frac{1}{n^2} \sum_{i=1}^{n} D(X_i) = \frac{1}{n^2} \cdot n\sigma^2 = \frac{\sigma^2}{n}$$

由切比雪夫不等式的定义,对于任意正数 ε,有

$$P\{ |Y_n| < \varepsilon \} = P\left\{ \left| \frac{1}{n} \sum_{i=1}^{n} X_i - \mu \right| < \varepsilon \right\} \geqslant 1 - \frac{\sigma^2 / n}{\varepsilon^2}$$

令 $n \to \infty$,因为概率不能大于 1,故有

$$\lim_{n \to \infty} P\{ |Y_n| < \varepsilon \} = \lim_{n \to \infty} P\left\{ \left| \frac{1}{n} \sum_{i=1}^{n} X_i - \mu \right| < \varepsilon \right\} = 1$$

切比雪夫大数定理表明,在 n 足够大的情况下,算术平均值以接近 1 的概率等于期望值 $E(X_k)$。也就是说,当 n 充分大时,可以认为算术平均值与期望值相等。切比雪夫大数定理为蒙特卡洛模拟理论提供依据。

2. 期望超载量的求解

期望值的数学求解存在非线性等复杂因素,很难通过严密的解析表达式计算。因此本节基于蒙特卡洛模拟求解超载量期望目标,具体过程如下:首先依据概率测度随机产生零件加工时间的样本,然后以此来计算超载量;重复这个过程 n 次,就可以计算出超载量的平均值。重复执行 n 次的过程,可以看作 n 个独立服从同一分布的随机变量 $X_1, X_2, \cdots, X_n$ 的统计值。由大数定理知,当 n 很大时,n 次模拟测试结果 $x_1, x_2, \cdots, x_n$ 的算术平均值可以认为等于期望值 μ。

3.2.3 随机型混流装配制造系统排序的 PSO-SA 混合算法

GA-PSO 混合算法虽然能较好地求解确定型混流装配线排序问题,却不是求解随机型排序模型的高效算法,这是由两种模型的特点决定的:在确定型排序模型中,

生产的加工时间是固定的,且生产的平顺化是通过产品的生产率度量的;而在随机型排序模型中,生产的加工时间是随机变量,且生产的平顺化是通过零部件的消耗率度量的。从两者解空间的分布来看,确定型排序模型的优解与劣解之间大多呈渐近变化态势,少有突变,因此适合采用 GA-PSO 混合算法求解。然而,随机型排序模型则相反,优解与劣解之间鲜有明显的分界线,因此若运用 GA-PSO 混合算法求解随机型排序模型,尽管首先可通过 GA 算法全局搜索出解空间处于较优位置的解,然而接下来应用 PSO 算法进行局部搜索时,由于解空间的突变特性,搜索出更优解的可能性很低,PSO 算法不能很好地进行局部精细搜索。

鉴于此,本节设计了一种 PSO 算法与 SA 算法相结合的混合算法求解随机型排序模型。由于在 PSO 算法中引入了模拟退火思想,粒子的活性不仅与当前所处的位置有关,还与当前温度有关,在算法早期,温度较高,粒子的活动趋向多元,而随着温度的下降,粒子的活动趋向平稳。同时,引入模拟退火算法进行局部搜索,保留了劣解周围出现优解的可能性,这一特征与随机型排序模型问题的解空间分布突变特性相吻合,可极大提高算法的效率。

1. PSO 算法改进策略

PSO 算法是一种搜索性能优异的群体智能算法。在搜索过程中,粒子历史最优解和全局最优解的位置能够确定粒子移动的方位区域,反映了算法的确定性;而粒子速度更新的方式则决定了粒子移动方位的摆动,反映了算法的随机性。若算法的确定性起主导作用,则容易过早收敛,难以跳出局部最优;而当算法的随机性起主导作用时,易导致粒子无序移动、盲目搜索,难以搜索到最优解。单一 PSO 算法受自身特点限制,在搜索过程中很难保持两者的平衡,迫切需要引入某种机制加以制衡。为此,本节在 PSO 算法中引入模拟退火算法,弥补 PSO 算法平衡能力的不足。

由于 PSO 算法中粒子移动的方向受最优解位置影响,因此如何为每个粒子设置最优解至关重要。目前普遍的做法是从当前非支配解集中选择最优解,以指导粒子移动。然而这种方式容易导致种群过早收敛、停滞进化,难以搜索到全局最优解。为此,研究者普遍引入变异机制加以改善。然而,如何控制变异规模及设计变异策略是一大难点,否则将导致粒子趋向无序搜索。因此,本节运用以下三种方法。

1) gbest 选择

根据粒子的适应度随机选择 gbest(global best,粒子群迄今为止发现的最优解),由于非劣解粒子的适应度值高,而受控解粒子的适应度值低,这样使得非劣解以较高比例被选择为 gbest 的同时,受控解也以较低比例被选择为 gbest。与以往gbest 的选择局限于非劣解集不同,gbest 选择范围扩大到了整个种群,极大改善了粒子活动趋向的多样性,有效避免了算法过早收敛。

2) pbest 更新

粒子移动一步后就会产生新解,若新解优于 pbest(personal best,自粒子初始化以来,粒子在其搜索空间中找到的最好位置),则用新解更新 pbest;若新解劣于

pbest,则新解是否更新与当前温度有关,即引入模拟退火思想。在算法初期,温度较高,粒子活动频繁,劣解被设置为 pbest 的概率较高,粒子活动趋向多元,偏向全局搜索;在算法后期,温度较低,粒子活动迟滞,劣解被设置为 pbest 的概率较低,粒子活动趋向同一,侧重于局部搜索。

3）惯性权重 w

在惯性权重 w 的变化中引入模拟退火思想,即惯性权重 w 的值与当前温度有关,惯性权重随着温度的下降而逐渐递减。惯性权重 w 的数学表达式如式（3-42）所示,参数 T 与 T_0 分别为当前温度和初始温度。

$$w = \exp(T - T_0) \tag{3-42}$$

算法开始时温度较高,惯性权重值偏大,粒子移动范围大,利于全局搜索,避免过早收敛,陷入局部最优。随着温度下降,粒子移动范围逐步变小,偏向重点区域局部搜索,加速算法收敛过程。

以上三种措施有效抑制了算法的早熟收敛,均衡了算法的局部搜索与全局搜索能力,从而极大地提高了算法的性能。

2. 粒子编码与解码

调度问题一般属于离散问题,而标准粒子群优化算法是基于连续空间的,因此运用粒子群优化算法求解调度问题时,粒子的编码与解码对算法的性能有重要的影响。研究者普遍运用 Bean 的随机数编码方法[19],解码则采用约定的映射规则依升序解码[20]。然而,随机数编码应用于排序模型有不够直观的缺点;升序解码虽简单易行,但其依据的原理缺乏数学解释。随机数编码并不适合应用于工件排序。

为此,本节采用基于工件的编码方法,即每个工件都对应一个整数。设 A、B、C 三种产品在一个 MPS 生产中的投产顺序为 BACBC,则用粒子表示为 $x = \{21323\}$,序列长度 I 表示在一个 MPS 中的所有产品数量之和。不难看出,基于工件的编码直观,有明确的对应关系,解码方便。该编码的数学意义是将粒子作为 I 维空间的一个向量。这种编码方法在 PSO 算法迭代过程中会产生连续解,无直观明显的序列意义,必须对其进行调整及解码,转换成离散解,使 PSO 算法适合离散问题的求解。不同于升序解码的方法,本节将连续解与符合 MPS 约束的可行解均视为 I 维空间的向量,从可行解中选择与连续解欧氏距离最近的可行解作为调整后的粒子。

3. 粒子评价方法

粒子有两个属性:当前位置 Z_n 与历史最优位置 Z_{pbest}。由于 Z_{pbest} 记录了粒子的历史最优解,因此,以 Z_{pbest} 而不是当前位置 Z_n 评价粒子,才能准确地评价粒子。粒子评价以帕累托分级为基础,同时兼顾密集度因素。在种群进化过程中,帕累托阶层高的粒子应有较高的适应度值,从而对种群的移动产生更多的影响。同一帕累托阶层中考虑解的密集度,可以保持种群中解的分散性。而同一帕累托阶层中密集度低的个体应有更高的适应度值,从而对粒子的移动产生更多的影响。为使种群向帕累托前沿进化,同时在粒子移动过程中保持解的分布性,提出如下适应度函数公式:

$$\text{fitness} = \exp\left\{-1 \times \left\{\frac{\text{rank} - 1 + \exp[-1 \times \text{Sh}/(I/M)]}{I/M}\right\}\right\} \tag{3-43}$$

式中:帕累托阶层 rank 和密集度 Sh 的计算方法与 3.1 节相同。

适应度函数兼顾了帕累托阶层 rank 与密集度 Sh 这两个因素,且取值范围在[0,1]之间变化。同时,为使各阶层粒子适应度函数值呈梯度平顺渐变,函数中引入参数产品种类 M 与序列长度 I。从式(3-43)可以得出,由于 I 值大于 M 值,因此帕累托阶层 rank 对适应度的影响强于个体密集度 Sh。利用适应度函数计算粒子的适应度值,并据此评价粒子,粒子适应度值大小与粒子评价准则一致,即种群中帕累托阶层高的粒子适应度值一定大于帕累托阶层低的粒子;而同一帕累托阶层中密集度低的粒子适应度值一定大于密集度高的粒子。

4. pbest 的更新

粒子移动一次后即产生新解 Z_{n+1},这时需要判断是否更新 Z_{pbest}。 pbest 的更新是粒子群优化算法的重要组成部分,将直接影响粒子的后续移动,特别对于多目标优化问题而言,pbest 的更新策略直接影响算法的性能。对于单目标优化问题,pbest 的更新相当简单,即若新解 Z_{n+1} 优于 Z_{pbest},则更新之,否则不予更新。对于多目标优化问题,Z_{n+1} 与 Z_{pbest} 的支配关系有以下三种情况,现分析如下:

①若 $Z_{n+1} \succ Z_{\text{pbest}}$,则令 Z_{pbest} 更新为 Z_{n+1}。

②若 $Z_{\text{pbest}} \succ Z_{n+1}$,则 Z_{pbest} 不予更新。

③若两者是互不支配的关系,这种情况比前两者复杂,处理不当则会造成缺陷,即如果采用 Z_{pbest} 保持不变的方式,则可能丢失优解,因为 Z_{n+1} 可能优于 Z_{pbest};如果用 Z_{n+1} 更新 Z_{pbest},而 Z_{n+1} 可能为劣解,就等于用劣解更新 Z_{pbest}。因此,我们必须进一步分析。造成上述缺陷的根本原因在于 Z_{n+1} 与 Z_{pbest} 为互不支配关系是仅对进行比较的两个粒子而言的,而不是对整个种群的粒子而言的。从整个种群来看,Z_{n+1} 与 Z_{pbest} 虽然为互不支配关系,但 Z_{n+1} 是否优于 Z_{pbest} 取决于它们与其他粒子间的支配关系。Z_{n+1} 很可能支配其他粒子,而其他粒子也很可能支配 Z_{n+1}。

鉴于以上更新策略的先天不足,本节结合模拟退火思想更新 Z_{pbest},具体如下:

①若 $Z_{n+1} \succ Z_{\text{pbest}}$,沿用一般规则,用 Z_{n+1} 更新 Z_{pbest}。

②若 $Z_{\text{pbest}} \succ Z_{n+1}$,则对于受控粒子(rank$\neq$1)与非劣粒子(rank=1)分别采用不同的更新方法。

a. 对于受控粒子,基于模拟退火思想,运用 Metropolis 准则更新 Z_{pbest}。Metropolis 准则中差值 Δ 计算方法为

$$\Delta = \sum_{l=1}^{3}\left[f_l(Z_{n+1}) - f_l(Z_{\text{pbest}})\right] \tag{3-44}$$

用 Z_{n+1} 更新 Z_{pbest} 的概率为 $\exp(-\Delta/T)$。

b. 对于非劣粒子,Z_{pbest} 保持不变。

③若两者互不支配,则对于受控粒子与非劣粒子的更新也不相同。

a. 对于受控粒子,更新 Z_{pbest};

b. 对于非劣粒子,Z_{pbest} 不予更新,同时 Z_{n+1} 通过另一种方式保存下来——从种群中随机选择一个未更新的受控粒子 Z_{pbest},然后将这个受控粒子 Z_{pbest} 设置为非劣粒子 Z_{n+1}。

改进后的更新策略从根本上克服了传统更新策略的不足,不仅避免了最优解的丢失,而且模拟退火思想的运用,使粒子早期的活动趋向多元,有效地抑制了算法早熟收敛,保持了种群的多样性,提高了算法的搜索性能。

5. gbest 的选择

对于单目标优化问题,全局最优解一般只有一个,因此种群的全部粒子都有相同的 gbest。而对于多目标优化问题,如前所述,全局最优解一般是互不支配的解组成的帕累托解集,因此种群的全部粒子不再有相同的全局最优解,而是存在多种可能,即帕累托解集中的任一解都有可能成为一个粒子的全局最优解。目前研究者普遍采用从帕累托解集中随机选择一个解作为一个粒子的 Z_{gbest},这种方式虽然符合粒子群优化算法全局最优解的思想,然而这种方式易造成搜索方向的单一,使粒子陷入局部最优,种群偏离真正的帕累托前沿。

鉴于种群粒子的 pbest 集合包括帕累托解集,本节将 gbest 的选择扩大到整个 pbest 集合,不再局限于帕累托解集。pbest 集合选择概率与适应度值成正比。若粒子为帕累托解集中的解,则必为最优解(rank＝1 且 NC＝0,NC 表示邻域中粒子的数量),由式(3-43)可计算出适应度值为 1,即选择概率为 1,从而一定被选择为 gbest,体现出算法的精英策略。而其他粒子(rank≠1 或 NC≠0)也依各自的适应度值被选择为 gbest。由式(3-43)可知,越靠近帕累托前沿的粒子适应度值越大,被选择为 gbest 的概率也越大,由此出现帕累托阶层越高的粒子被选择为 gbest 的可能性也越大。

由此不难看出,虽然适应度越高的粒子越容易被选择为 gbest,但是适应度低的粒子也保留了被选择为 gbest 的可能性,尽管选择可能性低,但从总体来看,还是扩大了 gbest 的选择面。这种策略的实质在于增强 gbest 的多样性,从而使种群个体依阶层梯度向帕累托前沿有序移动。

6. 算法流程

本节所提算法是粒子群优化算法与模拟退火算法相结合的混合算法,粒子群优化算法迭代次数与模拟退火算法有关,由初始温度 T_0、终止温度 T_{end} 与温度下降系数 α 确定。PSO-SA 混合算法流程如图 3-6 所示。

算法首先初始化种群,初始解采用随机方法生成,并满足 MPS 型号、数量约束。初始种群所有粒子必须进行初始设置,将速度设置为 0,Z_{pbest} 为初始解本身。当前温度值 T 设定为初始温度 T_0。然后计算种群 Z_{pbest} 三个目标值 f_1、f_2、f_3,并确定粒子的适应度。接下来选择各粒子的 gbest。至此粒子的 pbest 与 gbest 均已确定,粒子

图 3-6　PSO-SA 混合算法流程

走一步,产生新解 Z_{n+1} ,此时 Z_{n+1} 为连续解,必须调整解码成离散解。计算调整后的 Z_{n+1} 的三个目标值 f_1 、 f_2 、 f_3 ,再根据 Z_{n+1} 与 pbest 的相互支配关系更新 pbest。种群移动一步后更新当前温度 T ,令 $T = \alpha T$ 。最后判断更新后温度 T 是否下降到终止温度 T_{end} ,若温度 T 大于终止温度 T_{end} ,则转入评价粒子,重新启动种群下一轮移动过程;否则算法结束。

3.2.4　实例验证与结果分析

由于随机型混流装配线排序问题没有可供参考的基准算例,为了测试 PSO-SA 混合算法的性能,对 PSO-SA 混合算法进行了实例测试。实例数据来源于某大型空调企业的商用混流装配生产线。该装配线含有以焊接开始直至打包结束等 7 个工位,各机型在每个工位上的平均加工时间和均方差及各工位长度如表 3-10 所示,产品与部件间的装配关系如表 3-11 所示。本节的随机型排序模型中,产品的加工时间是服从正态分布的随机变量。因此,这里通过模拟随机产生加工时间均方差,即产生一个范围在 $[u/8, u/4]$ 的随机数(其中 u 为平均加工时间)。通过对企业调研确认投放间距 W 设置为 580 mm,装配线移动速度 $V_c = 10$ mm/s。这些产品在一个 MPS 中的产量为 $(4,5,5,3)$,搜索空间规模为 171531360。算法的编程和运行环境与 3.1 节相同。

表 3-10　各工作站加工时间表　　　　　　　　　　　　（单位:s）

工位	产品型号				工位长度/mm
	1	2	3	4	
J1 焊接	44/5.50	45/8.79	43/6.41	40/9.04	520
J2 抽空	11/2.17	9/1.66	12/2.02	13/3.08	230
J3 网叶	32/7.29	34/7.42	31/4.54	30/6.97	420
J4 充剂	13/2.77	10/1.89	13/2.11	12/1.52	220
J5 装线	58/7.91	62/10.57	70/10.03	66/9.61	600
J6 检验	29/7.20	29/5.24	29/4.05	29/3.64	310
J7 打包	22/2.77	18/3.10	19/3.63	21/4.12	270

注:"/"符号前为平均加工时间,"/"符号后为加工时间的均方差。

表 3-11　产品-部件装配关系

产品	零部件							
	P1	P2	P3	P4	P5	P6	P7	P8
A	2	3	0	4	1	1	2	0
B	1	2	1	1	0	3	4	1
C	3	0	2	2	2	0	1	2
D	2	1	3	0	1	1	3	2

　　为了验证所提混合算法的性能,首先运用著名的多目标遗传算法 NSGA-Ⅱ进行求解。NSGA-Ⅱ算法流程可以描述为:设种群规模为 N,首先由父代种群经过选择、交叉和变异操作后形成子代种群,父代种群与子代种群组合成规模为 $2N$ 的候选种群;在候选种群中根据帕累托分级和拥挤距离将各个解进行排序,选取前 N 个解构成新的父代种群;如此不断循环演化,直到进化代数等于预先设定的值为止。从以上流程可以看出,NSGA-Ⅱ算法在每一代的演化中隐性地将最优解保存在新的父代种群中,体现出精英策略。NSGA-Ⅱ算法示意图如图 3-7 所示。

　　经过算法灵敏性试验,确定两种算法相关参数:对于 NSGA-Ⅱ算法,种群大小为 300,迭代次数为 1000,交叉概率 $P_c = 0.85$,变异概率 $P_m = 0.15$;对于 PSO-SA 算法,种群大小为 300,迭代次数为 1000,$T_0 = 200$,$T_{end} = 0.1$,$\alpha = 0.993$,$c_1 = 0.2$,$c_2 = 0.5$。两种算法采用上述参数的运行结果如表 3-12 和表 3-13 所示。

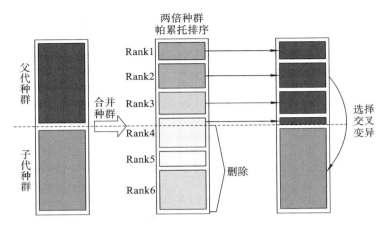

图 3-7　NSGA-Ⅱ算法示意图

表 3-12　NSGA-Ⅱ算法帕累托解集

序号	排序	f_1/s	f_2	$f_3/次$
1	AADDCCBABABBCDBCC	404	33.6316	12
2	AAABBCBACCCBDDDBC	404	54.1893	10
3	DACBADACBBCBCCBAD	405	17.7909	14
4	DADACBBCCCBDABBAC	405	20.588	13
5	DABBCCCBABCCADABD	405	21.5316	12
6	DABBCCCBABAADDBCC	405	24.1332	11
7	DCCBABBABCCCBAADD	405	30.8896	10
8	ADDADAABBBBBCCCCC	405	34.8641	7
9	DACBBCADBCACBBCAD	406	15.6096	14
10	DACBBCADACBBCCBAD	406	15.9648	13
11	DACBBCACBBCCBAADD	406	16.8633	11
12	DACBBCCABBCCBAADD	406	17.7289	10
13	DACBBCBCCCBBAAADD	406	20.7389	9
14	ADDDBAAABBCCCCBBC	406	29.7471	8
15	DDBAAACCCCCABBBBD	406	37.3434	6
16	BBBBBACCCCCAAADDD	406	56.4523	5
17	DACBBCADBCACBDACB	407	15.5305	16
18	DACBBCACBBCCBDAAD	407	16.5832	12
19	DACBBCCABBBCCAADD	407	18.7962	9

序号	排序	f_1/s	f_2	$f_3/$次
20	DACBBBCCCCBBAAADD	407	22.5918	7
21	DDAAACCCBBBBBCCAD	407	29.2516	6
22	DDDAAAABBCCCCCBBB	407	34.8188	5
23	DDAAAACCCCCBBBBBD	407	40.4502	4
24	DACBBCCBBBCCAAADD	408	20.6078	8
25	DACCBBBBBCCCAAADD	408	26.1639	6

表 3-13　PSO-SA 算法帕累托解集

序号	排序	f_1/s	f_2	$f_3/$次
1	ADDBBCCCBACCBABAD	404	26.8057	12
2	AACBDDCCCCBABBBAD	404	39.1476	10
3	DACBBCABCCBDACBAD	405	16.1808	14
4	DABCCBADABCCBBCAD	405	16.3462	13
5	DACBBCCABBABCCADD	405	19.8054	11
6	ADDDBAACCBBACCBBC	405	24.1624	10
7	DDAABBCCACCCBABBD	405	27.6956	9
8	ADDDAACCCBABBBBCC	405	27.8741	8
9	ADDDAABBBBBCCCACC	405	34.7323	7
10	ADDDABBBBBAACCCCC	405	40.4933	6
11	DACBBCADBCABCDACB	406	15.6041	16
12	DACBBCADBCACBBCAD	406	15.6096	14
13	DACBBCADACBBCCBAD	406	15.9648	13
14	DACBBCDAACBBCCBAD	406	16.6035	12
15	DACBBCACBBCCBAADD	406	16.8633	11
16	DACBBCCABBCCBAADD	406	17.7289	10
17	DACBBCCABBBCCAADD	406	18.7962	9
18	ADDDBCCCAAABBBBCC	406	31.5252	7
19	ADDDAAABBBBBCCCCC	406	36.0406	5
20	DACBBCADBCACBDACB	407	15.5305	16
21	DACBBCACBBCCBDAAD	407	16.5832	12
22	DACBBBCCCCBBAAADD	407	22.5918	7

续表

序号	排序	f_1/s	f_2	$f_3/$次
23	ADDDAAACCCBBBBBCC	407	28.8081	6
24	ADDDAABBBBBCCCCCA	407	34.2722	5
25	DDAAAACCCCCBBBBBD	407	40.4502	4
26	DACBBCCBBBCCAAADD	408	20.6078	8
27	DACCBBBBBCCCAAADD	408	26.1639	6
28	BCDDDAAAACCCCBBBB	408	32.695	5

从表 3-12 和表 3-13 可以看出，PSO-SA 算法最终解为 28 个，而 NSGA-Ⅱ算法最终解为 25 个，表明 PSO-SA 算法能够搜索到更多的帕累托解；进一步比较三个目标值的大小，可以看出表 3-13 中的解均不被表 3-12 中的解支配，表明 PSO-SA 算法优于 NSGA-Ⅱ算法。为直观展示所求解集的收敛性及分布性，图 3-8 展示了改进的 PSO-SA 算法与 NSGA-Ⅱ算法三个目标值的空间寻优结果。

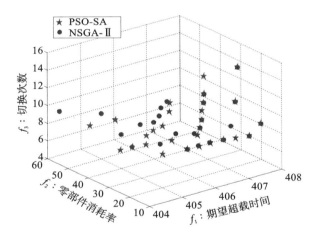

图 3-8　PSO-SA 算法与 NSGA-Ⅱ算法结果分布

从图 3-8 可以看出，PSO-SA 算法的解集涵盖了 NSGA-Ⅱ算法的解集，两者部分解相同，而在余下的不同解中，PSO-SA 算法的解支配 NSGA-Ⅱ算法的解，验证了 PSO-SA 算法的有效性。

为了揭示两种算法的搜索过程，图 3-9 展示了两种算法在迭代搜索过程中的收敛轨迹图。从图 3-9 可以看出，两种算法 GD 值整体趋势均是不断下降的，表明两种算法都可以收敛到最优解。然而，两种算法 GD 值下降过程却有所不同：在 NSGA-Ⅱ算法早期，GD 值下降比较快，而在算法后期下降缓慢，表明算法跳出局部最优能力较差。从图 3-9 可以看出，PSO-SA 算法引入了模拟退火思想，不同的迭代次数是通过不同的温度来表现的,即每一代温度呈等比例下降,随着温度的下降,算法逐渐收敛,且呈平顺渐变趋势。在 PSO-SA 算法早期,收敛速度较慢,这是由于温度较高,粒子活动频繁,趋向全局搜索,不易陷入局部最优;而在算法后期,随着温度逐渐下降,粒子活动迟滞,趋向局部搜索,从而加速算法收敛。

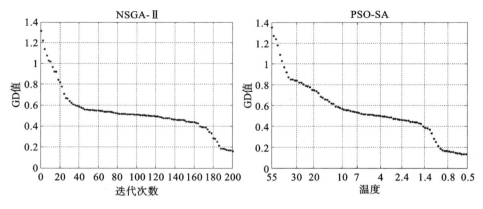

图 3-9　NSGA-Ⅱ算法与 PSO-SA 算法收敛轨迹图

3.3　物料不齐套引起的混流装配系统重排序优化

在实际企业生产中,装配过程中出现的物料不齐套往往是影响装配计划顺利执行的主要因素。物料齐套性检查就是要求在装配工作开始前将所需零部件全部准备到位。若在物料不齐套的情况下开始装配产品,则可能导致生产时间变长、在制品库存增加和生产能力下降[21]。企业在面对物料不齐套的情况时,实际上往往通过停线来处理,或采用人工启发式规则对调度方案进行调整,尽管该方法可在一定程度上解决重排序问题,但很难得到期望的良好排序性能。因此,在物料不齐套的情况下对初始生产排序进行重排序,就变得极其重要[22]。

本节研究基于物料齐套性的混流装配线重排序问题,即物料不齐套情况下对初始排序进行重排序,并提出了相应的重排序模型。该模型考虑排序的稳定性,即最小化初始排序和重排序之间的排序偏差,在提高装配线性能的同时,保证了从基准排序切换到重排序过程的稳定性,确保零部件的准确供应和上下游部门的紧密协作。在模型的求解过程中,提出了两周期联合优化策略和基于车间装配能力的分解策略。两周期联合优化能够充分利用装配线的生产能力并保证生产线的整体排序性能,基于车间装配能力的分解可以得到当前周期的排产计划,并能充分利用装配线的生产能力。本节将车间正在执行的排序称为初始排序,物料不齐套情况发生且导致初始排序性能变差和不能执行时进行的排序称为重排序。

3.3.1　混流装配线重排序问题描述

Boysen 定义重排序为按照排列可行性的一些约束,对目标排序的重新安排,以优化某些目标函数[22]。近年来,研究人员已开始对汽车重排序问题进行研究,Gusikhin 等[23]在涂装车间后面设置了一个自动存取系统 AS/RS(automated storage and retrieval system),提出一个生成车身被送入涂装车间的投放序列的启发式重排序规则。Ding 等[4]引入简单填充和释放策略,研究移出涂装车间后的序列恢复和进入涂装车间前考虑涂装批量的序列重排这两种情况的重排序情况。Gujjula 等[24]研究准时化顺序供应(just-in-sequence)环境下的重排序方法。在汽车实时生产过程中,Lahmar 等[25]建立了一个联合重排序模型,用来最小化切换成本并进行特征分配。在作业车间调度领域,张超勇等[26]采用滚动窗口再调度技术实时处理原材料延迟到达、加工时间延误和装配延误等突发事件;Zhou 等[27]提出受影响操作的重排序方法,有效处理了生产过程中的扰动。目前尚未见到对混流装配线重排序问题进行研究的报道。

然而,目前作业车间再调度和汽车重排序的研究方法并不适用于多品种、小批量的混流装配线重排序问题的求解,因为汽车重排序问题是基于维持主计划不变的情况下,重排序零部件、总成进入总装线的投放顺序,由选装规则控制时域内产品的变化率;作业车间再调度的特点是工件流经工作站的顺序不确定,而混流装配线排序完成后,产品通过工作站的顺序相同,二者是不同类型的模型。而且汽车重排序和作业车间再调度的研究主要针对实时情况下对扰动的响应,属于计划执行层的调度问题,而本节所研究的混流装配线重排序问题为计划已下达、上下游部门已按初始计划进行作业准备和物料安排,但计划尚未被执行,在尽可能维持计划不变的情况下,为得到优化的排序性能而进行的重排序。目前,关于由物料不齐套引起的混流装配线重排序问题的研究还未见报道。

本节研究多品种、小批量生产过程中由物料不齐套引起的混流装配线重排序问题,为了便于分析与对比,首先建立一个符合某实例企业的混流装配线初始排序模型,并采用改进的多目标猫群算法进行求解,给车间调度人员提供选择丰富和性能优良的决策方案;然后建立产品物料不齐套条件下的混流装配线重排序数学模型,并对该问题及其求解方法进行深入分析和探讨。

本节描述的混流装配线是一种以常速 V_c 移动的传输系统。相似度较高的 M 种产品以固定的投放间隔 W 投放到装配线上,每种产品的生产量分别为 $D_1,D_2,\cdots,$ D_M。装配线被分成 J 个工位长度为 L_j 的封闭式工作站,如图 3-10 所示。正规工人只能在工作站限定的范围内工作而不能穿越其所在工作站的上游边界和下游边界,不能完成的工作交给辅助工人,由辅助工人完成,以避免由工作负载引起的生产线停线。工人对一个产品执行装配任务并随着传送带一起移动到下游,完成装配工序或移动到工作站边界后,工人移向上游继续装配下一个产品。采用 Bard 等[2]提出的最小工作循环(MPS)策略组织装配车间的生产。MPS 代表混流装配线上要加工产品的向量,$(d_1, d_2, \cdots, d_M) = (D_1/h, D_2/h, \cdots, D_M/h)$。在这里,$d_m$ 表示装配线在一个时间周期内生产 m 类型产品的数量,D_m 表示在整个计划周期内 m 类型产品的装配数量,h 是 $D_1, D_2, \cdots, D_M$ 的最大公约数。

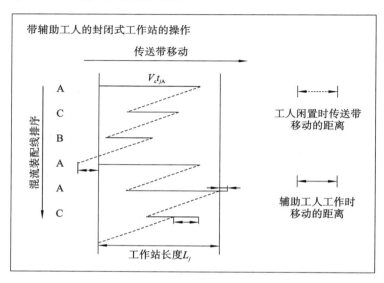

图 3-10　带辅助工人的封闭式工作站

　　制造车间物料的来源有两个部分,即外购零部件和自产零部件,生产线上物料的供应如图 3-11 所示。订单驱动生产模式中,客户多样化的需求,加大了零部件供应商工作的难度,下游生产线上零部件的生产一时也难以响应订单的调整,投放到生产线上的产品可能存在次品以及下游零部件生产发生意外,都有可能造成装配过程中出现产品零部件不齐套的现象。这将导致正在进行的排序方案性能恶化或变得不可执行,需要进行重排序。考虑到物料投放和上下游部门的协作,在重排序中考虑重排序与基准排序之间的排序偏差。

3.3.2　混流装配线重排序建模

1. 初始排序多目标优化模型

　　混流生产的关键是实现生产的平顺,即投放的产品流在加工工时上保持平稳性且负载均衡;在品种和数量上实现混流生产,快速响应和满足多品种、小批量的市场需求。为满足产品生产准备、需求计划、设备维护、物料供应等约束,保证各生产线物流与装配物料的同步,考虑平衡工作站负载,减少产品库存量和降低刀具、夹具频繁更换对工人操作技巧的要求,建立了改进的最小化工作站超载/闲置总成本、最小化产品变化率和最小化产品总切换时间的混流装配线多目标优化数学模型。混流装配线模型参数如下。

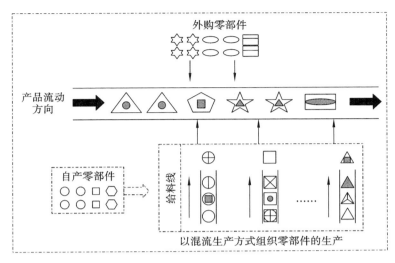

图 3-11　实施混流生产物料组织情况

①全局变量。

i：表示某个产品，$i \in \{1, 2, \cdots, I\}$；

j：表示某个工作站，$j \in \{1, 2, \cdots, J\}$；

m：表示产品类型，$m \in \{1, 2, \cdots, M\}$。

②输入参数。

α_j：第 j 个工作站正规工人闲置的成本，元/分钟；

β_j：第 j 个工作站辅助工人工作的成本，元/分钟；

I：被排序产品的总数目，$I = \sum\limits_{m=1}^{M} d_m$；

J：工作站数目；

M：最小工件集中产品类型数目；

d_m：最小工件集中产品类型 m 的需求数目；

L_j：工作站 j 的长度；

c_{jmr}：工作站 j 上从 m 类型产品调整到 r 类型产品的转换成本；

t_{mj}：$m(m \in \{1, 2, \cdots, M\})$ 类型的产品在工作站 $j(j \in \{1, 2, \cdots, J\})$ 上的装配时间；

V_c：传送带向下游移动的速度，mm/s；

W：固定投放率条件下两产品之间的投放距离。

③决策变量。

x_{im}：若排序序列中第 i 个产品的类型是 m 则为 1，否则为 0；

Z_{ij}：第 i 个产品在第 j 个工作站上开始装配的位置；

I_{ij}：第 i 个产品在第 j 个工作站上的闲置时间；

U_{ij}：第 i 个产品在第 j 个工作站上的辅助时间；

x_{imr}：若混流装配序列中第 i 个和第 $i+1$ 个产品分别为 m 和 r 类型则为 1，否则为 0。

1）最小化工作站超载/闲置总成本

传统混流装配线模型中，一般都假设不同工作站上正规工人闲置成本以及辅助工人的工作成本分别都是相同的[28]，而实际上，工人的操作技巧有高有低，各工作站上工人的工作成本是不完全相同的。因此，对不同工作站上的工人赋予不同的工作成本，得到改进的最小化工作站超载/闲置总成本指标，在平衡工作站负载的同时，优化工人的工作成本，以贴近企业生产实际。

$$f_1 = \min \sum_{i=1}^{I} \sum_{j=1}^{J} (\alpha_j I_{ij} + \beta_j U_{ij}) \tag{3-45}$$

$$\sum_{m=1}^{M} x_{im} = 1 \quad i = 1, 2, \cdots, I \tag{3-46}$$

$$\sum_{i=1}^{I} x_{im} = d_m \quad m = 1, 2, \cdots, M \tag{3-47}$$

$$Z_{1(j+1)} = \sum_{l=1}^{j} L_l \quad j = 1, 2, \cdots, J-1 \tag{3-48}$$

$$Z_{(i+1)j} = \max \Big\{ \sum_{l}^{j-1} L_l, \min \Big\{ Z_{ij} + V_c \Big(\sum_{m=1}^{M} x_{im} t_{mj} - U_{ij} + I_{(i+1)j} \Big) - W,$$

$$\sum_{l=1}^{j} L_l - W \Big\} \Big\} \quad i = 1, 2, \cdots, I-1, j = 1, 2, \cdots, J-1 \tag{3-49}$$

$$U_{ij} = \max \Big\{ 0, \Big(Z_{ij} + V_c \sum_{m=1}^{M} x_{im} t_{mj} - \sum_{l=1}^{j} L_l \Big) \Big/ V_c \Big\} \quad i = 1, 2, \cdots, I-1, \forall j \tag{3-50}$$

$$U_{Ij} = \max \Big\{ 0, \Big[Z_{Ij} + V_c \sum_{m=1}^{M} x_{im} t_{mj} - \Big(\sum_{l=1}^{j-1} L_l + W \Big) \Big] \Big/ V_c \Big\} \quad j = 1, 2, \cdots, J-1 \tag{3-51}$$

$$I_{(i+1)j} = \max \Big\{ 0, \Big[\sum_{l=1}^{j-1} L_l - \Big(Z_{ij} + V_c \sum_{m=1}^{M} x_{im} t_{mj} - V_c \cdot U_{ij} - W \Big) \Big] \Big/ V_c \Big\}$$

$$i = 1, 2, \cdots, I-1, \forall j \tag{3-52}$$

式（3-46）表明混流装配线排序序列中每个位置都分配有一个确定的产品。式（3-47）表明要满足单个生产循环中每种类型产品的需求数量。式（3-48）强制要求每个循环的第一个产品从工作站的左边界开始。式（3-49）用于计算工人在工作站 j 开始加工第 $i+1$ 个产品的位置。式（3-50）用于计算在工作站 j 上，第 i 个产品不能由正规工人完成而需要辅助工人工作的时间。式（3-51）表征排序中最后一个产品需要的辅助工人工作时间。式（3-52）给出工件没有到达时正规工人的闲置时间。其中，式（3-49）和式（3-50）的计算过程由图 3-12 和图 3-13 给出。

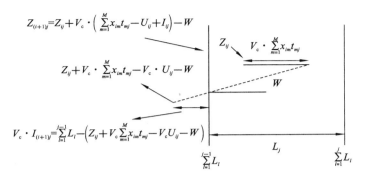

图 3-12　式(3-49)的计算过程

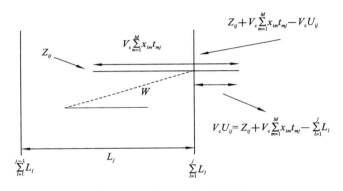

图 3-13　式(3-50)的计算过程

2）最小化产品变化率

企业生产过程中，一个基本要求是保证连续和稳定的零部件供应，它能够避免上游生产线产量的波动和减少产品的库存量。

$$f_2 = \min \sum_{i=1}^{I} \sum_{m=1}^{M} \left| \sum_{l}^{i} \frac{X_{lm}}{i} - \frac{d_m}{I} \right| \tag{3-53}$$

式(3-53)满足式(3-46)和式(3-47)的约束，式中 X_{lm} 表示产品序列中第 1 位到第 l 位产品 m 的累积数量。

3）最小化产品总切换时间

在混流装配线的生产过程中，不同的产品需要的工装或者工装的设置不同，从一种产品换到另外一种产品，需要调整刀具、夹具，且有些工装的设置时间与切换顺序有关。因此，不同品种产品之间的总切换时间与生产排序有关。

$$f_3 = \min \sum_{j=1}^{J} \sum_{i=1}^{I} \sum_{m=1}^{M} \sum_{r=1}^{R} x_{imr} c_{jmr} \tag{3-54}$$

$$\sum_{m=1}^{M} \sum_{r=1}^{R} x_{imr} = 1 \quad \forall\, i \tag{3-55}$$

$$\sum_{m=1}^{M} x_{imr} = \sum_{p=1}^{M} x_{(i+1)rp} \quad i = 1, 2, \cdots, I-1, \forall r \qquad (3\text{-}56)$$

$$\sum_{m=1}^{M} x_{lmr} = \sum_{p=1}^{M} x_{1rp} \quad \forall r \qquad (3\text{-}57)$$

$$\sum_{i=1}^{I} \sum_{r=1}^{R} x_{imr} = d_m \quad \forall r \qquad (3\text{-}58)$$

式(3-54)中，c_{jmr} 表示工作站 j 上从 m 类型产品调整到 r 类型产品的转换成本；若混流装配序列中第 i 个和第 $i+1$ 个产品分别为 m 和 r 类型，则 x_{imr} 为 1，否则为 0。式(3-55)表明混流装配排序中每个序列有一个确定的产品，式(3-56)和式(3-57)保证每个生产节拍中产品的序列不发生变化，式(3-58)限制一个生产循环中某类型产品的总需求满足 MPS。

2. 重排序多目标优化模型

混流装配线重排序与初始排序的侧重点存在着差异，初始排序侧重于优化装配线性能，重排序侧重于首先响应物料不齐套的扰动，再为装配线提供性能良好的排序方案。

初始排序时在满足装配线正常装配的基础上，优化排序性能，保证生产计划和物料计划的稳定性。工作站负载均衡化是影响装配线正常生产的关键因素之一，若某一个工作站装配能力小且有大量产品在此工作站堆积，导致产品下行速度缓慢，则整个装配线将无法有效生产甚至停线。重排序首先关注的是物料不齐套引起的扰动，使装配线能够正常生产。

基于上述考虑，在重排序中将初始排序中最小化工作站超载/闲置总成本的目标改为最小化辅助工人工作时间，以保证负载均衡和生产线正常运行。初始排序时采用最小化产品变化率优化目标，这是因为制造企业有最小化产品库存和协调上下游部门生产的要求；重排序时采用零部件消耗速率均匀化优化目标，目的是减小物料不齐套事件的发生概率，避免不齐套事件的频繁发生。最小化排序偏差是混流装配线重排序特有的优化目标，保证从初始排序计划转到重排序计划的平稳过渡，方便部门之间的协调和装配线物料计划的调整。

1）最小化辅助工人工作时间

辅助工人工作时间总和越大，表明工作站的负载越大。重排序应保证装配线尽可能在生产，因此可以不考虑工人的闲置时间，将初始排序中最小化工作站超载/闲置总成本这个优化目标进行了修改，使用最小化辅助工人工作时间的目标[8]。

$$f_4 = \min \sum_{i=1}^{I} \sum_{j=1}^{J} U_{ij} \qquad (3\text{-}59)$$

2）零部件消耗速率均匀化

混流装配线在一个生产周期生产多种产品，每个产品装配时所需要的零部件不完全相同。装配所需要的零部件是根据总装配线需求配套生产的。生产指令下达到总装配线上,零部件生产由总装配线拉动。生产排序不当会使得在装配过程中零部件消耗速率大幅波动,给零部件的生产带来困难。这里采用文献[29,30]提出的模型,表达式如下:

$$f_5 = \sum_{t=1}^{T} \sum_{p \in P} \left(\sum_{m \in M} j_{mp} y_{mt} - tr_p \right)^2 \tag{3-60}$$

3) 最小化排序偏差

车间物料的投放依靠稳定的排序。如果实际的排序与调度得到的产品投放顺序有很大差异,新的排序将和供应商的生产计划有冲突风险,使得零部件不能按照新的排序及时投料[24]。Jaro-distance 是计算两个字符串之间相似度的一种算法,算法的最后得分越高说明相似度越大,即 0 分表示没有任何相似度,1 分则代表完全匹配。基准排序和重排序染色体编码为字符串,可采用 Jaro-distance[31] 计算任一重排序染色体字符串与基准排序字符串之间的相似度。最小化排序偏差也就是最大化字符串之间的相似度。

给定基准排序字符串 $s_0 = (a_1, a_2, \cdots, a_m)$ 和重排序字符串 $r_i = (b_{i1}, b_{i2}, \cdots, b_{in})$,$i = 1, 2, \cdots, \text{pop\_size}$,pop_size 表示种群大小,字符串间的相似度指标如下:

$$\text{Jaro}(s_0, r_i) = \frac{1}{3} \left(\frac{c}{|s_0|} + \frac{c}{|r_i|} + \frac{c-t}{c} \right) \tag{3-61}$$

其中,$\text{Jaro}(s_0, r_i)$ 为字符串 s_0 与 r_i 之间相似度的得分,c 为匹配的字符数,t 为换位的字符数。假设字符串分别为 MARTHA 和 MARHTA,可以得到 $c=6$,$|s_0|=6$,$|r_i|=6$,两组字符串中"TH"和"HT"进行了换位操作,$t=2/2=1$,则 $\text{Jaro}(s_0, r_i) = \frac{1}{3} \times \left(\frac{6}{|6|} + \frac{6}{|6|} + \frac{6-1}{6} \right) = 0.944$。

将重排序字符串按照生产能力分成两部分——头部 $^h r_i$ 和尾部 $^t r_i$,$\text{Jaro}(s_0, {}^h r_i)$ 表示基准排序字符串和重排序字符串头部之间的相似度。将最大值转化为最小值,得到最小化排序偏差指标,如下:

$$f_6 = 1 - \text{Jaro}(s_0, {}^h r_i) \tag{3-62}$$

3.3.3　基于猫群优化算法的混流装配线重排序优化算法

1. 改进多目标猫群优化算法总体设计与多目标优化

基于文献综述,目前混流装配线排序问题求解普遍采用遗传算法[8,18,30,32,33]和粒子群优化算法[34,35],其中遗传算法同时使用多个搜索点进行搜索,具有隐含的并行性和良好的全局搜索能力,然而搜索速度较为缓慢,容易陷入局部最优,导致过早收敛;粒子群优化算法可调参数少、收敛速度快,然而在处理离散的优化问题时表现不佳,不能很好地跳出局部最优[36]。猫群优化(cat swarm optimization,CSO)算法最大特征表现为在进化过程中能够同时进行局部搜索和全局搜索,使之拥有克服遗传算法局部搜索能力不足和粒子群优化算法求解离散问题时容易陷入局部最优的能力,且具有很好的收敛速度[37]。把猫群优化算法应用于混流装配线排序问题,需要解决离散化编码、算法跟踪模式下速度与位置更新方式等问题。针对目前猫群优化算法在进化过程中一般采用固定的混合比率进行猫行为模式选择,不能根据进化的程度来有效分配全局猫和局部猫的数目的问题,提出了一种基于线性混合比率的猫行为模式选择方法;针对猫群优化算法搜寻模式的搜索方法单一,搜寻过程中可能出现重复的搜寻结构,不能有效进行全局搜索的问题,提出了基于多样化搜寻算子的改进搜寻模式用来生成有效的、分布均匀的搜寻结构并进行优化。改进的多目标猫群优化算法流程如图 3-14 所示。

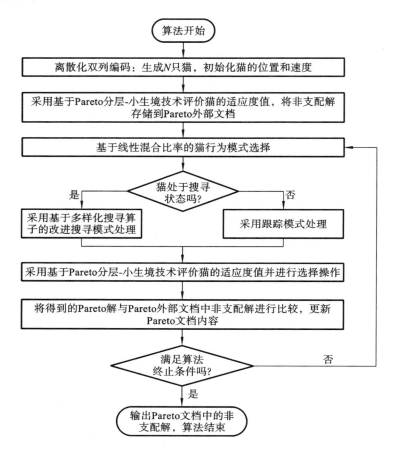

图 3-14　改进的多目标猫群优化算法流程

猫群优化算法采用基于 Pareto 分层-小生境技术处理多目标问题,多目标的相关处理方法如下所述。

1) 多目标优化问题的数学表达

给定 n 维决策变量向量 $\boldsymbol{X}=(x_1,x_2,\cdots,x_n)^{\mathrm{T}}$,$x\in\boldsymbol{R}^n$,$\boldsymbol{R}^n$ 为 n 维欧几里得搜索空

间;在满足 k 维约束向量 $\boldsymbol{G}(\boldsymbol{X}) = [g_1(\boldsymbol{X}), g_2(\boldsymbol{X}), \cdots, g_k(\boldsymbol{X})]^{\mathrm{T}}$ 的条件下,最小化 m 维目标方程向量 $\boldsymbol{F}(\boldsymbol{X}) = [f_1(\boldsymbol{X}), f_2(\boldsymbol{X}), \cdots, f_m(\boldsymbol{X})]^{\mathrm{T}}$,表示如下:

$$\min \boldsymbol{F}(\boldsymbol{X}) = \min[f_1(\boldsymbol{X}), f_2(\boldsymbol{X}), \cdots, f_m(\boldsymbol{X})]^{\mathrm{T}} \tag{3-63}$$

s. t.

$$g_j(\boldsymbol{X}) \leqslant 0, \quad j = 1, 2, \cdots, k \tag{3-64}$$

2) Pareto 支配关系和 Pareto 最优解

多目标优化问题一般不存在在所有目标上都达到最优的解,往往是一个目标的改善导致其他目标性能的下降,即多目标优化问题求得的解都是在各个目标上折中的解,因此存在多个解。

给定解空间中的两个解 s 和 t,若同时满足下面两个条件:

① $f_i(s) \leqslant f_i(t), \forall i \in \{1, 2, \cdots, m\}$,

② $f_i(s) < f_i(t), \exists i \in \{1, 2, \cdots, m\}$,

则称 s 支配 t,记作 $s \prec t$。当且仅当解空间 U 中的候选解 s 满足条件 $F(t) \prec F(s)$,$\neg \exists t \in U$,解 s 为 Pareto 最优解。满足该条件的解集组成 Pareto 最优解集,与解集相应的适应度函数值构成了 Pareto 前凸面。

3) 基于 Pareto 分层和小生境技术的多目标处理方法

(1) 非支配解排序

对种群各个体进行 Pareto 非支配解排序,确定各个体 Pareto 层次。

在当前种群中找出阶层最高的 Pareto 非支配解集 S_1,令 S_1 的 Pareto 阶层 rank=1;在余下的个体中找出非支配解集 S_2;按照相同的方法,直至找出阶层最低的非支配解集 S_{lowest}。阶层高的个体优于阶层低的个体,即 $S_1 \prec S_2 \prec \cdots \prec S_{\text{lowest}}$,如图 3-15 所示。图中,黑点为 Pareto 最优点,黑点构成的集合为 Pareto

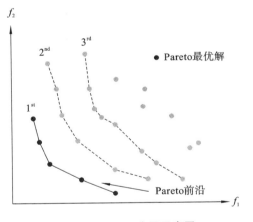

图 3-15　Pareto 分层示意图

最优解集,黑点在解空间中的表现形式即为 Pareto 前沿。

(2) 小生境距离计算

假设一个 n 个目标的问题,MAX_{lt} 和 MIN_{lt} 分别为第 t 代个体第 l 个目标上的目标值,pop_size 为种群大小。用式(3-65)计算第 l 个目标的小生境距离:

$$\sigma_{lt} = \frac{\text{MAX}_{lt} - \text{MIN}_{lt}}{\sqrt[n]{\text{pop\_size}}}, \quad l = 1, 2, \cdots, n \tag{3-65}$$

当每一个小生境立方体大小相同时,解的拥挤度用立方体中的解的个数来衡量,个数越多,拥挤度越大。给拥挤度小的解赋予较大的概率进化到下一代。

（3）基于 Pareto 排序-小生境技术的选择操作

种群记为 $P(t)=\{p_1,p_2,\cdots,p_{\text{pop\_size}}\}$，排序层次为 v 的个体记为 $p_{(v)}$，当前种群记为 P_u，如第一代种群表示为 P_1。

①初始化参数，$P_u=P(t)$，$u=1$，因尚未对种群进行 Pareto 排序，此时所有个体的排序层次 $v=0$；

②计算当前种群 $P(t)$ 内个体的小生境距离；

③对种群进行 Pareto 排序，寻找第 u 个 Pareto 分层 PS_u，$\text{PS}_u=\{(p_i,b_i)\}$，其中 p_i 为种群 P_u 的非支配解，b_i 为 p_i 的小生境距离；

④按照 b_i 升序的方式排序 PS_u 中的个体，将 $\text{rank}(v+s)$ 分配给第 s 个个体，其中 $s=1,2,\cdots,|\text{PS}_u|$；

⑤$v=v+|\text{PS}_u|$，$u\leftarrow u+1$，$P_u=P_{u-1}-\text{PS}_{u-1}$，如果 $P_u\neq\varnothing$，返回到步骤③，否则进入步骤⑥；

⑥通过式 $\text{prob}(p_{(v)})=q(1-q)^{v-1}$，$v=1,2,\cdots,\text{pop\_size}$，确定每一 Pareto 分层中个体选择进化到下一代中的概率，式中 q 为选择概率参数。

图 3-16 为基于 Pareto 分层-小生境技术的选择过程。

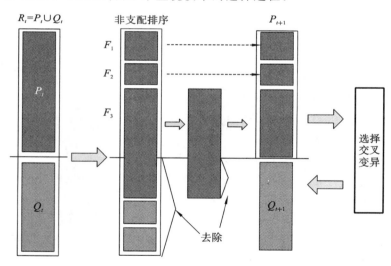

图 3-16　基于 Pareto 分层-小生境技术的选择过程

2. 多目标猫群优化算法改进的关键及细节

1）离散化双列编码

标准猫群优化算法的连续编码方式不适合求解离散化的混流装配线排序问题，因此需要将标准猫群优化算法离散化，使得离散编码序列与猫移动过程中的连续位置对应起来，同时为了方便解决猫行为模式的转换，设计了离散化双列编码。这是由于猫的行为模式是可变化的，即猫在上一时刻为跟踪状态，在下一时刻可能为搜寻状态，在算法中表现为跟踪猫在下一代种群中被选择为搜寻猫，而搜寻猫除了像跟踪猫对随机数编码进行操作外还需要对字母编码进行操作,因此在进化过程中需要保持随机数编码和字母编码始终成对存在且对应变化。采用随机数表示法[35]将标准猫群优化算法离散化,在猫群优化算法跟踪模式中,随机数编码用于速度和位移的更新,对应的字母编码用于解码操作和计算目标函数值;在猫群优化算法搜寻模式中,字母编码不仅用于解码操作,还执行搜寻操作,即成对交换、插入操作和倒序操作。离散化双列编码步骤:①为染色体的每个基因生成服从(0,1)均匀分布的随机数,形成一个随机数序列;②按照各维数值大小进行降序排序;③根据离散数字编码和产品类型之间的对应关系进行解码,得到解码序列。

假设有 A、B 和 C 三种产品,MPS 为(3,2,3),离散化编码结果如图 3-17 所示。为方便描述,将随机数序列和解码序列分别称为随机数编码和字母编码。

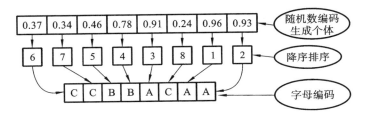

图 3-17　离散化双列编码示例

2）猫群初始化

已知给定的 MPS,采用随机方法生成染色体的步骤如下:

①采用基于字符的编码方式进行编码,为染色体的每个基因随机生成一个字母并计数;

②如果相应的字母累计数没有超过其在最小生产循环集合中的数量,那么将其依次置于基因位 i 处,否则返回到步骤①;

③染色体生成后与已存在的 $j-1$ 条染色体进行比较,若没有重复,则将其作为第 j 条染色体,若重复则丢弃;

④重复步骤①~步骤③,直至完成种群的初始化。

3）基于线性混合比率的猫行为模式选择方法

猫群优化算法采用混合比率将执行全局搜索的搜寻猫和执行局部搜索的跟踪猫混合形成种群,使得猫群优化算法在进化的每一代能够同时进行全局搜索和局部搜索。然而标准猫群优化算法采用固定的混合比率进行猫行为模式选择,即每一代种群中进行全局搜索的搜寻猫和进行局部搜索的跟踪猫的数量比例是一定的,不能根据算法的进化程度调整全局搜索和局部搜索的比重。然而一般算法在设计时都希望提高算法前期的全局搜索能力和后期的局部寻优能力[38]。若在猫群优化算法运行前期采用较多的搜寻猫可提高算法的全局搜索能力,加快算法收敛到 Pareto 前沿的速度;若在猫群优化算法的后期采用较多的跟踪猫可提高算法的局部搜索能力,有效地搜索出非支配解。因此,本节提出了一种基于线性混合比率的猫行为模式选择方法,如图 3-18 所示。算法开始采取较大的混合比率 MR_1,算法迭代到最大次数 T_0 时,混合比率为 MR_2。在算法的整个运行过程中,调整混合比率可调整进行全局搜索的猫和进行局部搜索的猫的比重。

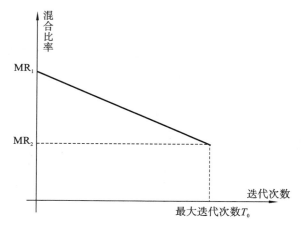

图 3-18　线性混合比率

该线性混合比率的计算公式如下:

$$MR = MR_1 + \frac{(MR_2 - MR_1) \times T}{T_0} \tag{3-66}$$

4）基于多样化搜寻算子的改进搜寻模式

搜寻模式对应于优化问题的全局搜索技术,通过对当前个体进行搜寻操作生成填满搜寻记忆池的一系列个体。评价搜寻记忆池中的个体,若搜寻记忆池中的 Pareto 非支配解优于当前个体,则替换当前个体,否则保留当前个体。图 3-19 给出了应用于混流装配线排序问题的标准猫群优化算法搜寻算子。其中产品数目为 8,给定基因位数的改变范围为 [0,8],生成的改变基因位数的数目为 4,随机选择 2、4、6、7 这 4 个位置,给定变化域（SRD）为 [0,0.15],生成服从该变化域的 4 个随机数 0.08、0.14、0.11、0.01,与随机数编码上对应位置的数值相加,得到新的随机数序列,重新按降序排序可得到新的解码序列。

该求解混流装配线排序问题的搜寻算子由于采取降序排列的映射规则,可能出现变异后个体基因改变、排序位置保持不变的现象,得到与当前个体相同或与搜寻记忆池中已生成个体重复的搜寻结构。这种通过只改变随机数编码来改变字母编码生成搜寻结构的方式比较单一且较难得到分布均匀的搜寻算子。为了得到分布广泛且多样化的搜寻结构,本节在该搜寻算子的基础上,联合下面三种通过改变字母编码来改变随机数编码的搜寻算子,组成了一种多样化的搜寻算子,即组合的四种搜寻算子,用于生成搜寻记忆池中的个体,各算子的应用概率在算法开始之前设定。

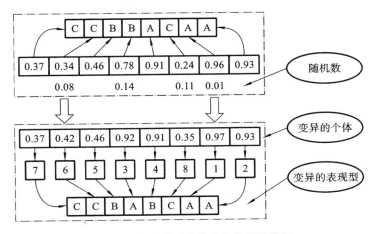

图 3-19　标准猫群优化算法的搜寻算子

（1）成对交换搜寻算子

随机选择两个任意的产品，其位置分别为 i 和 j，$i \neq j$，交换对应基因上的产品和编码数字，如图 3-20 所示。

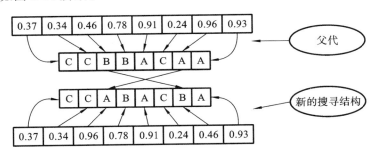

图 3-20　成对交换搜寻算子

（2）插入搜寻算子

移动位置 i 上的产品，将其插入位置 j 后，生成该个体的新的搜寻结构，如图3-21所示。

（3）倒序搜寻算子

随机选择个体的一部分，并将该部分执行倒序操作，如图 3-22 所示。

3. 重排序求解方法

混流装配线采取事件驱动机制[39]进行重排序。若出现产品零部件不齐套扰动了装配线正常的生产，则对混流装配线进行排序；若无物料不齐套实时事件发生，则按照车间正在执行的排序方案进行生产。一般情况下，希望车间的排序方案的变化越少越好，变动范围越小越好。混流装配线排序由初始排序与重排序两部分构成，如图 3-23 所示。

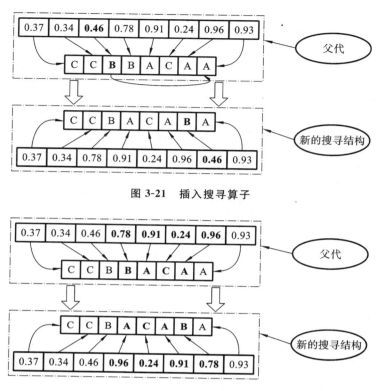

图 3-21　插入搜寻算子

图 3-22　倒序搜寻算子

从初始排序生成的 Pareto 解池中,随机选择一个解作为车间的产品投放顺序进行运行,并作为下次扰动发生后进行重排序的基准排序。制造系统在运行过程中监测产品零部件齐套情况,若物料齐套或发生轻微不齐套这种不影响制造系统运行的情况,则继续监测;若发生影响装配线装配,并迫使装配线停线的物料不齐套情况,需要进行重排序。在重排序得到的一组解中随机选择一个解作为车间当前运行的产品装配序列。该序列即为下次重排序的基准排序。

1）两周期联合优化编码

在装配过程中,某种产品因物料不齐套不能生产,则将该产品从当前工作循环中移除,放在后面进行生产。若不添加新的产品,只对移除后剩下的产品进行重排序,则不能充分利用装配线的生产能力。若随机选择产品来补充当前周期的工作能力,则因选择过于复杂难以实现,且得到的排序方案性能未必为 Pareto 最优解。因此在重排序过程中,可以组合两个周期内物料齐套的产品进行排序,称为两周期联合优化编码方法。在优化的过程中采取基于车间装配能力的分解策略计算前片段染色体的各目标函数值,得到当前周期的产品投产方案。假设四种产品 A、B、C、D 的 MPS 为(1,2,1,1),假设产品 A 出现物料不齐套,则编码的元素为 4 个 B、2 个 C、2 个 D,采用基于符号的随机编码为 BCBDBDBC。

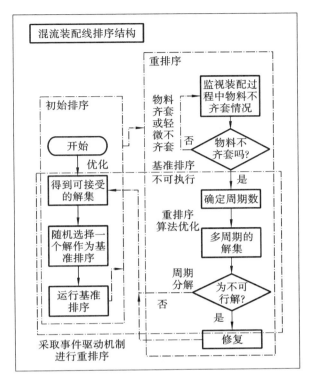

图 3-23　混流装配线排序结构

2）基于生产能力的分解策略

这里提出了基于混流装配线生产能力，即装配能力的周期分解策略，以便得到当前周期上具体的产品生产计划。

解码位置确定的步骤如下：

①计算染色体中第 i 个产品的装配操作时间 $t_a^i = t_{mj} x_{im}$ 和产品切换时间 $t_s^i = x_{imr}$ c_{jmr}（$t_s^1 = 0$，即令第一个产品的切换时间为 0）；

②第 i 个产品的总操作时间 t_t^i 包含产品的装配操作时间和从前一产品切换到当前产品的切换时间，由公式 $t_t^i = t_a^i + t_s^i$ 得到各产品的总操作时间；

③从 $i=1$ 开始，计算前 i 个产品的操作时间总和 $\sum_{h=1}^{i} t_t^h$。若前 i 个产品的操作时间总和 $\sum_{h=1}^{i} t_t^h < W$（W 为给定的车间装配能力），则继续搜索下一个位置，直至 $\sum_{h=1}^{i+1} t_t^h > W$ 为止，此时 i 即为解码操作位置。

4. 改进猫群优化算法性能验证

为验证算法的性能，采用 Mansouri[18] 提出的混流装配线排序的小规模和大规模测试集，分别如表 3-14 和表 3-15 所示。装配线上的操作时间 t_{mj}、工作站长度 L_j、切

换时间 c_{jmr} 分别服从均匀分布 $U(4,9)$、$U(12,15)$、$U(1,3)$。将改进的多目标猫群优化(MOCSO)算法与第二代非支配排序遗传算法[40](NSGA-Ⅱ)、多目标粒子群优化算法[41](MOPSO)、第二代强度 Pareto 进化算法[42](SPEA2)进行对比。所有算法的运行环境为 2.0 GHz Pentium CPU,1 GB RAM,Windows XP,采用 VC++6.0 编程,并使用以下指标对各算法进行综合比较。

表 3-14　小规模问题

序号	产品类型					解的规模
	1	2	3	4	5	
1	15	2	1	1	1	9.302×10^5
2	13	4	1	1	1	1.628×10^7
3	8	7	2	2	1	2.993×10^9
4	5	5	5	3	2	1.173×10^{11}

表 3-15　大规模问题

序号	产品类型														解的规模
1	20	20	15	15	10	6	6	1	1	1	1	1	1	1	4.901×10^{84}
2	15	15	15	10	10	10	10	5	4	1	1	1	1	1	8.357×10^{91}
3	15	15	10	10	10	10	10	4	1	1	1	1	1	1	9.959×10^{92}
4	7	7	7	7	7	7	7	6	6	6	6	6	6	6	6.334×10^{103}

①解集覆盖度指标(set coverage metric,SCM):测量已经得到的非支配解集和 Pareto 最优解集之间的解的相对分布。

②世代距离(generational distance,GD):计算在 Pareto 解集中找到的非支配解的平均距离。世代距离越小,表明解越收敛于 Pareto 前沿。

③Pareto 前沿最大误差(maximum Pareto-optimal front error,MFE):即 d_i 的最大值。d_i 为第 i 个解与 Pareto 解集中距离此解最近的解的欧几里得距离。

④分布度指标(spacing metric,SM):计算得到的非支配前凸面内连续解的相对距离,用来评价解集在目标空间中的分布情况。分布度指标越小,表明解的分布越均匀。

⑤非支配解的数目(the number of non-dominated solutions,NNDS):用于评价算法搜索 Pareto 前沿的能力,数目越大说明越易于搜索 Pareto 解,即搜索 Pareto 前沿能力越强。

为便于各算法的比较,采用相同的种群规模和迭代次数。猫群优化算法相关参数设置如下。

①小规模问题:猫的数目为 150,SMP=20(SMP 表示搜寻记忆池大小),MR_1=0.6,MR_2=0.4,运行 100 代;

②大规模问题:猫的数目为 450,SMP=35,MR_1=0.7,MR_2=0.3,运行 600 代。

各算法取 20 次运行结果的平均值进行各指标的对比,如表 3-16 所示。

表 3-16　各算法性能指标的平均值比较

多目标算法		小规模问题				大规模问题			
		1	2	3	4	5	6	7	8
MOCSO	SCM	0.237	0.241	0.257	0.261	0.443	0.477	0.516	0.592
	GD	0.0213	0.0227	0.0259	0.0286	0.00834	0.00811	0.00824	0.00839
	MFE	1.5025	1.7172	1.8794	2.0167	3.0871	3.3642	3.7311	4.0307
	SM	0.0092	0.0095	0.0096	0.0098	1.1041	1.3053	1.4161	1.5372
	NNDS	22.5	23.9	27.3	31.8	114.3	125.6	132.2	148.9
NSGA-II	SCM	0.258	0.282	0.321	0.362	0.671	0.689	0.776	0.813
	GD	0.0267	0.0284	0.0331	0.0346	0.03834	0.03897	0.03924	0.04233
	MFE	2.3152	2.3872	2.5862	2.8673	4.4326	4.7463	5.3239	5.9732
	SM	0.0082	0.0087	0.0091	0.0093	1.3183	1.4274	1.5269	1.6365
	NNDS	21.7	22.6	25.2	28.5	104.6	112.3	124.7	132.2
MOPSO	SCM	0.254	0.342	0.383	0.469	0.671	0.691	0.786	0.847
	GD	0.0276	0.0289	0.0374	0.0391	0.05843	0.06871	0.07294	0.07373
	MFE	2.3152	2.3672	2.4274	2.4697	3.9326	4.3463	5.6239	7.1327
	SM	0.0190	0.0291	0.0392	0.0494	1.3783	1.4774	1.5662	1.6503
	NNDS	21.9	22.4	26.7	29.3	103.1	110.0	123.4	137.5
SPEA2	SCM	0.242	0.257	0.265	0.274	0.671	0.618	0.767	0.823
	GD	0.0431	0.0446	0.0487	0.0512	0.06171	0.06943	0.07342	0.07762
	MFE	2.0125	2.8237	2.8764	2.9673	4.9326	5.7436	6.6279	6.8372
	SM	0.1091	0.2093	0.3094	0.4097	1.2971	1.3635	1.4244	1.5741
	NNDS	21.8	22.4	25.2	26.3	103.3	106.5	117.6	128.4

图 3-24~图 3-28 展示了各项指标的结果。

由图 3-24 可知,MOCSO 算法的解集覆盖度指标要小于其他算法,且在大规模问题中该指标增加缓慢,表明 MOCSO 算法得到的非支配解能更好地收敛到 Pareto 最优解集,其收敛性优于其他算法。

由图 3-25 可知,MOCSO 算法的世代距离指标整体上要优于其他算法,且在大规模问题中的结果在减小,表明当各算法设置相同的迭代次数时,MOCSO 算法比其他算法拥有更快的收敛速度。

由图 3-26 可知,MOCSO 算法的 Pareto 前沿最大误差小于其他算法,表明该算法能更好地收敛于 Pareto 前沿。

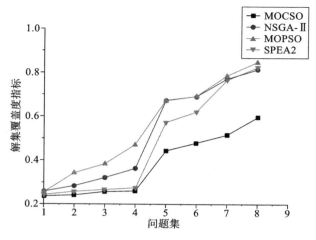

图 3-24　解集覆盖度指标的比较

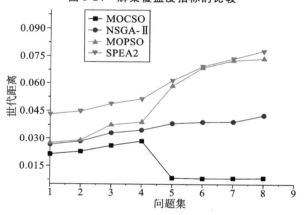

图 3-25　世代距离的比较

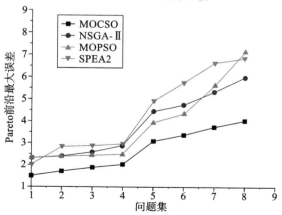

图 3-26　Pareto 前沿最大误差的比较

由图 3-27 可知,MOCSO 算法的分布度指标明显小于其他算法,表明该算法有更好的分布性。

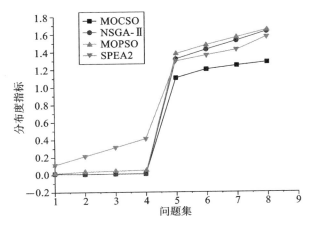

图 3-27　分布度指标的比较

由图 3-28 可知,MOCSO 算法搜索到的非支配解的数目均比其他算法要多,表明该算法更容易得到 Pareto 最优解,算法具有良好的全局搜索能力和局部搜索能力。

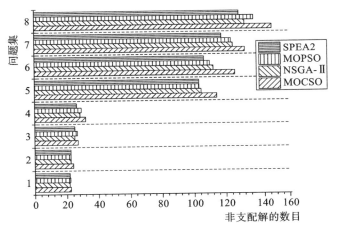

图 3-28　非支配解数目的比较

综上所述,MOCSO 算法在各指标上均优于 NSGA-Ⅱ、MOPSO 和 SPEA2。观察图 3-24～图 3-28 并将小规模问题和大规模问题进行比较,发现在大规模问题中,MOCSO 算法表现尤为明显。MOCSO 算法能够有效地求解混流装配线排序及重排序问题。

3.3.4　实例验证及结果分析

采用改进的多目标猫群优化算法求解物料不齐套情况下的某实例装配车间重排序问题。首先为装配线生成合适的装配计划,当物料出现不齐套后,为装配线重新生成计划。

1. 混流装配线初始排序实例计算

为进一步验证改进多目标猫群优化算法的实用性,以及应用所提改进多目标混流装配线的数学优化模型,将该算法用于求解某机电企业的混流装配线排序问题。装配线上产品投放间距 $W = 775$ mm,装配线的移动速度 $V_c = 10$ mm/s。需要排序的产品的 MPS 为 $(3,6,5,4,4,6)$。算法的相关参数设置:猫的数目为 120,SMP = 20,$MR_1 = 0.6$,$MR_2 = 0.35$,运行 100 代。

该装配线上有 6 个工位,各机型在每个工位的加工时间及各工位的长度如表 3-17 所示。表 3-18 为产品间的平均切换时间。表 3-19 列出了算法运行的部分非支配解结果。

表 3-17　装配线的模型数据

工作站 k	1	2	3	4	5	6
长度 L_k/mm	800	840	780	700	765	685
产品	平均操作时间 t_{mj}/s					
A	46	61	43	60	48	66
B	63	78	70	69	49	58
C	65	63	55	57	71	62
D	72	62	53	68	61	48
E	65	50	74	46	44	43
F	66	57	45	58	61	52

表 3-18　产品间的平均切换时间　　　　　　　　　　　　　（单位:s）

产品类型	产品类型					
	A	B	C	D	E	F
A	0	11	10	15	12	18
B	13	0	14	17	17	16
C	14	12	0	18	12	19
D	12	14	14	0	15	16
E	13	17	14	11	0	15
F	13	18	13	16	18	0

表 3-19　Pareto 最优解集

序号	目标函数值			排序序列
	f_1	f_2	f_3	
1	36	8.58	253	FBCEDABFFCCBAEEDDDBCCBAEBFFF

续表

序号	目标函数值			排序序列
	f_1	f_2	f_3	
2	41	7.67322	268	FCBEDABFCEDABBFFCCEEDDBACBFF
3	111	20.79	75	FFCCCCCEEEEDDDDAAABBBBBBFFFF
4	41	11.4343	189	FABCCBFFDDBEEEEDDBAACCCBBFFF
5	36	15.86	173	FFBABDDDDBCCCCCBAABEEEEBFFFF
6	46	7.03064	314	FBCEDABFCEDFABBCEDFFCABBCEDF
7	41	9.90	206	FCBAEDDBBFFABCCCCEEEDDBABFFF
8	51	10.9414	173	FCEABBFFCCBBDDDDDEEEAACCBBFFF
9	56	9.58273	191	FBCEDACBBFFCEEEDDDAACCBBBFFF
10	41	17.23	149	FFBEEEEBCCCCCBBDDDDDBAAABFFF
11	56	13.9236	128	FFABCCBBEEEEDDDDAACCCBBBFFFF
12	46	8.45	227	FCBEDABFFCEDABBCCCEEDDABBFFF
13	66	13.9951	122	FFACBBBCEEEEDDDDAACCCBBBFFFF
14	51	11.95	157	FCEDDBBFAAABBCCCCEEEDDBBFFFF
15	66	16.4563	128	FFABBBEEEEDDDDAACCCCCBBBFFFF
16	56	12.59	147	FFBDACCBBEEEEDDDAACCCBBBFFFF
...	...	...	...	...
	66	14.59	111	FFABBBCCEEEEDDDDDAACCCBBBFFFF
	71	14.3891	117	FFABBCCEEEEDDDDAABBBBCCCFFFF
	86	17.8489	101	FFCCEEEEDDDDAAABBBBBCCCBFFFF
	111	17.937	96	FFACEEEEDDDDAACCCCBBBBBBFFFF
	56	11.9267	107	BBBAAAECCFFDDFECFFECDBBFECDB
	71	14.04	121	FFCBBACEEEEDDDDAACCCBBBBFFFF
	56	9.65416	189	FCBEDACBBFFCEEEDDDAACCBBBFFF
	86	17.85	101	FFCCEEEEDDDDAAABBBBBCCCBFFFF
	36	6.77883	358	FBCEDABFCEDBFACBFDEFCBACEDBF
	36	7.98266	273	FCBAEDBFFCCBAEEDDBFFCCBAEDBF
	37	8.58788	252	FBCEDABFFCCBAEEDDDBABCCEBFFF

　　表 3-19 中的结果为车间决策提供了实时、多样化的选择。车间管理人员可根据平衡工作站负载、降低库存、更快响应客户订单或限制产品之间的频繁切换实际情况或管理要求选取合适的排序方案。最终选择表 3-19 中方框所示的排序方案作为混

流装配线的生产计划。

2. 改进的多目标猫群优化算法求解重排序问题

在初始排序结果中选择车间执行的计划,作为下次因物料不齐套引起重排序的基准排序。假设选择的基准排序为 BBBAAAECCFFDDFECFFECDBBFECDB,对应目标函数值分别为 56、11.9267、107,如表 3-19 中用方框标记的内容。

1) 物料不齐套情况下的车间应对方法

在实际的混流装配线生产过程中,当物料不齐套实时事件发生后,装配车间的调度系统缺乏扰动发生情况下的应对能力。通常情况下,装配线通过停线来处理,或者人工采用一种启发式规则对调度方案进行调整。图 3-29 举例说明了一种启发式规则,当产品 D 的物料出现不齐套后,从当前工作循环中删除产品 D,生产产品 D 后面的产品。此时,混流装配线有剩余的装配能力,为了避免生产能力的浪费,按照顺序生产下个工作循环中的非 D 类型产品。

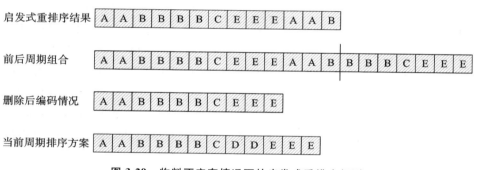

图 3-29　物料不齐套情况下的启发式重排序规则

2) 实例计算及性能比较

表 3-20 给出了产品的物料清单,即组装产品所需要的零部件类型与数量。

表 3-20　产品 BOM

产品/零部件	6 种产品类型涉及的 9 种零部件的物料清单								
	a	b	c	d	e	f	g	h	i
A	1	0	1	1	0	0	0	1	2
B	0	1	0	2	1	1	0	2	0
C	1	0	0	2	0	0	1	0	0
D	0	0	1	0	2	0	1	1	0
E	1	1	0	0	0	1	0	0	1
F	0	1	0	2	0	3	0	0	0

（1）单产品物料不齐套引起的重排序

在生产过程中发现产品 A 所需的零部件不齐套,采用启发式规则得到的排序结果为 BBBECCFFDDFECFFECDBBFECDBBB,采用混流装配线重排序指标衡量其性能,即最小化辅助工人工作时间、零部件消耗速率均匀化、最小化排序偏差,得到的目标值分别为 67、19.58、0.52。

采取两周期联合优化得到的结果见表 3-21。单产品物料不齐套重排序结果比较如图 3-30 所示。

表 3-21　单产品物料不齐套重排序得到的 Pareto 最优解集

序号	f_4	f_5	f_6	重排序序列
1	43.28	17.64	0.51	BBBBEFCBCDFFCCEFFBBDFDACCBEE
2	52.49	12.56	0.49	BBBEEEBBBFFDEECCBCCCFFDDBB
3	62.15	13.58	0.37	BBBBDDDCEDCCCDBCEEBEEFFEF
4	64.58	14.36	0.44	BBBBFBCFBBEFDCECDFCEFDFFBBD
5	24.64	10.32	0.57	BBBEBEDDDFBEECDFBCFECFDFECE
...				...
61	33.39	12.63	0.32	BBBCCBFCEBFEEDDCCDEBCCFEFD
62	45.27	11.77	0.64	BBBFECBECCEBECEBBDCFFCFFFD
63	38.42	18.66	0.31	BBBFCECBBBCEDFFDFFFADFDCEEC

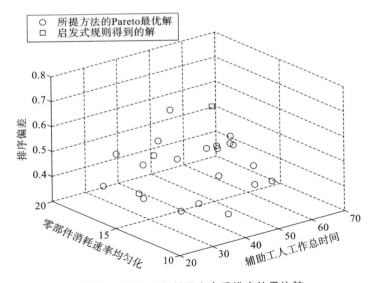

图 3-30　单产品物料不齐套重排序结果比较

（2）多产品物料不齐套引起的重排序

在生产过程中,发现产品 C、E 所需零部件不齐套,采用启发式规则得到的排序序列为 BBBAAAFFDDFFFDBBFDBBBBAAAF,对应的函数目标值分别为 79、

23.41、0.63。

采取两周期联合优化进行重排序,得到的解集如表3-22所示。多产品物料不齐套重排序结果比较如图3-31所示。

表 3-22　多产品物料不齐套重排序得到的 Pareto 最优解集

序号	f_4	f_5	f_6	重排序序列
1	27.90	12.70	0.52	DBBAADFFFFADDFFAABBDFAABBDD
2	26.11	12.56	0.63	FBBBBBBBFBADDDAFFFCFAABBDD
3	32.88	13.58	0.58	AAAFBDFFAFDFDFFBDDBBBFBDDB
4	24.58	14.36	0.74	BBBBBDDBDDFFDAFAFAFBDFFDD
5	24.64	13.32	0.57	AADDFDDFFABFBBBBBDDFABFAFD
...	...	...	...	...
41	33.39	12.63	0.41	ABBDDABBFFDBAFAAFDDFFFDBAF
42	35.27	11.77	0.64	FFBBBFAFFBBBFFAABBDDFFFBDB
43	38.42	14.66	0.31	BBBBABDFFFFDFFFDAFBDDAADDD

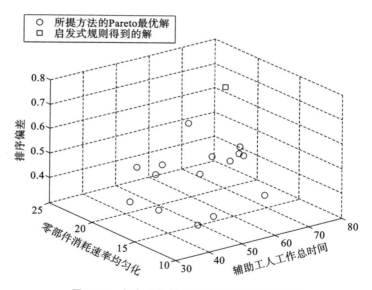

图 3-31　多产品物料不齐套重排序结果比较

由图3-30和图3-31可知,在单产品和多产品物料不齐套情况下,重排序得到的结果较大部分支配由启发式规则得到的重排序结果,较少部分不存在支配关系,但其最小化辅助工人工作时间和最小化零部件消耗速率的目标值比启发式规则得到的对应指标要小。由此可知,本章所提的重排序优化算法的性能优于启发式规则,能减少辅助工人的工作时间和正规工人的闲置时间,充分利用装配线的生产能力,平衡工作站的负载,降低生产过程中物料需求的波动,平顺化物料的供应,为响应物料不齐套扰动提供了实时决策。

3.4　本章小结

本章首先针对混流装配线确定型和随机型排序问题展开研究,面向确定型排序问题,建立了基于装配时间固定的混流装配线排序问题模型,以最小化超载时间、产品生产平准化和最小化总切换时间为优化目标,提出 GA-PSO 混合算法来求解模型,采用帕累托阶层与拥挤度来综合评价个体,且全局最优采用帕累托判优准则,粒子局部最优采用多目标加权判优方法;面向随机型排序问题,建立了加工时间服从正态分布的混流装配线排序模型,模型同时采用最小化期望超载量、零部件消耗平准化与最小化切换次数等优化目标,并设计了一种 PSO-SA 混合算法求解,为避免粒子群优化算法早熟,在局部最优解的更新中引入模拟退火思想,同时全局最优解的设置也不再仅限于帕累托解集,而是按照个体适应度值从整个种群中随机选取,最后将该算法与 NSGA-Ⅱ算法进行了实例测试,结果证实了该算法稳定的收敛性、优异的分布性和较高的执行效率。

在混流装配线初始排序的基础上,针对因物料不齐套引起的初始排序性能恶化或排序方案不可行的问题,在使用猫群优化算法求解的基础上,建立以最小化辅助工人工作时间、零部件消耗均匀化、最小化排序偏差为优化目标的重排序数学模型并提出重排序的求解方法,用实例证明所提重排序方法能得到比启发式规则更好的结果。

本章参考文献

[1] 郑金华. 多目标进化算法及其应用[M]. 北京:科学出版社,2007.

[2] BARD J F, DAR-ELJ E, SHTUB A. An analytic framework for sequencing mixed model assembly lines[J]. International Journal of Production Research, 1992,30(1):35-48.

[3] KIDD J, MONDEN Y. The Toyota production system[J]. Journal of the Operational Research Society,1993,46:669.

[4] DING F-Y,SUN H. Sequence alteration and restoration related to sequenced parts delivery on an automobile mixed-model assembly line with multiple departments[J]. International Journal of Production Research,2004,42(8): 1525-1543.

[5] ZHU J,DING F-Y. A transformed two-stage method for reducing the part-usage variation and a comparison of the product-level and part-level solutions

in sequencing mixed-model assembly lines [J]. European Journal of Operational Research,2000,127(1):203-216.

[6] MILTENBURG J. Level schedules for mixed-model assembly lines in just-in-time production systems[J]. Management Science,1989,35(2):192-207.

[7] KUBIAK W,STEINER G,SCOTT YEOMANS J. Optimal level schedules for mixed-model, multi-level just-in-time assembly systems [J]. Annals of Operations Research,1997,69:241-259.

[8] HYUN C J,KIM Y,KIM Y K. A genetic algorithm for multiple objective sequencing problems in mixed model assembly lines [J]. Computers & Operations Research,1998,25(7-8):675-690.

[9] MILTENBURG J. Balancing and scheduling mixed-model u-shaped production lines[J]. International Journal of Flexible Manufacturing Systems,2002,14 (2):119-151.

[10] GUO Z X,WONG W K,LEUNG S Y S,et al. A genetic-algorithm-based optimization model for scheduling flexible assembly lines [J]. The International Journal of Advanced Manufacturing Technology,2008,36(1): 156-168.

[11] MCMULLEN P R, TARASEWICH P, FRAZIER G V. Using genetic algorithms to solve the multi-product JIT sequencing problem with set-ups [J]. International Journal of Production Research,2000,38(12):2653-2670.

[12] ZITZLER E,LAUMANNS M,THIELE L. SPEA2:improving the strength pareto evolutionary algorithm[J/OL]. https://wwwresearch-collection. ethz. ch/bitstream/handle/20.500.11850/145755/eth-24689-01.pdf? sequence=1&isAllowed=y.

[13] DEB K,PRATAP A,AGARWAL S,et al. A fast and elitist multiobjective genetic algorithm: NSGA-Ⅱ [J]. IEEE Transactions on Evolutionary Computation,2002,6(2):182-197.

[14] KUBIAK W. Minimizing variation of production rates in just-in-time systems:a survey[J]. European Journal of Operational Research,1993,66 (3):259-271.

[15] KIM Y K,HYUN C J,KIM Y. Sequencing in mixed model assembly lines:a genetic algorithm approach[J]. Computers & Operations Research,1996,23 (12):1131-1145.

[16] COELLO C A C,LAMONT G B,VAN VELDHUIZEN D A. Evolutionary algorithms for solving multi-objective problems[M]. New York:Springer,2002.

[17] VAN VELDHUIZEN D A,LAMONT G B. Evolutionary computation and

convergence to a pareto front[C]//The Late Breaking Papers at the Genetic Programming 1998 Conference,1998.

[18] MANSOURI S A. A multi-objective genetic algorithm for mixed-model sequencing on JIT assembly lines[J]. European Journal of Operational Research,2005,167(3):696-716.

[19] BEAN J C. Genetic algorithms and random keys for sequencing and optimization[J]. ORSA Journal on Computing,1994,6(2):154-160.

[20] RAHIMI-VAHED A R, MIRGHORBANI S M, RABBANI M. A new particle swarm algorithm for a multi-objective mixed-model assembly line sequencing problem[J]. Soft Computing,2007,11(10):997-1012.

[21] RONEN B. The complete kit concept[J]. International Journal of Production Research,1992,30(10):2457-2466.

[22] BOYSEN N, SCHOLL A, WOPPERER N. Resequencing of mixed-model assembly lines: survey and research agenda[J]. European Journal of Operational Research,2012,216(3):594-604.

[23] GUSIKHIN O,CAPRIHAN R,STECKE K E. Least in-sequence probability heuristic for mixed-volume production lines[J]. International Journal of Production Research,2008,46(3):647-673.

[24] GUJJULA R,GUNTHER H-O. Resequencing mixed-model assembly lines under just-in-sequence constraints[C]//Proceedings of the 2009 International Conference on Computers & Industrial Engineering. New York:IEEE,2009.

[25] LAHMAR M, ERGAN H, BENJAAFAR S. Resequencing and feature assignment on an automated assembly line[J]. IEEE Transactions on Robotics and Automation,2003,19(1):89-102.

[26] ZHANG C Y,LI X Y,WANG X J,et al. Multi-objective dynamic scheduling optimization strategy based on rolling-horizon procedure [J]. China Mechanical Engineering,2009,20(18):2190-2197.

[27] ZHOU Y Q, LI B Z, YANG J G, et al. Study on an affected operations rescheduling method responding to stochastic disturbances[C]//Proceedings of 2012 3rd International Asia Conference on Industrial Engineering and Management Innovation(IEMI2012). Berlin,Heidelberg:Springer,2013.

[28] FATTAHI P, SALEHI M. Sequencing the mixed-model assembly line to minimize the total utility and idle costs with variable launching interval[J]. The International Journal of Advanced Manufacturing Technology,2009,45: 987-998.

[29] PONNAMBALAM S G,ARAVINDAN P,RAO M S. Genetic algorithms for

sequencing problems in mixed model assembly lines [J]. Computers & Industrial Engineering,2003,45(4):669-690.

[30] AKGÜNDÜZ O S,TUNALı S. An adaptive genetic algorithm approach for the mixed-model assembly line sequencing problem[J]. International Journal of Production Research,2010,48(17):5157-5179.

[31] JARO M A. Probabilistic linkage of large public health data files [J]. Statistics in Medicine,1995,14(5-7):491-498.

[32] LEU Y-Y,MATHESON L A,REES L P. Sequencing mixed-model assembly lines with genetic algorithms[J]. Computers & Industrial Engineering,1996, 30(4):1027-1036.

[33] MORADI H,ZANDIEH M,MAHDAVI I. Non-dominated ranked genetic algorithm for a multi-objective mixed-model assembly line sequencing problem[J]. International Journal of Production Research,2011,49(12): 3479-3499.

[34] RAHIMI-VAHED A,MIRZAEI A H. A hybrid multi-objective shuffled frog-leaping algorithm for a mixed-model assembly line sequencing problem [J]. Computers & Industrial Engineering,2007,53(4):642-666.

[35] DONG Q-Y,KAN S-L,GUI Y-K,et al. Mixed model assembly line multi-objective sequencing based on modified discrete particle swarm optimization algorithm[J]. Journal of System Simulation,2009,21(22):7103-7108.

[36] 王光彪,杨淑莹,冯帆,等. 基于猫群算法的图像分类研究[J]. 天津理工大学学报,2011,27(5):35-39.

[37] CHU S-C,TSAI P-W. Computational intelligence based on the behavior of cats[J]. International Journal of Innovative Computing, Information and Control,2007,3(1):163-173.

[38] 刘炜琪,刘琼,张超勇,等. 基于混合粒子群算法求解多目标混流装配线排序[J]. 计算机集成制造系统,2011,17(12):2590-2598.

[39] CHURCH L K,UZSOY R. Analysis of periodic and event-driven rescheduling policies in dynamic shops[J]. International Journal of Computer Integrated Manufacturing,1992,5(3):153-163.

[40] DEB K,AGRAWAL S,PRATAP A,et al. A fast elitist non-dominated sorting genetic algorithm for multi-objective optimization:NSGA-Ⅱ[C]// The Parallel Problem Solving from Nature PPSN Ⅵ:6th International Conference Paris,France,September 2000 Proceedings. Berlin,Heidelberg: Springer,2007.

[41] COELLO C A C,LECHUGA M S. MOPSO:a proposal for multiple objective

particle swarm optimization [C]//Proceedings of the 2002 Congress on Evolutionary Computation. New York：IEEE,2002.

[42]　ZITZLER E，THIELE L. Multiobjective evolutionary algorithms：a comparative case study and the strength Pareto approach [J]. IEEE Transactions on Evolutionary Computation,1999,3(4)：257-271.

第4章　关键零部件加工调度优化

混流装配生产配套关键零部件具有小批量、多品种的特点，生产规模具有多变、不稳定的特征，难以通过外协方式获取，这使得车间现场生产所需零部件成为必然选择。自制件生产是典型的流水车间生产问题，流水车间加工线排序问题中最常见的目标为完工时间最小化。当考虑多条并行的混流加工线向混流装配线供应零部件时，由于各加工线设备、工艺均不同，且不同型号产品对各加工线的单位需求量也可能存在差异，因此以完工时间最小化为目标的排序模型可能导致各加工线生产的零部件无法立即匹配，从而使装配作业因缺件而中断或因堆积库存造成成本增加。据此，本章首先针对发动机关键零部件并行加工车间，提出一种评价齐套性的指标，基于该指标建立优化模型并求解；其次，设计一种采用两种编解码方式的混合进化算法来求解自制件的混合流水车间加工调度优化问题；最后，为帮助生产企业减少碳排放，防止进一步的全球变暖和气候异常，针对轴类零件车削车间，从柔性流水车间生产实际出发，考虑制造过程中各操作的能耗与碳排放，构造柔性流水车间碳效优化调度的数学模型并寻求高效求解算法。

4.1　面向混流装配的零部件并行加工排序优化

本节考虑以提高齐套性为目标的多条并行混流加工线排序优化问题，提出一种评价齐套性的指标，基于该指标建立优化模型，并提出一种基于汉明距离（Hamming distance）的小生境遗传算法，通过惩罚一定距离内较劣的个体来增强种群的多样性，最后应用实际生产数据对该算法的有效性进行了验证。

4.1.1　面向混流装配的并行加工系统排序优化问题描述

作业排序问题是生产计划执行中的关键问题，对流水车间（flowshop）作业排序问题的研究可以追溯到20世纪50年代，Johnson于1954年针对两机器的流水车间最小化最迟完工时间问题提出了著名的Johnson算法[1]。流水车间作业排序问题得到了广泛的关注和深入的研究，大量文献揭示了排序在完工时间、流程时间、延误时间/成本、机器负荷、制造费用等方面的作用并提出了多种优化方法[2-4]。由于三台以上机器的流水车间排序问题即是强NP-难问题，开发相应的更高效的启发式算法至今仍是研究的热点。

当考虑向下游的混流装配线供应零部件时,如果仅仅优化加工线的完工时间或机器负荷,可能导致当前某一装配作业所需零部件尚未完工,从而停工待料造成损失,或者必须设置较高的在制品库存来缓和零部件的供应,从而增加生产成本。在涉及多条并行的零部件加工线的系统中,这一状况发生的概率更大。

文献[5]研究了由两条零部件加工线和一条装配线所构成系统中的调度排序问题,比较了采用各线单独排序和考虑零部件齐套性的综合排序两种方式,计算和试验结果显示,在不同规模的问题中采用后一种方式产品交付提前期比采用前一种方式平均缩短 5%～13%,可见,因零部件供应不齐套导致的缺料等待不容忽视。

文献[6]认为,零部件供应的齐套性在产品复杂程度较高的制造企业已成为一个关键问题。文献[7]提出了一种基于 BOM 的齐套性优化方法。文献[8]提出一种基于齐套性的装配计划及零部件生产计划确定方法,即在制订计划前先进行齐套性查询,获取零部件/在制品库存中针对需求产品的最大可齐套数量,如果该数量小于需求数量,则根据缺件情况制订零部件生产计划。这些研究从投产批量的层次来优化零部件供应的齐套性,以保证各型号零部件的投产量及库存量与总的装配需求量相匹配,没有考虑在计划的执行中不同生产线投产顺序对装配作业的影响。

文献[9]为优化作业车间环境中的齐套性,在经典的作业车间问题基础上引入装配顺序约束,使用完工时间来间接描述齐套性,提出了一类综合作业调度问题,并应用遗传算法来求解该问题。该研究没有考虑工位间缓存区容量限制的情况,也不考虑不同的成品对零部件的需求存在互换性的情况。在流水车间中,通常工位间缓存区容量均有限,零部件对于不同型号的成品有一定的通用性,例如某发动机公司有型号为 481F 和 DA2-2 的两种发动机,前者需要的凸轮轴型号为 481F-60 和 481F-6035,而后者需要的凸轮轴型号为 484FB-60 和 481F-6035,可见一件凸轮轴 481F-6035 可以用于两种型号的发动机之中任一台的装配(见附表 1-1)。尤其在面临不确定的外部需求时,装配线的排序可能会动态调整,而部分通用的零部件并不能在上线前事先确定其对应的最终产品,因此该零部件具体的装配时间也不能事先确定。而截至目前,尚未检索到关于如何安排装配时间不确定的零部件顺序问题的相关研究。

根据上述分析不难看出,在零部件加工线的排序中充分考虑装配线的需求对整个生产系统的性能而言十分重要,对这一问题展开研究无疑具有重要的意义。

4.1.2　并行加工系统排序的齐套性评价

根据 Ronen 的定义,齐套(complete kit)是指为完成某一装配件、部件或完成某一工艺所需的组件、图纸、文档及信息等所构成的集合在该装配件、部件或工艺开始(生产)之前的完备性[10]。

对于单独的某一加工线,当它将某一装配作业所需的一类零部件全部加工完成时,则可以认为这一类零部件已经处于"齐套"状态;然而,如果该装配作业所需的其他加工线上的零部件并未完工,显然该装配作业只能等待,则该作业所需的零部件处于"不齐套"状态。因此,在进行齐套性评价时,需要综合考虑多条并行加工线各自的加工进度。

假设:

①有 L 条并行的加工线供给装配线,其中加工线 l 加工的零部件有 P_l 种型号;

②装配作业产品类型共有 P_A 种($p_{A,1}, p_{A,2}, \cdots, p_{A,P_A}$),其中 $p_{A,a}$ 对零部件 $p_{l,i}$ 的需求量为 $q_{a,l,i}(q_{a,l,i} \geqslant 0)$。

引入以下符号:

①$\boldsymbol{F}_l(t) = (f_{l,1}(t), f_{l,2}(t), \cdots, f_{l,P_l}(t))^{\mathrm{T}}$,表示加工线 l 截至时刻 t 各类零部件的累计完工数量;

②$\boldsymbol{k}_{l,i} = (k_{1,l,i}, k_{2,l,i}, \cdots, k_{P_A,l,i})^{\mathrm{T}}$,其中 $k_{a,l,i}$ 表示单个零部件 (l,i) 相对于各类装配需求的齐套程度,其定义式为

$$k_{a,l,i} = \begin{cases} \dfrac{1}{q_{a,l,i}}, & q_{a,l,i} > 0 \\ 0, & q_{a,l,i} = 0 \end{cases} \tag{4-1}$$

③$\boldsymbol{K}_l = (k_{l,1}, k_{l,2}, \cdots, k_{l,P_l})$ 为 $P_A \times P_l$ 的矩阵。

对于加工线 l,其在 t 时刻的齐套程度可表示为

$$\boldsymbol{r}_l(t) = \boldsymbol{K}_l \boldsymbol{F}_l(t) \tag{4-2}$$

对于两条加工线 l 与 m,二者用式(4-2)描述的齐套程度的差异越小,表明在某一时刻立即供应装配作业的可能性越高;反之,差异越大,意味着二者进度相差较大,零部件匹配程度较低,在某一时刻立即供应装配的可能性较小。因此,可以用式(4-3)评价 t 时刻两条加工线的相对齐套性。

$$R_{l,m}(t) = \mathrm{e}^{-\| \boldsymbol{r}_l(t) - \boldsymbol{r}_m(t) \|} \tag{4-3}$$

式(4-3)中,$\| \boldsymbol{r}_l(t) - \boldsymbol{r}_m(t) \|$ 为加工线 l 与加工线 m 的齐套程度的差向量的范数,用来表征二者在生产进度上的差异程度;取其相反数的指数函数值,将取值范围限制在 0 到 1 之间。当二者差异为 0 时,$R_{l,m}(t)$ 取最大值 1,意味着两条加工线完全齐套;二者差异越大,$R_{l,m}(t)$ 越趋向于 0,意味着两条加工线齐套程度越低。

对于 L 条加工线,某一时刻整体的齐套性可用式(4-4)来评价:

$$R(t) = \frac{1}{C_L^2} \sum_{l=1}^{L-1} \sum_{m=l+1}^{L} R_{l,m}(t) \tag{4-4}$$

假设考察期为从时刻 0 到时刻 T,则在考察期内,L 条并行加工线的整个作业过程的平均齐套性可按下式评价:

$$\eta = \frac{1}{T} \int_0^T R(t) \mathrm{d}t \tag{4-5}$$

若考察期内的事件集合为 E,事件的先后发生时刻为 $\{\varepsilon_1, \varepsilon_2, \cdots, \varepsilon_{|E|}\}$,则式(4-5)可用离散形式表示为

$$\eta = \frac{1}{T} \sum_z^{|E|-1} R(\varepsilon_z)(\varepsilon_{z+1} - \varepsilon_z) \tag{4-6}$$

考察如下并行混流加工线算例：

①包含三条加工线，各线工位数量分别为 3、4、3；

②第一条加工线共加工 2 种零件，第二条加工线共加工 3 种零件，第三条加工线共加工 3 种零件，各工位加工时间见表 4-1；

③共涉及 5 种装配任务，各种装配任务对零件的需求见表 4-2；

④装配任务以节拍时间 1 为间隔按装配顺序依次上线，如果上线时零件不齐备，则该装配任务以及其后的任务均等待，直到该任务所需零件全部齐备为止；

⑤5 种装配任务的数量分别为 3、4、5、4、4。

表 4-1　各工位加工时间

加工线	品种	工位			
		1	2	3	4
1	1	2	5	4	—
	2	3	4	7	—
2	1	4	9	6	8
	2	5	2	7	9
	3	8	6	4	7
3	1	1	3	3	—
	2	4	2	5	—
	3	7	3	6	—

表 4-2　装配任务零件需求

加工线	品种	装配任务类型				
		1	2	3	4	5
1	1	1	0	1	0	0
	2	0	1	0	2	1
2	1	2	0	0	1	0
	2	0	1	0	0	2
	3	0	0	2	0	0
3	1	0	2	0	1	0
	2	1	0	0	0	2
	3	0	0	1	0	0

针对一随机生成的装配顺序，三条加工线的作业经随机排列，得到的齐套性评价指标值为 0.006～0.015 的作业排序有 4 万组，统计各组的最小平均等待时间（即每个装配任务在零件齐备之前装配任务的等待时间），见图 4-1。齐套性指标值从

0.006 上升到 0.015,装配任务的等待时间从 172.35 s 降低到 160.75 s,下降幅度为 6.7%。

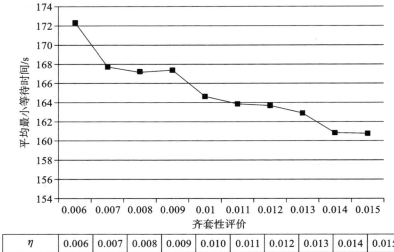

η	0.006	0.007	0.008	0.009	0.010	0.011	0.012	0.013	0.014	0.015
等待时间/s	172.35	167.7	167.25	167.35	164.65	163.8	163.65	162.9	160.85	160.75

图 4-1　不同齐套性水平下装配任务的等待时间

计算 η 与最小平均等待时间之间的皮尔逊积矩相关系数(Pearson product-moment correlation coefficient),得

$$r = \frac{\sum_{i=1}^{n}(X_i - \overline{X})(Y_i - \overline{Y})}{\sqrt{\sum_{i=1}^{n}(X_i - \overline{X})^2}\sqrt{\sum_{i=1}^{n}(Y_i - \overline{Y})^2}} = -0.956$$

皮尔逊积矩相关系数取值范围为 $-1 \sim 1$,$r = -0.956$,表明 η 与最小平均等待时间之间存在极强的负相关性,即随着 η 的提高,装配任务的等待时间会缩短;而当 η 值较小时,装配任务的等待时间则相对较长。

4.1.3　面向混流装配的并行加工系统排序优化建模

为不失一般性,除上文引入的假设外,本节再引入以下假设:

①各条加工线的原材料库存无限可得(infinite availability);

②加工线内工位之间工件运输时间可忽略不计;

③加工线内各工位同一时刻仅能加工一个工件,同一工件在同一时刻仅能被一个工位加工;

④工位对某一工件的加工一旦开始,就不允许中断或被其他工件抢占;

⑤所有工位间的缓存区遵循先进先出的原则,加工线的输出缓存区容量为无穷大;

⑥当且仅当缓存区中有空闲位置时,工件才允许进入缓存区,否则工件被阻塞在

工位上,直到缓存区出现空位为止;

⑦各条加工线加工零部件品种固定,且任意两条加工线加工的零部件之间无交集,即每种零部件只能在某一条加工线上加工;

⑧各种零部件间没有需求关系。

引入以下符号:

①$\boldsymbol{D} = (d_1, d_2, \cdots, d_{P_A})^\mathrm{T}$,为 P_A 类装配任务的数量;

②$\boldsymbol{D}_l = (d_{l,1}, d_{l,2}, \cdots, d_{l,P_l})^\mathrm{T}$,为根据 $\boldsymbol{D}$ 分解所得的需要加工线 l 供给的零部件数量,而 $|\boldsymbol{D}_l| = \sum_{i=0}^{P_l} d_{l,j}$,为加工线 l 需要加工的工件总量;

③W_l,为加工线 l 上的工位数量;

④$B_{l,w}$,为加工线 l 上第 w 个工位和第 $w+1$ 个工位之间的缓存区的容量($1 \leqslant w < W_l$);

⑤$O_{l,w,i}$,为品种 i 在加工线 l 上的第 w 个工位的加工时间;

⑥$\Pi_l = \{J_{l,1}, J_{l,2}, \cdots, J_{l,|D_l|}\}$,为加工线 l 的作业排序,其中 $J_{l,j} \in \{p_{l,1}, p_{l,2}, \cdots, p_{l,P_l}\}$;

⑦$S_{l,w,j}$,为加工线 l 的作业排序中第 j 个工件在工位 w 上的加工开始时刻;

⑧$C_{l,w,j}$,为加工线 l 的作业排序中第 j 个工件离开工位 w 的时刻。

根据以上假设,工件 j 离开加工线 l 上工位 w 的时间存在以下两种情况:

①当前时刻为 $t = S_{l,w,j} + O_{l,w,J_{l,j}}$ 时,工位 w 的紧后缓存区有空位时,工件直接进入缓存区,即 $C_{l,w,j} = S_{l,w,j} + O_{l,w,J_{l,j}}$

②当前时刻为 $t = S_{l,w,j} + O_{l,w,J_{l,j}}$ 时,工位 w 的紧后缓存区已满,根据先进先出的原则,只有当缓存区中第一个工件开始在工位 $w+1$ 上加工时,缓存区才有一个空位,且此工件为 $j - B_{l,w}$,则 $C_{l,w,j} = S_{l,w,j} - B_{l,w}$。

如果定义 $S_{l,w,j} = 0 (j \leqslant 0)$,则 $C_{l,w,j}$ 可表示为

$$C_{l,w,j} = \max\{S_{l,w,j} + O_{l,w,J_{l,j}}, S_{l,w,j} - B_{l,w}\} \tag{4-7}$$

而工件 j 在工位 w 上的加工开始时刻应满足以下两个条件:①工件 j 已离开工位 $w-1$;②工件 $j-1$ 已离开工位 w。

如果定义 $C_{l,w,j} = 0 (j \leqslant 0$ 或 $w \leqslant 0)$,则 $S_{l,w,j}$ 可表示为

$$S_{l,w,j} = \max\{C_{l,w-1,j}, C_{l,w,j-1}\} \tag{4-8}$$

由于与工件齐套性直接相关的事件是工件下线事件,因而可取所有加工线的工件下线事件构成事件集合 E,有

$$\boldsymbol{D}_l = \begin{pmatrix} q_{1,l,1} & q_{2,l,1} & \cdots & q_{P_A,l,1} \\ q_{1,l,2} & q_{2,l,2} & \cdots & q_{P_A,l,2} \\ \vdots & \vdots & & \vdots \\ q_{1,l,P_1} & q_{2,l,P_2} & \cdots & q_{P_A,l,P_l} \end{pmatrix} \boldsymbol{D} \tag{4-9}$$

$$| E | = \sum_{l=1}^{L} | \boldsymbol{D}_l | \qquad (4\text{-}10)$$

设下线事件时间按先后顺序排列为$\{C_1, C_2, \cdots, C_{|E|}\}$，则某一排序：

$$\Pi = \{\Pi_1, \Pi_2, \cdots, \Pi_L\}$$

对应的齐套性评价指标为

$$\eta(\Pi) = \frac{1}{T} \sum_{z=1}^{|E|-1} R(C_z)(C_{z+1} - C_z)$$

考虑齐套性和完工时间的并行加工线作业排序优化模型可表示如下：

$$\max \xi(\Pi) = a\eta(\Pi) - b \max_z C_z \qquad (4\text{-}11)$$

式（4-11）需要满足式（4-7）～式（4-10）。

目标函数为齐套性与完工时间的加权，其中 a 是足够大的正实数，b 为足够小的正实数，表示优先考虑齐套性指标的优化，再考虑完工时间的优化。

4.1.4 并行加工系统排序优化的 GA 算法

1. 遗传算法简介

20 世纪 70 年代中期，John Holland 教授受自然界生物进化现象的启发，首先提出了遗传算法（genetic algorithm，GA），模拟生物的遗传和进化机制，进行复杂系统的优化。遗传算法采用的基本进化原理是"物竞天择、适者生存"。它从一组随机产生的初始解开始，这组解被称为"种群（population）"，其中每个解被称为一条"染色体（chromosome）"，染色体通常是指一串数据，一般由问题的解经过一定规则编码而成，用与优化目标相关的"适应度（fitness）"值来表示每条染色体的优劣。每一次迭代被称为一次进化，迭代中染色体经过选择、交叉、变异等过程产生新的个体，新的个体被称为"后代（offspring）"。在迭代中，具有较高适应度的染色体被保存到下一代的概率较高。

遗传算法的设计主要需考虑以下五个要素：①问题解的编码方式，即将问题的解空间与染色体的码空间进行对应；②初始种群的产生方法；③适应度函数的设计；④选择算子、交叉算子及变异算子的设计；⑤种群规模、进化代数、交叉概率、变异概率等参数的确定。

上述要素确定后，遗传算法按如下主要步骤进行：

①产生初始种群，将进化代数置 0；

②计算种群中每条染色体的适应度，记录最优解；

③如果进化代数已达到最大值，输出记录的最优解，算法结束，否则转到步骤④；

④通过选择、交叉、变异等操作形成子代；

⑤计算种群中每条染色体的适应度，更新最优解；

⑥进化代数自加 1，转到步骤③。

遗传算法流程如图 4-2 所示。

遗传算法具有隐含的并行性,它在一次迭代中搜索解空间中的多个点,并且多个解之间可以互相交流信息,比单点式的搜索有更高的效率,有着较强的全局搜索能力;遗传算法仅使用适应度作为搜索过程的指导信息,不要求目标函数可导或具有其他特殊的结构,因而具有广泛的适用性,特别适用于结构复杂、无法进行解析描述的问题。然而,遗传算法在局部搜索方面并不具备优势,容易出现早熟现象,在应用中往往结合局部搜索能力较强的方法和可增强种群多样性的方法来防止算法早熟。

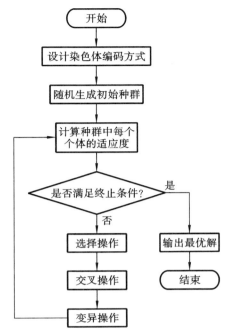

图 4-2　遗传算法流程

2. 并行加工系统排序优化的小生境遗传算法

小生境遗传算法(niche genetic algorithm,NGA)应用小生境技术来增强种群的多样性,以克服经典遗传算法易早熟的缺点[11]。本节采用在一定距离内让最优个体具有较大概率被选中的方法,从而可以使整个种群保持较强的多样性。

1) 编码

根据式(4-9)计算得出每条加工线将要加工的各类零部件的总数量,根据上文假设,加工线之间的作业交换位置无意义,各加工线排序的空间相互独立,因此,种群中的每个个体可以由 L 条染色体构成,每条染色体对应一条加工线的一个作业排序。例如,一系统中涉及 3 条加工线,其中加工线 1 加工 2 种零件,加工线 2 加工 3 种零件,加工线 3 加工 3 种零件。根据下游装配需求,加工线 1 应生产第 1 种零件 2 个,生产第 2 种零件 3 个;加工线 2 应生产第 1 种零件 2 个,生产第 2 种零件 3 个,生产第 3 种零件 1 个;加工线 3 应生产第 1 种零件 2 个,生产第 2 种零件 1 个,生产第 3 种零件 2 个。因此,该系统对应的一组染色体可表示为图 4-3 所示形式。

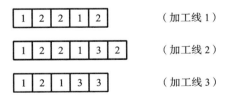

（加工线1）

（加工线2）

（加工线3）

图 4-3　并行的三条加工线排序编码示例

由于优化目标为最大化 $\xi(\Pi)$,因此可直接用目标值来评价个体的适应度。

2) 初始种群的产生

为了生成足够数量的合法个体,同时还保持一定的多样性,每个个体的生成可按如下步骤进行。

①按品种依次填充各加工线对应染色体,$l \leftarrow 1$;

②$R \leftarrow \mathrm{Rand}(1, N)$（$N$ 为某一充分大的正整数，$\mathrm{Rand}(1, N)$ 为随机取 1 到 N 范围内的正整数），$r \leftarrow 1$；

③$i \leftarrow \mathrm{Rand}(1, |\boldsymbol{D}_l|)$，$j \leftarrow \mathrm{Rand}(1, |\boldsymbol{D}_l|)$，交换染色体 l 中第 i 个位置和第 j 个位置，$r \leftarrow r+1$，如果 $r \leqslant R$，重复步骤③，否则转到步骤④；

④$l \leftarrow l+1$，如果 $l \leqslant L$，转到步骤②，否则算法结束。

3）选择算子

选择算子用于将种群中适应度较高的个体以较大的概率保留，同时不排除有部分适应度较差的个体也被保留，以在一定程度上增强种群的多样性。本节采用"轮盘赌"的方法进行选择操作，具体步骤如下：

①将种群中 pop_size 个个体的适应度值相加，得到总适应度值之和 F_s；

②计算每个个体的选择概率 $P_i = \dfrac{\mathrm{fitness}_i}{F_s}$（$i=1,2,\cdots,\mathrm{pop\_size}$）；

③$r \leftarrow \mathrm{rand}(0,1)$，令 $P_0 = 0$，如果 $\sum_{j=0}^{i-1} P_j \leqslant r < \sum_{j=0}^{i} P_j$，将个体 i 复制到下一代；

④重复步骤③pop_size 次后结束。

如果个体 i 的适应度较高，则区间 $\left[\sum_{j=0}^{i-1} P_j, \sum_{j=0}^{i} P_j\right)$ 较长，随机变量 r 落入该区间的概率较大，因此个体 i 被保留的概率也较大。

4）交叉算子

交叉算子用于个体之间的信息共享和交换，以期产生更优的后代个体。对于流水线（单线）调度问题，常用的交叉算子有 LOX、PMX、NAX 等[12]。如前文所述，同一加工线对应染色体间的互相操作才有意义，因此，本节所采用的交叉算子中的互相操作也仅限于个体对应的染色体之间。

两个个体 A 和 B 进行交叉的具体步骤如下：

①$L' \leftarrow \mathrm{Rand}(1, L)$，$L'' \leftarrow \mathrm{Rand}(1, L)$，$L' \leqslant L''$，$l \leftarrow L'$；

②$i \leftarrow \mathrm{Rand}(1, |\boldsymbol{D}_l|)$，$j \leftarrow \mathrm{Rand}(1, |\boldsymbol{D}_l|)$，$i < j$，直接将个体 A 和 B 中第 l 染色体的第 i 个位置到第 j 个位置复制到新个体 B' 和 A' 对应的位置上（见图 4-4(a)）；

③对于 A'，将 A 的第 l 条染色体中首次在 A' 的第 i 个位置到第 j 个位置中也出现的数字排除，将 A 的第 l 条染色体中剩余的 $D_l - (j - i + 1)$ 个位置按顺序填充到 A' 中，B' 和 B 也采取相同的操作，见图 4-4(b)，然后 $l \leftarrow l+1$；

④如果 $l \leqslant L''$，转到步骤②，否则转到步骤⑤；

⑤将 A 和 B 的第 L' 到 L'' 条之外的染色体直接复制到 A' 和 B'；

⑥比较 A、B、A' 和 B' 的适应度值，选取最优的两个个体进行后续操作。

群体中随机配对进行上述交叉操作时，其步骤如下：

①集合 $J \leftarrow \{1, 2, \cdots, \mathrm{pop\_size}\}$，$R \leftarrow \mathrm{Rand}(1, N)$，$r \leftarrow 1$；

②$i \leftarrow \mathrm{Rand}(1, |J|)$，$j \leftarrow \mathrm{Rand}(1, |J|)$，交换集合 J 中第 i 个位置和第 j 个位置，然后 $r \leftarrow r+1$，如果 $r \leqslant R$，重复步骤②，否则转到步骤③；

③$i \leftarrow 1, k \leftarrow 2$；

④$r \leftarrow \text{rand}(0,1)$，如果 $r < P_c$（P_c 为预先定义的交叉概率），转到步骤⑤，否则转到步骤⑥；

⑤按上述交叉过程对 i 和 k 进行交叉操作；

⑥$i \leftarrow i+2, k \leftarrow k+2$，如果 $i,k \leqslant |J|$，转到步骤④，否则结束。

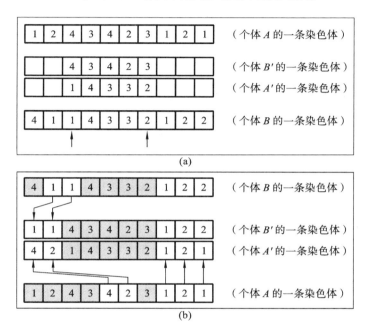

图 4-4　交叉操作中对个体中某一条染色体的操作

5）变异算子

变异操作用于增强种群的多样性，在一定程度上可以使算法跳出局部最优解，本节采用 Michalewicz 提出的倒序变异算子(INV)[13]，具体变异操作如下：

①$L' \leftarrow \text{Rand}(1,L), L'' \leftarrow \text{Rand}(1,L), L' \leqslant L'', l \leftarrow L'$；

②$r \leftarrow \text{rand}(0,1)$，如果 $r < P_m$（P_m 为预先定义的变异概率），转到步骤③，否则转到步骤④；

③$i \leftarrow \text{Rand}(1, |\boldsymbol{D}_l|), j \leftarrow \text{Rand}(1, |\boldsymbol{D}_l|)$，$i < j$，直接对第 l 条染色体的第 i 个位置到第 j 个位置进行倒序操作（见图 4-5）；

④$l \leftarrow l+1$，如果 $l \leqslant L''$，转到步骤②，否则结束。

| 4 | 2 | 1 | 1 | 2 | 3 | 3 | 4 | 2 | 1 |

$\Downarrow$

| 4 | 2 | 1 | 2 | 4 | 3 | 3 | 2 | 1 | 1 |

图 4-5　变异中对个体中某一条染色体的倒序操作

6）共享（sharing）

评价个体之间的相似程度，以调整相似程度较高个体中较劣的个体的适应度值，使较劣的个体具有更低的被保留的概率,从而在一定相似范围内以较大的概率保留相似范围内的最优解,在增强群体多样性的同时,较优的个体也得以保留。

令 $\Pi_{l,i}$ 表示个体第 l 条染色体的第 i 个位置的值,引入函数 $d(x,y)$:

$$d(x,y) = \begin{cases} 1, & x = y \\ 0, & x \neq y \end{cases}$$

基于汉明距离[14],可定义相似度如下:

$$\text{sim}(\Pi,\Pi') = \sum_{l=1}^{L} \sum_{i=1}^{|\boldsymbol{D}_l|} d(\Pi_{l,i}, \Pi'_{l,i}) \tag{4-12}$$

在每次迭代中,计算种群中每两个个体之间的相似度,如果相似度小于预先定义的最大值 S,则对适应度值较小的个体施以惩罚,将其适应度值除以一个较大的数作为新的适应度值,从而大大降低其被保留的概率。本节采用的惩罚方法公式如下:

$$\text{fitness}' = \frac{\text{fitness}}{10^S}$$

7）算法流程

基于上述规则和定义,求解多条加工线排序齐套性优化问题的小生境遗传算法主要流程如下:

①产生初始种群,将进化代数置 0;

②计算种群中每个个体的适应度值,记录最优个体,将适应度值较大的前 elite_size 个个体复制到精英列表中;

③进行选择、交叉、变异操作;

④将精英列表中的个体添加到种群中,利用共享机制对 pop_size＋elite_size 个个体中相似程度较高但适应度值较小的个体进行惩罚,将种群按适应度值从大到小排序;

⑤保留前 pop_size 个个体,用前 elite_size 个个体更新精英列表,更新群体最优个体,进化代数自加 1;

⑥如果进化代数尚未达到最大值,转到步骤③,否则输出最优解,结束。

4.1.5　实例验证及结果分析

本小节以某发动机公司的缸盖加工线、缸体加工线、凸轮轴加工线、曲轴加工线及连杆加工线为例,对其作业排序进行齐套性优化。

1. 各零部件需求量

该发动机公司的装配线分为两段,其中第一段称为"短发线",用于将 5C 件装配成发动机基础框架;第二段称为"长发线",依需求在发动机基础框架上选配不同的外购零部件,最终形成发动机成品。短发线装配任务类型和某一班次的需求量以及对各型号 5C 件(缸体、缸盖、曲轴、凸轮轴、连杆)的需求量见表 4-3,各加工线作业时间及工位间缓存区容量见附表 1-3～附表 1-7。

表 4-3　各型号零部件需求量

发动机	型号	481F	481H	484F	DA2	DA2-2	473A	473B
	需求量	40	40	60	55	30	10	10
缸体	型号	481H-20BA		484F-20		481FC-20		473B-20
	需求量	80		60		95		10
缸盖	型号	481F-30BA	484H-30BA		481FD-30	481FB-30		473B-30
	需求量	100	40		55	40		10
曲轴	型号	481H-50		484J-50			473B-50	
	需求量	135		100			10	
凸轮轴	型号	481F-60	484FB-60	481H-60	481F-6035	481H-6030		473B-60
	需求量	165	40	40	195	40		10
连杆	型号	481F/H				473		
	需求量	900				100		

2. 原排序方式下基于齐套性的排序优化

该发动机厂各加工线原来采用的排序方式为按一个型号的需求量一次连续加工完毕后切换到下一个型号,未采用完全混排的方式。在这种方式下,可能的排序方案有 $C_4^4 \times C_5^5 \times C_3^3 \times C_6^6 \times C_2^2 = 24883200$ 种组合。为从中选出较优的组合,对上文所述 NGA 编码方式略加改造,用其进行搜索,即将每条染色体表示成型号编号的排列,在评价适应度时,将每个型号按实际需求量展开成作业排序即可。

基于上述生产数据,应用上述算法,经多次尝试,取种群规模为 100,精英列表长度为 10,终止代数为 200 代,最大允许相似度为 4,交叉概率为 0.80,变异概率为 0.20,得出优化后的批量排序方案结果如下。

①缸体加工线:473B-20→484F-20→481FC-20→481H-20BA。

②缸盖加工线:473B-30→481F-30BA→481FB-30→481FD-30→484H-30BA。

③曲轴加工线:473B-50→484J-50→481H-50。

④凸轮轴加工线:473B-60→481H-6030→484FB-60→481F-60→481F-6035→481H-60。

⑤连杆加工线:473→481F/H。

该优化排序方案的齐套性指标 $\eta = 0.008$,最迟完工时间为 14.58 h。算法的收敛过程如图 4-6 所示,算法在 20 代之内即收敛到优化值,在 CPU 主频为 2.0 GHz 的计算机上的运行时长约为 165 s。

3. 完全混排方式下基于齐套性的排序优化

当采用完全混排方式时,可行的组合数量远远大于原来的批量排序方式。经试验,取种群规模为 500,精英列表长度为 80,终止代数为 400 代,最大允许相似度为

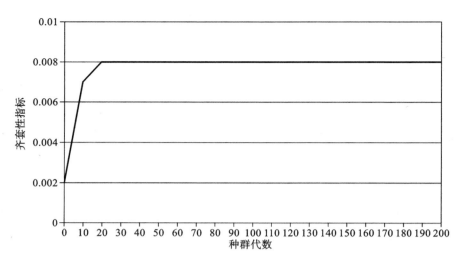

图 4-6　原排序方式下 NGA 的收敛过程

10,交叉概率为 0.85,变异概率为 0.20,得出优化后的混流排序方案,其中缸体与缸盖加工线排序方案见表 4-4。

表 4-4　缸体、缸盖加工线排序优化结果

加工线	排序优化结果
缸体	D→D→D→D→D→C→A→A→A→A→C→A→B→B→C→A→A→A→C→ C→C→B→C→C→C→B→B→B→A→A→A→C→C→C→B→C→C→C→B→B→B→ C→B→C→C→C→C→C→A→A→C→D→A→A→A→B→C→A→C→A→D→ C→C→A→B→A→A→D→A→A→B→C→A→B→A→A→C→C→B→D→D→ C→C→C→A→B→A→B→A→A→B→B→A→A→A→C→C→B→C→C→A→ B→A→B→A→A→C→A→B→B→C→B→C→C→C→A→C→C→B→C→C→B
缸盖	E→E→E→E→E→E→E→E→E→B→C→D→D→A→B→A→C→C→B→A→D→ A→A→C→D→B→B→D→D→D→C→A→A→B→D→D→B→C→A→C→A→B→ C→D→A→A→A→B→A→A→C→D→A→D→C→A→C→D→C→D→ A→A→B→C→C→B→A→A→D→A→A→A→B→D→A→A→B→C→A→C→ D→A→A→B→C→C→D→A→B→B→D→A→C→A→A→C→E→C→B→A→ C→A→A→A→D→C→D→D→A→A→A→A→B→B→A→C→A→A→D→A→ A→C→A

该排序方案的齐套性指标 $\eta=0.016$,最迟完工时间为 14.27 h。算法的收敛过程如图 4-7 所示,算法在 140 代以内收敛到优化值,在 CPU 主频为 2.0 GHz 的计算机上的运行时长约为 583 s。

当各条加工线排序时不考虑齐套性指标,仅以最小化完工时间为目标时,可应用 NEH 算法[15]来获得其近似的最优排序方案,得到的最迟完工时间为 14.09 h,而得

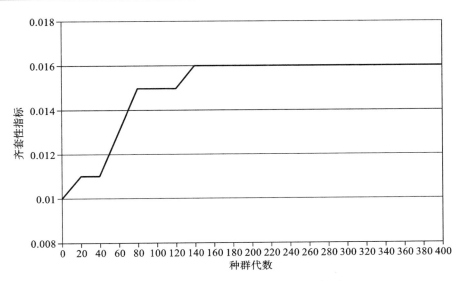

图 4-7 完全混流排序方式下 NGA 的收敛过程

到的齐套性指标 $\eta = 0.011$。根据表 4-3 随机生成 1000 组装配序列，应用于三种情况下的加工排序，考查相应的最小总等待时间，结果见表 4-5。

表 4-5 应用不同排序方式的结果对比

排序方式	原排序方式	仅考虑完工时间的方式（NEH）	完全混流排序方式
η	0.008	0.011	0.016
最小装配等待时间/h	5.26	1.27	0.47
零部件最迟完工时间/h	14.58	14.09	14.27

完全混流排序方式下的优化结果与批量排序方式（原排序方式）下的结果相比，齐套性指标增大了一倍，最迟完工时间缩短了 2.13%，基于前文的相关性分析可知，在完全混流排序方式下，经优化后装配作业的平均等待时间将会显著减少，而计算结果也显示，最小装配等待时间从 5.26 h 降至 0.47 h，降幅为 91.06%。完全混流排序方式下的优化结果在齐套性指标上超出仅仅考虑完工时间的方式（NEH），但最迟完工时间增加了 1.28%，而最小装配等待时间降低了 62.99%。从 NGA 的收敛过程来看，该算法具有较高的效率，针对批量排序方式和完全混流排序方式，均能在数分钟之内得到优化结果。

4.2 面向混合流水车间的零部件加工调度优化

作为经典流水车间调度问题（flowshop scheduling problem，FSP）的一种扩展问题，混合流水车间调度问题（hybrid flowshop scheduling problem，HFSP）广泛存在

于大规模工业生产系统中,并因为其复杂性与柔性被认为是非常有挑战性的调度问题之一。基于编码和启发式解码的进化算法在该问题上非常有效,但传统的编解码策略缩小了问题的解空间,并在搜索后期限制了解的进一步提升。本节设计了一种采用两种编解码方式的混合进化算法来求解该问题。首先,该算法采用了基于序列的编码与两种启发式解码方法来搜索,在搜索后期,采用一种析取图编码的禁忌搜索(tabu search,TS)算法来进一步优化最大完工时间。该编码方式比基于序列的编码方式有更大的搜索空间。在 TS 算法中,还采用了两种基于关键路径的邻域结构来生成候选解。将所提混合进化算法在 3 个经典测试实例集共 567 个实例上进行了测试,并与一些经典的求解算法进行了对比。

4.2.1　混合流水车间调度问题描述

混合流水车间调度问题(HFSP)也被称为柔性流水车间调度问题(flexible flowshop scheduling problem,FFSP),是对流水车间调度问题(FSP)的一种扩展。与流水车间每个阶段只有一台机器的情况不同,在 HFSP 中,在某些阶段有多台并行机可供选择,因此比纯流水车间调度问题更加复杂。

早期对 HFSP 的研究集中于小规模问题,常采用精确算法对其进行求解。Brah 和 Hunsucker[16]提出了一种分支定界算法来求解具有相同并行机的 HFSP。从此之后,越来越多的精确算法用来求解 HFSP,包括整数规划方法[17]、拉格朗日松弛算法[18]等。然而,因为该问题的 NP 难特性,这些精确算法很难在合理时间内找到大规模问题的最优解。因此,更多学者开始研究针对该问题的启发式方法和元启发式算法。

启发式算法基于 HFSP 特点设计一个或者多个调度指标对工件进行调度。一些经典的启发式算法,例如 NEH 算法[19]、最长加工时间(longest processing time,LPT)规则[20]、最早完工时间(earliest due date,EDD)规则[21]都是通过这种方式设计的。启发式算法能快速生成较好解,然而,生成解的质量有限,通常被用来生成元启发式算法的初始种群。

通过将随机全局搜索和有方向性的局部搜索相结合来对解空间进行搜索,元启发式算法能高效求解组合优化问题。Li 等[22]提出了一种求解带序列相关准备时间的分布式 HFSP 的人工蜂群(artificial bee colony,ABC)算法。最近,多种新型元启发式算法被用来求解 HFSP。Zhang 等[23]提出了一种候鸟迁移优化(migrating bird optimization,MBO)算法来求解带机器故障和工件取消的多目标动态 HFSP。基于邻域结构的单点搜索算法是求解组合优化问题的重要手段[24]。基于单一解的贪心搜索方法已经被用来提高算法的集中搜索能力[25]。Pan 等[26]使用带基于空闲时间插入算子的迭代贪心(IG)算法和迭代局部搜索(ILS)算法来优化考虑时间窗口的 HFSP 中的超期和拖期时间。此外,改进元启发式算法可以解决 HFSP 的一些扩展问题,如能量感知调度[27]等。一般来说,如何兼顾算法的勘探与开发能力是目前大多数研究工作中解决 HFSP 的主要关注点。

混合流水车间调度问题的描述如下：给定一个有 z 个加工阶段 $Z = \{Z_1, Z_2, \cdots, Z_z\}$ 的集合，每个阶段 Z_j 包含 $l_j \geqslant 1$ 台相同的机器，至少有一个阶段 $l_j \geqslant 2$。机器集合可表示为 $M = \{M_1, M_2, \cdots, M_m\}$，其中 $m = \sum_{j=1}^{z} l_j$。加工工件集合包含 n 个不同的工件 $J = \{J_1, J_2, \cdots, J_n\}$，其中每个工件有 z 个需要先后加工的工序 $O_i = \{O_{i,1}, O_{i,2}, \cdots, O_{i,z}\}$，每个工序 $O_{i,j}$ 能被加工阶段 Z_j 上的任一机器所加工，工序 $O_{i,j}$ 的加工时间为 $p_{i,j}$。

另外，还需满足以下假设条件：

① 所有机器在 0 时刻都可用；

② 所有的工件在 0 时刻都可以被开始加工；

③ 任意两阶段之间的缓存区被当作是无限容量的；

④ 一个工件每次只能进行一个工序的加工；

⑤ 一个机器每次只能加工一个工序；

⑥ 一个工序加工开始后不可中断；

⑦ 不考虑准备时间和转运时间。

另外，$JP_{O_{i,j}}$ 和 $MP_{O_{i,j}}$ 分别表示工序 $O_{i,j}$ 的工件前道工序和机器前道工序。工件后继工序和机器后继工序分别为 $JS_{O_{i,j}}$ 和 $MS_{O_{i,j}}$。工序 $O_{i,j}$ 的开工时间和完工时间分别定义为 $S_{O_{i,j}}$ 和 $C_{O_{i,j}}$。当工序 $O_{i,j}$ 分配到机器 k 时，$S_{O_{i,j}} = \max\{C_{JP_{O_{i,j}}}, C_{MP_{O_{i,j}}}\}$，$C_{O_{i,j}} = S_{O_{i,j}} + p_{i,j}$。本节中的优化目标是最小化最大完工时间（makespan），$C_{\max} = \max\{C_{O_{i,z}}\}$，其中 $i \in \{1, 2, \cdots, n\}$。

4.2.2　混合流水车间调度问题的混合进化算法

1. 混合进化算法的流程

所提的混合进化算法（hybrid evolutionary algorithm，HEA）结合序列编码和析取图编码两种方式对解空间进行搜索，包含四个阶段：初始化、自进化、选择和局部搜索。在种群初始化之后，首先，算法在前几轮迭代中只采用自进化进行搜索，之后再引入 TS（禁忌搜索）作为局部搜索算法以进一步提高算法的集中搜索能力。这个过程重复执行，直到满足终止条件。HEA 的整个流程如图 4-8 所示。

对于 HEA 中的每一次迭代，在自进化阶段，设计了 3 种针对基于序列编码向量解的算子，以获得邻域解中可能很有潜力进化为最优解的较优解。在此基础上，采用一种基于 TS 的局部搜索算法来对基于析取图编码方式的这些解进行精细搜索。在 HEA 的每次迭代的选择阶段，尽量将高质量的解保留到下一次迭代，以增加搜索较优区域的可能性。

值得注意的是，基于序列的解空间是基于析取图解空间的一个子集，后者才能表达 HFSP 的整个解空间。也就是说，任何一个基于序列的合法编码解都能转换为析取图的形式来执行 TS 算法局部搜索。然而，经 TS 算法局部搜索后获得的新析取图

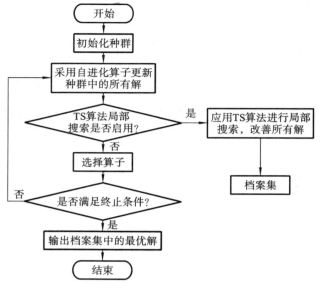

图 4-8 HEA 的流程

解则不一定能转换为基于序列的编码形式。因此，在 TS 算法局部搜索后，仅保留得到的优质新解，而不再将这些解加到种群中。当满足终止条件时，算法停止搜索，输出当前的最优解。

2. 编码和解码

1）基于序列的编码和解码

在 HEA 中，基于序列的编码包含一串表示工件顺序的整数数组，表示为 $\{j_1, j_2, \cdots, j_N\}$。如果所有工件的位置数字只出现一次，则该编码被认为是合法的。

HFSP 中的基于序列的编码方式，可以采用正向和反向两种解码方式。正向解码首先在第一个阶段对序列进行从前往后的解码，而反向解码则首先在最后一个阶段对序列进行从后向前的解码。所以，采用这种编解码方式，HFSP 的解空间大小为 $2 \times n!$。

采用一个 5×3 的 HFSP 实例来介绍基于序列的编码和解码方式。表 4-6 给定了这个实例的详细信息。在这个实例中，$\{3,5,2,4,1\}$ 是一个合法的基于序列的编码向量，可以基于正向和反向解码方式得到两种不同的调度方案。

表 4-6 一个 5×3 的 HFSP 实例

阶段	机器	加工时间				
		J_1	J_2	J_3	J_4	J_5
Z1	M_1、M_2、M_3	2	4	5	1	6
Z2	M_4、M_5	7	8	3	6	3
Z3	M_6、M_7、M_8	5	9	4	7	2

2）正向解码

在正向解码中，要求所有的工件都尽可能早地调度。编码向量确定了第一个阶段的工件调度顺序，对于其他阶段，则根据工件上一阶段的完工时间先后进行调度。机器分配规则采用最早可行机器（first available machine，FAM）规则[28]。正向解码的伪代码如下：

    Input：合法的序列编码向量 X

    Output：最大完工时间和调度甘特图

```
1  for h=1 to n do
2  │  i=EC_h(X)
3  │  O_{i,1} 是将要调度的工序
4  │  S_{O_{i,1}}=C_{MP_{O_{i,1}}}
5  │  C_{O_{i,1}}=S_{O_{i,1}}+p_{i,1}
6  └  List_C←C_{O_{i,1}}
7  for j=2 to z do
8  │  for h=1 to n do
9  │  │  在List_C中找出C_{O_{i,j-1}}最小的J_i
10 │  │  将C_{O_{i,j-1}}从List_C中移除
11 │  │  S_{O_{i,j}}=max{C_{JP_{O_{i,j}}},C_{MP_{O_{i,j}}}}
12 │  │  C_{O_{i,y}}=S_{O_{i,j}}+p_{i,j}
13 │  └  tempList_C←C_{O_{i,j}}
14 └  List_C←tempList_C
```

值得注意的是，这种方式可以获得所有工序的开工和完工时间，这样便自然地获得了该调度方案的最大完工时间和甘特图。在以上伪代码中，$EC_h(X)$ 表示编码向量中第 h 个元素，$List_C$ 表示所存储的前一个阶段各工件的完工时间。如果 $O_{i,j}$ 是某个机器上第一个分配的工序，因为它没有机器前道工序，所以 $C_{MP_{O_{i,j}}}$ 等于 0。

对于前文介绍的实例，对解{3,5,2,4,1}进行正向解码得到甘特图，如图 4-9 所示，最大完工时间为 26 个单元时间。

3）反向解码

与正向解码相反，在反向解码中，要求所有的工件都尽可能晚地被安排加工。定义工序 $O_{i,j}$ 的逆向释放时间为 $r_{O_{i,j}}$，$r_{O_{i,j}} = \max\{r_{JS_{O_{i,j}}} + p_{JS_{O_{i,j}}}, r_{MS_{O_{i,j}}} + p_{MS_{O_{i,j}}}\}$。如果工序 $O_{i,j}$ 上的工件后续工序 $JS_{O_{i,j}}$ 不存在，则 $r_{JS_{O_{i,j}}}$ 和 $p_{JS_{O_{i,j}}}$ 设为 0。机器后续工序也同样处理。编码向量确定了工件在最后一个阶段的顺序。对于其他阶段，所有的工件都根据逆向释放时间尽可能晚地进行调度。对于机器分配，与 FAM 规则相反，每个工序选择释放时间最晚的机器进行加工。反向解码的伪代码如下：

以上伪代码中，$List_r$ 表示所存储的后一个阶段各工件的逆向释放时间。在反向

Input：合法的基于序列编码向量 X
Output：最大完工时间和调度方案甘特图

1　**for** $h=n$ **to** 1 **do**
2　　　$i=\mathrm{EC}_h(X)$
3　　　$O_{i,z}$是将要调度的工序
4　　　$r_{O_{i,z}}=r_{\mathrm{MS}_{O_{i,z}}}+p_{\mathrm{MS}_{O_{i,z}}}$
5　　　$\mathrm{List}_r \leftarrow r_{O_{i,z}}$
6　**for** $j=z-1$ **to** 2 **do**
7　　　**for** $h=1$ **to** n **do**
8　　　　　在List_r中找出$r_{O_{i,j+1}}$最小的J_i
9　　　　　将$r_{O_{i,j+1}}$从List_r中移除
10　　　　$r_{O_{i,j}}=\max\{r_{\mathrm{JS}_{O_{i,j}}}+p_{\mathrm{JS}_{O_{i,j}}},r_{\mathrm{MS}_{O_{i,j}}}+p_{\mathrm{MS}_{O_{i,j}}}\}$
11　　　　$\mathrm{tempList}_r \leftarrow r_{O_{i,j}}$
12　　　$\mathrm{List}_r \leftarrow \mathrm{tempList}_r$
13　**for** $h=1$ **to** n **do**
14　　　在List_r中找出$r_{O_{i,2}}$最小的J_i
15　　　$r_{O_{i,1}}=\max\{r_{\mathrm{JS}_{O_{i,1}}}+p_{\mathrm{JS}_{O_{i,1}}},r_{\mathrm{MS}_{O_{i,1}}}+p_{\mathrm{MS}_{O_{i,1}}}\}$
16　　　$\mathrm{makespan}=\max\{\mathrm{makespan},r_{O_{i,j}}+p_{O_{i,j}}\}$

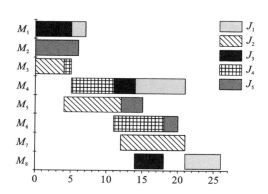

图 4-9　正向解码在 5×3 的 HFSP 实例上获得的甘特图

解码中，$r_{O_{i,j}}$ 和 $r_{O_{i,j}}+p_{O_{i,j}}$ 分别可以被看成工序 $O_{i,j}$ 的开工时间和完工时间。

　　对于实例中的编码向量 $\{3,5,2,4,1\}$，采用反向解码方式获得的甘特图如图4-10 所示，其最大完工时间为 25 个单元时间。值得注意的是，反向解码相对于正向解码 得到了更好的解。这种反向解码方式可以获得一些正向解码方式无法获得的解。因 此，很有必要在算法的进化过程中同时采用这两种解码方式，以尽可能地扩大搜索 空间。

3. 初始化

　　在所提算法中，采用随机生成的方式初始化种群的工件序列，以得到分散性较好 的初始种群。对于初始种群中的每一个解，设置一个标志变量来确定这个解是采用

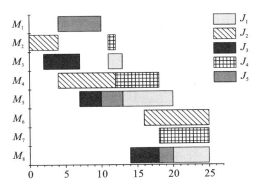

图 4-10　反向解码在 $5×3$ 的 HFSP 实例上获得的甘特图

正向解码方式还是采用反向解码方式,标识变量的值一旦确定就保持不变,直至算法终止。初始化中以 1∶1 的比例将种群中解的这个变量设置为 0 或者 1,然后采用相应的方式对种群进行解码。

4. 自进化

HEA 采用三种算子来进行自进化,这三种算子包括插入、交换和成对交换。这三种算子直接对编码序列进行操作。插入算子从当前序列向量中随机移除一个元素,并将它随机插入其他位置。交换算子随机交换两个相邻元素的位置。成对交换算子则交换两个不相邻元素的位置。采用这三种算子对解 X 进行操作之后,得到 3 个候选解 X_{insert}、X_{swap} 和 $X_{exchange}$,将其中目标值最优的候选解作为本次自进化操作的结果。对于每个自进化阶段,连续执行 repEvo 次自进化操作,最后得到的解将替换种群中的 X。

5. 选择

选择阶段的任务是选择一些高质量的解进行进化。本节将先后使用精英选择策略和锦标赛选择策略。精英选择策略将在种群中选择前 $P_r ×$ pop_size 个具有较优目标函数的解。而锦标赛选择策略则每次从种群中随机选择 t 个解,再从中选择最优个体进入下一代种群。本节先采用精英选择策略选择 $P_r ×$ pop_size 个个体,然后采用锦标赛的方式从 pop_size $- P_r ×$ pop_size 中随机选择 t 个解,并从中选择最优个体进入下一代。

6. 局部搜索

1) 局部搜索的流程

TS 算法是最有效的局部搜索算法之一。其主要思想是采用一个禁忌表存储解的属性以避免搜索重复解,从而可以跳出局部最优,扩大搜索空间。本节所采用的TS 算法的流程如图 4-11 所示。

简单来说,TS 算法连续从候选解中选择目标函数值最优且合法的非禁忌解,直到迭代次数达到最大容许迭代次数 maxIterTS。本节中 TS 算法的特赦准则是解的

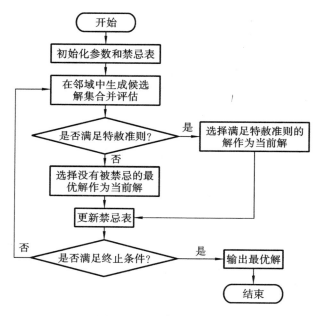

图 4-11　TS 算法的流程

目标函数值小于当前最优解的目标函数值。根据定义的邻域结构，邻域解通过移动一个工序到当前机器的另一个位置或者到当前阶段的另一个机器来生成[29]。为了减少存储空间，禁忌表存储解的属性而非解本身。这里禁忌表存储移动中涉及的工序和它们在机器上的位置。

很明显，基于序列的编码向量无法表示这样的移动。这里将采用基于析取图的表示方式。

2）HFSP 的析取图表示方法

HFSP 的一个调度方案可以由一个包含一个节点集和一个有向弧集的析取图表示，其中一个节点表示一个工序，一条弧表示相同工件的前、后两个工序的邻接关系，或者表示这两个工序先后被一台机器加工。引入虚拟节点 O_{begin} 和 O_{end}，它们分别表示整个调度方案的开始和结束。如果一个工序是一个工件或者一台机器上的首工序，它的工件前道工序或者机器前道工序为虚拟节点 O_{begin}；如果一个工序是一个工件或者一台机器上的尾工序，它的工件后继工序和机器后继工序为虚拟节点 O_{end}。图 4-12 展示了上述 5×3 的 HFSP 实例采用前文所述反向解码调度方案的析取图，其中，实线直线连接弧表示工件中工序的先后关系，虚线转折连接弧表示连接的两个工序是在同一台机器上加工且紧邻。

在析取图中，两个工序 $O_{i,j}$ 和 $O_{g,h}$ 之间的时间长度表示为 $L(O_{i,j},O_{g,h})$，所以一个调度方案的最大完工时间可表示为 $L(O_{begin},O_{end})$。为了更清楚地解释这个邻域结构，虚拟头节点 O_{begin} 到工序 $O_{i,j}$ 的长度被定义为头长度，用 $R_{O_{i,j}}$ 表示；工序 $O_{i,j}$ 到虚

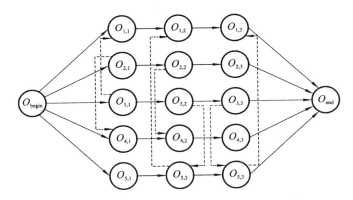

图 4-12　5×3 的 HFSP 实例的一个析取图示例

拟尾节点 O_{end} 的长度被定义为尾长度，用 $Q_{O_{i,j}}$ 表示。$R_{O_{i,j}}$ 和 $Q_{O_{i,j}}$ 可通过下式迭代计算出来：

$$R_{O_{begin}} = Q_{O_{end}} = 0 \tag{4-13}$$

$$R_{O_{i,j}} = \max\{R_{JP_{O_{i,j}}} + p_{JP_{O_{i,j}}}, R_{MP_{O_{i,j}}} + p_{MP_{O_{i,j}}}\} \tag{4-14}$$

$$Q_{O_{i,j}} = \max\{Q_{JS_{O_{i,j}}} + p_{JS_{O_{i,j}}}, Q_{MS_{O_{i,j}}} + p_{MS_{O_{i,j}}}\} \tag{4-15}$$

3）邻域结构

关键路径是在析取图中从虚拟头节点 O_{begin} 到虚拟尾节点 O_{end} 之间的最长路径，关键路径上的工序被定义为关键工序。如果 $R_{O_{i,j}} + p_{O_{i,j}} + Q_{O_{i,j}} = L(O_{begin}, O_{end})$，则 $O_{i,j}$ 是关键工序。在局部搜索中，关键路径的概念非常重要，因为如果一次移动不改变关键路径，则一定不能减小最大完工时间。因此，有必要在局部搜索中针对关键工序进行搜索。本节采用两种有效的邻域结构——N7[30] 和 k 插入[31] 来生成 TS 算法中的候选解。

但 N7 和 k 插入最初分别用来求解作业车间调度问题和柔性作业车间调度问题，其中所有的解均采用正向解码方式。然而，由于 HFSP 的特殊性，直接将 N7 和 k 插入用于反向解码可能会产生不可行解，因此这里将对这两种用于 HFSP 的反向解码的邻域结构进行了一定的改进。

（1）N7 用于反向解码

根据文献[30]中的证明，如果一个析取图中包含环形路径，则它无法转换为一个可行调度方案。因此，N7 在工序的头长度或者尾长度上设置了一些约束，如果违反约束就需要重新分配，以保证可行性。然而，在正向解码策略中，一个工序的可加工时间区间由它的头长度决定，而在反向解码策略中则由尾长度决定。因此，有必要对 N7 进行适应性改进以避免产生非法解。

对于一个无循环析取图 D，假定 $\{U, \cdots, V\}$ 是一个关键块中先后相邻的关键工序，本节中改进的 N7 邻域结构可以由定理 1 和定理 2 表示。

定理 1：如果 $Q_V + p_V \geqslant Q_{\mathrm{JS}_U} + p_{\mathrm{JS}_U}$，将工序 U 恰好移动到工序 V 的后面，将产生一个可行解。

证明：采用反证法。假定将工件 U 正好移动到工件 V 后面产生一个环 C。这种情况下，环 C 包含弧（$U \to \mathrm{JS}_U$）或者弧（$U \to \mathrm{MS}_V$）。如果弧（$U \to \mathrm{JS}_U$）$\in C$，则从 V 到 JS_U 存在一条路径包含环（$V \to U \to \mathrm{JS}_U \to V$）。这条环的存在将导致 $Q_V + p_V < Q_{\mathrm{JS}_U} + p_{\mathrm{JS}_U}$，这将与定理 1 冲突。如果弧（$U \to \mathrm{MS}_V$）$\in C$，则从 V 到 MS_V 存在一条路径包含环（$V \to U \to \mathrm{MS}_V \to V$），其中弧（$\mathrm{MS}_V \to V$）与 D 是一个无环图冲突。

定理 2：如果 $R_U \geqslant R_{\mathrm{JP}_V}$，将工序 V 正好移动到工序 U 后面将产生一个可行解。

证明：与证明定理 1 类似，采用反证法。将工序 V 正好移动到工序 U 后面将产生一个环 C。这种情况下，环 C 包含弧（$\mathrm{JP}_V \to V$）或者弧（$\mathrm{MP}_U \to V$）。如果弧（$\mathrm{JP}_V \to V$）$\in C$，则从 JP_V 到 U 存在一条路径包含环（$\mathrm{JP}_V \to V \to U \to \mathrm{JP}_V$）。这条环的存在将导致 $R_U < R_{\mathrm{JP}_V}$，这将与定理 2 冲突。如果弧（$\mathrm{MP}_U \to V$）$\in C$，则从 MP_U 到 U 存在一条路径包含环（$\mathrm{MP}_U \to V \to \mathrm{MS}_V \to V$），其中弧（$U \to \mathrm{MP}_U$）与 D 是一个无环图冲突。

由以上两条定理可知，在正向解码和反向解码中移动关键块上关键工序的可行性得到了保证。如果一个解通过反向解码得到了改善，则 TS 算法将根据定理 1 和定理 2 移动所有的关键工序；否则，将采用文献[30]中的方法生成候选解。

（2）k 插入用于反向解码

k 插入最初被用于优化柔性作业车间调度问题（flexible jobshop scheduling problem，FJSP）中的机器分配[31]。k 插入是指从当前机器上移除一个关键工序，并将其插入其他的可行机器。为了找到可行的插入位置，在 k 插入邻域结构里面定义了两个工序集合 L_{O_k} 和 R_{O_k} 来对机器 M_k 上的加工工序进行划分。L_{O_k} 和 R_{O_k} 的定义见式（4-16）和式（4-17），其中，O^k 表示分配到 M_k 的所有工序，O_ω 表示需要被插入的工序。

$$L_{O_k} = \{ O_{i,j} \in O^k \mid Q_{O_{i,j}} + p_{O_{i,j}} > Q_{O_\omega} + p_{O_\omega} \} \tag{4-16}$$

$$R_{O_k} = \{ O_{i,j} \in O^k \mid R_{O_{i,j}} + p_{O_{i,j}} > R_{O_\omega} + p_{O_\omega} \} \tag{4-17}$$

由于不存在从 O_ω 到 $O_{i,j} \in L_{O_k}$ 的路径，也不存在从 $O_{i,j} \in R_{O_k}$ 到 O_ω 的路径，当得到 L_{O_k} 和 R_{O_k} 之后，可以通过以下方法得到 O_ω 的可行插入位置。

方法 1：如果 $L_{O_k} \bigcap R_{O_k} \neq \varnothing$，令 I_{O_k} 为 L_{O_k} 和 R_{O_k} 的交集，即 $I_{O_k} = L_{O_k} \bigcap R_{O_k}$。将 O_ω 插入 I_{O_k} 中任何一个工序的前面或者是后面都将得到一个可行解。

方法 2：如果 $L_{O_k} \bigcap R_{O_k} = \varnothing$，将 O_ω 插入 L_{O_k} 中任何工序的后面或者 R_{O_k} 中任何工序的前面都将得到一个可行解。

与 N7 邻域结构不同，k 插入邻域结构同时对 $O_{i,j}$ 的头长度和尾长度进行了限制。因此，在将 O_ω 插入 M_k 之后，从 O_ω 到 MS_{O_ω} 以及从 MP_{O_ω} 到 O_ω 不能保证有可行路径。对于一个通过反向解码得到的析取图，关键工序 O_ω 的机器前道工序和机器后继工序的可行性限制也可以通过定义 L_{O_k} 和 R_{O_k} 来满足。然而，相对于正向解码，反向解码获得的析取图中所有弧都是逆向的,所以 L_{O_k} 和 R_{O_k} 的可行性条件需要交换。因此,不存在从 $O_{i,j} \in L_{O_k}$ 中任意工序到 O_ω 的路径,也不存在从 O_ω 到 $O_{i,j} \in R_{O_k}$ 中任意工序的路径。然后, O_ω 的可行插入位置可以通过上述的方法 1 和方法 2 得到。虽然 L_{O_k} 和 R_{O_k} 的定义与正向解码中不同,但 k 插入可以直接应用于通过反向解码得到的析取图。

上述定理和方法,包括文献[30]和文献[31]中的定理和方法,都是重新分配关键工序的必要条件,根据这些定理和方法可以避免大量的无效移动。在本节的 TS 算法中,将根据这些定理移动所有的关键工序来生成邻域解。

4.2.3　实例验证与结果分析

1. 参数设置

本节采用实验设计(design of experiment,DOE)的方式来确定 HEA 的一些关键参数。因为 TS 算法的参数设置与所求的问题规模相关[30],在 DOE 中不启用 TS 算法。TS 算法中的禁忌表长度 lenTS 和最大迭代次数 maxIterTS 分别设定为 n 和 $100n$。

根据初步实验,发现种群数量 pop_size、自进化迭代次数 evoRep、锦标赛选择个体数 tSize、最大容许连续无改进迭代次数 noImprove 这 4 个参数对算法的精度和效率影响较大,因此,这里对这些参数进行实验设计。4 个参数的参数水平分别设置如下: pop_size $\in \{20,30,40,50,60\}$,evoRep $\in \{5,10,15,20\}$,tSize $\in \{2,3,4,5,6\}$,noImprove $\in \{5,10,15,20\}$。采用全因子实验设计来确定最优参数组合,也就是一共对不采用 TS 算法的 HEA 的 $5 \times 4 \times 5 \times 4 = 400$ 种参数组合进行测试。测试实例根据文献[32]生成,其中 $n \in \{10,15,20,25,30,35,40,80,120,160,200,240\}$,$z \in \{5,10,15,20\}$,加工时间服从均匀分布 $U[1,99]$,共随机生成了 48 个不同规模的测试实例。

采用 C# 语言对所提的 HEA 进行编程,配置为 Intel(R)Core E3-1231 CPU 3.4 GHz 和 8.0 GB RAM 的计算机。对于每个实例,测试 400 组参数配置,每次运行时间限制为 $100mn$(单位:ms)。采用式(4-18)所示的相对百分误差(relative percent deviation,RPD)来评估不同参数配置的效果:

$$\mathrm{RPD}_i = \frac{f_i - f_{\mathrm{best}}}{f_{\mathrm{best}}} \times 100\% \tag{4-18}$$

式中: f_i 表示第 i 组参数配置的目标函数值; f_{best} 表示在所有参数配置上获得的最优值。这些参数的主效应图如图 4-13 所示。

从图 4-13 可见,pop_size $=50$,tSize $=2$,noImprove $=5$ 明显优于其他参数配置,而自进化迭代次数在 4 种参数水平下没有明显差异。在这种情况下,将 evoRep 设为 15,因为此时的平均 RPD 值 ARPD 最小。因此,所提的 HEA 的参数设置如表4-7所示。

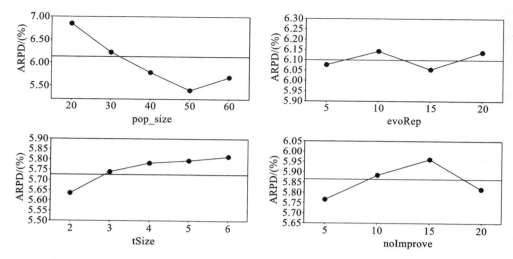

图 4-13　HEA 中 4 个关键参数的主效应图

注:ARPD 表示平均 RPD 值。

表 4-7　HEA 的参数设置

参数	值
种群大小 pop_size	50
自进化迭代次数 evoRep	15
锦标赛选择个体数 tSize	2
最大容许连续无改进迭代次数 noImprove	5
复制概率 P_r	0.04
TS 算法最大迭代次数 maxIterTS	$100n$
禁忌表长度 lenTS	n

2. Jose 标准测试实例集实验

Jose 测试集共有 480 个实例,来自文献[32],其中 $n \in \{10, 15, 20, 25, 30, 35, 40, 80, 120, 160, 200, 240\}$,$z \in \{5, 10, 15, 20\}$。实例以问题的规模命名,例如第一个实例 "10_5_1" 表示有 10 个工件 5 个阶段(即 5 个工序)。文献[32]也给出了这 480 个问题的当前最优解,也就是问题的上界(upper bound,UB)。问题的上界通过一种改进的迭代贪心(iterated greedy,IG)算法[33]而求得,并采用了相当长的计算时间,因此,该上界值的质量较高,目前文献中未见其他算法能获得更优的解。

HEA 在所有标准测试实例上都采用相同参数配置进行测试。每个实例运行 10 次,终止条件是运行时间为 $2nz$(单位:s),TS 程序在 nz(单位:s)时被激活。表 4-8 是对该测试集的详细测试结果,其中 "*" 表示所提的 HEA 在对应问题上获得了新的世界纪录,同时采用了一个符号表示该纪录是由何种方式获得的:"T" 表示由 TS 算法获得,"F" 和 "B" 分别表示由正向解码和反向解码方式获得。这将有利于验证

HEA 中 TS 算法和两种解码方式在问题求解过程中的有效性。

从表 4-8 可见,所提 HEA 能改善 283 个实例的上界值,并能获得剩余 197 个实例的上界值。在 480 个实例的最优解中,有 246 个最优解最后是由 TS 算法获得的,正向解码和反向解码方式分别获得了 104 个和 130 个最优解。可见,所提算法能有效求解这个 HFSP 标准测试实例集,并且引入的基于析取图的 TS 算法能扩大解空间,有利于获得更优的解。为了进一步验证 TS 算法的效果,图 4-14 展示了 HEA 在有无 TS 两种情况的收敛曲线。TS 算法、正向解码方式和反向解码方式在不同工件数和不同阶段数下获得的最优解的个数如图 4-15 所示。

表 4-8　在 Jose 标准测试集上的结果

实例名	UB[32]	HEA	获得方式	实例名	UB[32]	HEA	获得方式	实例名	UB[32]	HEA	获得方式
10_5_1	410	408 *	T	30_5_1	649	649	F	120_5_1	2818	2818	F
10_5_2	394	384 *	T	30_5_2	789	789	B	120_5_2	3051	3051	B
10_5_3	453	453	B	30_5_3	793	791 *	T	120_5_3	2932	2932	F
10_5_4	452	452	T	30_5_4	680	680	T	120_5_4	3195	3195	F
10_5_5	389	389	F	30_5_5	698	698	T	120_5_5	2889	2889	F
10_5_6	360	357 *	B	30_5_6	661	660 *	F	120_5_6	2874	2874	F
10_5_7	443	437 *	T	30_5_7	575	572 *	T	120_5_7	2754	2754	F
10_5_8	436	433 *	T	30_5_8	805	805	B	120_5_8	3136	3136	B
10_5_9	409	406 *	F	30_5_9	821	821	T	120_5_9	3066	3066	B
10_5_10	373	373	F	30_5_10	762	762	F	120_5_10	2793	2793	B
10_10_4	922	914 *	T	30_10_4	1095	1093 *	F	120_10_4	3196	3196	B
10_10_5	969	957 *	B	30_10_5	944	944	B	120_10_5	3236	3236	F
10_10_6	1001	1001	F	30_10_6	972	967 *	T	120_10_6	3131	3131	B
10_10_7	947	938 *	T	30_10_7	977	977	F	120_10_7	3131	3131	F
10_10_8	545	543 *	T	30_10_8	1010	1003 *	B	120_10_8	3092	3092	B
10_10_9	516	510 *	T	30_10_9	909	901 *	B	120_10_9	3431	3431	F
10_10_10	684	684	T	30_10_10	1098	1097 *	F	120_10_10	3004	2991 *	T
10_15_1	959	959	B	30_15_1	1205	1201 *	T	120_15_1	3290	3286 *	T
10_15_2	1290	1290	T	30_15_2	1271	1270 *	T	120_15_2	3314	3281 *	T
10_15_3	1091	1091	F	30_15_3	1209	1209	F	120_15_3	2696	2687 *	T
10_15_4	875	866 *	T	30_15_4	1530	1527 *	F	120_15_4	2776	2763 *	T
10_15_5	883	882 *	T	30_15_5	1138	1138	T	120_15_5	3299	3285 *	T
10_15_6	843	836 *	B	30_15_6	1436	1433 *	T	120_15_6	3275	3257 *	T

实例名	UB[32]	HEA	获得方式	实例名	UB[32]	HEA	获得方式	实例名	UB[32]	HEA	获得方式
10_15_7	912	901 *	T	30_15_7	1455	1452 *	T	120_15_7	3326	3308 *	B
10_15_8	770	765 *	B	30_15_8	1438	1422 *	T	120_15_8	3265	3239 *	T
10_15_9	764	755 *	T	30_15_9	2019	2019	F	120_15_9	3264	3245 *	T
10_15_10	866	847 *	T	30_15_10	1258	1258	F	120_15_10	3299	3292 *	T
10_20_1	1353	1347 *	T	30_20_1	1488	1482 *	T	120_20_1	3640	3637 *	B
10_20_2	1156	1155 *	F	30_20_2	1598	1597 *	F	120_20_2	3599	3572 *	T
10_20_3	1503	1498 *	T	30_20_3	1572	1565 *	B	120_20_3	3620	3612 *	T
10_20_4	1483	1452 *	T	30_20_4	1544	1543 *	T	120_20_4	3664	3654 *	T
10_20_5	1505	1482 *	T	30_20_5	1626	1626	T	120_20_5	3652	3646 *	T
10_20_6	1309	1302 *	T	30_20_6	1499	1498 *	T	120_20_6	3073	3028 *	T
10_20_7	1420	1410 *	T	30_20_7	1531	1525 *	T	120_20_7	3036	3030 *	T
10_20_8	1522	1517 *	T	30_20_8	1823	1822 *	F	120_20_8	3707	3684 *	T
10_20_9	902	887 *	T	30_20_9	2362	2359 *	T	120_20_9	3693	3681 *	T
10_20_10	1099	1088 *	T	30_20_10	2391	2391	B	120_20_10	3751	3744 *	T
15_5_1	486	483 *	T	35_5_1	1080	1080	F	160_5_1	4141	4141	F
15_5_2	423	423	F	35_5_2	1074	1074	B	160_5_2	3941	3941	F
15_5_3	504	503 *	B	35_5_3	888	888	B	160_5_3	4365	4365	F
15_5_4	440	439 *	T	35_5_4	863	863	T	160_5_4	3938	3938	B
15_5_5	420	417 *	T	35_5_5	887	887	B	160_5_5	4071	4071	F
15_5_6	414	413 *	T	35_5_6	895	893 *	B	160_5_6	4011	4011	F
15_5_7	484	484	T	35_5_7	669	668 *	B	160_5_7	4391	4391	F
15_5_8	525	524 *	T	35_5_8	716	716	B	160_5_8	4554	4554	F
15_5_9	557	554 *	T	35_5_9	845	844 *	T	160_5_9	4008	4008	F
15_5_10	443	443	T	35_5_10	948	947 *	B	160_5_10	4097	4097	B
15_10_1	757	752 *	T	35_10_1	1085	1085	B	160_10_1	4270	4270	B
15_10_2	704	694 *	T	35_10_2	1247	1247	B	160_10_2	3899	3899	B
15_10_3	853	853	B	35_10_3	1061	1061	F	160_10_3	4583	4583	F
15_10_4	886	883 *	T	35_10_4	1092	1092	B	160_10_4	4155	4155	F
15_10_5	1087	1084 *	B	35_10_5	1268	1266 *	T	160_10_5	4177	4177	B
15_10_6	1042	1042	T	35_10_6	1165	1161 *	F	160_10_6	4323	4323	F

实例名	UB[32]	HEA	获得方式	实例名	UB[32]	HEA	获得方式	实例名	UB[32]	HEA	获得方式
15_10_7	1020	1020	B	35_10_7	1015	1015	B	160_10_7	4429	4429	F
15_10_8	1011	1011	F	35_10_8	991	987 *	T	160_10_8	4299	4299	F
15_10_9	659	651 *	T	35_10_9	1143	1143	T	160_10_9	4616	4616	B
15_10_10	736	734 *	T	35_10_10	2115	2105 *	B	160_10_10	4279	4279	B
15_15_1	1029	1027 *	T	35_15_1	1372	1371 *	T	160_15_1	4172	4157 *	T
15_15_2	1059	1056 *	T	35_15_2	1352	1350 *	T	160_15_2	4114	4092 *	T
15_15_3	1151	1144 *	T	35_15_3	1599	1599	B	160_15_3	4085	4074 *	T
15_15_4	1173	1167 *	T	35_15_4	1539	1535 *	T	160_15_4	4207	4198 *	T
15_15_5	1190	1184 *	T	35_15_5	1247	1246 *	F	160_15_5	3480	3467 *	T
15_15_6	1168	1163 *	T	35_15_6	1337	1333 *	B	160_15_6	3420	3398 *	T
15_15_7	1570	1553 *	T	35_15_7	1532	1529 *	T	160_15_7	4201	4190 *	T
15_15_8	943	942 *	B	35_15_8	1494	1493 *	F	160_15_8	4125	4088 *	T
15_15_9	909	898 *	T	35_15_9	2236	2236	B	160_15_9	4144	4131 *	T
15_15_10	876	876	F	35_15_10	1312	1307 *	T	160_15_10	4126	4110 *	T
15_20_1	1264	1260 *	T	35_20_1	1569	1569	F	160_20_1	4538	4499 *	T
15_20_2	1564	1564	B	35_20_2	1701	1699 *	T	160_20_2	3727	3716 *	T
15_20_3	1213	1206 *	T	35_20_3	1572	1572	F	160_20_3	3901	3891 *	T
15_20_4	1557	1557	B	35_20_4	1912	1909 *	T	160_20_4	3733	3711 *	T
15_20_5	1558	1553 *	B	35_20_5	1856	1854 *	T	160_20_5	3787	3770 *	T
15_20_6	1692	1675 *	T	35_20_6	1415	1406 *	T	160_20_6	3744	3721 *	T
15_20_7	1731	1693 *	T	35_20_7	1592	1591 *	B	160_20_7	3778	3778	T
15_20_8	1712	1699 *	T	35_20_8	1938	1928 *	B	160_20_8	4583	4573 *	T
15_20_9	1003	990 *	T	35_20_9	1981	1977 *	T	160_20_9	4542	4497 *	T
15_20_10	1098	1092 *	T	35_20_10	1834	1833 *	T	160_20_10	4249	4224 *	T
20_5_1	660	660	F	40_5_1	976	976	F	200_5_1	5020	5020	F
20_5_2	587	584 *	B	40_5_2	978	978	B	200_5_2	5010	5010	F
20_5_3	559	558 *	T	40_5_3	876	876	F	200_5_3	4868	4868	B
20_5_4	552	551 *	B	40_5_4	855	854 *	B	200_5_4	5146	5146	B
20_5_5	526	526	F	40_5_5	765	765	F	200_5_5	4996	4996	B
20_5_6	513	511 *	T	40_5_6	890	888 *	B	200_5_6	5049	5049	B

实例名	UB[32]	HEA	获得方式	实例名	UB[32]	HEA	获得方式	实例名	UB[32]	HEA	获得方式
20_5_7	678	677 *	F	40_5_7	781	781	F	200_5_7	4998	4998	B
20_5_8	517	516 *	T	40_5_8	1012	1007 *	F	200_5_8	5159	5159	B
20_5_9	681	679 *	T	40_5_9	940	938 *	F	200_5_9	5334	5334	F
20_5_10	525	525	F	40_5_10	1017	1015 *	B	200_5_10	5214	5214	B
20_10_1	797	796 *	T	40_10_1	1292	1292	F	200_10_1	5534	5534	B
20_10_2	844	844	T	40_10_2	1297	1297	B	200_10_2	4943	4943	F
20_10_3	858	851 *	T	40_10_3	1184	1184	F	200_10_3	5095	5095	B
20_10_4	1015	1015	T	40_10_4	1285	1275 *	T	200_10_4	5229	5229	B
20_10_5	973	973	T	40_10_5	1316	1316	B	200_10_5	5471	5471	B
20_10_6	796	794 *	T	40_10_6	1288	1288	B	200_10_6	5169	5169	B
20_10_7	771	770 *	B	40_10_7	1143	1137 *	T	200_10_7	5171	5171	B
20_10_8	950	949 *	T	40_10_8	1126	1119 *	T	200_10_8	5255	5255	B
20_10_9	953	948 *	T	40_10_9	1289	1285 *	T	200_10_9	4891	4889 *	F
20_10_10	866	866	T	40_10_10	1358	1350 *	T	200_10_10	4878	4878	B
20_15_1	1067	1064 *	T	40_15_1	1489	1486 *	T	200_15_1	5176	5175 *	F
20_15_2	1333	1327 *	T	40_15_2	1588	1579 *	T	200_15_2	5253	5253	F
20_15_3	1295	1293 *	T	40_15_3	1638	1634 *	T	200_15_3	5239	5239	B
20_15_4	1031	1031	T	40_15_4	1388	1387 *	F	200_15_4	5239	5236 *	B
20_15_5	1015	1013 *	T	40_15_5	1335	1329 *	T	200_15_5	5180	5178 *	F
20_15_6	1277	1277	T	40_15_6	1247	1241 *	T	200_15_6	5592	5592	B
20_15_7	1274	1270 *	T	40_15_7	1295	1293 *	T	200_15_7	5012	5012	B
20_15_8	1261	1261	T	40_15_8	1403	1393 *	T	200_15_8	5447	5439 *	F
20_15_9	1748	1732 *	T	40_15_9	1726	1712 *	F	200_15_9	5226	5226	T
20_15_10	967	961 *	T	40_15_10	1639	1634 *	T	200_15_10	4962	4949 *	T
20_20_1	1332	1326 *	T	40_20_1	1951	1943 *	T	200_20_1	5601	5601	F
20_20_2	1325	1325	F	40_20_2	1929	1927 *	B	200_20_2	5432	5409 *	T
20_20_3	1324	1315 *	T	40_20_3	1593	1589 *	T	200_20_3	5338	5313 *	T
20_20_4	1580	1577 *	T	40_20_4	1616	1611 *	T	200_20_4	4419	4401 *	T
20_20_5	1320	1317 *	T	40_20_5	1644	1639 *	F	200_20_5	4459	4439 *	T
20_20_6	1284	1280 *	T	40_20_6	1988	1977 *	T	200_20_6	4492	4481 *	T

实例名	UB[32]	HEA	获得方式	实例名	UB[32]	HEA	获得方式	实例名	UB[32]	HEA	获得方式
20_20_7	1632	1627 *	T	40_20_7	2763	2754 *	T	200_20_7	4317	4304 *	T
20_20_8	1847	1832 *	T	40_20_8	1705	1686 *	T	200_20_8	4457	4435 *	T
20_20_9	1302	1289 *	T	40_20_9	1750	1730 *	T	200_20_9	5392	5356 *	T
20_20_10	1202	1202	T	40_20_10	1574	1551 *	T	200_20_10	5404	5372 *	T
25_5_1	774	774	B	80_5_1	1974	1974	B	240_5_1	6346	6346	F
25_5_2	696	696	B	80_5_2	2098	2098	B	240_5_2	5964	5964	B
25_5_3	707	706 *	T	80_5_3	2071	2071	B	240_5_3	6078	6078	B
25_5_4	790	789 *	T	80_5_4	1898	1898	B	240_5_4	6127	6127	F
25_5_5	603	603	F	80_5_5	2164	2164	B	240_5_5	6319	6319	F
25_5_6	704	700 *	T	80_5_6	2103	2103	F	240_5_6	5845	5845	F
25_5_7	692	691 *	T	80_5_7	2002.	2002	B	240_5_7	5930	5930	B
25_5_8	694	693 *	F	80_5_8	2058	2058	B	240_5_8	6217	6217	B
25_5_9	668	668	B	80_5_9	2130	2130	B	240_5_9	5735	5735	B
25_5_10	646	646	B	80_5_10	1873	1873	F	240_5_10	6406	6406	F
25_10_1	862	860 *	B	80_10_1	2169	2161 *	T	240_10_1	6234	6234	F
25_10_2	974	974	F	80_10_2	2061	2050 *	T	240_10_2	6096	6096	B
25_10_3	911	911	F	80_10_3	1803	1798 *	B	240_10_3	6492	6490 *	F
25_10_4	994	994	F	80_10_4	1669	1657 *	T	240_10_4	6140	6140	F
25_10_5	942	940 *	B	80_10_5	1675	1663 *	T	240_10_5	6184	6184	B
25_10_6	995	995	T	80_10_6	1830	1825 *	B	240_10_6	5894	5894	F
25_10_7	879	878 *	B	80_10_7	1783	1775 *	B	240_10_7	6038	6038	F
25_10_8	836	835 *	T	80_10_8	1738	1737 *	T	240_10_8	5935	5935	B
25_10_9	1061	1060 *	T	80_10_9	1666	1649 *	B	240_10_9	6383	6383	B
25_10_10	919	918 *	T	80_10_10	2165	2159 *	T	240_10_10	12744	12744	F
25_15_1	1205	1204 *	T	80_15_1	2333	2333	B	240_15_1	6506	6506	F
25_15_2	1143	1141 *	B	80_15_2	2328	2328	B	240_15_2	6425	6425	F
25_15_3	1222	1221 *	T	80_15_3	2482	2468 *	T	240_15_3	6029	6029	B
25_15_4	1354	1353 *	T	80_15_4	2574	2566 *	T	240_15_4	6632	6632	B
25_15_5	1350	1349 *	F	80_15_5	2102	2088 *	T	240_15_5	6414	6414	F
25_15_6	1153	1153	T	80_15_6	2037	2029 *	B	240_15_6	6091	6091	B

续表

实例名	UB[32]	HEA	获得方式	实例名	UB[32]	HEA	获得方式	实例名	UB[32]	HEA	获得方式
25_15_7	1059	1059	T	80_15_7	2500	2471 *	T	240_15_7	6145	6145	B
25_15_8	1110	1110	T	80_15_8	2495	2489 *	T	240_15_8	6069	6068 *	B
25_15_9	1148	1146 *	T	80_15_9	2250	2241 *	B	240_15_9	6305	6305	B
25_15_10	1165	1164 *	T	80_15_10	2327	2319 *	T	240_15_10	6382	6382	B
25_20_1	1449	1449	F	80_20_1	2403	2393 *	T	240_20_1	6185	6151 *	T
25_20_2	1353	1349 *	T	80_20_2	2454	2452 *	T	240_20_2	5197	5160 *	T
25_20_3	1430	1430	T	80_20_3	2790	2789 *	F	240_20_3	5087	5083 *	B
25_20_4	1410	1407 *	T	80_20_4	2866	2853 *	T	240_20_4	6198	6183 *	T
25_20_5	1407	1407	F	80_20_5	2378	2358 *	T	240_20_5	6183	6162 *	T
25_20_6	1371	1367 *	T	80_20_6	2396	2371 *	T	240_20_6	6225	6195 *	T
25_20_7	1680	1678 *	T	80_20_7	2441	2417 *	T	240_20_7	6334	6296 *	T
25_20_8	1310	1308 *	T	80_20_8	2405	2388 *	T	240_20_8	6166	6158 *	T
25_20_9	1338	1338	B	80_20_9	2426	2397 *	T	240_20_9	6202	6190 *	T
25_20_10	1228	1226 *	T	80_20_10	2548	2526 *	T	240_20_10	6138	6100 *	T

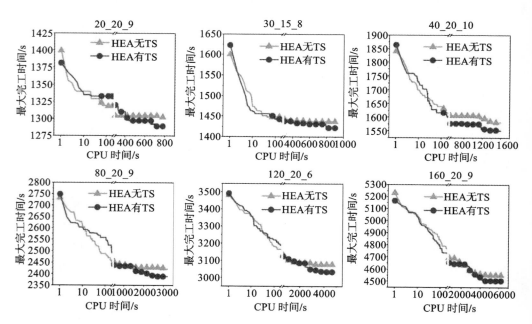

图 4-14　HEA 在 6 个测试实例上的收敛曲线

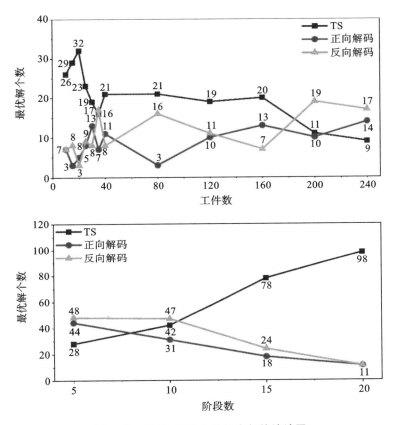

图 4-15　HEA 获得最优解个数的统计图

从图 4-14 中的收敛曲线可见,所提的 HEA 在早期收敛很快,后面会陷入局部最优,长期都得不到有效的改善。但引入 TS 算法之后,因为搜索空间通过析取图被扩大了,很明显问题的解能获得进一步的优化。从图 4-15 可见,所提的 HEA 在工件数较少的问题上的表现更好。采用基于序列的编码方式时搜索空间大小是 $2 \times n!$,这意味着当 n 比较小的时候,搜索空间的规模也很小。当实例的阶段数增加的时候,TS 算法的优势会变得越来越明显,这是因为基于序列的编码和两种启发式解码方式在阶段数较少时往往能直接获得最优解;而当阶段数变多的时候,情况变得复杂,正向解码和反向解码获得的解不一定是最优解,这时候采用基于析取图的编码方式执行邻域搜索则更有可能获得最优解。测试结果进一步说明了在算法中加入 TS 算法的必要性。

3. Liao 标准测试实例集实验

Liao 标准测试实例集有 10 个例子[34],所有的例子都包含 40 个工件 5 个阶段。这里将 HEA 与以往文献中在这个测试集上表现非常突出一些经典的算法进行对比,包括离散人工蜂群(discrete artificial bee colony,DABC)算法[35]、改进的离散人工蜂群(improved DABC,IDABC)算法[36]、改进迭代贪心(a variant of iterated greedy,用 IGT 表示)算法[37]。测试结果如表 4-9 所示,同时给出了置信度水平为 0.05 的 t 检验的结果。

从表 4-9 可见,在应用 HEA 之前,IGT 算法是在该测试实例集上表现最好的算法,它给出了所有实例的当前最优解。然而,所提的 HEA 给出了 2 个实例的新上界值,且其他实例的结果也和 IGT 算法一致。另外,t 检验的结果也表明所提的 HEA 分别在 7 个和 4 个问题上的表现显著优于 DABC 算法和 IDABC 算法。

表 4-9　Liao 标准测试实例集上的结果

实例名	DABC①[35]			IDABC②[36]			IGT③[37]		HEA			显著性水平 ($p \leqslant 0.05$)	
	最优值	平均值	标准差	最优值	平均值	标准差	最优值	ARPD	最优值	平均值	标准差	HEA-DABC	HEA-IDABC
j30c5e1	464	466.35	1.42	463	465.2	1.5	462	0.26	462	463.80	1.08	是	是
j30c5e2	616	616.00	0.00	616	616.0	0.0	616	0.00	616	616.00	0.00	否	否
j30c5e3	596	598.45	1.10	593	596.4	1.7	593	0.25	593	594.40	1.28	是	是
j30c5e4	566	567.45	1.47	565	566.2	1.2	563	0.36	563	564.50	0.92	是	是
j30c5e5	603	604.65	0.67	600	602.0	1.6	600	0.27	600	601.60	1.28	是	否
j30c5e6	603	606.75	1.74	601	603.1	1.5	600	0.11	**599** *	601.40	1.80	是	是
j30c5e7	626	626.35	0.75	626	626.0	0.0	626	0.00	626	626.00	0.00	是	否
j30c5e8	674	675.25	1.59	674	674.7	0.9	674	0.00	674	674.00	0.00	是	是
j30c5e9	643	645.50	1.05	642	643.7	1.0	642	0.08	642	642.70	0.90	是	是
j30c5e10	575	578.95	1.99	573	576.3	1.5	573	0.49	**571** *	573.00	1.55	是	是
均值	596.6	599.78	1.18	595	596.9	1.1	594.9	0.18	594.6	595.74	0.88		
#better	7			4			2		—				
#even	3			6			8		—				
#worse	0			0			0		—				

注:①采用 C++语言编码,计算机环境为 Pentium(R)4 CPU 3.0 GHz,1.0 GB RAM,Windows XP;
②采用 C++语言编码,计算机环境为 Intel Pentium 3.06 GHz CPU,2 GB RAM,Windows 7;
③采用 C++语言编码,计算机环境为 Core i5 3.20 GHz CPU,8 GB RAM。

图 4-16 给出了 HEA 在实例"j30c5e6"上所求的新上界的甘特图。很明显,这个甘特图是正向主动调度,因为所有的工序都尽可能早地被加工。然而,这个解无法通过常规的基于序列的编码方式进行正向解码而得到。这是因为工序 $O_{1,1}$ 在第 1 个阶段中有最早的完工时间,如果按照正向解码中先到先服务(first come first serve,

FCFS)的规则,工序 $O_{1,2}$ 是在第 2 个阶段最先被加工的工序。然而,在这个甘特图中,工序 $O_{1,2}$ 并不是第 2 个阶段中第一时间被加工的工序。因此,可以得出结论,这个解是根据基于析取图的 TS 算法所得到的。这个实例证明了 TS 算法能找到比对单阶段编码进行常规解码所得到的质量更高的解。

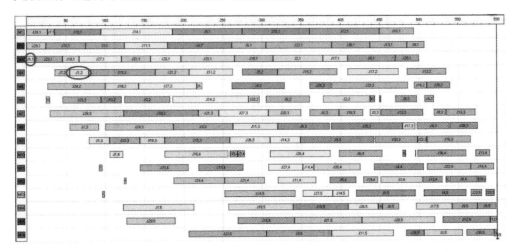

图 4-16 HEA 在实例"j30c5e6"上获得的最大完工时间为 599 s 的新解甘特图

4. Carlier 标准测试实例集实验

Carlier 测试集包含 77 个测试实例[38],实例的编号表示了问题的规模,例如实例"j10c5a2"表示有 10 个工件 5 个阶段。这里把所提的算法 HEA 与人工免疫系统(artificial immune system,AIS)算法[39]、蚁群优化(ant colony optimization,ACO)算法[40]、粒子群优化(particle swarm optimization,PSO)算法[34]和 DABC 算法[35]进行对比。测试结果见表 4-10。

表 4-10 Carlier 标准测试实例集上的结果比较

实例名	AIS	ACO	PSO	DABC	HEA	实例名	AIS	ACO	PSO	DABC	HEA
j10c5a2	88	88	88	88	88	j10c10c6	106	102	106	105	105
j10c5a3	117	117	117	117	117	j15c5a1	178	178	178	178	178
j10c5a4	121	121	121	121	121	j15c5a2	165	165	165	165	165
j10c5a5	122	124	122	122	122	j15c5a3	130	132	130	130	130
j10c5a6	110	110	110	110	110	j15c5a4	156	156	156	156	156
j10c5b1	130	131	130	130	130	j15c5a5	164	166	164	164	164
j10c5b2	107	107	107	107	107	j15c5a6	178	178	178	178	178
j10c5b3	109	109	109	109	109	j15c5b1	170	170	170	170	170
j10c5b4	122	124	122	122	122	j15c5b2	152	152	152	152	152

实例名	AIS	ACO	PSO	DABC	HEA	实例名	AIS	ACO	PSO	DABC	HEA
j10c5b5	153	153	153	153	153	j15c5b3	157	157	157	157	157
j10c5b6	115	115	115	115	115	j15c5b4	147	149	147	147	147
j10c5c1	68	68	68	68	68	j15c5b5	166	166	166	166	166
j10c5c2	74	76	74	74	74	j15c5b6	175	176	175	175	175
j10c5c3	72	72	71	71	71	j15c5c1	85	85	85	85	85
j10c5c4	66	66	66	66	66	j15c5c2	91	90	90	90	90
j10c5c5	78	78	78	78	78	j15c5c3	87	87	87	87	87
j10c5c6	69	69	69	69	69	j15c5c4	89	89	89	89	89
j10c5d1	66	—	66	66	66	j15c5c5	74	73	74	74	74
j10c5d2	73	—	73	73	73	j15c5c6	91	91	91	91	91
j10c5d3	64	—	64	64	64	j15c5d1	167	167	167	167	167
j10c5d4	70	—	70	70	70	j15c5d2	84	86	84	84	84
j10c5d5	66	—	66	66	66	j15c5d3	83	83	82	82	82
j10c5d6	62	—	62	62	62	j15c5d4	84	84	84	84	84
j10c10a1	139	—	139	139	139	j15c5d5	80	80	79	79	79
j10c10a2	158	—	158	158	158	j15c5d6	82	79	81	81	81
j10c10a3	148	—	148	148	148	j15c10a1	236	236	236	236	236
j10c10a4	149	—	149	149	149	j15c10a2	200	200	200	200	200
j10c10a5	148	—	148	148	148	j15c10a3	198	198	198	198	198
j10c10a6	146	—	146	146	146	j15c10a4	225	228	225	225	225
j10c10b1	163	163	163	163	163	j15c10a5	182	182	182	182	182
j10c10b2	157	157	157	157	157	j15c10a6	200	200	200	200	200
j10c10b3	169	169	169	169	169	j15c10b1	222	222	222	222	222
j10c10b4	159	159	159	159	159	j15c10b2	187	188	187	187	187
j10c10b5	165	165	165	165	165	j15c10b3	222	224	222	222	222
j10c10b6	165	165	165	165	165	j15c10b4	221	221	221	221	221
j10c10c1	115	118	115	114	114	j15c10b5	200	—	200	200	200
j10c10c2	119	117	117	116	116	j15c10b6	219	—	219	219	219
j10c10c3	116	108	116	116	116	#better	10	18	4	1	—
j10c10c4	120	112	120	120	119	#even	67	40	73	76	—

实例名	AIS	ACO	PSO	DABC	HEA	实例名	AIS	ACO	PSO	DABC	HEA
j10c10c5	126	126	125	125	125	# worse	0	5	0	0	—
j10c10c3	116	108	116	116	116						

与 AIS、PSO 和 DABC 算法相比,所提的 HEA 分别在 10 个、4 个和 1 个实例上获得更好的结果,在剩余实例上获得相同的结果。ACO 算法能在 6 个实例上获得比HEA 更好的结果,而 HEA 在 18 个实例上获得的结果优于 ACO 算法。值得注意的是,在这个测试实例集上,所有的最优解都是由正向解码或者反向解码得到的,基于析取图的 TS 算法没有发挥作用,这是因为这个测试集中各实例的阶段数都比较少,基于序列的正向解码或者反向解码就能获得足够好的解,这与 Jose 标准测试实例集中的分析是一致的。

总之,所提的 HEA 在 3 个常用的 HFSP 标准测试实例集上进行了测试,3 个测试集共有 567 个实例,除了有 6 个实例的最优值由 ACO 算法给出之外,所提的 HEA获得了其他 561 个实例的上界值。另外,找到了 285 个实例的新上界值,这意味着HEA 相对于经典的求解 HFSP 的算法来说有着整体上的优越性,可以说是目前求解经典 HFSP 的最好方法。

4.3　面向绿色制造的轴类零件车削加工调度优化

自制件生产是混流装配制造的主要组成部分,也是装配制造零部件供应的重要组成部分。自制件配套系统生产的零件加工工艺各不同,同一工序可以在不同的机器上加工,这是典型的柔性作业车间生产模式。有必要针对自制件的调度问题展开研究。

碳效优化调度是现在调度领域的一个新兴研究方向,其研究成果能帮助生产企业减少碳排放,防止进一步的全球变暖和气候异常。目前的碳效优化调度研究仅仅从生产安排的视角出发来优化能耗和碳排放,且在研究能耗和生产指标(例如最大完工时间)时,大多假定生产过程中的碳排放总量与完工时间是反比关系。这种界定和假设,使得碳效优化调度研究局限于一个较为狭小的范围。本节将从生产轴类零件的柔性流水车间实例出发,构造柔性流水车间碳效优化调度的数学模型,并设计求解碳效优化调度模型的智能优化算法。

4.3.1　柔性流水车间调度及碳效优化调度问题描述

1. FFSP 描述

柔性流水车间调度问题(FFSP)也称为混合流水车间调度问题(HFSP),其问题可描述如下:n 个工件需经过相同顺序的 S 个阶段(S 道工序)的流水线加工,每一阶

段 $j \in \{1, 2, \cdots, S\}$ 有 m_j 台并行机,其中至少有一个阶段上的并行机数大于或等于2。同一工序中任意工件都可以被该工序的任意并行机加工,但同一工件的任一工序必须且只能被该工序的所有并行机中的某一台加工一次,需要合理安排工件加工顺序、分配加工机器和确定各工件各工序的开工时间,以使某些性能指标达到最优。因柔性流水车间调度中各工件的加工工序是预先确定且一致的,工件加工顺序和机器分配都是按阶段(工序)进行的,所以FFSP包含两个子问题:确定各阶段工件的加工顺序和并行机分配。在某一阶段,安排好工件加工顺序和并行机分配后,各机器上工件的加工顺序也就形成了。

并行机的存在从两个方面增加了调度问题的复杂性:一方面,对于存在并行机的工序阶段,必须为任一工件确定一台加工机器;另一方面,并行机的存在导致必须按工序阶段来安排最优工件加工顺序,而不仅仅只考虑第一阶段上工件的加工顺序。既然阶段数大于2的流水车间调度问题已被证明为NP-难问题,那么复杂性更高的FFSP也一定是NP-难问题。

2. 柔性流水车间碳效优化调度

在上述的FFSP基础上,增加碳排放的优化目标,即为现在文献中研究的柔性流水车间碳效优化调度。现有的柔性流水车间碳效优化调度研究中,都是预先确定各工件在各机器上的加工时间后,再进行调度方案的优化,在分段电价下仅考虑工件排序和机器分配[41]。而通过文献研究与综述,我们发现影响制造过程碳排放的核心因素除文献[41]中所提的外,还包含加工过程中的加工参数选择[42],如车削中的背吃刀量、进给率、机床主轴转速等。考虑到工件一次切削需去掉的体积已定,不同加工参数会带来不同的车削时间,同时不同的车削时间会带来不同的生产安排和最优调度方案,因此利用车削时间这一关键因素,可以成功地把加工参数优化和调度方案优化进行关联,以同时实现制造过程的生产效率和碳排放的优化。因此,本节界定的碳效优化调度,是通过同步优化加工参数和调度方案来达到碳排放总量和生产指标的同步优化,与一般碳效优化调度相比,所提碳效优化调度拓展了碳效优化调度的优化变量,增加了加工参数优化,在理论上能对总碳排放和生产指标产生更为显著的优化效果。

本节的碳效优化调度的任务是确定加工参数,合理安排工件加工顺序和分配加工机器,同时实现加工过程的总碳排放量和生产指标的优化。因此,本节扩展了柔性流水车间碳效优化调度的界定,增加了决策变量范围,其决策变量包含生产过程中的加工参数、工件排序和机器分配,碳效优化调度的目标是同时实现生产指标与总碳排放量的最优化,需要满足的约束包括加工精度、机床最大功率、物料可用性以及机器可用性等。

4.3.2 加工过程的碳排放量分析

机器加工中碳足迹由加工原料、能源(主要是电)和其他材料消耗,如刀具、切削液、润滑油等组成。本节主要以我国某发动机零部件加工的车削车间为例,研究零部件加工过程中的碳排放量。因为在车削过程中，当加工工艺已知时，各操作的车削总体积是确定的，所以由原料消耗引起的碳排放量是固定的，在碳效优化调度过程中可不予考虑；同时，对同一机床，润滑油的更换间隔与更换量也是固定的，在碳效优化调度过程中也可以不予考虑。因此，本节考虑的引起碳排放量变化的主要因素包含机床电能消耗、刀具磨损和切削液消耗。

1. 机床能耗与碳排放量

生产过程中机床的碳排放量（total carbon emission，TCE）与总能耗（total energy consumption，TEC）正相关，满足公式 TCE＝ε×TEC[43]，因此机床的碳排放量由其机床总能耗决定。

车削操作一般需要经过工件装载、机床启动、加工、机床停机和卸载 5 个步骤。在加工工艺已知情况下，相同操作在同一机床上的装载与卸载方法相同，且一般由人工完成，不用考虑碳排放。因此，切削过程的机床总能耗包括：①启动空载能耗 E^S，表示机床 k 在加工某工件前，机器转速从 0 增大到设定速度 v 所需的能耗和空载准备能耗；②车削电能消耗 E^C，表示机床 k 以转速级别 l 车削工件 i 时所消耗的电能，包含驱使机床转动的能耗（又称空载能耗）和车削掉应去除材料的能耗（简称车削力能耗）两部分，见式（4-19）；③停机空载能耗 E^D，表示机床 k 在加工完某工件后，空载运行及机器转速从级别 l 到 0 所需的能耗。

$$E^C = (P^0 + K^c v) t^c \tag{4-19}$$

式中：P^0 是驱动机器运转的功率，也称空载功率，指机床无车削负载、传动系统空转时所消耗的功率，W；K^c 是车削时的能耗系数，W·s/mm³；v 是车削率，mm³/s；t^c 是车削时间，s。

显然，$K^c v$ 等于《机械加工工艺手册（第 1 卷）》[44]提出的经验公式中的车削功率 P^m（单位：W）[44]，即机器车削工件去掉工件材料所花费的功率，其定义式为

$$P^m = \frac{F^m v^c}{10^3} \tag{4-20}$$

式中：F^m 是车削力，N；v^c 是车削线速度，mm/s。《机械加工工艺手册（第 1 卷）》定义了车削力及其计算公式，并指出一般车削情况下，$x_{F^m} \approx 1$，$y_{F^m} \approx 0.75$，$n_{F^m} \approx 0$，因此车削力 F^m 可由式（4-21）计算出：

$$F^m = C_F a_p f^{0.75} K_F \tag{4-21}$$

式中：C_F、K_F 是车削系数，N·s/mm³，其取值与工件材料和加工条件相关，可查《机械加工工艺手册（第 1 卷）》；a_p 是背吃刀量，mm；f 是进给率，mm/r。

在加工过程中，机床一般会有额外的负载损失能耗 P^a（单位：W）[45]，有

$$P^a = b^m P^m \tag{4-22}$$

式中：b^m 是机床的额外负载损失能耗系数，凭经验根据机床状态取 0.10～0.25 的常数[44]。

在车削过程中，车削线速度可通过机床主轴转速利用式（4-23）[46]计算得到：

$$v^c = \frac{\pi d^0 n^c}{60} \quad (4\text{-}23)$$

式中：d^0 是毛坯直径，mm；n^c 是主轴转速，r/min。

因为车削时间 t^c 等于车削总体积除每秒车削体积，且每秒车削体积可用背吃刀量、进给率和车削速度之积表示，结合式(4-23)，可知车削时间的计算式为

$$t^c = \frac{60V}{\pi a_p f d^0 n^c} \quad (4\text{-}24)$$

式中：t^c 为车削时间，s；V 是车削体积，mm^3，指加工毛坯车削到指定形状时去掉的总体积。

综合上述公式，可以推导出切削操作中机床能耗 E（单位：J）的计算公式：

$$\begin{aligned}
E &= E^S + [P^0 + (1+b^m) \times P^m] \times t^c + E^D \\
&= (1+b^m)C_F f^{-0.25} K_F V \times 10^{-3} + E^S + E^D + \frac{60VP^0}{\pi a_p f d^0 n^c}
\end{aligned} \quad (4\text{-}25)$$

机床能耗可以近似为主轴转速的函数。如果把 2009 年中国几大电网排放因子的平均值 0.6747 $kgCO_2/(kW \cdot h)$ 作为碳排放因子，则 $\varepsilon = 1.874 \times 10^{-7}$ $kgCO_2/J$，完成切削操作的机床总碳排放量为 $C^e = 1.874 \times 10^{-7} \times E$ $kgCO_2$。

2. 刀具能耗与碳排放量

车削过程中的刀具碳排放量是指刀具制备过程中的碳排放量在使用过程中的分摊。碳效优化调度的目的是使完成某一车削操作所分摊的碳排放量最小。可采用寿命周期内按时间标准折算的分配方法，具体计算公式如下：

$$C^t = \varepsilon E^t = \varepsilon y_E \left(\frac{t^c}{T_t} \right) \quad (4\text{-}26)$$

式中：C^t 为刀具的碳排放量，$kgCO_2$；E^t 为车削时磨损刀具的载能，J；y_E 是制备刀具的总能耗，J；T_t 是刀具生命周期，s，指一把新刀具从投入使用到不能修磨报废为止所经历的车削时间。

因为在调度之前，按工艺要求已经为每个车削操作确定了使用的刀具，则刀具质量(M_t)和修磨次数(C_t)为已知，耐用度(T，指刀具修磨一次所能车削的时间)可用泰勒公式[47]计算得出：

$$T = K_T / \left[(v^c)^{a_1} f^{a_2} a_p^{a_3} \right] \quad (4\text{-}27)$$

式中：K_T、a_1、a_2 和 a_3 是与刀具材料及加工环境相关的参数，可通过试验测试得出，a_1、a_2 和 a_3 为指数，且满足 $a_1 > a_2 > a_3$；K_T 是刀具耐用度系数；T 是刀具耐用度，指刀具修磨一次所能车削的时间。根据 $T_t = TC_t$ 可求出 T_t。

制备刀具的材料载能一般为 0.4 MJ/g，刀片制作过程能耗为 1~2 MJ，平均可取 1.5 MJ，则刀具总能耗为

$$y_E = (0.4M_t + 1.5) \times 10^6 \quad (4\text{-}28)$$

结合式(4-24)和刀具载能 $y_E \left(\dfrac{t^c}{T_t} \right)$，可以得出车削加工时的刀具能耗($E^t$)，见式(4-29)，则采用式(4-26)可计算车削加工时的刀具碳排放量。

$$E^{t} = \frac{60^{1-a_1}(0.4M_t + 1.5)V \times 10^6}{K_T C_t (\pi d^0 n^c)^{1-a_1} a_p^{1-a_3} f^{1-a_2}} \tag{4-29}$$

在本节研究的实例中,选用硬质合金 YT1 车刀来车削轴类零件,各系数如下:$a_1 = 5$,$a_2 = 2.25$,$a_3 = 0.75$。在 a_p、f、v^c 三者中,a_p 对刀具耐用度的影响最小,f 次之,v^c 的影响最大。因此,确定切削用量时,首先尽可能选择较大的 a_p,其次按工艺装备与技术条件的允许选择最大的 f,最后根据刀具耐用度确定 v^c,这样可以保证在一定刀具耐用度的前提下,使得 a_p、f、v^c 的积最大。

3. 切削液能耗与碳排放量

因为车削车间一般是定期更换车床的切削液,所以一定时期切削液的使用量可以视为一个常数,用 V_f(单位:L)表示,该使用量包括初始添加的切削液和更换周期内补充添加的切削液[43]。切削液的密度和内含能值也是常数,可分别用 ρ_f(单位:g/L)和 e_f(单位:J/g)表示。因此,完成车削操作时的切削液碳排放量,可用更换周期内切削液总碳排放量在切削时间上的分摊来表示,即

$$C^f = \varepsilon E^f = \varepsilon \times (V_f \times \rho_f \times e_f) \times \frac{t^c}{T_f} \tag{4-30}$$

式中:C^f 为车削过程中的切削液碳排放量,$kgCO_2$;E^f 为车削操作中切削液能耗,J;T_f 为机床切削液更换周期。结合式(4-24)和式(4-30),可以得出车削加工时的切削液能耗计算公式:

$$E^f = (E^{f_0} + E^{f_1}) \frac{60V}{T_f \pi a_p f d^0 n^c} \tag{4-31}$$

式中:E^{f_0} 和 E^{f_1} 为更换周期内初始切削液能耗和补充切削液能耗,J。

结合式(4-25)、式(4-29)和式(4-31),可以得到车削操作的总能耗 E^z,再用 $E^z \times \varepsilon$ 可计算车削操作碳排放总量:

$$
\begin{aligned}
C^z &= C^e + C^t + C^f = \varepsilon(E + E^t + E^f) \\
&= \varepsilon \Bigg[E^S + \frac{60VP^0}{\pi a_p f d^0 n^c} + 10^{-3} \times (1 + b^m)C_F f^{-0.25} K_F V + E^D \\
&\quad + \frac{60^{1-a_1}(0.4M_t + 1.5)V \times 10^6}{K_T C_t (\pi d^0 n^c)^{1-a_1} a_p^{1-a_3} f^{1-a_2}} + \frac{60VV_f \rho_f e_f}{T_f \pi a_p f d^0 n^c} \Bigg]
\end{aligned} \tag{4-32}
$$

4. 车削工艺参数与车削时间

为了确定车床的能耗特征,我们采用车间实际使用的某台数控机床 CAK80285B 进行机床空载能耗分析,根据采集到的数据分别进行启动空载能耗、停机空载能耗和空载能耗对主轴转速的回归分析,结果发现 E^S 和 E^D 是关于主轴转速的三次方的方程,P^0 是关于主轴转速的二次方的方程:

$$E_k^S = -5.1 + 0.32n_k^c - 2.87 \times 10^{-6}(n_k^c)^2 + 1.85 \times 10^{-10}(n_k^c)^3 \tag{4-33}$$

$$E_k^D = 9.8 + 0.1n_k^c - 5.08 \times 10^{-6}(n_k^c)^2 + 1.06 \times 10^{-10}(n_k^c)^3 \tag{4-34}$$

$$P_k^0 = 958.644 - 0.008 \times n_k^c + 5.663 \times 10^{-7}(n_k^c)^2 \tag{4-35}$$

其回归分析的可决系数分别为 0.995、0.937 和 0.976。图 4-17 和图 4-18 分别是 E^S 和 E^D 对主轴转速的回归分析图。

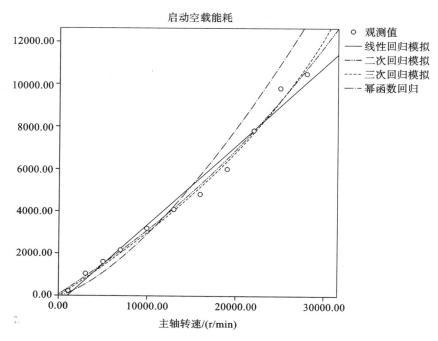

图 4-17　启动空载能耗回归分析图

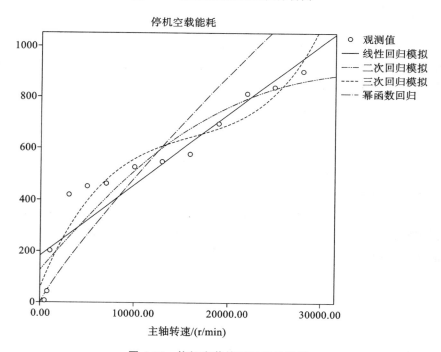

图 4-18　停机空载能耗回归分析图

式(4-32)反映了完成一个切削操作包括启动空载、空载、切削力、停机空载、刀具和切削液六部分的能耗和碳排放量。因为切削力能耗等于切削功率乘切削时间,所以切削力能耗和碳排放量公式中不含切削参数。同时,由式(4-33)~式(4-35)可知 E^S、E^D 和 P^0 随着主轴转速增加会快速增大。但空载能耗不仅受到空载功率 P^0 的影响,还受到切削时间的影响,在实际车削时,虽然主轴转速增加时空载功率变大,但因车削时间变短,可能反而导致空载能耗与碳排放量降低。从式(4-32)还可知,切削液能耗在一般情况下随加工参数的增大、加工时间的缩短而降低,但刀具能耗除了受到加工参数的影响外,还受各参数的调整系数大小的影响。该公式反映随着背吃刀量、进给率和主轴转速的增加,切削液能耗和刀具能耗及碳排放量会相应降低。因此,综合这六种能耗的总能耗和碳排放量是随着主轴转速的增加而下降的。再结合式(4-24)可知,主轴转速增加时,车削时间会缩短。因此,在一定的主轴转速范围内,总能耗与车削时间之间存在正比关系。在加工工艺的允许下,适当提高主轴转速、增大加工参数,既可以缩短处理时间,又可降低能耗与碳排放量。

分析式(4-32)中各参数可知,影响能耗和碳排放量的因素是:①由加工工件决定的毛坯直径(d_i^0);②由加工车床决定的负载能耗系数(b_i^m);③由加工材料和环境决定的切削力相关系数(C_F、K_F);④由加工工艺参数决定的车削体积(V_{ik})、进给率(f_{ik})、背吃刀量(a_{pik})和主轴转速(n_{kl})。若把这些工艺参数都视为变量来处理,则对切削总能耗与总碳排放量将产生更大影响。因此,本节创新性地扩展了柔性流水车间碳效优化调度的界定,把加工参数优化纳入碳效优化调度范围,预计通过加工参数和调度方案的同步优化,将对生产效率和碳排放量产生更好的改进效果。

一个切削操作需要经过工件装载、机床启动、加工、机床停机和工件卸载 5 个步骤,相应的总时间消耗就是这 5 个步骤时间消耗之和。切削操作的总时间耗费为

$$t^z = t^l + t^S + \frac{60V}{\pi a_p f d^0 n^c} + t^D + t^u \tag{4-36}$$

式中:t^z 为车削过程所需的总时间,s;t^l 和 t^u 为工件装载和卸载时间,s;V、a_p、f 和 n^c 分别表示车削时需要切削的总体积、背吃刀量、进给率和主轴转速;t^S 表示车削过程中工件装载后到正式车削开始的启动空载时间;t^D 表示车削完成到主轴完全停下且开始卸载工件时的停机空载时间。

为确定各辅助操作的时间函数,我们同样采用车间实际使用的某一台机床 CAK80285B 进行机床空载能耗分析,根据采集到的数据分别进行 t^S 和 t^D 对主轴转速的回归分析,结果发现 t^S 和 t^D 分别是主轴转速的幂函数和对数函数:

$$t^S = 4 \times 10^{-5} \times (n^c)^{1.206} \tag{4-37}$$

$$t^D = 0.145 \ln n^c - 0.492 \tag{4-38}$$

根据经验我们知道,工件装载和卸载的辅助时间(t^l 和 t^u),会受工件形状的影响,同时由《机械加工工艺手册(第 1 卷)》[44]可知,质量越大的工件,其装载时间也会越长。因此,工件装载和卸载时间主要受工件自身形状、尺寸和质量的影响,此外还受

分配加工机器操作台尺寸的影响,与加工参数无关。因此,本节直接采用现场调查法,即测试 40 次实验中各工件在各车床上的装载和卸载时间,取其平均时间确定该参数。

4.3.3　柔性流水车间碳效优化调度的模型构建

本节根据生产调度相关理论,基于实际加工过程,提出了碳效优化调度模型的假设条件和优化变量,构建了柔性流水车间碳效优化调度的 0-1 混合整数规划模型,并采用车削车间小规模 FFSP 调度实例来验证模型的适用性,并对模型中的相关参数进行了敏感度分析。

1. 模型假设及相关说明

经常采用的调度模型的构建方法是基于时间的表示法。基于时间的表示法有离散时间表示法和连续时间表示法,特别是基于单元特定事件的连续时间表示法,该方法通过单元事件的划分,确定了问题的求解空间,同时采用连续时间表示法避免对时间轴离散化的精度确定,能保证单元事件可在任何时间开始和结束。考虑到基于事件的连续时间表示法的优点,柔性流水车间碳效优化调度模型的数学模型也采用该表示法构建,具体模型适用假设和说明详述如下。

1) 模型假设

本节讨论的 FFSP 是一种离线调度问题,具有以下假设前提:①在调度开始时,工件加工毛坯均已准备好;②在调度开始时,所有车床均处于可用状态;③所有工件在连续两个阶段中的任意两机器之间的运输时间已知且一致;④各工件各阶段的背吃刀量已经按加工精度要求预先给定。

在 FFSP 调度中,各工件都必须经过所有的加工工序,调度方案主要由工件排序和机器分配两种决策来确定,考虑到这两个决策可以联合,因此定义一个 0-1 变量来反映工件排序和机器分配情况。具体引入的变量定义如下:

$$x_{ikt} = \begin{cases} 1, & \text{工件 } i \text{ 排在机器 } k \text{ 的第 } t \text{ 个位置加工} \\ 0, & \text{否则} \end{cases}$$

本节对柔性流水车间碳效优化调度进行了新界定,把加工参数优化纳入调度优化范围。由 4.3.2 节的分析可知,影响能耗和加工时间的主要车削参数是背吃刀量 (a_p)、进给率 (f) 和车削时的主轴转速 (n^c),考虑到加工精度的要求,背吃刀量一般按精度要求预先确定,因此模型中的优化变量包含进给率和主轴转速两个加工参数。

2) 相关说明

本节构建的柔性流水车间碳效优化调度模型是基于车削车间而构建的,研究的是车削过程的生产,其车削的工件毛坯呈圆柱形。根据工件毛坯各参数及车削需达到的工件标准,可以计算或提炼出建模所需的各项参数。模型构建的相关符号详细说明如下。

(1) 集合

① $i \in \{1, 2, \cdots, n\}$ 为工件序号,$I = \{1, 2, \cdots, n\}$ 为工件集合,n 为工件总数;

②$j \in \{1, 2, \cdots, S\}$ 为阶段序号，$J = \{1, 2, \cdots, S\}$ 为阶段集合，S 为阶段总数；

③$k \in \{1, 2, \cdots, M\}$ 为机器序号，$K = \{1, 2, \cdots, M\}$ 为机器集合，M 为机器总数；

④ $k_j \in \left\{ \sum\limits_{j' < j} m_{j'} + 1, \sum\limits_{j' < j} m_{j'} + 2, \cdots, \sum\limits_{j' \leqslant j} m_{j'} + m_j \right\}$ 为阶段 j 上的机器序号，m_j
为阶段 j 上的机器总数，K_j 为第 j 阶段的机器集合。

（2）参数

①V_{ik}：工件 i 在机器 k 上需车削掉的体积；

②d_{ik}^0：工件 i 在机器 k 上车削前的直径；

③CK_{ik}：工件 i 在机器 k 上车削时的车削力相关系数，为 $C_F \times K_F$ 的值；

④M_{tik}：工件 i 在机器 k 上车削时所用刀具的质量；

⑤C_{tik}：工件 i 在机器 k 上车削时所用刀具的可修磨次数；

⑥K_{Tik}：工件 i 在机器 k 上车削时所用刀具的耐用度系数；

⑦a_{pik}：工件 i 在机器 k 上车削时的背吃刀量；

⑧a_{1ik}：工件 i 在机器 k 上车削时所用刀具的背吃刀量系数；

⑨a_{2ik}：工件 i 在机器 k 上车削时所用刀具的进给率系数；

⑩a_{3ik}：工件 i 在机器 k 上车削时所用刀具的主轴转速系数；

⑪t_{ik}^l：把工件 i 装载到机器 k 上的装载时间；

⑫t_{ik}^u：从机器 k 上卸载工件 i 的卸载时间；

⑬$t_{kk'}^T$：工件从机器 k 到 k' 的运输时间；

⑭b_k^m：机器 k 车削时的额外负载能耗系数；

⑮η_k^m：机器 k 的功率最大利用率；

⑯P_k^{max}：机器 k 的最大额定功率；

⑰F_k^{max}：机器 k 的最大允许车削力。

（3）变量

①0-1 变量。

$$x_{ikt} = \begin{cases} 1, & \text{工件 } i \text{ 排在机器 } k \text{ 的第 } t \text{ 位置加工} \\ 0, & \text{否} \end{cases}$$

②正变量。

TCE：车削过程的总碳排放量；

C_{max}：车削过程的完工时间；

M_load：车削过程的最大机器负荷；

Obj_z：碳排放量与完工时间的加权目标；

t_{ik}^S：工件 i 在机器 k 上车削时的启动空载时间；

t_{ik}^D：工件 i 在机器 k 上车削时的停机空载时间；

E_{ik}^S：工件 i 在机器 k 上车削时的启动空载能耗；

E_{ik}^D：工件 i 在机器 k 上车削时的停机空载能耗；

P_{ik}^0：工件 i 在机器 k 上车削时的空载功率；

E_{kt}：机器 k 上的 t 事件的结束时间；

S_{kt}：机器 k 上的 t 事件的开始时间；

f_{ik}：工件 i 在机器 k 上车削时的进给率；

n_{ik}^c：工件 i 在机器 k 上车削时的主轴转速；

a：加权目标中的能耗权重系数；

b：加权目标中的总碳排放量权重系数；

c：加权目标中的机器复合权重系数。

（4）变量的上下界

上述正变量中，受加工工艺和加工精度的约束，加工参数都是在一定范围内进行优化的，该范围在碳效优化调度之前通过工艺和经验分析给定，一般查加工工艺手册也可以确定，同时加权系数 a、b 和 c 也必须在 $[0,1]$ 之间。

2. 目标函数

根据柔性流水车间碳效优化调度的界定，其优化的目标主要包括生产效率和碳排放量两类。结合本节研究的发动机公司生产实际要求，本节主要考虑以下两个生产性指标和一个碳排放指标，其评价指标详细的表达形式如下。

①最大完工时间最小化。一般完工时间是指工件最后一道工序完成的时间，而最大完工时间就是最晚的完工时间。因为在用基于事件的连续时间表示法中，工件的完工时间与完成该工件的机器事件的完工时间一致，所以本模型中的最大完工时间也等于机器最后一个机器事件结束的最晚时间，即最大完工时间（makespan）。其优化目标可以表示为

$$C_{\max} = \min f_1 = \min \max_{\forall k \in K_t} \left(E_{kt} \times \sum_i x_{ikt} \right) \tag{4-39}$$

②总碳排放量最小化。总碳排放量（TCE）采用前文分析的结果，其值等于完成调度周期内各车削操作（某一工件某一车削工序）的碳排放总量，优化目标可表示为

$$\min f_3 = \min \left\{ \varepsilon \left[E_{ik}^S + \frac{60 V_{ik} P_{ik}^0}{\pi a_{pik} f_{ik} d_{ik}^0 n_{ik}^c} + 10^{-3} \times (1 + b_k^m) CK_{ik} f_{ik}^{-0.25} V_{ik} + E_{ik}^D \right.\right.$$
$$\left.\left. + \frac{60^{1-a_1}(0.4 M_{tik} + 1.5) V_{ik} \times 10^6}{K_{Tik}^t C_t (\pi d_{ik}^0 n_{ik}^c)^{1-a_1} a_{pik}^{1-a_3} f_{ik}^{1-a_2}} + \frac{60 V_{ik} V_f \rho_f e_f}{T_f \pi a_{pik} f_{ik} d_{ik}^0 n_{ik}^c} \right] \right\}$$

$$\tag{4-40}$$

③机器最大负荷最小化。因为 FFSP 中，对于某一工件的某一阶段，可能存在可选择的并行机，因此机器的负荷会随调度方案不同而产生差异。为提高各机器利用率，应使各台机器的总负荷尽量小。其优化目标可用式（4-41）表示：

$$M\_load = \min f_2 = \min \max_{\forall k} \left\{ \sum_t \left[(E_{kt} - S_{kt}) \times \sum_i x_{ikt} \right] \right\} \tag{4-41}$$

因此，按多目标优化形式，目标函数可写成 $\min z = \{f_1, f_2, f_3\}$，当采用加权方法将多目标优化转化为综合目标优化时，目标函数可写为 $\min z = a \times \dfrac{f_1}{F_1} + b \times \dfrac{f_2}{F_2} + c \times$

$\dfrac{f_3}{F_3}$，其中，a、b、c 为加权系数，其值均在 $[0,1]$ 之间，且三者之和为 1；F_1、F_2、F_3 为预先确定的去量纲参数，其值可按某一可行解下三个目标之间的数量级的差别确定，也可按设置的某些启发式规则求解获得的目标值确定。

当生产优化指标为最小化最大完工时间和最小化机器最大负荷，碳效优化指标是最小化碳排放总量（TCE）时，本节所研究的柔性流水车间碳效优化调度模型，采用 Graham 等[48]提出的三元组表示方法，表示为 $FF_m(r) \parallel TCE + C_{\max} + M\_load$，其中 FF 表示柔性流水车间，$m$ 表示多阶段（工艺），r 表示不相关并行机，$\parallel$ 表示没有特殊约束，调度目标为同时最小化 TCE、$C_{\max}$ 与 M_load。该问题可描述为：N 个工件需经过相同顺序的 S 道工序（S 个阶段）的流水线加工，每一阶段 $j \in \{1,2,\cdots,S\}$ 有 m_j 台并行机，其中至少有一个阶段上的并行机数大于或等于 2，各并行机的处理能力不同。每个工件的任一阶段都可以且必须被该阶段上的某一台并行机加工，所有工件都必须按照预定的工艺路线加工，且各阶段只能加工一次。如何确定各操作（某一工件的某一阶段）的加工参数，安排加工机器及其顺序，使碳排放总量、最大完工时间和机器最大负荷同时最小化。因碳排放量与总能耗（TEC）正相关，所以最小化碳排放总量等价于最小化总能耗，所以本研究问题可转化为 $FF_m(r) \parallel TEC + C_{\max} + M\_load$。

3. 约束函数

在柔性流水车间碳效优化调度中，既需要满足柔性流水车间的物料到达和机器空闲要求，又需要满足加工过程中的设备要求。下面以车削车间为例，详细讨论其加工过程中的各种约束条件。

设备约束主要针对加工参数，在加工参数允许的范围内，需考虑机床允许的最大功率和车削过程中的最大车削力的限制：

$$P_{ik}^0 + \frac{(1+b_k^m)C_{Fik} a_{pik} f_{ik}^{0.75} v_{ik}^c K_{Fik}}{1000 \eta_k} \leqslant P_k^{\max} \tag{4-42}$$

$$C_{Fik} a_{pik} f_{ik}^{0.75} v_{ik}^c K_{Fik} / (60 \times 1000) \leqslant F_{ik}^{\max} \tag{4-43}$$

式（4-42）保证在车削过程中，机床实际的运转功率不能超过机床允许的最大功率。其中，机床的运转功率包括空载运行功率、切削功率、负载和传输过程中的功率损失。

式（4-43）保证车削过程中的实际切削力不超过设备允许的最大切削力，该最大切削力一般由车削使用的刀具允许的最大切削力确定。

柔性流水车间碳效优化调度问题还需要满足工序加工要求和机器事件开启的顺序要求，该约束的表达式见式（4-44）～式（4-49）。

$$\sum_t \sum_{k \in K_j} x_{ikt} = 1, \quad \forall i,j \tag{4-44}$$

$$\sum_{i=1}^n x_{ikt} \leqslant 1, \quad \forall j, k \in K_j, t \tag{4-45}$$

$$\sum_{i=1}^{n} x_{ikt} \geqslant \sum_{i'=1}^{n} x_{i'k(t+1)}, \quad \forall k, t < n \tag{4-46}$$

式(4-44)表示任一工件的任一工序必须且仅能在该工序的某一台机器上加工一次。

式(4-45)表示任一机器的任一事件最多只能加工一个工件的一道工序。

式(4-46)表示任一机器的事件是按顺序进行的,即后一事件必须在前一事件结束后才开始。

当然,在车削过程中,机械事件间存在着一定的时间关联关系,用以保证生产的顺利进行,具体约束为

$$E_{kt} = S_{kt} + \sum_{i}\left[\left(t_{ik}^{l} + t_{ik}^{S} + \frac{60V_{ik}}{\pi a_{pik} f_{ik} d_{ik}^{0} n_{ik}^{c}} + t_{ik}^{D} + t_{ik}^{u}\right) \times x_{ikt}\right], \quad \forall j, k, t \tag{4-47}$$

$$S_{k't'} \geqslant \sum_{i}\left[(E_{kt} + t_{kk'}^{T}) \times x_{ikt} \times x_{ik't'}\right], \quad \forall j < S, j' = j+1, k \in K_j, k' \in K_{j'}, t, t' \tag{4-48}$$

$$F_{kt} \leqslant S_{kt'} \quad \forall k, t < t' \tag{4-49}$$

式(4-47)表示任一机器事件的结束时间等于其开始时间与其加工工件的加工时间之和。该公式也是工件某一工序的开始和结束时间与其加工机器事件的开始和结束时间一致的保证之一。

式(4-48)表示机器某一事件的开始时间必须不小于分配到该机器事件的工件前一工序的完成时间加上工件在前、后两工序机器间的运输时间。

式(4-49)表示机器前续事件的结束时间必须不大于后续事件的开始时间。结合式(4-48),这样就能保证在优化加工时间目标下,机器事件的开始和结束时间与其加工工件在机器所处阶段的开始和结束时间一致。

柔性流水车间碳效优化调度中,除了需要满足上述通用柔性流水车间约束外,还需要根据调度优化的车间,找出时间和能耗的潜在内部关系,构建完整的碳效优化调度模型。所以该部分约束具有特殊性,在不同的车间,因为机器性能的差异,其表达式会存在差异。通过前文的分析,我们可以得出所研究的车削加工实例中,加工时间、能耗与加工参数存在式(4-50)~式(4-54)的关系,这也是碳效优化调度中非常重要的内在约束。

$$t_{ik}^{S} = 4 \times 10^{-5} \times (n_{ik}^{c})^{1.206} \tag{4-50}$$

$$t_{ik}^{D} = 0.145\ln n_{ik}^{c} - 0.492 \tag{4-51}$$

$$E_{ik}^{S} = -5.1 + 0.32 n_{ik}^{c} - 2.87 \times 10^{-6}(n_{ik}^{c})^2 + 1.85 \times 10^{-10}(n_{ik}^{c})^3 \tag{4-52}$$

$$E_{ik}^{D} = 9.8 + 0.1 n_{ik}^{c} - 5.08 \times 10^{-6}(n_{ik}^{c})^2 + 1.06 \times 10^{-10}(n_{ik}^{c})^3 \tag{4-53}$$

$$P_{ik}^{0} = 558.644 - 0.008 \times n_{ik}^{c} + 5.663 \times 10^{-7}(n_{ik}^{c})^2 \tag{4-54}$$

式(4-50)反映,在所研究的车削车间中,在机床允许的范围内,机床的启动空载时间与主轴转速之间存在指数函数关系。

式(4-51)反映,在所研究的车削车间中,在机床允许的范围内,机床的停机空载时间与主轴转速之间存在对数函数关系。

式(4-52)反映,在所研究的车削车间中,在机床允许的范围内,机床的启动空载能耗与主轴转速之间存在三次一元函数关系。

式(4-53)反映,在所研究的车削车间中,在机床允许的范围内,机床的停机空载能耗与主轴转速之间存在三次一元函数关系。

式(4-54)反映,在所研究的车削车间中,在机床允许的范围内,机床的空载功率与主轴转速之间存在二次一元函数关系。

4.3.4　柔性流水车间碳效优化调度的综合目标优化算法

1. 编码与解码设计

1) 编码设计

在求解柔性流水车间的智能进化算法中,绝大多数采用的是基于序列的编码方式,即用一组自然数代表一个个体,该组自然数代表工件的一个序列,长度为工件个数。这种编码方式简单直观,且易于各种进化操作,被大部分研究者所接受。例如考虑 4 个工件的柔性流水车间调度问题,{2,1,4,3}就是一组编码,也是一个个体的基因组。当流水车间不存在并行机时,这种编码方法可以表示工件的排序,而置换流水车间调度的优化变量刚好就是工件排序,所以在置换流水车间调度中,该编码方式是可以表达整个解空间的,因此获得了大家的认可。虽然增加并行机后,该编码方法不能表达整个解空间,但是这种编码方式易于种群进化操作,且极大地缩小了种群搜索空间,特别是在配合高效解码方式时,能快速搜索到优化问题的近优解,因此,该编码方式在 FFSP 中也被研究者和实践者广泛采用。

本节在设计柔性流水车间碳效优化调度的分布估算算法(estimation of distribution algorithm,EDA)时采用该编码方式。

2) 解码设计

在置换流水车间中,序列编码本身就代表了工件的加工顺序,就是一个解。但在具有并行机的情况下,该编码方式只能代表第一阶段的工件排序。同时,因为并行机的存在,排在后面加工的工件可能先完工,所以对于各阶段的机器分配以及后续阶段的工件排序也需要在解码中给出,从而使得一个个体能够代表一个调度方案。在 FFSP 中,机器分配和后续阶段的工件排序一般是由解码规则确定的。机器分配一般采用最先空闲机器(first available machine,FAM)规则[19],当并行机处理能力差异较大时,一般采用最先完工机器优先规则[49],工件排序一般采用序列解码[50]。这种通用的解码方式采用了先到先加工规则和最先空闲机器或最先完工机器优先规则的贪婪解码方式,由这种方式解码得到的是无延迟调度。虽然无延迟调度集中不一定包含最优解,但对具有庞大解空间的 FFSP,这种带规则的以无延迟调度为基础的启发式方法比基于主动调度的效果反而更好。

　　本节设计算法的解码也采用规则解码方式,从种群编码中获得各个体第一阶段的工件排序后,各阶段的机器分配和工件排序分别按照综合目标最优(即最先完工机器优先规则和先到先加工规则)获得。各操作对应的加工参数是决定各操作加工时间的主要因素,也是碳效优化调度中的主要影响因素。在切削加工中,其时间和加工参数的函数关系用式(4-36)~式(4-38)表示,当加工参数确定后,各操作的操作时间也就确定了。在上述的解码过程中,必须嵌入加工参数优化过程才能保证本节所提碳效优化调度模型对碳排放量和生产效率的同步优化。当确定了调度方案中各阶段的工件加工顺序及其加工机器后,通过一定的方法获得使综合目标更优的加工参数,将能提高加工效率、减少碳排放量和综合机器负荷。针对碳效优化的解码,除了采用FFSP 常用的规则外,还引入蒙特卡洛仿真,通过在参数允许范围内进行加工参数的均匀随机采样,在保证加工参数有效情况下,寻找使目标尽可能优的参数组合。据此,针对机器分配、后续加工工件的排序以及加工参数,设计了双层规则加蒙特卡洛仿真的解码方式来获得。

　　图 4-19 为柔性流水车间碳效优化调度解码方式的外层流程图,其主要是分阶段完成机器分配与加工参数优化,在按概率选择最先完工机器、确定机器分配方案时包含内层循环,该外层解码方式混合了 FFSP 常用的先到先加工规则和最先完工机器优先规则,在解码过程中能快速获得工件排序和机器分配的近优解,同时该解码方式外层流程还独创了将解码规则和随机选择相结合的机器分配规则,改进了纯规则解码的贪婪性,有利于算法在种群进化中跳出局部最优,促使问题的解向全局最优进化。

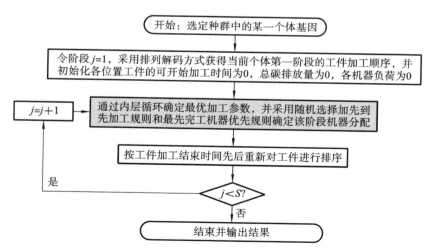

图 4-19　柔性流水车间碳效优化调度解码方式的外层流程图

　　柔性流水车间碳效优化调度解码方式的内层流程图如图 4-20 所示,其主要作用是依工件排序依次为每一个加工工件确定加工机器和最优加工参数,而最优加工参

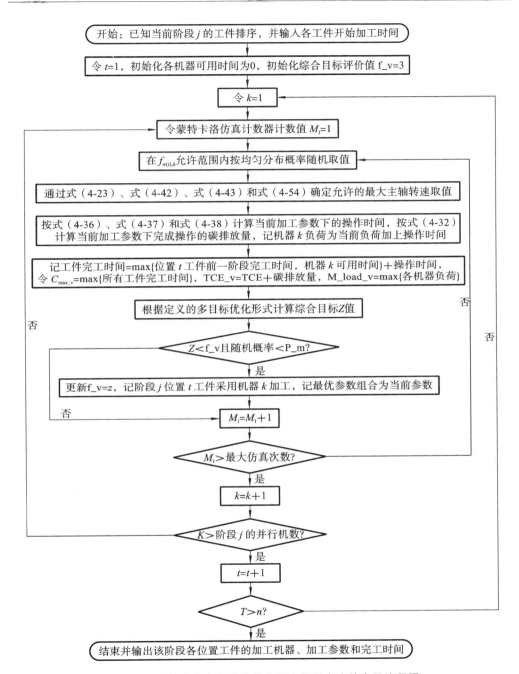

开始：已知当前阶段 j 的工件排序，并输入各工件开始加工时间

令 $t=1$，初始化各机器可用时间为0，初始化综合目标评价值 f_v=3

令 $k=1$

令蒙特卡洛仿真计数器计数值 $M_1=1$

在 $f_{\pi(t),k}$ 允许范围内按均匀分布概率随机取值

通过式（4-23）、式（4-42）、式（4-43）和式（4-54）确定允许的最大主轴转速取值

按式（4-36）、式（4-37）和式（4-38）计算当前加工参数下的操作时间，按式（4-32）计算当前加工参数下完成操作的碳排放量，记机器 k 负荷为当前负荷加上操作时间

记工件完工时间=max{位置 t 工件前一阶段完工时间，机器 k 可用时间}+操作时间，令 $C_{\max\_v}$=max{所有工件完工时间}，TCE_v=TCE+碳排放量，M_load_v=max{各机器负荷}

根据定义的多目标优化形式计算综合目标Z值

$Z<$f_v且随机概率$<$P_m?

更新f_v=z，记阶段 j 位置 t 工件采用机器 k 加工，记最优参数组合为当前参数

$M_1=M_1+1$

$M_1>$最大仿真次数?

$k=k+1$

$K>$阶段 j 的并行机数?

$t=t+1$

$T>n$?

否　是

结束并输出该阶段各位置工件的加工机器、加工参数和完工时间

图 4-20　柔性流水车间碳效优化调度解码方式的内层流程图

数又是按参数在可选域中的均匀分布进行蒙特卡洛仿真来确定的，保证通过该解码过程获得的调度方案和加工工艺参数可高概率地使综合目标达到最优。当然，公式

中去量纲化(归一化)的参数需根据具体实例所涉及的数据进行调整。同时,为了改进按综合目标最优规则来确定加工机器和加工参数的贪婪性,在判断是否更新最优机器和加工参数时,引入了概率选择机制,即只有综合目标能更优且随机概率在一定范围内才选用使目标值最优的加工机器和加工参数,否则保持原方案不变。本节设计的柔性流水车间碳效优化调度解码方式的总复杂度为 $\max\{O(nMC_m),$ $O(Snlogn)\}$,其中 M 为机器总数,S 为阶段数,n 为工件总数,C_m 为最大的蒙特卡洛仿真次数。

从解码方式的复杂度表达式可知,蒙特卡洛仿真次数对复杂度的影响较大。寻求合理的 C_m 可改善解码性能和降低复杂度。同时,寻找一个合理的随机概率,使得该解码方式既能保证规则解码的高效性,又能防止算法落入局部最优。因此,合理设定该解码方式中的蒙特卡洛仿真次数 C_m,以及选择更新的概率值(以 P_m 表示)是该解码方式的必需条件,也是使得该解码方式快速又有效的保证。

3) 解码中蒙特卡洛仿真次数的确定

为了明确加工参数优化所需的蒙特卡洛仿真次数,通过随机测试观察随着蒙特卡洛仿真次数的增加,其优化目标值的变化情况,当优化目标值基本稳定时,可知该仿真次数能满足算法性能的要求。经过仿真试验,确定最佳蒙特卡洛仿真次数为50次。

2. 算法改进操作

为了提高智能算法的求解效率和效果,大量的算法改进工作从提高初始化种群质量、引入合理的局部搜索和设计合理的重启机制三个方面进行。提高初始化种群质量是在初始化中引入目标较优的个体,通过缩小算法求解空间、提高算法收敛速度来提高算法的性能;引入合理的局部搜索是具有较强全局搜索能力的算法常用的改进操作,在算法领域中,"没有免费的午餐"原理告诉我们,当一种算法具有某一方面优势时,必然会有另一方面的劣势;设计合理的重启机制是智能算法常用来改进算法、防止算法早熟的手段之一,大量的研究结果也证明,合理的重启机制和重启操作对于防止算法早熟具有良好作用。本节采用 EDA[51] 作为求解柔性流水车间碳效优化调度问题的智能算法,并对其进行改进。

1) 基于瓶颈指向和 Johnson 方法[1] 的初始化种群

由于编码方式反映工件排序,所以初始化种群时,直接可以用 $1\sim n$(工件数)的不重复整数代表一个个体。流水车间工件排序,常用的启发式方法以 NEH[52] 和 BFH[53] 效果为佳。但是在计算复杂度上,BFH 要远远低于 NEH[53]。因此本节在初始化种群中采用基于瓶颈指向的启发式方法,其基本思想与 BFH 相似。但是考虑到智能算法的全局搜索能力,去掉了 BFH 后面的插入搜索过程。

基于 BFH 初始化种群的产生过程如下。

第一步:生成 P_{size}(预定的种群规模数)个个体。

第二步:选定各可行操作的最大允许进给率,并计算该进给率下各操作允许的最大主轴转速,按式(4-36)、式(4-37)和式(4-38)计算各操作的加工时间,当同一阶段存在并行机时,取所有并行机的平均操作时间作为该操作的加工时间。

第三步:确定瓶颈工序。按 $L_j = \dfrac{\sum\limits_i p_{ij}}{M_j}$ 计算工序 j 的平均机器加工负荷,找出最大负荷所在工序,即瓶颈工序。

第四步:确定工件排序。①若瓶颈工序为第一道工序,计算 $\sum\limits_{j=2}^{S} p_{ij}$ 后按非增顺序确定工件排序;②若瓶颈工序为最后一道工序,计算 $\sum\limits_{j=2}^{S-1} p_{ij}$ 后按照非降顺序确定工件排序;③若瓶颈工序为某道中间工序 j^{λ},分别计算 $\sum\limits_{j=1}^{j^{\lambda}} p_{ij}$ 和 $\sum\limits_{j=j^{\lambda}+1}^{S} p_{ij}$ 后按 Johnson 方法[1]确定工件排序。

第五步:随机选择种群中的某个个体,用最优个体直接替代选中的个体。

根据以上五个步骤,能够快速求得一个较优解,并把该解转化为种群中的一个个体。

2) 结合禁忌表双层邻域搜索

由文献[49]我们发现,采用单纯规则解码求解 FFSP 的算法,通过设计规则与随机概率混合的新解码方式,能有效防止算法落入局部最优,提高算法性能。因此在邻域搜索中,本节同样采用了随机规则来扩大解码中的机器分配可能,寻找局部最优解附近的邻域结构。对于流水车间调度,基于插入操作的邻域搜索是一种非常有效的邻域搜索方法[54]。因此,基于插入操作寻找工件排序的邻域结构也将是一种有效方法。文献[54]研究结果证明,采用破坏与重组策略对最优解进行扰动,再对扰动解执行插入邻域搜索是一种有效方法。但考虑到柔性流水车间还需同时确定机器解码,所以本节提出双层局部搜索操作:第一层用规则解码方式和插入邻域搜索确定工件排序;第二层对获得的工件排序,按基于随机选择的机器分配规则来搜索机器分配的邻域结构。由于引入蒙特卡洛仿真后的解码复杂度为 $\max\{O(nMC_m), O(Sn\log n)\}$,而通过插入操作来改进工件排序的复杂度为 $O(n\log n)$,因此插入邻域搜索加上解码后的复杂度为 $\max\{O(Mn^2C_m\log n), O(Sn^2(\log n)^2)\}$,这一复杂度较高。如果在邻域搜索中引入禁忌表,当需要搜索的排序已经在禁忌表中时,则不进行插入邻域搜索,即通过防止对同一解的重复搜索来有效减低复杂度。

破坏长度直接取文献[54]推荐的"5",对每代最优解 gB 进行破坏重组,获得扰动解 gB',总复杂度是 $\max\{O(MnC_m), O(Sn\log n)\}$。核查 gB' 是否在禁忌表中,在则跳过插入邻域搜索,直接进行随机概率机器分配搜索,否则进行插入邻域搜索;然后评价获得的排序,如有方案优于 gB',则更新 gB'。插入邻域搜索的复杂度为 $O(n^2)$,当 gB' 在禁忌表中时不进行插入搜索,复杂度为 $O(C)$,再对 gB' 进行多次(Re_c)随机概率机器分配搜索,如有更优方案,则更新 gB',总复杂度为 $\max\{O(MnC_{\mathrm{m}}),O(Mn\log n)\}$。最后采用模拟退火算法的概率接受准则决定是否接受 gB'。

在上述的邻域搜索中,选择合适的随机机器选择概率 P_m 和合适的 Re_c,能有效提高邻域搜索性能。P_m 主要影响经典 FFSP 中机器分配的贪婪性,当其为 1 时则为纯规则解码,其值是确定多大程度采用规则分配机器的量化值。对于这一参数,可直接采用操作时间已知的经典 FFSP 案例来测试确定,具体测试案例见文献[55]的实例,并采用基本的 EDA,具体算法流程见文献[51]。当这一概率值为 1 时,所采用的就是文献[51]所提的机器解码方式。经过测试,当 P_m=0.8,Re_c=10 时算法运行结果最优。

3)考虑最优值连续不更新代数和种群多样性的重启操作

随着迭代的进行,调度问题的非连续性易导致智能算法陷入局部最优。因此,设置合理的重启机制,有助于算法跳出局部最优而继续搜索[54]。一般判断算法是否陷入局部最优的条件有两个,即种群的多样性和最优解的连续不更新代数。

关于种群多样性的评价指标有多种,其中最简单和常用的是计算种群中个体之间的汉明距离和[56]。根据本节的编码方式,可用种群中个体工件所在位置差异来表示汉明距离。因此,种群多样性指标可通过如下步骤计算。

第一步,计算种群中各个体位置出现的工件序号和:

$$S\_\delta_{ti} = \sum_{l \in P_{\mathrm{size}}} \delta_{lti}, \quad \forall t,i \tag{4-55}$$

式中:δ_{lti} 为特征函数,当个体 l 中的位置 t 为工件 i 时 $\delta_{lti}=1$,否则为 0。

第二步,计算种群中位置 t 安排工件 i 的概率:

$$P\_\delta_{ti} = S\_\delta_{ti}/|P_{\mathrm{size}}|, \quad \forall t,i \tag{4-56}$$

第三步,计算种群多样性指标(Div):

$$\mathrm{Div} = \sum_{t \in T} \sum_{i \in I} P\_\delta_{ti}/|P_{\mathrm{size}}| \tag{4-57}$$

设置重启条件为 Div 低于某一阈值 Div_h 或最优解连续不更新代数达到 G_max。重启结构考虑三种:第一种是重启整个种群;第二种是保留 10% 最优解后剩余全重启;第三种是保留 10% 最优解后剩余重启,并用重启后获得的更好解替代原种群中的劣解。经过实验,当 Div_h≤0.3,G_max≥50 时,保留最优 10% 个体后剩余重启,并用重启后的更优解替代原种群中的劣解是最为有效的重启操作。

3. 柔性流水车间碳效优化调度的 EDA

1)EDA 流程

标准 EDA[57] 流程分五步:①初始化种群;②选择优势种群;③构建概率模型;④随机采样产生新种群;⑤判断是否满足终止条件,满足则算法终止,不满足则返回步骤②。

把前文所述的三种改进操作嵌入标准 EDA 后,改进的 EDA 分八步:①初始化

种群;②采用解码方式获得个体目标值;③根据
目标值优劣选择优势种群,并构建动态调整概率
模型;④按概率模型生成动态概率并采样生成新
种群;⑤解码获得新种群中各个体目标值;⑥选
择最优个体进行邻域搜索;⑦判断是否达到重启
条件,是则重启,不是则转到步骤⑧;⑧判断是否
满足终止条件,满足则算法终止,不满足则返回
步骤②。具体过程见图 4-21。

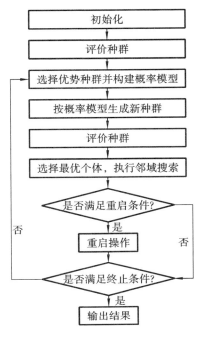

图 4-21　改进 EDA 流程

EDA 通过构建概率模型并按其采样产生新
种群,概率模型的构建是以优势种群为基础的,
即选择适应度值好的若干个体构成优势种群,按
优势种群的工件排序特征来构建概率模型,指导
新种群的产生。柔性流水车间碳效优化调度直
接以目标值作为个体适应度值,目标值越小,个
体越优。对种群中的个体一一解码,然后对解码
后的个体按从小到大进行排序,取排序后的前 η
(单位:%)的个体作为优势种群。该步骤的复杂
度为种群个体解码复杂度和目标值排序复杂度
中的较大者,即 $\max\{P_{\text{size}}\log P_{\text{size}}, P_{\text{size}}Mn\log n\}$,其中 P_{size} 为种群规模。

2) 改进概率模型与种群更新

概率模型是否合适对 EDA 性能的优劣有着决定性的影响。文献[51]提出的概
率矩阵是以反映优势种群中工件的加工优先关系特点为出发点而设计的。该模型能
有效利用 EDA 求解柔性流水车间调度问题。但在该概率模型的实现和运行过程
中,发现该概率模型有不足,即随着个体中各位置工件的陆续采样,按概率公式计算
的概率和在逐渐变小,使得后续位置的采样难以进行,同时该概率模型也无法一致满
足随机矩阵要求。因此,我们提出了动态概率模型设计思想。

在新个体各位置上工件采样进行的同时构建动态调整的概率模型,即每为一个
位置确定一个工件后,为了避免该工件被重复采样,将该工件在其他位置的概率设定
为 0,同时把原来的概率按比例补偿给其他可采样工件,以保证后续位置采样时可用
工件的概率和为 1。表 4-11 为动态概率模型构建与种群更新的伪代码和复杂度,其
关键的三个步骤描述如下。

表 4-11　概率矩阵构建与种群更新的伪代码和复杂度

伪代码	复杂度
输入:S_p 作为主导种群,$P_n(0)$ 作为初始概率矩阵	$O(n^2)$
g 作为进化代数的索引,$g=0$;	$O(1)$

伪代码	复杂度
重复执行	$O(GP_{size}(n^2-n)/2)$
根据 S_p 确定 $IS_{ti}^l(g)$ 的值	$O(n^2\,\|\,S\_p\|)$
根据方程(4-58)计算 $P_{ti}^l(g+1)$ 的值并设置成 $P_{ti}^0(g+1)=P_{ti}^l(g+1)$	$O(n^2)$
$l=1$;重复执行	$O(GP_{size}(n^2-n)/2)$
将 I 设置为个体 l 中的作业序列	$O(n)$
$t=1$;重复执行	$O((n^2-n)/2)$
根据 $P_{ti}^0(g+1)$,通过轮盘赌方法更新个体 l 中位于位置 t 的工件	$O(n-1)$
将该工件标记为 i^*	$O(1)$
$I'=\{i,i\in I\backslash i^*\}$	$O(n-t)$
通过方程(4-59)计算 $P'_{t'i}(g+1)$	$O(n-t)$
动态将 $P'_{t'i}(g+1),\forall g<G,t'>t,i$ 更新为 $P'_{t'i}(g+1),\forall g<G,t'>t,i$	$O(n-t)$
$I=[\ ];I=I'$	$O(n-t)$
$t++$,直至 $t==n$	$O(1)$
$l++$,直至 $l==P_{size}$	$O(1)$
通过解码方法,为所有更新后的个体计算加权目标值	$O(P_{size}sn\log n)$
按照目标值的升序对个体进行排序	$O(P_{size}sn\log n)$
选择排名前 η 的个体作为 S_p	$O(\|S\_p\|)$
$g++$,直至终止标准已经达到	$O(1)$
输出:最终解决方案	$O(C)$

第一步:定义示性函数 $IS_{ti}^l(g)$,表示第 g 次迭代的优势种群(S_p)中各个体(用 l 表示)的位置 t 是否出现工件 i。当 $\pi_t^l=i,\forall l\in S\_p$(即优势个体 l 上位置 t 的工件为 i)时,$IS_{ti}^l(g)=1$。因任一个体的任一位置必须且只能出现一个工件,即 $\sum_i IS_{ti}^l(g)=1,\forall l,t$,令初始概率 $P_{ti}^l(0)=1/n$,表示各工件出现在各位置的概率相等。因 $\sum_i P_{ti}^l(0)=\sum_i 1/n=1,\forall l,t$,满足所有工件出现在任一位置的概率和为 1。

第二步:按优势种群工件的位置特征来确定工件 i 被放在位置 t 的概率。采用式(4-58)来更新概率矩阵:

$$P_{ti}^l(g+1)=(1-a)\times P_{ti}^l(g)+a\times\Big(\sum_{l\in S\_p}IS_{ti}^l(g+1)\Big)/\,|\,S\_p\,|,\quad\forall g,l,t,i$$

$$(4-58)$$

式中:a 为学习效率,表示概率更新时模型对优势种群的学习效率,a 越大,代表对初

始种群的学习效率越高。由于 $\sum_i P_{ti}^l(0) = 1, \forall t$，且 $\sum_{l \in S\_p} \sum_i \mathrm{IS}_{ti}^l(1)/|S\_p| = 1, \forall l,$
t，因此 $\sum_i P_{ti}^l(1) = 1, \forall t, i$，按递推关系，则 $\sum_i P_{ti}^l(g+1) = 1, \forall g, l, t, i$。式(4-58)
满足随机矩阵要求。

第三步：基于工件采集样本和概率动态调整，采用轮盘赌方式来更新种群。依次
从第 1 到第 n 个位置为新个体进行工件采样，先按轮盘赌方式为第 $t=1$ 个位置选择
某工件 i^*，然后按式(4-59)调整剩下工件在其他位置的概率。

$$P'_{t'i} = P_{t'i} + P_{t'i} \times P_{t'i^*}/(1 - P_{t'i^*}), \quad \forall t' > t, i \neq i^* \tag{4-59}$$

式中：$P_{t'i^*}$ 为第 t' 个位置选择 i^* 的概率，$I' = \{i, i \in I \backslash i^*\}$ 为后续位置的可选用工件
集合。更新工件集合 I 为 I' 和 $P_{t'i}$ 为 $P'_{t'i}$ 后，继续为新个体后续位置确定工件，直到
第 n 个位置完成。

随着位置向后移动，可采样工件数在减小，但因为 $\sum_{i \in I} P_{t'i} = \sum_{i \in I'} P_{t'i} + P_{t'i^*} = 1$，
则 $\sum_{i \in I'} P'_{t'i}(\forall t' > t)$ 必定为 1，证明如下：

当 $t=1$ 时，由上述第二步可知 $\sum_{i \in I} P_{t'i} = 1, \forall t' > 1$，同时 $I = \{1, 2, \cdots, n\} =$
$I' + i^*$，则 $\sum_{i \in I} P_{t'i} = \sum_{i \in I'} P_{t'i} + P_{t'i^*} = 1$ 必成立，因此 $1 - \sum_{i \in I'} P_{t'i} = P_{t'i^*}$，则 $\sum_{i \in I'} P'_{t'i} =$
$\sum_{i \in I'} P_{t'i} + (\sum_{i \in I'} P_{t'i}) \times P_{t'i^*}/(1 - P_{t'i^*}) = 1$，满足随机矩阵要求，即任一位置的所有可
选工件概率和为 1。当 $t>1$ 时，$I = I'$，$P_{t'i} = P'_{t'i}$，此时的 I^* 为位置 t 选定的工件，则
上述推导过程同样成立。得证。

因此，后续任一位置的所有可选工件的概率和为 1，满足随机矩阵要求。

在一次迭代中，随着个体各位置工件的依次确定，可选工件概率逐渐增加，最多
经 $n-t$ 次采样可选定工件，复杂度为 $O(P_{\text{size}}(n^2-n)/2)$，低于原概率模型的复杂度
$O(P_{\text{size}}n^2)$，说明动态概率模型收敛性更好。表 4-12 是采用 20 个工件 5 个阶段，并行
机数为 $\{3,3,3,3,3\}$，加工时间为 160 s 的随机整数算例，经 30 次随机测试后得到的
平均结果。

表 4-12　改进概率模型对算法性能的影响

代数	EDA_I			EDA_W		
	最优值	多样性指标	运行时间/s	最优值	多样性指标	运行时间/s
10 代	249.0	0.83	0.93	251.0	0.89	0.97
50 代	237.1	0.35	4.78	241.2	0.60	4.80
100 代	230.0	0.09	9.71	239.8	0.23	10.02
200 代	226.7	0.01	19.38	235.5	0.03	20.72
500 代	223.4	0.00	48.31	230.9	0.00	52.60

表 4-12 中,EDA_I 为采用本节所提的改进概率模型与种群更新方法求解测试算例的结果,EDA_W 为采用文献[51,58]中提出的 EDA 求解测试算例的结果。两者的结果比较基于以下三个指标实现:①最优值,指 30 次测试中最大完工时间的均值;②多样性指标,指 30 次测试中最后一代种群差异性的均值,其种群差异性通过式(4-55)~式(4-57)计算所得;③运行时间,指在既定迭代代数下 30 次测试中计算机统计的平均运行时间。由表 4-12 可以看出,EDA_I 能够获得更好的最优值,且最后种群的收敛性更好,运行时间也更短。考虑到 EDA_W 与 EDA_I 的差异就在于采用了不同的概率模型和种群更新方法,测试结果说明改进的概率模型与种群更新方法能提高 EDA 的收敛质量和收敛速度。

4. 算例性能测试

为了测试改进的 EDA(EDA$^+$)在求解柔性流水车间碳效优化调度问题时的性能,现将 EDA$^+$ 与 GA 和 GSA(gravitational search algorithm,引力搜索算法)[59]求解的结果进行对比分析。所有测试均采用 MATLAB R2010a 编程语言,在采用 2.8 GHz 的 Intel Core i5 CPU 和 4 GB RAM 的个人计算机上进行,采用相同的终止条件,且算法运行时间达到 200 s 时终止。根据某加工车间的加工实例,选取了某一天的加工量进行优化。为了反映加工参数优化对碳排放量和最大完工时间的影响,在粗车阶段,采用的是可无级变速的数控车床。

1)测试算法构建

文献[49]已经对用于求解 FFSP 的 EDA$^+$、GA 和 GSA 三种算法的参数进行了研究,且柔性流水车间碳效优化调度与一般柔性流水车间调度的区别在于两个方面:一方面是解码中增加了蒙特卡洛仿真,另一方面是解码出的目标值是三种目标的综合。这两个区别对算法进化没有本质影响,所以适用于求解一般柔性流水车间调度的参数设置,同样适用于柔性流水车间碳效优化调度。因此我们直接采用了文献[49]中的参数,具体见表 4-13。

表 4-13 对比算法的参数设置

GA		EDA$^+$		GSA	
参数	大小	参数	大小	参数	大小
种群规模	50	种群规模	80	种群规模	50
选择概率	0.75	优势种群率	10%	引力系数	100
交叉概率	0.25	学习率	0.3	调整系数	$2 \times toc/Zt$
变异概率	0.05				

注:toc 为当前运行时间,Zt 为算法终止时的总运行时间。

为了测试加工参数优化带来的效果,假设将原始车间的车床换成类型相同、参数与功率相同,但可连续调速的数控车床,使得进给率和主轴转速都可以在给定范围连续优化。从实际车间采集的某一天加工的材料及相应规格数据见表 4-14。

表 4-14　算例中使用的材料类型及加工参数

材料类型	材料	数量	工件序号	直径/ mm	粗车后直径/ mm	长度/ mm	工件毛坯直径/ mm
1	Cr12MoV	8	1～8	66	66.5	1550	72
2	Cr12MoV	8	9～16	76	76.5	1620	83
3	Cr12MoV	6	17～22	85	85.5	1750	92
4	4Cr5MoSiV1	6	23～28	140	140.6	1526	150
5	4Cr5MoSiV1	6	29～34	236	236.8	1758	248
6	4Cr5MoSiV1	6	35～40	246	246.8	1846	260
7	GCr15	4	41～44	202	202.8	1550	213
8	GCr15	4	45～48	336	337.0	1620	350
9	45 钢	2	49～50	425	426.2	1720	442
10	45 钢	2	51～52	550	551.2	1720	570
11	3Cr2W8V	4	53～56	360	361.0	1660	375
12	40Cr	4	57～60	430	431.0	1520	446

这 60 个工件需先后经过粗车和精车加工,车间中共有 5 台粗车车床和 6 台精车车床。如何合理安排这 60 个工件的加工顺序和合理分配车床,如何选用合适的进给率和车切时的主轴转速,以达到碳排放量、最大完工时间和机器最大负荷的综合目标值最小。

2）测试结果展示

图 4-22～图 4-24 展示了采用面向碳效优化的 EDA[+] 求解 60 个工件的调度问题的结果。其中图 4-22 是甘特图,图 4-23 是总碳排放量曲线,图 4-24 是各机器的碳排放量曲线。与企业原始结果相比,原本需 7.5 h(450 min)才能完工的车削工作,提前了 162 min,在 4.8 h(288 min)内就完工了;在缩短完工时间的同时,还将完工所需的碳排放量由 260 kg 降低到 223.58 kg,减少了 36.42 kg;同时,机器最大负荷由 6.67 h(400 min)降低为 229 min。能实现三个目标同时优化的原因:①调度方案,即机器分配和工件加工顺序合理;②对加工参数(进给率和主轴转速)的连续优化,使得在满足质量要求前提下尽量使机器按照额定功率工作,提高了车削效率。表 4-15 为原始加工参数,表 4-16 为面向碳效优化的加工参数。

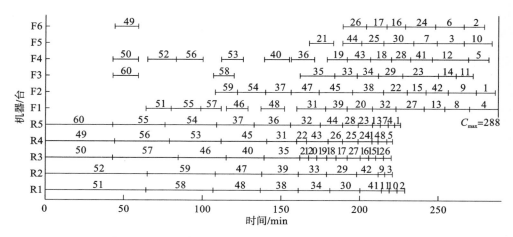

图 4-22 EDA⁺ 求得的 60 个工件调度问题的车削甘特图

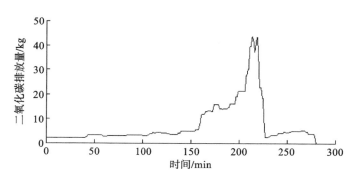

图 4-23 EDA⁺ 求得的 60 根轴类零件车削的 11 台车床的总碳排放量曲线

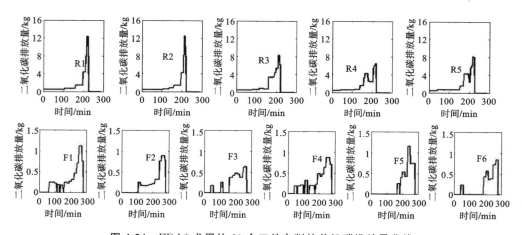

图 4-24 EDA⁺ 求得的 60 个工件车削的单机碳排放量曲线

表 4-15　原始加工参数

参数		类型											
		1	2	3	4	5	6	7	8	9	10	11	12
粗车	进给率/(mm/r)	0.30	0.30	0.30	0.40	0.50	0.50	0.50	0.60	0.70	0.80	0.60	0.60
	转速/(r/min)	500	500	500	180	90	90	125	90	63	45	63	63
精车	进给率/(mm/r)	0.10	0.10	0.10	0.15	0.15	0.15	0.15	0.20	0.20	0.25	0.20	0.20
	转速/(r/min)	1000	1000	710	500	250	250	250	180	125	90	125	125

表 4-16　面向碳效优化的加工参数

参数		类型											
		1	2	3	4	5	6	7	8	9	10	11	12
粗车	进给率/(mm/r)	0.325	0.325	0.325	0.45	0.55	0.55	0.55	0.65	0.75	0.85	0.65	0.65
	转速/(r/min)	1000	1000	780	263	152	150	167	127	101	72	114	98
精车	进给率/(mm/r)	0.12	0.12	0.12	0.18	0.18	0.18	0.18	0.24	0.24	0.28	0.24	0.24
	转速/(r/min)	1400	1400	1080	827	450	416	531	360	389	211	407	421

从加工参数的对比可以看出,优化后的进给率都是允许范围内的最大值,而主轴转速也满足机床功率要求且是设置范围中的最大值。可见,把加工参数纳入调度优化,使得实际加工时机床的功率尽量接近额定功率,即通过提高机床使用率达到了缩短完工时间、减小机器负荷和减少碳排放量的目的。

3)算法测试对比分析

对于该算例,用 GA、GSA 和 EDA$^+$ 分别测试 30 次,在各算法每次测试时获得最优调度方案后,计算该方案对应的最大完工时间、碳排放量、机器最大负荷与加权目标,获得结果的平均值与标准差(见表 4-17)。对不同算法获得的各指标进行方差分析,结果见表 4-18~表 4-21。

表 4-17　不同算法求得的调度方案的各指标平均值与标准差

算法	指标	平均值	标准差
GA	完工时间/min	323.188	12.746
	碳排放量/kg	231.507	2.892
	机器最大负荷/min	249.738	6.310
	加权目标/(%)	68.70	0.011
GSA	完工时间/min	303.477	6.108
	碳排放量/kg	226.255	1.327
	机器最大负荷/min	236.404	3.004
	加权目标/(%)	65.50	0.005

续表

算法	指标	平均值	标准差
EDA$^+$	完工时间/min	298.072	5.840
	碳排放量/kg	224.383	0.575
	机器最大负荷/min	234.147	3.191
	加权目标/(%)	64.90	0.006

表 4-18　不同算法下最大完工时间的方差分析结果

	平方和	自由度	均方差	F 值	显著性水平
组间	561.800	2	280.900	8.074	0.001
组内	3026.700	87	34.790		
总计	3588.500	89			

表 4-19　不同算法下碳排放量的方差分析结果

	平方和	自由度	均方差	F 值	显著性水平
组间	818.205	2	409.103	117.347	0.000
组内	303.304	87	3.486		
总计	1121.509	89			

表 4-20　不同算法下最大负荷的方差分析结果

	平方和	自由度	均方差	F 值	显著性水平
组间	4282.067	2	2141.033	107.327	0.000
组内	1735.533	87	19.949		
总计	6017.600	89			

表 4-21　不同算法下加权目标的方差分析结果

	平方和	自由度	均方差	F 值	显著性水平
组间	0.025	2	0.013	197.902	0.000
组内	0.006	87	0.000		
总计	0.031	89			

从表 4-17 可以看出,对于三种算法,EDA$^+$ 的求解效果是最好的,不仅各指标更优,而且标准差也最小,说明所设计的 EDA$^+$ 算法在求解面向碳效优化的柔性流水车间调度问题时收敛性最好,且稳定性也最好,在 30 次测试中基本每次的结果都好于其他算法。从表 4-18～表 4-21 可以看出,对于最大完工时间、碳排放量、机器最大负荷和加权目标,不同算法的求解性能在统计意义上有显著差别(显著性水平小于 0.05)。

4.4　本章小结

　　本章考虑面向混流装配的零部件并行加工排序优化问题。首先,针对多条并行加工线的关键零部件生产排序优化问题,提出一种评价多条并行混流加工线调度齐套性的指标,以最小化齐套性指标与完工时间的加权和为目标,建立了多条并行加工线齐套性调度优化模型,并提出了一种小生境遗传算法(NGA)来求解该模型。基于某发动机公司实例,证明考虑装配作业需求的完全混流方式在完工时间和最小装配等待时间上均优于原有的按型号依次加工的方式,在最小装配等待时间上也明显优于仅优化完工时间的方式。其次,在关键零部件的混合流水车间加工调度问题上,标准测试集结果表明本章所提的 HEA 相对于经典的求解 HFSP 的算法来说,有着整体上的优越性。最后,对轴类零件柔性车间制造系统的高效低碳运行进行了研究,围绕柔性流水车间碳效优化调度问题,研究碳排放量、最大完工时间与机器最大负荷三个指标同时最小化的优化问题,构建了以加权目标最小化为优化方向的改进 EDA——EDA⁺,并通过企业实例测试验证了该算法的有效性和求解性能。

本章参考文献

[1] JOHNSON S M. Optimal two-and three-stage production schedules with setup times included[J]. Naval Research Logistics Quarterly,1954,1(1):61-68.

[2] RAJENDRAN C,ZIEGLER H. Ant-colony algorithms for permutation flowshop scheduling to minimize makespan/total flowtime of jobs[J]. European Journal of Operational Research,2004,155(2):426-438.

[3] FERNANDES N O, CARMO-SILVA S. Order release in a workload controlled flow-shop with sequence-dependent set-up times[J]. International Journal of Production Research,2011,49(8):2443-2454.

[4] GUPTA J N. Heuristic algorithms for multistage flowshop scheduling problem[J]. AIIE Transactions,1972,4(1):11-18.

[5] RAO Y Q,WANG M C,WANG K P. A study on the scheduling problem in two-stage convergent mixed-model production systems[J]. Advanced Science Letters,2013,19(11):3428-3431.

[6] 周长英.基于装备制造业产品的成套性问题分析[J].唐山学院学报,2012,25(3):90-92.

[7] 王万雷.制造执行系统(MES)若干关键技术研究[D].大连:大连理工大

学,2006.

[8]　刘霞,尚利. 基于齐套方法的离散制造装配计划[J]. 煤炭机械,2013,34(6):
　　　117-119.

[9]　王林平. 应用齐套概念的离散制造业生产调度问题研究[D]. 大连:大连理工大
　　　学,2009.

[10]　RONEN B. The complete kit concept[J]. International Journal of Production
　　　Research,1992,30(10):2457-2466.

[11]　MILLER B L,SHAW M J. Genetic algorithms with dynamic niche sharing
　　　for multimodal function optimization[C]//Proceedings of IEEE International
　　　Conference on Evolutionary Computation. New York:IEEE,2002.

[12]　ZHENG D Z, WANG L. An effective hybrid heuristic for flow shop
　　　scheduling [J]. The International Journal of Advanced Manufacturing
　　　Technology,2003,21:38-44.

[13]　MICHALEWICZ Z. Genetic algorithms + data structures = evolution
　　　programs[M]. 3rd ed. Berlin,Heidelberg:Springer,1996.

[14]　HAMMING R W. Error detecting and error correcting codes[J]. The Bell
　　　System Technical Journal,1950,29(2):147-160.

[15]　KALCZYNSKI P J, KAMBUROWSKI J. On the NEH heuristic for
　　　minimizing the makespan in permutation flow shops[J]. Omega,2007,35
　　　(1):53-60.

[16]　BRAH S A,HUNSUCKER J L. Branch and bound algorithm for the flow
　　　shop with multiple processors [J]. European Journal of Operational
　　　Research,1991,51(1):88-99.

[17]　SAWIK T. Integer programming approach to production scheduling for
　　　make-to-order manufacturing[J]. Mathematical and Computer Modelling,
　　　2005,41(1):99-118.

[18]　TANG L,XUAN H. Lagrangian relaxation algorithms for real-time hybrid
　　　flowshop scheduling with finite intermediate buffers [J]. Journal of the
　　　Operational Research Society,2006,57(3):316-324.

[19]　GUINET A G P,SOLOMON M M. Scheduling hybrid flowshops to minimize
　　　maximum tardiness or maximum completion time[J]. International Journal of
　　　Production Research,1996,34(6):1643-1654.

[20]　DIOS M, FERNANDEZ-VIAGAS V, FRAMINAN J M, et al. Efficient
　　　heuristics for the hybrid flow shop scheduling problem with missing
　　　operations[J]. Computers & Industrial Engineering,2018,115:88-99.

[21]　GUPTA J N D, TUNC E A. Minimizing tardy jobs in a two-stage hybrid

flowshop[J]. International Journal of Production Research, 1998, 36 (9): 2397-2417.

[22] LI Y L, LI X Y, GAO L, et al. An improved artificial bee colony algorithm for distributed heterogeneous hybrid flowshop scheduling problem with sequence-dependent setup times[J]. Computers & Industrial Engineering, 2020, 147:106638.

[23] ZHANG B, PAN Q K, GAO L, et al. A multi-objective migrating birds optimization algorithm for the hybrid flowshop rescheduling problem[J]. Soft Computing, 2019, 23:8101-8129.

[24] PEI J, MLADENOVIĆ N, UROŠEVIĆ D, et al. Solving the traveling repairman problem with profits: a novel variable neighborhood search approach[J]. Information Sciences, 2020, 507:108-123.

[25] WANG Y M, LI X P, RUIZ R, et al. An iterated greedy heuristic for mixed no-wait flowshop problems[J]. IEEE Transactions on Cybernetics, 2017, 48 (5):1553-1566.

[26] PAN Q K, RUIZ R, ALFARO-FERNÁNDEZ P. Iterated search methods for earliness and tardiness minimization in hybrid flowshops with due windows [J]. Computers & Operations Research, 2017, 80:50-60.

[27] GAO K Z, HUANG Y, SADOLLAH A, et al. A review of energy-efficient scheduling in intelligent production systems [J]. Complex & Intelligent Systems, 2020, 6:237-249.

[28] GUINET A, SOLOMON M M, KEDIA P K, et al. A computational study of heuristics for two-stage flexible flowshops [J]. International Journal of Production Research, 1996, 34(5):1399-1415.

[29] DING J W, LÜ Z P, LI C M, et al. A two-individual based evolutionary algorithm for the flexible job shop scheduling problem[C]//Proceedings of the Thirty-third AAAI Conference on Artificial Intelligence, 2019.

[30] ZHANG C Y, LI P G, GUAN Z L, et al. A tabu search algorithm with a new neighborhood structure for the job shop scheduling problem[J]. Computers & Operations Research, 2007, 34(11):3229-3242.

[31] MASTROLILLI M, GAMBARDELLA L. Effective neighbourhood functions for the flexible job shop problem[J]. Journal of Scheduling, 2000, 3(1):3-20.

[32] FERNANDEZ-VIAGAS V, FRAMINAN J M. Design of a testbed for hybrid flow shop scheduling with identical machines[J]. Computers & Industrial Engineering, 2020, 141:106288.

[33] VALLADA E, RUIZ R, FRAMINAN J M. New hard benchmark for

flowshop scheduling problems minimising makespan[J]. European Journal of Operational Research,2015,240(3):666-677.

[34] LIAO C-J, TJANDRADJAJA E, CHUNG T-P. An approach using particle swarm optimization and bottleneck heuristic to solve hybrid flow shop scheduling problem[J]. Applied Soft Computing,2012,12(6):1755-1764.

[35] PAN Q K, WANG L, LI J Q, et al. A novel discrete artificial bee colony algorithm for the hybrid flowshop scheduling problem with makespan minimisation[J]. Omega,2014,45:42-56.

[36] CUI Z, GU X S. An improved discrete artificial bee colony algorithm to minimize the makespan on hybrid flow shop problems[J]. Neurocomputing, 2015,148:248-259.

[37] ÖZTOP H, TASGETIREN M F, ELIIYI D T, et al. Metaheuristic algorithms for the hybrid flowshop scheduling problem[J]. Computers & Operations Research,2019,111:177-196.

[38] CARLIER J, NERON E. An exact method for solving the multi-processor flow-shop[J]. RAIRO-Operations Research,2000,34(1):1-25.

[39] ENGIN O, DÖYEN A. A new approach to solve hybrid flow shop scheduling problems by artificial immune system[J]. Future Generation Computer Systems,2004,20(6):1083-1095.

[40] ALAYKÝRAN K, ENGIN O, DÖYEN A. Using ant colony optimization to solve hybrid flow shop scheduling problems[J]. The International Journal of Advanced Manufacturing Technology,2007,35:541-550.

[41] ARTIGUES C, LOPEZ P, HAÏT A. The energy scheduling problem: industrial case-study and constraint propagation techniques[J]. International Journal of Production Economics,2013,143(1):13-23.

[42] TAN Y Y, LIU S X. Models and optimisation approaches for scheduling steelmaking-refining-continuous casting production under variable electricity price[J]. International Journal of Production Research, 2014, 52 (4): 1032-1049.

[43] 李聪波,崔龙国,刘飞,等. 面向高效低碳的数控加工参数多目标优化模型[J]. 机械工程学报,2013,49(9):87-96.

[44] 孟少农. 机械加工工艺手册 第1卷[M]. 北京:机械工业出版社,1991.

[45] 刘飞. 机械加工系统能量特性及其应用[M]. 北京:机械工业出版社,1995.

[46] LIN W W, YU D Y, ZHANG C Y, et al. A multi-objective teaching-learning-based optimization algorithm to scheduling in turning processes for minimizing makespan and carbon footprint [J]. Journal of Cleaner

Production,2015,101:337-347.

[47] RAJEMI M F,MATIVENGA P T,ARAMCHAROEN A. Sustainable machining:selection of optimum turning conditions based on minimum energy considerations[J]. Journal of Cleaner Production,2010,18(10-11): 1059-1065.

[48] GRAHAM R L,LAWLER E L,LENSTRA J K,et al. Optimization and approximation in deterministic sequencing and scheduling:a survey[J]. Annals of Discrete Mathematics,1979,5:287-326.

[49] 王芳,唐秋华,饶运清,等.求解柔性流水车间调度问题的高效分布估算算法 [J].自动化学报,2017,43(2):280-293.

[50] LI W,ZEIN A,KARA S,et al. An investigation into fixed energy consumption of machine tools[C]//HESSELBACH J,HERRMANN C. Glocalized solutions for sustainability in manufacturing. Berlin,Heidelberg: Springer,2011.

[51] 王圣尧,王凌,许烨,等.求解混合流水车间调度问题的分布估计算法[J].自动 化学报,2012,38(3):437-443.

[52] NAWAZ M,ENSCORE E E,Jr,HAM I. A heuristic algorithm for the m- machine,n-job flow-shop sequencing problem[J]. Omega,1983,11(1): 91-95.

[53] 屈国强.瓶颈指向的启发式算法求解混合流水车间调度问题[J].信息与控制, 2012,41(4):514-521,528.

[54] 潘全科,高亮,李新宇.流水车间调度及其优化算法[M].武汉:华中科技大学 出版社,2013.

[55] 张凤超.改进的分布估计算法求解混合流水车间调度问题研究[J].软件导刊, 2014,13(8):23-26.

[56] VALLADA E,RUIZ R. Genetic algorithms with path relinking for the minimum tardiness permutation flowshop problem[J]. Omega,2010,38(1- 2):57-67.

[57] 周树德,孙增圻.分布估计算法综述[J].自动化学报,2007,33(2):113-124.

[58] 王圣尧,王凌,许烨.求解相同并行机混合流水线车间调度问题的分布估计算 法[J].计算机集成制造系统,2013,19(6):1304-1312.

[59] 王芳.面向碳效优化的柔性流水车间调度研究[D].武汉:华中科技大 学,2017.

第5章　混流装配-加工系统集成运行优化

现实中,要提高整个发动机混流生产系统的生产效率和效益,只单独考虑加工线或单独考虑装配线的优化是不够的,必须将零部件加工线和整机装配线作为一个混流装配-加工系统进行整体研究。但是,采用完全混流的生产方式,若加工生产组织不当,容易造成生产现场操作的频繁切换,以致引起现场错(漏)装的问题。在混流装配-加工系统中,装配投产批量的确定往往还需要充分考虑零部件加工线产能的约束,不恰当的装配投产批量可能导致零部件加工线无法在规定的时间向装配线供应足够的零部件,还可能导致加工线的品种切换过于频繁,或因加工批量过大而造成生产准备成本或在制品库存成本的增加,从而使得批量计划不经济。零部件加工调度和混流装配排序作为两个独立的问题已得到广泛研究,然而,在混流装配制造企业中,考虑到系统的分布性、复杂性与动态性,要提高整个生产系统的效率和效益,这两个问题应该同时考虑。因此,本章分别对混流装配-加工系统中的投产批量和排序优化问题展开研究。

5.1　混流装配-加工系统的特征

混流装配-加工式生产系统生产的产品通常由各种零部件组成,这些零部件根据装配的需求顺序,可以在不同的生产时间和不同的生产地点进行加工制造,零部件加工完成后,再集中在装配地点进行产品的装配。装配所用的各种零部件的加工可以同时进行,也可以按照需求的先后顺序进行。混流装配-加工式生产过程在时间上是可以中断的。与传统的流水车间生产系统相比,混流装配-加工式生产系统更为复杂,是现实中最为常用的一类生产系统。研究混流装配-加工式生产系统的优化问题,从理论和实践的角度看,具有重要的意义。该类系统具有如下特征。

（1）分布性

混流装配-加工式生产过程一般包括零部件加工和产品装配两个子生产过程。首先,按照工艺文件的要求,将原材料加工成符合要求的零件;然后,按照部件装配工艺的要求将各种零件组装成部件,再根据产品装配工艺的规定,将各种零部件总装成最终产品。可以看出,混流装配-加工式生产系统包括各种加工、装配子系统,这些子系统在物理空间上可以分布在不同的国家、地区和企业。随着网络、通信和物流技术的高速发展,混流装配-加工式生产系统逐渐朝着国际化和网络化方向快速发展,使得混流装配-加工式生产系统的分布性特征更加明显。

（2）离散性

在时间上,混流装配-加工式生产过程是允许中断的,这种生产系统的离散性特征比较明显,当然,时间上的可中断性也是该类生产系统能够实现分布和协作生产的前提和基础。混流装配-加工式生产系统属于典型的离散事件动态系统。随着个性化市场需求的增长,混流装配-加工系统的离散性特征会体现得更加明显。这种高离散性的特征增加了对混流装配-加工式生产系统进行有效分析和优化的难度,在连续系统中采用的优化模型建立方法和分析方法在混流装配-加工式生产系统中都不适用。相比之下,建立混流装配-加工式生产系统的分析和优化模型难度更大,该系统的有些性能很难用数学模型来体现,求解针对该类生产系统部分性能优化所建立的数学模型,大多数都是 NP-完全问题,没有有效求得最优解的方法。所以,目前关于混流装配-加工系统的分析和研究,更多的是采用启发式方法或仿真方法,基于运行系统的仿真模型,找到其运行的规律,进而对系统做进一步的优化。

（3）复杂性

在市场竞争压力和产品个性化需求的推动下,生产方式正在从少品种、大批量生产向多品种、单件小批量生产转化。在多品种、单件小批量的生产系统中,每种产品都是由具有不同规格型号和工艺要求的零部件装配而成的,而各种零部件的制造过程既包含串联操作,又包含平行和并发操作。企业的设备、人员、搬运工具等资源是有限的,不同产品在生产过程中使用这些资源时经常会出现冲突和竞争的情况,物流搬运交叉和往返很多,生产车间和管理部门间联系紧密,在时间上也是相互制约的,为了能够低成本、高效率、按时、保质保量地生产出各种产品,必须对整个生产系统进行精细化地组织和优化,以保证与生产相关的各个车间和管理部门能够紧密协作,科学高效地进行生产。

（4）动态性

混流装配-加工式生产系统的运行不可避免地受到企业所处的外部环境和企业内部环境因素的影响和制约。影响企业运行的外部环境因素主要包括经济形势的变化、市场需求的不确定性、科学技术发展水平以及同行业其他企业的激烈竞争等,影响企业运行的内部环境因素主要有企业管理水平、操作人员的技术水平、设备自动化程度、生产线的柔性等。而影响生产系统的这些因素都是动态变化的,为了减小环境变化对生产系统的影响,要及时对混流装配-加工式生产系统的各种要素做出相应的调整,比如重新调整生产战略、改动生产线的布局、更新生产设备、调整组织结构、加强人员的培训、调整生产计划的管理和编制方式等。

（5）多目标性

混流装配-加工式生产系统的优化目标与企业整体经营目标是一致的,是其重要的组成部分。混流装配-加工式生产系统的优化指标是多样的,主要包括产量、质量、交货期以及成本类指标,还包括完工时间、库存量、设备利用率、物料消耗平顺化、工位负荷均衡化等指标。有些优化指标之间是一致的,而有些优化指标之间是相互矛盾的,在不同生产时期,各个优化指标的重要程度是不一样的,确定各个优化指标间的相对重要程度,以及对多个优化指标进行协调和处理是混流装配-加工式生产系统优化的一项重要内容。

5.2　混流装配-加工系统批量计划集成优化

本节在第 2 章混流装配线投产批量优化问题的研究基础上,考虑零部件加工计划和装配投产批量间的相互影响,研究混流装配-加工系统在不确定外部需求下的批量计划集成优化问题,以最小化成品库存持有成本和在制品库存成本为目标建立了集成优化模型,应用迭代策略,提出了一种基于 RBFN、交叉熵算法及 PSO 的混合求解算法,其中用粒子的位置来表示装配投产批量,用交叉熵和 RBFN 快速求解加工线对应的子模型,子模型的最优目标值被代入粒子的适应度评价。基于某发动机公司的实际生产数据,该算法求解的结果均优于应用层次策略所得的结果以及该公司原有模式下的批量计划。

5.2.1　混流装配-加工系统批量计划集成优化问题描述

最早的 MRP 系统在处理相关需求时,并不考虑零部件加工线的生产能力,输出的生产计划在实际生产系统中的可行性并没有得到保证[1]。20 世纪 70 年代出现的闭环 MRP 系统将生产计划和生产能力结合起来,在制订生产计划时考虑产能约束,极大增强了所生成计划的可行性[2]。然而,对于由产品装配线和零部件加工线组成的生产系统,这种先制订生产计划,再生成零部件的加工批量计划的方式,是一种分别求解子问题的层次(递阶)策略,其所得的计划并不能保证总体生产成本较优[3]。

根据是否考虑生产能力约束,装配与加工生产计划协调问题可分为两类:多层批量问题(MLLSP)[4]和多层产能受限批量问题(MLCLSP)[5]。由于这两类问题都是 NP-难问题,因此,现有研究主要集中于启发式算法[6,7]和元启发式算法的开发[8]。

与 CLSP 类似,MLLSP 和 MLCLSP 都将批量的产能占用描述为批量的线性组合,即批量大小与单位产能消耗之积的和,这一描述与现实情况出入较大。在混流装配生产模式中,往往并不存在固定的“单位产能消耗”,批量对应的产能消耗是否超出产能限制,往往需要经过排序之后才能判定,因此,有必要在涉及产能约束的混流装配-加工系统中考虑排序的影响。

Fandel 和 Stammen-Hegene 针对作业车间生产环境,提出了一种多级多产品生产批量与调度模型,以在计划期内确定最优的批量分配以及批量间的顺序[9]。

Mohammadi 等针对工位之间缓存区容量无限的流水车间的批量计划与排序问题提出了五种基于混合整数规划的启发式算法[10]，文献[11]针对该问题又提出了一种结合启发式规则的遗传算法。Begnaud 等分析了包含多个工位的生产系统的批量问题的性质，并得到一个不等式，结合该不等式，使用分支定界法求解所提的混合整数规划模型[12]。这类研究尽管考虑了调度或排序与批量的综合优化，但在这些问题的设置中，每一级仅包含一台机器，且机器前后均无缓存区容量限制，其产能约束仍为线性的。此外，这些研究均假设在某一时段内同一型号的工件必须连续完成一次加工和装配后再切换至下一型号。

20 世纪 50 年代，日本管理专家新乡重夫发展出快速换模技术，丰田汽车公司应用该技术将切换时间由最初的 4 h 缩短至 3 min。随着快速换模技术的发展和普及，切换占用产能的比例不断缩小[13]。特别是在一些高性能的柔性加工中心上，切换时间已经降到秒级，如瑞士 ICON 工业公司的 ICON6-250，其切换时间平均为 1.3 s[14]；某发动机公司的 5C 件加工线大量采用柔性加工中心，产品型号切换十分迅速，切换时间与该工序加工时间相比可忽略不计。

切换时间的缩短使得小批量生产方式的切换成本不再高昂，已有研究中关于相同型号必须连续加工完毕的限制在这类生产系统中不再必要，在一个班次内将某一型号工件的投产批量分成几个更小的批量成为可能，但这种情况下的排序更为复杂，目前尚未检索到相关的计划协调问题研究。再考虑到外部需求的不确定性通常不宜简单忽略，深入研究这种情况下的混流装配-加工系统的生产计划集成优化问题，在理论和实践上均具有重要的意义。

不确定需求下的混流装配-加工系统的批量计划集成优化问题可描述如下：考虑某工厂包含多条零部件加工线及一条装配线，每条加工线生产一类主要零部件，而每类均涉及多种不同型号，零部件在装配线上被装配成不同型号的最终产品。与第 4 章类似，外部对最终产品的需求表现出不确定性，计划中每一天的需求量可在一定范围内变动，其具体的数值直到临近当天时才能最终完全确定。为满足需求，同时保持较低的在制品库存及成品库存成本，需合理确定各生产线在各个时段内的投产批量。此外，各生产线均存在产能约束，各生产线每天的生产时间不能超过相关的限制。

为不失一般性，本问题引入如下假设：

①装配线和加工线均允许混流生产，每天（或每个班次内）均允许生产多个型号的成品或零部件；

②装配所需的零部件不允许缺货；

③成品需求允许积压，但必须尽量在计划期内全部完成；

④生产零部件所需的原材料（毛坯等）无限可得，除由加工线生产的零部件外，装配作业所需的其他零部件均无限可得；

⑤从各加工线到装配线的运输时间忽略不计。

5.2.2　混流装配-加工系统批量计划集成优化问题建模

1. 数学符号

沿用第 2 章所用符号,本节所使用的符号列举如下(下标 0 表示装配线):

① T,计划期涉及的时段,$t \in \{1, 2, \cdots, T\}$;

② L,生产线数量,$l \in \{0, 1, \cdots, L\}$,其中 $l = 0$ 表示装配线;

③ K_l,生产线 l 产出的成品/零部件的型号数量,$k_l \in \{0, 1, \cdots, K_l\}$;

④ $a_{k,l,j}$,单位产品 k 需要加工线 l 生产的零部件 j 的数量;

⑤ $\tilde{d}_{kt}$,产品 k 在时段 t 中的需求量,其取值范围为 $[(1 - \eta_k)d_k, (1 + \eta_k)d_k]$,$0 \leqslant \eta_k < 1$;

⑥ $\tilde{d} = \{\tilde{d}_{11}, \tilde{d}_{21}, \cdots, \tilde{d}_{K1}, \cdots, \tilde{d}_{KT}\}$,产品需求量;

⑦ $Q_{l,k,t}$,生产线 l 在 t 时段产品/零部件 k 的投产批量;

⑧ $\boldsymbol{Q}_{lt} = (Q_{l,1,t}, Q_{l,2,t}, \cdots, Q_{l,K,t})^{\mathrm{T}}$,生产线 l 在时段 t 中的投产批量向量;

⑨ $\boldsymbol{Q}_l = \{Q_{l1}, Q_{l2}, \cdots, Q_{lT}\}$,生产线 l 的投产批量;

⑩ $Y_{l,k,t-1}$,$Y_{l,k,t}$,生产线 l 上产品/零部件 k 在 t 时段初和该时段末的净库存,$Y_{l,k,t}(l \geqslant 1)$ 为零部件的安全库存水平,且 $\boldsymbol{Y}_{l,0} = (Y_{l,1,0}, Y_{l,2,0}, \cdots, Y_{l,k,0})$,表示生产线 l 上产品/零部件安全库存水平,记 $\boldsymbol{Y}_0 = (\boldsymbol{Y}_{1,0}, \boldsymbol{Y}_{2,0}, \cdots, \boldsymbol{Y}_{L,0})$,表示不同生产线的安全库存水平;

⑪ α_{lkt},生产线 l 上产品/零部件 k 在 t 时段的单位库存持有成本;

⑫ γ_{lkt},生产线 l 上产品/零部件 k 在 t 时段中的单位缺货成本,由于加工线不允许缺货,因此,$\gamma_{lkt} = +\infty(l \geqslant 1)$;

⑬ C_{lt},生产线 l 在时段 t 中的可用能力;

⑭ $F_l(\boldsymbol{Q}_{lt})$,完成 $\boldsymbol{Q}_{lt}$ 需要的装配/加工时间;

⑮ M,足够大的正数。

2. 数学模型

与 2.2.2 节类似,可建立如下不确定规划模型:

$$\min Z(\boldsymbol{Q}, \boldsymbol{Y}_0) = \sum_{l=0}^{L} \sum_{t=1}^{T} \sum_{k=1}^{K_l} (\alpha_{lkt} \max\{0, Y_{l,k,t}\} - \gamma_{lkt} \min\{0, Y_{l,k,t}\}) \tag{5-1}$$

s.t.

$$Y_{0,k,t} = Y_{0,k,0} + \sum_{\tau=1}^{t} Q_{0,k,\tau} - \sum_{\tau=1}^{t} \tilde{d}_{k\tau} \tag{5-2}$$

$$Y_{l,j,t} = Y_{l,j,0} + \sum_{\tau=1}^{t} Q_{l,j,\tau} - \sum_{\tau=1}^{t} \sum_{k=1}^{K_0} a_{k,l,j} Q_{0,k,\tau} \tag{5-3}$$

$$Y_{l,j,t} \geqslant 0 \tag{5-4}$$

$$Y_{0,k,t} \geqslant 0 \tag{5-5}$$

$$\sigma_l F_l^{\mathrm{NEH}}(\boldsymbol{Q}_{lt}) \leqslant C_{lt}, \quad \sigma_0 F_0^{\mathrm{NEH}}(\boldsymbol{Q}_{0t}) \leqslant C_{0t} \tag{5-6}$$

$$Q_{l,k,t} \geqslant 0, \quad Q_{0,k,t} \geqslant 0 \tag{5-7}$$

$$t \in \{1,2,\cdots,T\}, k \in \{1,2,\cdots,K_0\}, l \in \{1,2,\cdots,L\}, j \in \{1,2,\cdots,K_l\} \tag{5-8}$$

式(5-1)表示目标为最小化批量计划对应的总的成品库存成本、成品延迟交货成本及在制品库存成本,式中第一项表示库存持有成本,第二项为延迟交货成本;式(5-2)为装配线的物质守恒约束;式(5-3)为加工线的物质守恒约束;式(5-4)表示装配所需的零部件不允许出现短缺;式(5-5)表示计划期内的需求最终都被满足;式(5-6)为能力约束;式(5-7)为非负约束;式(5-8)为上述约束中各指标的范围。

因上述模型中包含不确定量,本节将该模型重新表述为如下机会约束模型:

$$\min \widetilde{Z} \tag{5-9}$$

s.t.

$$\mathrm{Cr}\{Z(\boldsymbol{Q},\boldsymbol{Y}_0) \leqslant \widetilde{Z}\} \geqslant \varepsilon \tag{5-10}$$

$$Y_{0,k,t} = Y_{0,k,0} + \sum_{\tau=1}^{t} Q_{0,k,\tau} - \sum_{\tau=1}^{t} \widetilde{d}_{k\tau}$$

$$Y_{l,j,t} = Y_{l,j,0} + \sum_{\tau=1}^{t} Q_{l,j,\tau} - \sum_{\tau=1}^{t} \sum_{k=1}^{K_0} a_{k,l,j} Q_{0,k,\tau}$$

$$\mathrm{Cr}\{Y_{0,k,T} \geqslant 0\} \geqslant \theta \tag{5-11}$$

$$Y_{l,j,t} \geqslant 0,$$

$$\sigma_l F_l^{\mathrm{NEH}}(\boldsymbol{Q}_{lt}) \leqslant C_{lt}, \quad \sigma_0 F_0^{\mathrm{NEH}}(\boldsymbol{Q}_{0t}) \leqslant C_{0t}$$

$$Q_{l,k,t} \geqslant 0, \quad Q_{0,k,t} \geqslant 0$$

$$t \in \{1,2,\cdots,T\}, k \in \{1,2,\cdots,K_0\}, l \in \{1,2,\cdots,L\}, j \in \{1,2,\cdots,K_l\}$$

式(5-9)和式(5-10)表示总成本不超过 $\widetilde{Z}$ 的置信度至少为 ε;式(5-11)表示外部需求全部得到满足的置信度不低于 θ。

5.2.3　基于 PSO、RBFN 及 CE 的批量计划集成优化算法

与第 2 章所述装配线投产批量优化模型不同,本节所考虑的混流装配-加工系统生产计划集成优化模型涉及多条生产线,且加工线与装配线间存在依赖关系(见式(5-3)中等号右边第三项),属于两层批量问题(bi-level/two-level lot-sizing problem)[15,16],因而不能将本节模型分解为几个独立的单层模型分别求解。多层批量问题的求解策略可划分为三种:① 层次法(hierarchical method);② 迭代法(iterative method);③ 全空间法(full-space method)。在层次法中,对于高层问题,要确定高层的决策变量,并作为低层子问题的输入;与层次法相比,迭代法还将较低层次子问题的信息反馈给较高层次的问题;全空间法将问题看作一个整体,各层次的所有约束同时考虑[17]。层次法通常会得到非可行解或次优解[18],而全空间法的空间包含大量不可行的组合,从而导致求解效率较低。本节尝试用迭代法来求解该多层批量优化问题。

将上述规划问题按多层规划的形式表述,具体如下:

$$\min_{Q,Y_0} \widetilde{Z} = \widetilde{Z}_0 + \sum_{l=1}^{L} Z_l^*(Q_0) \tag{5-12}$$

子模型 $\begin{cases} Z_l^*(Q_0) = \min \sum\limits_{t=1}^{T} \sum\limits_{j=1}^{K_l} \alpha_{ljt} Y_{l,j,t}, \\[2mm] \text{约束条件:} \\[2mm] Y_{l,j,t} = Y_{l,j,0} + \sum\limits_{\tau=1}^{t} Q_{l,j,\tau} - \sum\limits_{\tau=1}^{t} \sum\limits_{k=1}^{K_0} a_{k,l,j} Q_{0,k,\tau}, \\[2mm] Y_{l,j,t} \geqslant 0 \\[2mm] \sigma_l F_l^{\mathrm{NEH}}(Q_{lt}) \leqslant C_{lt} \\[2mm] Q_{l,j,t} \geqslant 0, \\[2mm] j \in \{1,2,\cdots,K_l\} \end{cases}$

s.t.

$$Z_0(Q_0) = \sum_{t=1}^{T} \sum_{k=1}^{K_0} (\alpha_{0kt} \max\{0, Y_{0,k,t}\} - \gamma_{0kt} \min\{0, Y_{0,k,t}\}) \tag{5-13}$$

$$\mathrm{Cr}\{Z_0(Q_0) \leqslant \widetilde{Z}_0\} \geqslant \varepsilon$$

$$Y_{0,k,t} = Y_{0,k,0} + \sum_{\tau=1}^{t} Q_{0,k,\tau} - \sum_{\tau=1}^{t} \widetilde{d}_{k\tau}$$

$$\mathrm{Cr}\{Y_{0,k,T} \geqslant 0\} \geqslant \theta \tag{5-14}$$

$$\sigma_0 F_0^{\mathrm{NEH}}(Q_{0t}) \leqslant C_{0t}$$

$$Q_{0,k,t} \geqslant 0$$

$$t \in \{1,2,\cdots,T\}, k \in \{1,2,\cdots,K_0\}, l \in \{1,2,\cdots,L\}$$

　　式(5-12)把目标函数分解为两个部分,第二部分为 L 个子模型的最优解,子模型以最小化各加工线在制品库存成本为目标;式(5-13)为装配线的目标函数;式(5-14)表示装配线的总成本的置信度约束。

　　本节在第 2 章提出的 RBFN 和 PSO 混合算法的基础上,引入一种交叉熵(cross entropy,CE)方法,由此形成的混合算法的主要流程如图 5-1 所示。

1. 交叉熵方法简介

　　Rubinstein 在研究复杂随机网络中稀有事件(rare event)估计的自适应算法时,结合重要性采样(importance sampling,IS)方法,提出了交叉熵方法[19],并将其应用到最优化问题的求解。该方法可以显著提高蒙特卡洛抽样效率,其主要思想是通过适当地构造随机序列,使目标函数依一定的概率收敛到最优解。

　　定义 5.1(交叉熵)　设 $f(x)$ 和 $g(x)$ 是空间 X 上的两个概率分布,它们之间的交叉熵也称 Kullback-Leibler(K-L)距离,定义为

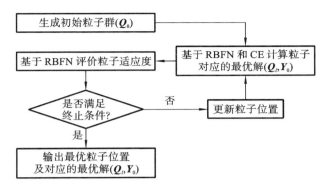

图 5-1　基于 RBFN、CE 及 PSO 的混合算法主要流程

$$D(f,g) = E_f \ln \frac{f(X)}{g(X)} = \int f(x) \ln \frac{f(x)}{g(x)} \mathrm{d}x \tag{5-15}$$

交叉熵用于表征 $f(x)$ 和 $g(x)$ 的差异程度，$D(f,g) \geqslant 0$；当且仅当 $f(x)=g(x)$ 时，$D(f,g)=0$。

考虑优化问题：

$$S(x^*) = \gamma^* = \max_{x \in \chi} S(x) \tag{5-16}$$

在 X 上定义一组概率密度函数 $\{f(\cdot,v), v \in V\}$，则对某个参数 $u \in V$，该问题可关联一个估计问题：

$$l(\gamma) = P_u\{S(x) \geqslant \gamma\} = \sum I_{\{S(x) \geqslant \gamma\}} f(x,u) = E_u I_{\{S(x) \geqslant \gamma\}} \tag{5-17}$$

其中，函数 $I_{\{S(x) \geqslant \gamma\}}$ 称为示性函数（indicator function），其定义为

$$I_{\{S(x) \geqslant \gamma\}} = \begin{cases} 1, & S(x) \geqslant \gamma \\ 0, & \text{其他} \end{cases} \tag{5-18}$$

对于式（5-17），当 γ 取值接近 γ^* 时，事件 $S(X) \geqslant \gamma$ 即成为一稀有事件，其概率 l 的值非常小，因而，如果直接用蒙特卡洛方法来求解式（5-17），需要足够大的样本数量。为此，引入重要性采样密度函数 $g(x)$，式（5-17）可写成

$$l = \sum I_{\{S(x) \geqslant \gamma\}} \frac{f(x,u)}{g(x)} g(x) = E_g \left\{ I_{\{S(x) \geqslant \gamma\}} \frac{f(x,u)}{g(x)} \right\} \tag{5-19}$$

其参数估计式为

$$\hat{l} = \frac{1}{N} \sum_{i=1}^{N} I_{\{S(X(i)) \geqslant \gamma\}} \frac{f(X^{(i)},u)}{g(X^{(i)})}, \tag{5-20}$$

式中：$X^{(i)}$ 为根据密度函数 $g(x)$ 生成的样本。通过选择合适的密度函数 $g(x,v)$，可以使事件 $S(x) \geqslant \gamma$ 发生概率增大，从而减小估计方差，当取 $g(x)$ 为

$$g^*(x) = \frac{I_{\{S(x) \geqslant \gamma\}} f(x,u)}{l} \tag{5-21}$$

此时估计方差为 0[20]。因 $g^*(x)$ 与未知的 l 有关，同时在组合优化问题中 $f(x,u)$ 往往也没有解析形式，故 $g^*(x)$ 不能解析地推导出来。一种处理办法为：从分布族

$\{f(\,\boldsymbol{\cdot}\,,v)\}$ 中选取适当的参数 v^*，使得 $g(x)=f(\,\boldsymbol{\cdot}\,,v^*)$ 与 $g^*(\,\boldsymbol{\cdot}\,)$ 的差异程度最小，即交叉熵最小。有

$$v^* = \arg\min_{v}\left\{\int I_{\{S(x)\geqslant\gamma\}}f(x,u)\ln\frac{I_{\{S(x)\geqslant\gamma\}}f(x,u)}{f(x,v)}\mathrm{d}x\right\} \tag{5-22}$$

等价于

$$v^* = \arg\max_{v}E_u I_{\{S(x)\geqslant\gamma\}}\ln f(x,v) \tag{5-23}$$

写成参数估计形式为

$$\hat{v}^* = \arg\max_{v}\frac{1}{N}\sum_{i=1}^{N}I_{\{S(X^{(i)})\geqslant\gamma\}}\ln f(X^{(i)},v) \tag{5-24}$$

当 N 足够大，应用拉格朗日乘子法即可求出 $\hat{v}^*$；但当解空间巨大时，事件 $\{S(X^{(i)})\geqslant\gamma\}$ 为稀有事件，式(5-24)中的 $I_{\{S(X^{(i)})\geqslant\gamma\}}$ 在抽样中几乎总是为 0，从而导致上述估计误差极大。为此，交叉熵算法引入一个序列 (γ_s,v_s)，采用多级迭代算法来逼近最优的参数 v^*。算法从某一初始的 (γ_1,v_1) 开始，每次迭代都包含抽样和 ρ 分位更新，经过 s 次迭代，(γ_s,v_s) 即可达到或逼近最优的 $\{\gamma^*,v^*\}$，每次迭代的内容具体如下[21,22]：

①更新 γ_s。设 v_{s-1} 已知，取 γ_s 为参数 v_{s-1} 下 $S(x)$ 的 ρ 分位数，即从分布 $\{f(\,\boldsymbol{\cdot}\,,v)\}$ 中抽取样本 $X^{(1)},X^{(2)},\cdots,X^{(N)}$，计算每个样本的性能 $S(X^{(i)})$，并从小到大排列为 $S_{(1)}\leqslant S_{(2)}\leqslant\cdots\leqslant S_{(N)}$，取 $\hat{\gamma}_s=S_{(\lceil(1-\rho)N\rceil)}$。

②更新 v_s。设 γ_s 和 v_{s-1} 均已确定，求解

$$\hat{v}_s^* = \arg\max_{v}\frac{1}{N}\sum_{i=1}^{N}I_{\{S(X^{(i)})\geqslant\gamma_s\}}\ln f(X^{(i)},v) \tag{5-25}$$

按下式更新 v_s：

$$v_s = \alpha\hat{v}_s^* + (1-\alpha)v_{s-1} \tag{5-26}$$

交叉熵算法一经提出，就取得了较广泛的应用，如车辆路径问题[23]、缓存区分配问题[24]、旅行商问题[22]、最大割问题[25]等。文献[8]将交叉熵算法应用于多品种产能受限批量问题，实验结果显示交叉熵算法即使在大规模的问题中也能较快地获取比分支定界法更优的解。

2. 集成优化模型基于 RBFN、PSO 及 CE 的求解算法

（1）解的表达及适应度评价

在第一层模型中，每个解均由装配线批量决定，因此粒子的位置定义与第 2 章相同，但粒子的适应度定义如下：

$$\mathrm{Fit}_0(x) = \frac{1}{\tilde{f}(x)+\sum_{l=1}^{L}Z_l^*(x)+U(x)} \tag{5-27}$$

其中，函数 $\tilde{f}(x)$ 和 $U(x)$ 的定义同式(2-20)和式(2-24)。

（2）子模型的求解

对于 L 个子模型，采用基于 RBFN 及 CE 算法求解，其中，产能约束的处理与式（2-22）类似。引入辅助函数：

$$f_l(\boldsymbol{Q}_{l,t}) = \sigma_l F_l^{\mathrm{NEH}}(\boldsymbol{Q}_{l,t}) - C_{lt} \tag{5-28}$$

在求解过程中，使用该函数训练 RBFN 的输出值 $\overline{f_l}$ 来代替实际的函数值。

定义子模型的性能函数为

$$S(\boldsymbol{Q}_l, \boldsymbol{Y}_{l,0}) = \frac{1}{W_l(\boldsymbol{Q}_l, \boldsymbol{Y}_{l,0})} \tag{5-29}$$

其中：

$$W_l(\boldsymbol{Q}_l, \boldsymbol{Y}_{l,0}) = M \cdot \Big[\sum_{j=1}^{K_l} \sum_{t=1}^{T} \zeta(-Y_{l,j,t}) + \sum_{t=1}^{T} \zeta(f_l(\boldsymbol{Q}_{l,t})) \Big] + \sum_{t=0}^{T} \sum_{j=1}^{K_l} \alpha_{ljt} \zeta(Y_{l,j,t})$$

算子 $\zeta(\cdot)$ 定义为

$$\zeta(x) = \begin{cases} x, & x > 0 \\ 0, & x \leqslant 0 \end{cases} \tag{5-30}$$

在不致混淆时，下文将 $\boldsymbol{Y}_{l,j,0}$ 记为 $\boldsymbol{Q}_{l,j,0}$，并用 $\boldsymbol{Q}_l$ 代替 $(\boldsymbol{Q}_l, \boldsymbol{Y}_{l,0})$（$t=0$ 时，用 $\boldsymbol{Q}_l$ 表示 $\boldsymbol{Y}_{l,0}$），则所考察的子模型可写成：

$$\max S(\boldsymbol{Q}_l) \tag{5-31}$$

可关联如下估计问题：

$$l(\gamma) = E_{\mathrm{P}} I_{\{S(\boldsymbol{Q}_l) \geqslant \gamma\}} \tag{5-32}$$

其中，$\boldsymbol{P} = (P_{l,j,t,q})$ 表示为 $\boldsymbol{Q}_l$ 的离散分布（当 $t=0$ 时表示 $\boldsymbol{Y}_{l,0}$ 的分布）。记产线 l 在时段 t 内仅投产型号 j 时的最大可行批量为 $M_{l,j,t}$，最高允许的安全库存水平为 $F_{l,j}$，则

$$P_{l,j,t,q} = \begin{cases} \dfrac{1}{M_{l,j,t}+1}, & 0 \leqslant q \leqslant M_{l,j,t}, t \geqslant 1 \\[3mm] \dfrac{1}{F_{l,j}+1}, & 0 \leqslant q \leqslant F_{l,j}, t = 0 \\[2mm] 0, & \text{其他} \end{cases} \tag{5-33}$$

基于上述估计问题，可给出子模型的求解算法如下：

①取 $\boldsymbol{P}_0 = \boldsymbol{P}, s = 1$。

②依分布 $\boldsymbol{P}_s$ 随机生成 N 个样本 $Q^{(1)}, Q^{(2)}, \cdots, Q^{(N)}$，并依式（5-29）计算各样本对应的性能。

③按从小到大的顺序排列 N 个性能值，记为 $S_{(1)} \leqslant S_{(2)} \leqslant \cdots \leqslant S_{(N)}$，取 $\hat{\gamma}_s = S_{\lceil(1-\rho)N\rceil}$。

④求解：

$$\begin{cases} \hat{\boldsymbol{P}}_s^* = \arg\max \boldsymbol{P}_s \sum_{i=1}^{N} I_{\{S(Q^{(i)}) \geqslant \hat{\gamma}_s\}} \ln\Big(\prod_{\forall l, k, t} P_{l,k,t,Q_{l,k,t}^{(i)}} \Big) \\[3mm] \text{s. t. } \sum_{q=0}^{\infty} P_{l,k,t,q} = 1 \end{cases} \tag{5-34}$$

得

$$\hat{P}^{*}_{l,k,t,q;s} = \frac{\sum_{i=1}^{N} I_{\{S(Q^{(i)}) \geqslant \dot{\gamma}_{s}\}} I_{\{Q^{(i)}_{l,k,t} = q\}}}{\sum_{i=1}^{N} I_{\{S(Q^{(i)}) \geqslant \dot{\gamma}_{s}\}}}$$

依式(5-26)更新 $\hat{P}^{*}_{l,k,t,q;s}$:

$$\hat{P}^{*}_{l,k,t,q;s} = \alpha \hat{P}^{*}_{l,k,t,q;s} + (1-\alpha) \hat{P}^{*}_{l,k,t,q;s-1}$$

⑤迭代,$s=s+1$。

⑥重复上述步骤②~步骤⑤,直到 $\hat{P}^{*}_{l,k,t,q;s}$ 不再发生变化。

⑦输出 $Q^{*}_{l,k,t}$,其中

$$Q^{*}_{l,k,t} = \arg\max_{q} \hat{P}^{*}_{l,k,t,q;s}$$

（3）粒子的更新

将 $Q^{*}_{l,k,t}$ 对应的目标值 Z^{*}_{l} 代入式(5-27)即得到粒子的适应度,再依式(2-10)、式(2-11)更新粒子位置,并按 2.3 节提出的改进方法对更新后的粒子的邻域进行搜索,搜索过程中仍应用交叉方法对子模型进行求解。

除适应度计算有差异及增加了子模型的求解外,本算法的整体流程与图 2-2 一致。

5.2.4　实例验证及结果分析

本节以某发动机公司为例,除装配线外,还考虑五条关键零部件加工线(5C 件加工线),分别生产发动机缸盖、缸体、连杆、曲轴、凸轮轴。如第 2 章案例所述,基于每周末"生产平衡会"确定的未来一周预计的需求情况,装配线需要综合考虑成品库存信息来确定批量计划;此外,各加工线需根据该信息及各自的在制品库存数据来综合确定对应的投产批量计划,以确保充足地供应装配线。一般情况下,发动机装配线每天启用一个班次,可用时间为 8 h,5C 件加工线启用两个班次,可用时间为 16 h。各线生产的零部件型号及对应的各工位作业时间和相邻工位间的缓存区容量见附表1-3 至附表 1-7,各型号零部件的单位库存持有成本见附表 1-1。

1. 原有模式下的批量计划

在部署协同制造系统之前,该发动机公司 5C 件加工线的批量计划在装配线的批量计划确定后分别单独制订,此外,为了方便生产组织,各 5C 件加工线每天投产的型号数量不超过 2 种,各线每天上线的总批量不超过某一给定的量,可认为该批量满足产能限制。在原有模式下,各加工线的最优批量可通过求解如下整数规划模型得出:

$$Z^{**}_{l}(\boldsymbol{Q}_{0}) = \min \sum_{t=0}^{T} \sum_{j=1}^{K_l} \alpha_{ljt} Y_{l,j,t} \tag{5-35}$$

s. t.

$$Y_{l,j,t} = Y_{l,j,0} + \sum_{\tau=1}^{t} Q_{l,j,\tau} - \sum_{\tau=1}^{t} \sum_{k=1}^{K_0} a_{k,l,j} Q_{0,k,\tau} \tag{5-36}$$

$$Y_{l,j,t} \geqslant 0, \quad Y_{l,j,0} \geqslant 0$$

$$\sum_{j=1}^{K_l} Q_{l,j,t} \leqslant R_l^{[\max]}$$

$$Q_{l,j,t} \geqslant 0$$

$$M \cdot x_{l,j,t} - Q_{l,j,t} \geqslant 0 \tag{5-37}$$

$$\sum_{j=1}^{K_l} x_{l,j,t} \leqslant 2 \tag{5-38}$$

$$x_{l,j,t} \in \{0,1\}, \quad j \in \{1,2,\cdots,K_l\}, t \in \{1,2,\cdots,T\} \tag{5-39}$$

式(5-36)表示一天内的总批量不能超过一定量(缸体线为 245,缸盖线为 275,曲轴线为 295,凸轮轴线为 544,连杆线为 1200);式(5-37)与式(5-38)一起表示该加工线每天上线的型号不超过两种,其中 $x_{l,j,t}$ 为 0-1 变量。

以表 2-1 所示需求信息为例,各种产品需要的 5C 件型号及数量见附表 1-1,按当前的计划方法,使用 ILOG CPLEX 求解可得批量计划,如表 5-1 所示,其中"初始库存"表示在本周的生产开始之前在制品库存水平的最小值,当低于该值时,则无法全部满足装配线的需求。

表 5-1　批量计划(原有模式 CPLEX 解)

生产线	型号	投产批量($Q_{l,k,t}$)					初始库存
		周一	周二	周三	周四	周五	
装配线	481F	84	84	94	125	103	0
	481H	93	89	94	98	112	0
	484F	46	63	53	73	0	0
	DA2	6	30	0	3	15	0
	DA2-2	75	32	62	0	0	0
缸体线	481H-20BA	168	182	196	217	204	10
	484F-20	0	0	0	28	0	209
	481FC-20	75	61	41	0	40	0
	473B-20	0	0	0	0	0	0
缸盖线	481F-30BA	93	144	171	183	104	33
	484H-30BA	182	0	94	92	118	0
	481FD-30	0	0	0	0	0	55
	481FB-30	0	93	0	0	0	75
	473B-30	0	0	0	0	0	0

续表

生产线	型号	投产批量（$Q_{l,k,t}$）					初始库存
		周一	周二	周三	周四	周五	
曲轴线	481H-50	178	197	188	222	247	0
	484J-50	117	96	104	73	15	0
	473B-50	0	0	0	0	0	0
凸轮轴线	481F-60	295	0	359	0	129	0
	484FB-60	0	93	0	0	0	75
	481H-60	183	0	185	0	118	0
	481F-6035	0	416	0	334	0	201
	481H-6030	0	0	0	210	0	276
	473B-60	0	0	0	0	0	0
连杆线	481F/H	1080	1172	1168	1180	1048	0
	473	0	0	0	0	0	0
成品临界成本/元							3245.20
在制品库存成本/元							5663.20
满足需求置信度							0.94

2. 集成优化模型计算结果

综合考虑车间中客观存在的各种扰动,式(5-6)中的综合系数 σ_0 和 σ_l 设置见表 5-2。用于求解第一层模型的 RBFN 的参数设置与第 2 章中采用的参数一致;子模型中 RBFN 的参数经试探后确定,见表 5-3,求解子模型的交叉熵算法中的平滑系数取 0.7。

表 5-2　装配线及 5C 件加工线的综合系数值

综合系数	装配线	缸体线	缸盖线	曲轴线	凸轮轴线	连杆线
σ	1.05	1.11	1.09	1.11	1.11	1.05

表 5-3　5C 件加工线 RBFN 参数设置及平均误差率

参数	缸体线	缸盖线	曲轴线	凸轮轴线	连杆线
样本量	3600	3000	3600	4000	2500
隐层神经元数量	300	300	400	400	250
平均误差率 $\overline{f}_l$/(%)	0.77	0.64	0.68	0.71	0.61

基于上述数据,在 CPU 为 2.0 GHz 的计算机上使用 C++ 语言实现了上述基

于 RBFN、CE 及 PSO 的混合算法,并进行计算实验。以表 2-3 中的装配线批量计划为例,使用 RBFN 及 CE 混合算法求解缸体加工线对应的子模型的过程如图 5-2 所示,在迭代 350 次后,最优样本对应的在制品库存成本保持在 1710.00 元,γ 值也逐步向最优样本对应的成本逼近,最后在迭代 500 次后与最优样本对应的成本重合,并保持不变,整个计算过程耗时约为 1 s。其余四条加工线对应子模型的求解过程与缸体线相近,收敛过程耗时均低于 1 s,各生产线求得的最优批量及总库存成本见表 5-4,该结果即为使用层次法获得的最优解。

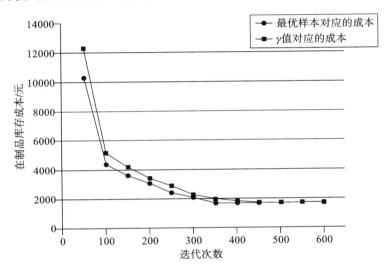

图 5-2　RBFN 及 CE 混合算法优化缸体线批量的收敛过程

表 5-4　批量计划(层次法求解集成优化模型)

生产线	型号	投产批量($Q_{l,k,t}$)					初始库存
		周一	周二	周三	周四	周五	
装配线	481F	84	84	94	125	103	0
	481H	93	89	94	98	112	0
	484F	46	63	53	73	0	0
	DA2	6	30	0	3	15	0
	DA2-2	75	32	62	0	0	0
缸体线	481H-20BA	158	179	182	223	215	19
	484F-20	0	1	0	19	0	215
	481FC-20	81	62	62	3	15	0
	473B-20	0	0	0	0	0	0

续表

生产线	型号	投产批量($Q_{l,k,t}$)					初始库存
		周一	周二	周三	周四	周五	
缸盖线	481F-30BA	104	153	119	176	103	70
	484H-30BA	93	89	94	98	112	0
	481FD-30	0	0	0	0	15	39
	481FB-30	75	32	62	0	0	0
	473B-30	0	0	0	0	0	0
曲轴线	481H-50	183	203	188	226	230	0
	484J-50	121	95	115	73	0	0
	473B-50	0	0	0	0	0	0
凸轮轴线	481F-60	136	177	147	201	118	0
	484FB-60	75	32	62	0	0	0
	481H-60	93	89	94	98	112	0
	481F-6035	211	209	245	165	118	0
	481H-6030	28	40	0	83	112	233
	473B-60	0	0	0	0	0	0
连杆线	481F/H	1216	1192	1212	1196	920	0
	473	0	0	0	0	0	0
成品临界成本/元							3245.20
在制品库存成本/元							2963.80
满足需求置信度							0.94

输入表 2-1 所示需求数据,应用迭代策略并使用前文提出的基于 RBFN、CE 及 PSO 的混合算法求解集成优化模型,其中粒子群规模取 800,最大迭代次数取 1200,v_{max} 取 5,$\Gamma_T = 10^{-3}$,邻域搜索长度取 100,所得最佳批量计划见表 5-5,生成 5C 件加工线 RBFN 样本共耗时 3020 s,混合算法共耗时 6470 s。

使用迭代策略求解的最优批量计划与该公司原有模式下的最优批量计划相比,在制品库存成本降低 54.21%,总成本降低 33.39%;与采用各部分单独优化的层次策略求得的最优批量计划相比,尽管成品临界成本上升 2.94%,但在制品库存成本降低 12.51%,总成本降低 4.43%。

表 5-5　批量计划(迭代法求解集成优化模型)

生产线	型号	投产批量($Q_{l,k,t}$)					初始库存
		周一	周二	周三	周四	周五	
装配线	481F	87	84	94	125	99	0
	481H	94	88	94	92	118	0
	484F	42	60	62	73	0	0
	DA2	0	25	0	5	25	0
	DA2-2	76	36	42	0	15	0
缸体线	481H-20BA	168	172	188	235	204	10
	484F-20	0	10	13	5	0	209
	481FC-20	75	61	42	5	40	0
	473B-20	0	0	0	0	0	0
缸盖线	481F-30BA	106	151	137	183	104	47
	484H-30BA	94	88	94	92	118	0
	481FD-30	0	17	0	0	25	30
	481FB-30	75	36	42	0	15	0
	473B-30	0	0	0	0	0	0
曲轴线	481H-50	178	197	188	222	247	0
	484J-50	117	96	104	73	15	0
	473B-50	0	0	0	0	0	0
凸轮轴线	481F-60	126	169	156	203	129	0
	484FB-60	75	36	42	0	15	0
	481H-60	94	88	94	92	118	0
	481F-6035	201	205	244	157	144	0
	481H-6030	49	51	8	92	118	168
	473B-60	0	0	0	0	0	0
连杆线	481F/H	1180	1172	1168	1180	1048	0
	473	0	0	0	0	0	0
成品临界成本/元							3340.60
在制品库存成本/元							2593.10
满足需求置信度							0.93

5.3　混流装配-加工系统集成排序优化

为解决由一条混流装配线和一条柔性部件加工线组成的拉式生产系统的优化排序问题,以平顺化混流装配线的部件消耗和最小化加工线总的切换时间为优化目标,建立了优化数学模型,并提出了一种多目标遗传算法(MOGA)用于求解该优化模型。该算法提出了一种三阶段的实数编码方法用于可行解的表达,同时应用帕累托分级方法和共享函数方法对可行解适应度值进行评价,保证了解的分布性和均匀性;并利用遗传算法对两个单目标分别进行优化。结果表明,该多目标遗传算法是可行的和有效的,应用该算法可以获得满意的非支配解集。

5.3.1　混流装配-加工系统集成排序问题描述

随着市场竞争的加剧和产品个性化需求的发展,为了更好地满足客户不同的需求,从而赢得竞争优势,很多企业引进了混流装配-加工系统,如轿车发动机、汽车和空调混流装配-加工系统等。为了能够有效利用这些混流装配-加工系统,提高整个系统的生产效率,需要加强对混流装配-加工系统集成优化框架、模型和求解算法的研究。本节研究的混流装配-加工系统可描述如下:它是由一条混流装配线和一条柔性部件加工线组成的拉式生产系统,加工线加工并向装配线提供不同的部件,在这两条生产线上,每个工位只有一台机器,每条线总的机器数已知;每个部件(产品)都要按顺序在第一台机器到最后一台机器上进行加工(装配),在任何时刻,任何一件部件(产品)最多只能在一台机器上进行加工(装配),任何一台机器最多只能加工(装配)一个部件(产品);产品生产计划、产品-部件消耗种类与数量对应关系、每种部件超过安全库存的多余库存量以及加工线上每台机器加工各种部件的切换时间已知。

混流装配-加工式生产系统属于一类典型的离散事件动态系统。因此,以往对离散事件动态系统进行研究的理论和方法都可以用于混流装配-加工式生产系统的分析和研究。离散事件动态系统是在 20 世纪 80 年代由 Ho 教授首先提出来的,随即在国内外都成为一个研究热点。离散事件动态系统是指离散事件按一定的运动规律互相作用从而引起状态演化的一类动态系统。不同于连续变量动态系统,离散事件动态系统的状态变化是由各个离散事件(如生产任务到达、工件开始加工、机器堵塞、机器故障、工件加工结束等)之间复杂的相互作用决定的,各离散事件之间的关系复杂,彼此之间存在并行、串行等关系,各离散事件的关系不能够采用微分或差分方程进行描述。研究离散事件动态系统的理论与方法可用来解决混流装配-加工式生产系统优化问题。建立系统的模型是研究离散事件动态系统的一个主要内容。目前,描述离散事件动态系统的方法主要有三类:分析方法、仿真方法和 Petri 网模型方法。

对混流装配-加工式生产系统的建模、仿真和分析的目的主要是实现对生产系统的控制和优化,也就是在一定的生产环境和条件下,通过调整系统参数,使系统能够更好地适应环境的不断变化,从而能够以较小的资源输入得到尽可能大的输出。换言之,就是在一定的产出水平条件下,能够有效利用人员、设备等资源,最大可能地节约生产时间和生产成本。混流装配-加工式生产系统模型多为 NP-完全问题模型,用一般的数学方法很难求得其最优解,而采用智能最优化方法处理这类系统的优化问题是较为有效的途径。

部件加工调度和装配排序作为两个独立的问题已被很多研究者研究过,然而,在混流装配-加工型车间或企业中,这两个问题应该同时被考虑。有些研究者已经对同时考虑加工和装配的作业车间生产调度问题进行了研究[26-28],针对带装配操作的流水车间调度问题所提出的优化模型也提供了一些精确和启发式解决方法。Lee 等[29]研究了三机装配型流水车间的调度问题,优化目标是最小化最大完工时间,在他们的模型中,每种产品都是由两种部件装配而成的,机器 M1 加工 a 型部件,机器 M2 加工 b 型部件,机器 M3 将前两种部件装配成产品。他们提出了一种分支定界求解方法和一种近似求解方法。Potts 等[30]拓展了 Lee 等[29]的模型,并提出了一种启发式算法。Hariri 等[31]考虑与 Potts 等[30]相同的模型,提出了一种分支定界求解算法。Cheng 等[32]、Lin 等[33]应用相同的优化模型,以最小化最大完工时间为优化目标,研究了带装配操作的两机流水车间调度问题,在他们的模型中,第一台机器加工专用件和通用部件,专用件是单件加工,通用件是批量加工,第二台机器将部件装配成产品。Yokoyama 等[34,35]研究了带装配操作的流水车间调度问题,提出了一种基于分支定界算法的求解方法。Yokoyama[36]还提出了一种基于动态规划和分支定界的求解算法,用于求解一个包括加工、切换和装配操作的生产系统的调度模型,优化目标为最小化平均完成时间。

尽管已经有研究者对带装配操作的流水车间调度问题进行了研究,但在优化目标方面,大多以完工时间为目标进行单目标优化。事实上,在装配-加工复杂系统中,仅仅考虑这一个目标并不总能保证整个系统的性能优化。在优化方法方面,已提出的方法包括分支定界法和动态规划法等精确求解方法,还有一些启发式方法。对于较大规模的问题,精确算法往往很难在可接受的时间内求得问题的最优解。近些年来,采用元启发式算法对复杂生产系统的调度和排序问题进行研究以在可接受的计算时间内求得问题的最优解或近优解是一个明显的趋势。本节基于多目标遗传算法(MOGA)对混流装配-加工系统集成排序优化问题进行研究,同时考虑两个优化目标:平顺化混流装配线的部件消耗和最小化加工线总的切换时间。

5.3.2　混流装配-加工系统集成排序优化建模

1. 平顺化混流装配线的部件消耗

此问题的优化数学模型如下[37]：

$$\min \sum_{j=1}^{M} \sum_{k=1}^{K} (x_{jk} - kN_j/K)^2 \tag{5-40}$$

s. t.

$$K = \sum_{i=1}^{I} d_i \tag{5-41}$$

$$N_j = \sum_{i=1}^{I} d_i b_{ij} \tag{5-42}$$

式中：M 为部件种类数；K 为装配线投产序列的长度；x_{jk} 为完成装配线投产序列中第 $1 \sim k$ 个产品装配需要部件 j 的数量；N_j 为装配完装配线投产序列中所有产品需要部件 j 的总数量；I 为产品种类数；d_i 为需要装配型号为 i 的产品的总数量；b_{ij} 为装配一件型号为 i 的产品需要部件 j 的数量。

如果部件 j 的消耗是均匀的，那么当完成装配序列中第 k 件产品后，部件 j 消耗的数量应该等于 kN_j/K，但是并不可能一直保证部件 j 的实际消耗量 x_{jk} 与 kN_j/K 相等。所以，该优化目标就是使得完成装配序列中第 k 件产品后，部件 j 实际消耗的数量 x_{jk} 尽可能地与 kN_j/K 接近。

2. 最小化加工线总的切换时间

此问题的优化数学模型如下：

$$\min \sum_{t=1}^{T} \sum_{p=1}^{P} \sum_{m=1}^{M} \sum_{r=1}^{M} X_{pmr} C_{tmr} \tag{5-43}$$

$$\sum_{m=1}^{M} \sum_{r=1}^{M} X_{pmr} = 1, \quad \forall p \tag{5-44}$$

$$\sum_{p=1}^{P} \sum_{r=1}^{M} X_{pmr} = d_m - s_m, \quad \forall m \tag{5-45}$$

$$X_{pmr} = 0 \text{ 或 } 1, \quad \forall p, m, r \tag{5-46}$$

式中：T 为加工线上的机器总数；P 为加工线投产序列的长度；C_{tmr} 为加工线第 t 台机器加工的部件型号从 m 转换到 r 时需要的切换时间。如果在加工线的投产序列中型号为 m 的部件和型号为 r 的部件分别处于第 p 个位置和第 $p+1$ 个位置，则 $X_{pmr} = 1$，否则 $X_{pmr} = 0$。式(5-44)表明加工线的投产序列中每个位置上只能安排一个部件。式(5-45)表明加工线实际需要进行加工的各种部件的总数量等于装配线完成所有产品装配需要的各种部件的总数量 d_m 减去各种部件超过安全库存的多余库存量 s_m。

5.3.3　混流装配-加工系统集成排序问题的多目标遗传算法

1. 算法步骤

多目标遗传算法步骤如下：

①产生初始种群 Pop(0)，令进化代数 $g=0$；

②根据帕累托支配关系对种群 Pop(0) 中的所有解进行分级，把级别为 1 的所有非支配解放入非支配解集 NDSet 中，NDSet 初始为空，如果非支配解集的规模超过设定值，则对 NDSet 进行修剪；

③计算种群 Pop(g) 中每个解的小生境计数；

④计算种群 Pop(g) 中每个解的适应度值；

⑤进行选择操作；

⑥进行交叉、变异操作；

⑦选择精英策略；

⑧令进化代数 $g=g+1$，如果达到设定的进化代数 G，则终止算法，输出非支配解集 NDSet 中的所有解，否则转到步骤②。

2. 算法关键步骤实现

(1) 编码

对于混流装配线，一个可行的投产序列是由不同的产品型号组成的；而对于柔性部件加工线，要计算总的切换时间，就需要用加工线所加工的不同部件型号组合来组成各加工线可行的投产序列。基于此，提出如下三阶段实数编码方法来表达各生产线的可行投产序列：①用一个唯一的实数代替一种型号的产品，产生一个混流装配线可行的投产序列；②用一个唯一的实数代替一种型号的部件，根据产品-部件消耗对应关系确定加工线临时的部件投产序列；③根据各部件多余的库存量，对上述各加工线的临时投产序列进行调整。对于每种部件，如果多余库存量超过临时投产序列中该种部件的计划数量，则从该投产序列中删除所有该种部件，否则在临时投产序列中从前往后依次删除与多余库存量相同数量的该种部件；临时投产序列中剩下的各部件型号的组合即为各加工线实际的投产序列。

(2) 产生初始种群

为了保证初始种群的多样性，采用随机方式产生混流装配线的投产顺序，但是，在产生随机投产顺序时，要满足各型号产品的需求约束，以保证解的可行性。

(3) 帕累托支配关系定义

为不失一般性，考虑具有 n 个目标的最小化优化问题。设两个解 $x_1, x_2 \in X$（X 是解的可行域），$f_z(X)$ 是第 z 个目标函数值，假如

$$f_z(x_1) \leqslant f_z(x_2) \quad \forall z = 1, 2, \cdots, n \tag{5-47}$$

而且

$$f_z(x_1) < f_z(x_2) \quad \exists z = 1, 2, \cdots, n \tag{5-48}$$

则称解 x_1 支配解 x_2，x_1 是一个非支配解。

（4）帕累托分级

帕累托分级步骤如下：

①令级别 grad＝1；

②从种群 Pop(g）中任选一个解 x_q 作为参考，将其与种群中所有其他解进行比较，如果 x_q 支配所有其他的解，则令其级别 grad(x_q)＝grad，重复此过程，直到种群中所有的解都被选择作为参考解为止；

③删除所有级别为 grad 的个体；

④如果种群中还存在没有被确定级别的个体，则令 grad←grad＋1，转到步骤②。

（5）修剪程序

经过帕累托分级后，将每个级别为1的个体与 NDSet 中的所有个体进行比较，如果该个体不被 NDSet 中的任何个体支配，且不与 NDSet 中的任何个体相同，则将该个体加入 NDSet。但是，当 NDSet 中的个体数量超过设定值 N 时，则要对 NDSet 进行修剪。因为 NDSet 中的个体之间互相都不被支配，所以需要计算每个个体的小生境计数（见式(5-51)）以判定各个个体的优劣。选择具有最大小生境计数的个体，并将其从 NDSet 中删除，如果有多个个体具有相同的小生境计数，则从中随机选择一个并删除；重复此过程，直至 NDSet 中的个体数量等于设定值 N。

（6）小生境计数

小生境计数计算步骤如下。

①计算种群 Pop(g)中各个个体的各个目标函数值；

②计算个体 x_a 和 x_b 之间的距离：

$$fd_{ab} = \mid f_1(x_a) - f_1(x_b) \mid + \mid f_2(x_a) - f_2(x_b) \mid \tag{5-49}$$

式中：$f_1(x_a)$、$f_1(x_b)$ 分别为个体 x_a 和 x_b 的第一个目标函数值；$f_2(x_a)$、$f_2(x_b)$ 分别为个体 x_a 和 x_b 的第二个目标函数值。

③计算共享函数值：

$$sh(fd_{ab}) = \begin{cases} 1 - fd_{ab}/O_s, & fd_{ab} \leqslant O_s \\ 0, & 其他 \end{cases} \tag{5-50}$$

式中：O_s 为共享参数。

计算小生境计数：

$$N(x_a) = \sum_{b=1}^{Popsize} sh(fd_{ab}) \tag{5-51}$$

式中：Popsize 为初始种群的规模。

（7）计算适应度值

为了使具有较小帕累托级别值和较小小生境计数的个体获得较高的适应度值，按如下公式计算个体适应度值：

$$f(x_i) = 2\text{Popsize} - \text{rank}(x_i) - N(x_i) \qquad (5\text{-}52)$$

式中：$f(x_i)$ 为个体 x_i 的适应度值；$\text{rank}(x_i)$ 为个体 x_i 的帕累托级别。

（8）选择操作

为使具有较高适应度值的个体具有较高的概率被选择进入下一代种群，同时又保持种群的多样性，采用下述选择策略以形成下一代种群：①根据个体的适应度值，对各个体进行降序排序；②按照适应度值从大到小的顺序，选择一定数量的优良个体直接进入下一代种群，选择个体的数量由事先设定的相对于种群大小的比例值 P_s 控制；③对于每一个未被选中的 $\text{Popsize} \times (1 - P_s)$ 个个体，随机产生一个新个体，如果新个体支配该未被选中的个体，则将新个体加入下一代种群，如果在连续 10 次循环中都不能找到该支配解，则将该未被选中的个体直接加入下一代种群。

（9）交叉、变异操作

文献[38]介绍了不同的交叉算子，这里应用改进的顺序交叉算子[39]来对按照交叉概率 P_c 选择的两个父本个体进行交叉操作，然后从两个子代个体和两个父代个体中按照相互间的支配关系选择两个最优个体代替种群中的两个父本个体。对按照变异概率 P_m 选择的个体进行变异操作时，采用倒序变异算子，也就是先在个体序列中任选两个不同的基因位置，然后对位于这两个位置（含这两个位置）之间的基因进行倒序处理。

（10）选择精英策略

为避免丢失最优个体，在算法的每一次循环中，都要用 NDSet 中的个体替换多目标遗传算法中步骤⑥之后形成的临时种群 $P_t(g)$ 中的劣解，步骤如下：

①采用上述帕累托分级方法，对 $P_t(g)$ 中的个体进行分级。

②选择 NDSet 中的第一个个体作为参考，按照帕累托级别值从高到低的顺序，将其与 $P_t(g)$ 中的个体进行比较，如果能找到被该个体支配的解，则用该个体替换 $P_t(g)$ 中第一个被支配的解，否则选择 NDSet 中的下一个个体作为参考；重复此操作，直到 NDSet 中的个体都被选择作为参考为止。

5.3.4　算例验证及结果分析

采用 C＋＋语言进行算法编程，并在计算机（Pentium(R)4，2.80 GHz CPU，512 MB RAM）上进行了算例验证。表 5-6～表 5-9 分别列出了生产计划、产品-部件消耗关系、加工线中不同机器上部件各型号切换时间以及各部件的多余库存量等计算数据。针对不同的算法参数组合，进行了大量的计算试验，每种试验重复 100 次。

表 5-6　生产计划（件）

产品	P1	P2	P3	P4	P5	P6	P7	P8
需求量	3	5	2	5	4	4	2	5

表 5-7　产品-部件消耗关系(件)

部件	产品							
	P1	P2	P3	P4	P5	P6	P7	P8
X1	1	0	1	0	0	0	0	0
X2	0	1	0	0	0	1	0	0
X3	0	0	0	0	1	0	0	0
X4	0	0	0	0	0	0	1	1
X5	0	0	0	1	0	0	0	0

表 5-8　加工线中各机器上不同部件的切换时间

部件	切换时间/min									
	M1					M2				
	X1	X2	X3	X4	X5	X1	X2	X3	X4	X5
X1	0	1	2	3	1	0	2	1	1	1
X2	3	0	2	1	1	1	0	3	2	4
X3	4	1	0	1	1	5	1	0	4	2
X4	3	2	2	0	4	3	6	1	0	4
X5	5	1	1	3	0	2	1	3	2	0

部件	切换时间/min									
	M3					M4				
	X1	X2	X3	X4	X5	X1	X2	X3	X4	X5
X1	0	3	2	2	4	0	2	2	3	4
X2	4	0	1	1	1	1	0	1	4	4
X3	2	4	0	4	3	2	6	0	1	3
X4	3	2	1	0	1	2	2	1	0	1
X5	1	1	4	2	0	3	3	4	5	0

表 5-9　各部件的多余库存量

部件	X1	X2	X3	X4	X5
库存量/件	0	3	0	2	1

首先用遗传算法分别对本节所提的两个优化目标进行单目标优化求解。在该遗传算法中,采用了比例选择算子、改进的顺序交叉算子和倒序变异算子。经过算法参数敏感性计算试验,选择的算法参数如下:种群大小为 50,进化代数为 1500,交叉概率为 0.85,变异概率为 0.20。以平顺化混流装配线的部件消耗为优化目标(目标一),表 5-10 列出了优化结果,CPU 耗时 53 s;以最小化加工线总的切换时间为优化目标(目标二),表 5-11 列出了遗传算法的优化结果,CPU 耗时 47 s。

表 5-10　遗传算法求得目标一的优化结果

装配线投产序列	目标值
28168454286536174238425 7465182	25.2889

表 5-11　遗传算法求得目标二的优化结果

加工线投产序列	目标值/min
5555222222211111333344444	32

应用所提出的多目标遗传算法对该问题进行求解。选择的算法参数如下:$Popsize=50$,$G=50$,$P_c=0.98$,$P_m=0.05$,$N=15$,$O_s=20$,$P_s=0.6$。经过计算,得到两个特殊的非支配解集,即带目标一最优值的非支配解集(见表 5-12)和带目标二最优值的非支配解集(见表 5-13),CPU 耗时分别为 43 s 和 41 s。从表 5-12 和表5-13可以看出,这两个非支配解集中的最优单目标值均优于采用遗传算法进行单目标优化所得的结果。

表 5-12　带目标一最优值的非支配解集

序号	装配线投产序列	加工线投产序列	目标一值	目标二值/min
1	74635761462884521586 4232885142	1315244532134252124 43152	23.4222	193
2	74631856255788444442 62231188562	1133344455555222221 1144322	100.6222	68
3	46784444262231311887 8855552662	5555221111144444333 32222	312.8222	41
4	74635761462885421385 4216288542	1315244352114352122 44352	30.2222	149
5	36761488875552444426 231188562	1144433355552222211 1144322	134.0889	64
6	65576685478844444262 231131122885	3334445555522221111 122443	203.8222	57
7	36761418444422231887 8855552662	1115555221144444333 32222	254.5556	51
8	73642327885442666811 11554422885	1144355222411133552 2443	78.8222	85
9	67361425578844444262 23118858562	1133445555522221114 434322	91.9556	83
10	67465825578444442622 3131188562	3334445555522221111 144322	185.4889	61

表 5-13　带目标二最优值的非支配解集

序号	装配线投产序列	加工线投产序列	目标一值	目标二值/min
1	77655644222331118888554442 2668	33522111114444335552 2224	131.1556	62
2	34267131188888675555444 4222662	11111444443333555552 22222	384.8222	29
3	73763641611442262888885 5554422	11111552222444443333 5522	219.2222	45
4	73112646132888887555544 4222662	11111244444333355552 22222	323.7556	37
5	77363641611442262888885 55544228	11111552222444433335 5224	199.2222	54
6	76742855422331118888554 4422666	43352111114444335555 22222	175.7556	58
7	73676436188554422211888 5544226	11144335522211444335 5222	86.1556	67
8	73364766185544226211888 5544228	11143355222211444335 5224	75.2889	76
9	74637616554422886211885 5442328	11335522442211443355 2124	42.1556	107
10	76421836554478226213188 8554426	11335544222211144433 5522	59.8889	78

5.4　本章小结

本章针对混流装配-加工系统中的批量计划和排序集成优化问题展开研究。首先针对混流装配-加工系统在不确定外部需求下的批量计划问题,在第 2 章基础上,进一步考虑零部件加工计划和装配投产批量间的相互影响,以最小化成品库存持有成本、成品延迟交货成本和在制品库存成本为目标,建立了相应的集成优化模型,并表述为两层规划的形式,应用迭代策略提出了一种基于 RBFN、CE 及 PSO 的混合算法。用某发动机公司实例证明由集成模型求得的最优批量计划的在制品库存持有成本及总成本显著降低,也优于应用层次策略求得的最优批量计划。同时,针对集成系统的排序优化,以平顺化混流装配线的部件消耗和最小化加工线总的切换时间为优化目标,建立了混流装配-加工系统的优化数学模型,并提出了一种多目标遗传算法来求解该模型,通过与用遗传算法得到的单目标优化结果的比较发现,该多目标遗传算法可以得到满意的非支配解集。

本章参考文献

[1]　PANDEY P C, YENRADEE P, ARCHARIYAPRUEK S. A finite capacity material requirements planning system[J]. Production Planning & Control, 2000,11(2):113-121.

[2]　赵启兰,刘宏志.生产计划与供应链中的库存管理[M].北京:电子工业出版社,2003.

[3]　周泓,谭小卫.一种两层生产计划问题建模及其遗传算法设计[J].系统仿真学报,2007,19(16):3643-3649.

[4]　KUIK R,SALOMON M. Multi-level lot-sizing problem: evaluation of a simulated-annealing heuristic[J]. European Journal of Operational Research, 1990,45(1):25-37.

[5]　BILLINGTON P J,MCCLAIN J O,THOMAS J. Mathematical programming approaches to capacity-constrained MRP systems: review, formulation and problem reduction[J]. Management Science,1983,29(10):1126-1141.

[6]　AKARTUNAL₁ K,MILLER A J. A heuristic approach for big bucket multi-level production planning problems [J]. European Journal of Operational Research,2009,193(2):396-411.

[7]　SAHLING F. Solving multi-level capacitated lot sizing problems via a fix-and-optimize approach[C]//HU B,MORASCH K,PICKL S,et al. Operations research proceedings 2010: selected papers of the annual international conference of the German operations research society. Berlin, Heidelberg: Springer,2011.

[8]　CASERTA M,RICO E Q. A cross entropy-Lagrangean hybrid algorithm for the multi-item capacitated lot-sizing problem with setup times[J]. Computers & Operations Research,2009,36(2):530-548.

[9]　FANDEL G,STAMMEN-HEGENE C. Simultaneous lot sizing and scheduling for multi-product multi-level production [J]. International Journal of Production Economics,2006,104(2):308-316.

[10]　MOHAMMADI M,FATEMI GHOMI S M T,KARIMI B,et al. MIP-based heuristics for lotsizing in capacitated pure flow shop with sequence-dependent setups[J]. International Journal of Production Research,2010,48(10):2957-2973.

[11]　MOHAMMADI M, FATEMI GHOMI S M T. Genetic algorithm-based heuristic for capacitated lotsizing problem in flow shops with sequence-dependent setups [J]. Expert Systems with Applications, 2011, 38 (6): 7201-7207.

[12]　BEGNAUD J,BENJAAFAR S,MILLER L A. The multi-level lot sizing problem with flexible production sequences[J]. IIE Transactions,2009,41(8):702-715.

[13]　吴凡,周炳海.基于 SMED 快速换模的机加工设备效率改善[J].机械制造,2009,47(10):18-21.

[14] HOBOHM M. 适用于多品种柔性生产的多工位加工中心[J]. 世界制造技术与装备市场,2012(3):112.

[15] TOLEDO C F M,FRANCA P M,MORABITO R,et al. Multi-population genetic algorithm to solve the synchronized and integrated two-level lot sizing and scheduling problem [J]. International Journal of Production Research,2009,47(11):3097-3119.

[16] FLEISCHMANN B,MEYR H. The general lotsizing and scheduling problem [J]. Operations-Research-Spektrum,1997,19:11-21.

[17] MARAVELIAS C T, SUNG C. Integration of production planning and scheduling: overview, challenges and opportunities [J]. Computers & Chemical Engineering,2009,33(12):1919-1930.

[18] RAMEZANIAN R,SAIDI-MEHRABAD M. Hybrid simulated annealing and MIP-based heuristics for stochastic lot-sizing and scheduling problem in capacitated multi-stage production system [J]. Applied Mathematical Modelling,2013,37(7):5134-5147.

[19] RUBINSTEIN R Y. Optimization of computer simulation models with rare events[J]. European Journal of Operational Research,1997,99(1):89-112.

[20] RUBINSTEIN R Y,MELAMED B. Modern simulation and modeling[M]. New York:Wiley,1998.

[21] RUBINSTEIN R. The cross-entropy method for combinatorial and continuous optimization[J]. Methodology and Computing in Applied Probability,1999,1:127-190.

[22] DE BOER P-T,KROESE D P,MANNOR S,et al. A tutorial on the cross-entropy method[J]. Annals of Operations Research,2005,134:19-67.

[23] CHEPURI K,HOMEM-DE-MELLO T. Solving the vehicle routing problem with stochastic demands using the cross-entropy method[J]. Annals of Operations Research,2005,134:153-181.

[24] ALON G,KROESE D P,RAVIV T,et al. Application of the cross-entropy method to the buffer allocation problem in a simulation-based environment [J]. Annals of Operations Research,2005,134:137-151.

[25] RUBINSTEIN R Y. Cross-entropy and rare events for maximal cut and partition problems [J]. ACM Transactions on Modeling and Computer Simulation(TOMACS),2002,12(1):27-53.

[26] THIAGARAJAN S,RAJENDRAN C. Scheduling in dynamic assembly job-shops with jobs having different holding and tardiness costs[J]. International Journal of Production Research,2003,41(18):4453-4486.

[27] THIAGARAJAN S,RAJENDRAN C. Scheduling in dynamic assembly job-

shops to minimize the sum of weighted earliness, weighted tardiness and weighted flowtime of jobs[J]. Computers & Industrial Engineering, 2005, 49 (4):463-503.

[28] GAAFAR L K, MASOUD S A. Genetic algorithms and simulated annealing for scheduling in agile manufacturing[J]. International Journal of Production Research, 2005, 43(14):3069-3085.

[29] LEE C-Y, CHENG T C E, LIN B M T. Minimizing the makespan in the 3-machine assembly-type flowshop scheduling problem [J]. Management Science, 1993, 39(5):616-625.

[30] POTTS C N, SEVAST'JANOV S V, STRUSEVICH V A, et al. The two-stage assembly scheduling problem: complexity and approximation [J]. Operations Research, 1995, 43(2):346-355.

[31] HARIRI A M A, POTTS C N. A branch and bound algorithm for the two-stage assembly scheduling problem [J]. European Journal of Operational Research, 1997, 103(3):547-556.

[32] CHENG T C E, WANG G Q. Scheduling the fabrication and assembly of components in a two-machine flowshop [J]. IIE Transactions, 1999, 31: 135-143.

[33] LIN B M T, CHENG T C E. Fabrication and assembly scheduling in a two-machine flowshop[J]. IIE Transactions, 2002, 34:1015-1020.

[34] YOKOYAMA M, SANTOS D L. Three-stage flow-shop scheduling with assembly operations to minimize the weighted sum of product completion times[J]. European Journal of Operational Research, 2005, 161(3):754-770.

[35] YOKOYAMA M. Hybrid flow-shop scheduling with assembly operations [J]. International Journal of Production Economics, 2001, 73(2):103-116.

[36] YOKOYAMA M. Flow-shop scheduling with setup and assembly operations [J]. European Journal of Operational Research, 2008, 187(3):1184-1195.

[37] DUPLAGA E A, BRAGG D J. Mixed-model assembly line sequencing heuristics for smoothing component parts usage: a comparative analysis[J]. International Journal of Production Research, 1998, 36(8):2209-2224.

[38] ZHENG D Z, WANG L. An effective hybrid heuristic for flow shop scheduling [J]. The International Journal of Advanced Manufacturing Technology, 2003, 21:38-44.

[39] KIM Y K, HYUN C J, KIM Y. Sequencing in mixed model assembly lines: a genetic algorithm approach[J]. Computers & Operations Research, 1996, 23 (12):1131-1145.

第 6 章　混流装配物料配送调度与路径优化

在混流装配线中,装配所需的零部件种类处于不断变化之中,与大批量生产模式相比,某些工位还需要选择正确的零部件种类,而工位旁边待装配零部件的缓存区(如料架、料框等)容量有限,为每种零部件都设置较大的线边库存并不现实,这就要求在装配过程中配送车辆要及时配送正确的零部件到缓存区,以保障生产的有序进行。良好的配送方案,不仅能优化车辆行驶路径,而且能提高车辆利用率,从而提高物料配送系统的效率,减少或杜绝因零部件配套问题而引发的生产阻塞、中断。以往关于物料配送系统的研究,一般假设车辆的运行速度为定值,即车辆到达目的节点的时间是固定的,这与车间实际物料配送不符。本章就上述问题,分别对基于车辆调度"密度"的物料配送调度问题和车辆运送时间服从正态分布的物料配送路径优化问题展开研究。

6.1　混流装配系统的物料配送调度优化

与大批量生产模式相比,混流装配线所需的零部件种类处于不断变化之中,这就要求在装配过程中配送车辆要及时配送正确的零部件到缓存区[1]。本章就混流装配线物料供应中的车辆调度问题展开研究,建立该问题的数学模型,并推导配送调度的性质,基于这些性质提出一种逆序回溯算法,通过较小规模的算例,展示了四条性质在搜索中起到的加速作用;为求解较大规模的实际问题,提出了一种应用启发式规则的 GASA 算法(遗传-模拟退火算法),并通过生产数据验证该算法的有效性。

6.1.1　物料配送调度优化问题描述

在大批量的装配系统中,各装配工序所需的零部件品种单一,线边物料消耗的速率相对平稳,可以采用定时配送或基于看板的配送方式,其关键在于确定配送的时间间隔或看板对应的配送批量[2]。

Boysen 等指出,产品多样性的增长向生产线的零部件供应提出了越来越严格的要求,尤其在汽车制造行业中涉及成千上万种产品型号的情况下[3]。曹振新[4]认为物料供应的准确性和及时性是混流装配线运行中的一个重点。当多种型号产品混流装配时,当前产品型号在某一工位所需的零部件,与下一产品型号所需的零部件可能会有巨大的差异,无法通用互换。与传统大批量模式相比,混流装配模式无法一次性配送大批零部件到工位,尤其当工位处零部件缓存区空间狭小时,可能会出现当前所需的零部件被其他零部件压住而需要频繁挪动,或者缓存区中堆积大量与当前产品型号不匹配的零部件,而找不到需要的零部件等状况,严重影响装配作业的顺利进行,降低零部件的周转效率。此外,如果不同型号的零部件外观特征不明显,则还可能造成错装,影响产品质量。正如文献[5]所述,物料配送车辆变得越来越重要,以至于和机器一样,应该被当成重要约束来对待。

按决策方式可以将已有的混流装配物料配送研究分为采用动态策略和采用静态策略的研究。采用动态策略的研究中,车辆的路径或装载量基于预先定义的规则动态确定。例如,莫太平等设计并实现了一种物料索取系统,由装配工人在发现物料短缺时,通过安装在工位上的平板电脑向系统发送索取物料的信号,系统根据先进先出的原则生成配送指令[6]。文献[7]针对混流装配线的零部件配送问题,提出一种基于ANDON 系统的 MIN/MAX 物料配送系统,当工位处的某种零部件数量超出指定的范围时,工作人员即点亮 ANDON 报警,配送中心根据具体情况安排配送。当混流装配线涉及的工位较多时,可能在同一时刻或间隔极短的时间内,相距较远的多个工位均有物料需求,例如某发动机公司的混流装配线上有 70 个工位,一物料小车负责其中五个工位的零部件配送,当已上线的发动机较多时,这五个工位的装配作业几乎同时开始,如果采用静态策略则需要设置较多的线边库存,或配置多台车辆,这样无疑会增加生产成本。

采用静态策略的研究根据可获取的信息一次性或周期性地制定配送车辆的调度方案。在此类研究中,物料配送问题大都表述为车辆路径问题(vehicle routing problem,VRP)模型,即根据工位的物料需求量、需求时间及行驶距离来规划车辆的行驶路径,因为 VRP 本身即为 NP-难问题,研究的重点主要在于启发式算法和元启发式算法的设计上[8-10],这些考虑混流装配线配送的 VRP 研究考虑了车间装载能力约束,但不考虑节点处的容量限制,即工位处料架(或料框等)的容量限制,这与现实的装配线并不相符,而在其他领域的 VRP 研究中,目前未检索到考虑节点处容量约束的研究。

根据上述分析,相对于采用动态策略,采用静态策略建立车辆调度模型来优化混流装配系统中的物料配送具有综合优化与事先控制的优势,而现有基于 VRP 的模型不足以恰当地描述混流装配线的物料配送过程,因此,深入分析该过程,为其建立新的模型,并提出有效的求解方法在理论上和实践上都具有相当重要的必要性。

考虑某一混流装配线,其装配顺序已提前确定,一辆物料小车负责从仓库向工位配送所涉及的关键零部件(见图 6-1),每一个零部件必须在其相应装配作业开始之前送达相应的工位。本节研究在该环境中如何确定小车调度的问题,即确定每一趟配送的开始时刻、装载零部件种类和数量。

为不失一般性,除上述描述外,本问题还引入如下假设:

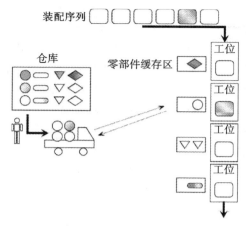

装配序列

仓库

零部件缓存区

工位

工位

工位

工位

图 6-1　混流装配零部件供给示例

①车辆容量及工位缓存区容量均有限；

②车辆配送零部件时的行驶时间不能忽略，且与仓库到工位间的距离成正比；

③每趟配送仅涉及一个工位，车辆的装载/卸货时间可忽略不计，车辆到达工位后立即卸货并返回仓库，返回的行驶时间与配送的行驶时间一致；

④各工件的装配时间为预知的固定值，从而各个装配作业的开始时间可预先推算出来；

⑤各工件在各工位仅装配一个单位的零部件，某一工位涉及的零部件体积及质量均相似，即某次装载的总数量只要不超过某一固定值，就不会超出车辆的容量；

⑥某一工位上某一装配作业所需的零部件，其配送时间不得晚于同工位上较晚作业需要的零部件；

⑦某一零部件的线边库存持有成本与从车辆由仓库出发到其对应的装配作业开始为止的一段时间成正比；

⑧仓库零部件供应充足，不存在零部件短缺的情况。

6.1.2　物料配送调度优化问题的数学模型

针对本问题，引入如下符号。

①下标：i，表示在装配序列中第 i 个工件；w，表示 w 个工位；d，表示第 d 趟配送；j，表示某趟配送中装载的第 j 个零部件。

②装配线相关符号：W，表示装配线工位总数；Q_w，表示工位 w 的零部件缓存区容量；l_w，表示从仓库到工位 w 的行驶时间或距离。

③装配序列相关符号：N，表示装配序列中的工件数量；$Z=W \cdot N$，表示装配序列涉及的装配作业的总数量；$o_{i,w}$，表示装配序列中工件 i 在工位 w 的装配作业；$p_{i,w}$，装配序列中工件 i 在工位 w 的装配作业时间；$T_{i,w}$，装配作业 $o_{i,w}$ 的开始时刻。

④车辆调度相关符号：$\alpha_{i,w}$，表示装配作业 $o_{i,w}$ 对应零件的库存成本系数；β，表示车辆行驶成本系数；K_w，表示车辆装载送往工位 w 的零部件的最大容量；t_d，表示车辆调度中第 d 趟配送中车辆的出发时刻；w_d，表示第 d 趟配送中车辆的目的工位；k_d，表示第 d 趟配送中车辆装载数量；$\pi=\{(t_1,w_1,k_1),(t_2,w_2,k_2),\cdots\}$，表示车辆调度方案；$C_I(\pi)$，表示调度方案 π 对应的总的线边库存持有成本；$C_T(\pi)$，表示调度方案 π 对应的总行驶成本；$C(\pi)=C_I(\pi)+C_T(\pi)$，表示调度方案 π 对应的总成本。

⑤其他符号:$A(d,w)$,表示第 d 趟配送完成后,累计到达工位 w 的零件数量;$D_{i,w}$,表示作业 $o_{i,w}$ 对应的零件的配送趟次;$I(\tau,w)$,表示截至时刻 τ,累计到达工位 w 的零件数量;$O(\tau,w)$,表示截至时刻 τ,工位 w 累计消耗的零件数量;$R(\tau,w)$,表示在时刻 τ,工位 w 的零部件缓存区中的零件数量。

引入以下四个函数:

$$\delta(x) = \begin{cases} 0, & x \leqslant 0 \\ 1, & x > 0 \end{cases} \tag{6-1}$$

$$\delta_1(x,y) = \begin{cases} 1, & x = y \\ 0, & x \neq y \end{cases} \tag{6-2}$$

$$\delta_2(x,y) = \begin{cases} 1, & x \geqslant y \\ 0, & x < y \end{cases} \tag{6-3}$$

$$\delta_3(x,y) = \begin{cases} 1, & x > y \\ 0, & x \leqslant y \end{cases} \tag{6-4}$$

装配线的装配顺序一旦确定,各装配作业开始时刻 $T_{i,w}$ 可根据式(4-8)计算得出。

对于某一车辆调度 π,Z 个零件分配在 $|\pi|$ 趟配送中,且 $k_d \geqslant 1 (d=1,2,\cdots,|\pi|)$,有

$$W \leqslant |\pi| \leqslant Z \tag{6-5}$$

总行驶成本为

$$C_{\mathrm{T}}(\pi) = \sum_{d=1}^{|\pi|} 2\beta l_{w_d} \tag{6-6}$$

第 d 趟配送完成后,累计到达工位 w 的零件数量为

$$A(d,w) = \begin{cases} \sum_{c=1}^{d} k_c \delta_1(w_c,w), & 1 \leqslant d \leqslant |\pi| \\ 0, & \text{其他} \end{cases} \tag{6-7}$$

对于第 d 趟配送,出发时间为 t_d,所装载的 k_d 个零件被送往工位 w,由于不允许较晚作业需要的零件先于较早作业需要的零件送达,因而,此趟配送中的第 j 个零件对应该工位上的作业 $o_{A(d-1,w_d)+j,w_d}$,记 $\rho(d,j)=A(d-1,w_d)+j$,该零件送达的截止时间为 $T_{\rho(d,j),w_d}$,则它对应的库存持有时间为 $T_{\rho(d,j),w_d}-t_d$。某一调度对应的总的库存持有成本为

$$C_{\mathrm{I}}(\pi) = \sum_{d=1}^{|\pi|} \sum_{j=1}^{k_d} \alpha_{\rho(d,j),w_d} (T_{\rho(d,j),w_d} - t_d) \tag{6-8}$$

同时有

$$D_{i,w} \leqslant D_{i+1,w}, \quad i = 1,2,\cdots,N-1 \tag{6-9}$$

在时刻 $t_d + l_{w_d}$,车辆到达相应的工位 w_d,将 k_d 个零件卸入缓存区中,从而截至时刻 τ 累计到达工位 w 的零件数量为

$$I(\tau, w) = \sum_{d=1}^{|\pi|} k_d \delta_1(w_d, w) \delta_2(\tau, t_d + l_{w_d}) \tag{6-10}$$

在时刻 $T_{i,w}$，工作人员从工位 w 的缓存区中取出零件进行装配，则截至时刻 τ，工位 w 累计消耗的零件数量为

$$O(\tau, w) = \sum_{i=1}^{N} \delta_2(\tau, T_{i,w}) \tag{6-11}$$

则在时刻 τ 仍停留在工位 w 的缓存区中的零件数量为

$$R(\tau, w) = I(\tau, w) - O(\tau, w) \tag{6-12}$$

由于缓存区容量有限，因而有

$$0 \leqslant R(\tau, w) \leqslant Q_w, \quad \tau \in R, w = 1, 2, \cdots, W \tag{6-13}$$

建立该问题的数学模型，具体如下：

$$\min C(\pi) = C_T(\pi) + C_I(\pi) \tag{6-14}$$

s. t.

$$W \leqslant |\pi| \leqslant Z$$
$$D_{i,w} \leqslant D_{i+1,w}, \quad i = 1, 2, \cdots, N-1$$
$$0 \leqslant R(\tau, w) \leqslant Q_w, \quad \tau \in R, w = 1, 2, \cdots, W$$
$$0 < k_d \leqslant K_{w_d} \tag{6-15}$$
$$A(Z, w) = N, \quad w = 1, 2, \cdots, W \tag{6-16}$$
$$t_d \geqslant t_{d-1} + 2l_{w_d-1}, \quad d > 1 \tag{6-17}$$

式(6-16)表示送达各工位的零件总数量必须与需求量一致；式(6-17)表示后一趟配送须在车辆返回仓库之后才能开始。

6.1.3　单小车物料配送调度的性质

设 π 为某一可行解，根据式(6-9)和式(6-17)有

$$t_d \leqslant \min\{T_{\rho(d,1),w_d} - l_{w_d}, t_{d+1} - 2l_{w_d}\}$$

构造另一调度 π^*，$\forall d \leqslant |\pi|, w_d^* = w_d, k_d^* = k_d$，且

$$t_d^* = \min\{T_{\rho(d,1),w_d} - l_{w_d}, t_{d+1} - 2l_{w_d}\} \tag{6-18}$$

则有

$$C(\pi^*) - C(\pi) = \sum_{d=1}^{|\pi|} \sum_{j=1}^{k_d} \alpha_{\rho(d,j),w_d}(t_d - t_d^*) \leqslant 0$$

即得如下性质。

性质 6.1　如果已经确定各趟配送的目的工位和数量，且在该条件下存在可行解，那么依式(6-18)确定各趟配送的开始时刻而构成的调度，即为该条件下的最优解。

因此，一个全局最优解可简化表示为

$$\pi^{(G)} = \{(w_1^{(G)}, k_1^{(G)}), \cdots, (w_{|\pi^{(G)}|}^{(G)}, k_{|\pi^{(G)}|}^{(G)})\}$$

在不致混淆的情况下，下文用 (w_d, k_d) 表示调度中的第 d 趟配送。

对于某一调度 π 中的配送 (t_d, w_d, k_d)，车辆在 t_d 时刻出发，至 $t_d + l_{w_d}$ 时刻到达工位 w_d，在该时刻之后（$T_{i,w_d} > t_d + l_{w_d}, \forall i$），该工位消耗的零件数量扣除该时刻之后送达的零件数量，即为此刻缓存区中的库存水平，显然，根据式(6-13)，该水平不能超出缓存区容量限制。

引入调度 π 上的一个函数：

$$\Theta_\pi(d) = \sum_{n=1}^{N} \sigma_3(T_{n,w_d}, t_d + l_{w_d}) - \sum_{e=d+1}^{|\pi|} k_e \sigma(w_e, w_d)$$

则 $\Theta_\pi(d)$ 可表示在调度 π 中第 d 趟配送后直到下一次再配送之前，工位 w_d 需要由线边库存来支撑的零部件消耗，可给出如下性质。

性质 6.2　对于任一可行调度 π，均有

$$0 \leqslant \Theta_\pi(d) \leqslant Q_{w_d}, \quad 1 \leqslant d \leqslant |\pi| \tag{6-19}$$

根据假设，零部件在装配工位上的消耗是即时的，即一个零部件在装配作业开始的那一刻被送达工位，它立即被使用而不增加线边库存。因而，小车在每一趟配送中装载量的最大值为 $\min\{Q_w + 1, K_w\}$，根据式(6-13)，在 0 时刻之前，送达工位的零部件全部成为线边库存，则 0 时刻前累计被配送到工位 w 的零部件数量的最大值为 Q_w。在某一调度中，其第 $d(d > 1)$ 趟配送之前，累计送达工位 w 的零部件数量为 $A(d-1, w)$，则在 0 时刻和 t_d 之间，送达该工位的零部件数量应不少于 $\max\{0, A(d-1, w) - Q_w\}$。因此，可给出配送这些零部件所需时间的下界：

$$T_{\mathrm{LB}}^{(w)}(d) = 2l_w \cdot \frac{\max\{0, A(d-1, w) - Q_w\}}{\min\{Q_w + 1, K_w\}}, \quad 1 \leqslant w \leqslant W \tag{6-20}$$

从而可给出如下性质。

性质 6.3　任何可行调度 π 都满足：

$$T_{\mathrm{LB}}(d) = \sum_{w=1}^{W} T_{\mathrm{LB}}^{w}(d) \leqslant t_d, \quad 1 < d \leqslant |\pi|$$

定义 6.1(完全冲突)　对于某一调度 π，如果对某一 $d < |\pi|$，有

$$\begin{cases} T_{\rho(d,1),w_{d-1}} + l_{w_{d-1}} \geqslant t_{d+1} \\ T_{\rho(d-1,1),w_d} + l_{w_d} \geqslant t_{d+1} \\ w_d \neq w_{d+1} \end{cases} \tag{6-21}$$

则称配送 (w_{d-1}, k_{d-1}) 与配送 (w_d, k_d) 完全冲突。

如果最优调度中包含完全冲突的配送，则有如下性质。

性质 6.4　如果最优调度中有配送 (w_{d-1}, k_{d-1}) 与 (w_d, k_d) 完全冲突，那么

$$\frac{A_d}{l_{w_d}} \leqslant \frac{A_{d+1}}{l_{w_{d+1}}}$$

其中 $A_d = \sum_{j=1}^{k_d} \alpha_{\rho(d,j),w_d}$，表示一趟配送中全部零件的库存成本系数之和。

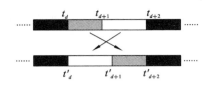

图 6-2　交换两个完全冲突的配送

证明：由于配送 (w_d, k_d) 与 (w_{d+1}, k_{d+1}) 完全冲突，则在交换两次配送的位置后的新调度 π' 中，仅 t'_{d+1} 的值会发生变动（见图6-2），有

$$C(\pi') = C(\pi) - 2l_{w_{d+1}}A_d + 2l_{w_d}A_{d+1}$$

由于 π 为最优解，则

$$C(\pi') \geqslant C(\pi) \Rightarrow 2l_{w_d}A_{d+1} - 2l_{w_{d+1}}A_d \geqslant 0$$

$$\Rightarrow \frac{A_d}{l_{w_d}} \leqslant \frac{A_{d+1}}{l_{w_{d+1}}}$$

即证。

6.1.4　物料配送调度优化问题的逆序回溯算法与 GASA 算法

1. 求解物料配送调度优化问题的逆序回溯算法

如果从最早的配送开始构造一个调度，考虑式（6-9）和式（6-17）的约束，后续的配送可能会与之前选中的配送冲突，从而使之前选中配送的开始时间提前；若从最迟的配送开始（逆序）构造，则之前选中的配送无须变动开始时间。因而，逆序构造调度是一种更佳的思路。基于上述性质，可给出如下算法过程：

①令 $\pi \leftarrow \phi, \lambda = (w_\lambda, k_\lambda) \leftarrow (1,1), C^* \leftarrow \infty, \pi^* \leftarrow \phi$。

②如果 $\pi = \phi$ 且 $\lambda = (W+1, 1)$，转到步骤⑨，否则转到步骤③。

③如果 $\lambda = (W+1, 1)$，转到步骤⑧；如果 $k_\lambda + \sum_{(w_d, k_d) \in \pi} k_d \delta_1(w_\lambda, w_d) > N$，转到步骤⑥；否则，根据式（6-18）计算 λ 在调度片段 $\{\lambda\} \cup \pi$ 中的出发时间，如果该调度片段满足性质 6.3，则转到步骤④，如果不满足，则转到步骤⑥。

④如果 $|\pi| < 2$，$\{\lambda\} \cup \pi$ 且满足性质 6.2，则令 $\pi \leftarrow \{\lambda\} \cup \pi$，记当前 π 中最早的配送为 ε，此时，$\varepsilon = (w_\varepsilon, k_\varepsilon) = \lambda$，令 $\lambda \leftarrow (1,1)$，转到步骤③；否则，转到步骤⑤。

⑤如果 $|\pi| \leqslant 2$，且 $\{\lambda\} \cup \pi$ 同时满足性质 6.4 和性质 6.2，则令 $\pi \leftarrow \{\lambda\} \cup \pi$，$\varepsilon \leftarrow \lambda$，转到步骤⑦，否则转到步骤⑥。

⑥如果 $w_\lambda < 1$，$\lambda \leftarrow (1,1)$，转到步骤②；如果 $k_\lambda < \min\{Q_w, K_w\}$，$\lambda \leftarrow (w_\lambda, k_\lambda + 1)$，转到步骤②；如果 $k_\lambda = \min\{Q_w, K_w\}$，$\lambda \leftarrow (w_\lambda + 1, k_\lambda)$，转到步骤②；上述都不满足则转到步骤⑦。

⑦如果 π 未完成，转到步骤②；否则，计算目标值 $C(\pi)$，如果 $C(\pi) < C^*$，且满足式（6-13），令 $C^* \leftarrow C(\pi), \pi^* \leftarrow \pi$。

⑧如果 $|\pi| > 0$，$\pi \leftarrow \pi - \{\varepsilon\}$，$\lambda \leftarrow \varepsilon$，记当前 π 中最早的配送为 ε，转到步骤⑥；否则，$\lambda \leftarrow (0,0), \varepsilon \leftarrow (0,0)$，转到步骤⑥。

⑨输出 π^*，算法结束。

考虑一算例，其参数如表 6-1 所示，该算例的求解过程如图 6-3 所示。

表 6-1　两工位两装配工件算例参数

装配作业	$w=1$		$w=2$	
	$o_{1,1}$	$o_{2,1}$	$o_{1,2}$	$o_{2,2}$
$\alpha_{i,w}$	4	1	3	2
$p_{i,w}$	1	2	2	2
$T_{i,w}$	0	1	1	3
l_w	1		2	
Q_w	1		2	
K_w	2		2	
β		1		

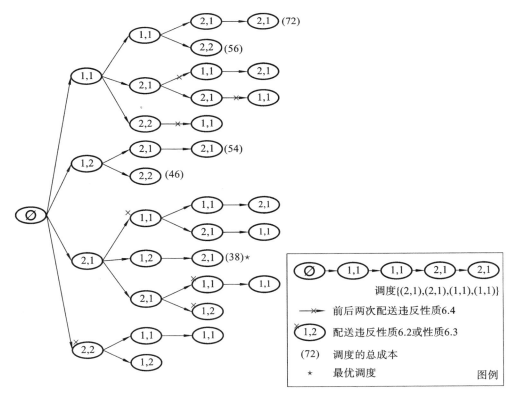

图 6-3　逆序回溯算法搜索过程示意图

逆序回溯算法从最迟的配送开始,逆序构造一个候选调度,并在构造过程中检验生成的调度片段是否符合上述性质,因此,可以在某一个不可行的调度被完全构造之前将该路径舍弃,如图 6-3 中调度{(2,1),(1,1),(1,1),(2,1)},构造第二趟配送(1,1)时,因其不满足性质 6.2,可判断该节点的所有分支均非可行解,而无须将整个调度构造完全。该算法利用解的性质，可以在解尚未构造完全时进行解的剔除处理，减少对整个解空间的搜索计算量，因而它具有比标准回溯算法更高的效率。

然而，该逆序回溯算法本质上仍是枚举型算法，它需要依次评价空间中的多数路径，因而，对于规模巨大的问题，该算法并不适用。因此，下文给出求解较大规模问题的混合智能算法。

2. 求解物料配送调度优化问题的 GASA 算法

将遗传算法和模拟退火算法混合，可以综合利用二者各自的优点[11-13]，本小节提出的 GASA 算法主要由选择、交叉、变异、采样等算子构成，其流程见图 6-4。

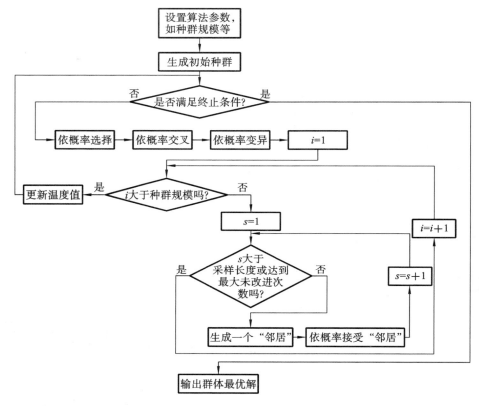

图 6-4　GASA 算法流程

（1）编码与适应度

根据性质 6.1，一个调度可表示为目的工位和零部件装载数量的顺序，在个体（染色体）中一个基因可表示为二者构成的一个二元组，如图 6-5 所示，其中各基因二元组的第一个元素表示目的工位，第二个元素表示装载数量。在不致引起混淆时，下文用符号 π 来表示个体。

当有个体不符合性质 6.2、性质 6.3 及性质 6.4 时，有必要将其适应度设置为极小的值，使其在后续进化过程中有相当大的概率被淘汰，因此，个体 π 的适应度定

| (1,1) | (2,1) | (2,2) | (1,1) | (1,2) | (2,1) |

图 6-5　两工位四工件的个体示例

义为

$$\text{fit}(\pi) = \begin{cases} \dfrac{1}{C(\pi)}, & \text{如果 } \pi \text{ 符合所有性质} \\[2mm] \dfrac{1}{M}, & \text{其他} \end{cases} \tag{6-22}$$

式中：M 为充分大的正数。

（2）初始化

每个个体通过以下步骤进行随机初始化：

① 令 $\pi \leftarrow \varnothing$；

② 生成集合 $F_\pi = \{(w,k) \mid 1 \leqslant k \leqslant \min\{Q_w + 1, K_w, N - A(|\pi|, w)\}\}$，如果 $F_\pi = \varnothing$，转到步骤④，否则转到步骤③；

③ 任意选择 $(w,k) \in F_\pi$，令 $\pi \leftarrow \pi \bigcup \{(w,k)\}$，并转到步骤②；

④ 输出 π。

重复该过程 Pop_size 次，生成初始种群。

（3）选择

在选择操作中，低适应度的个体有较大的概率被淘汰，其具体步骤与本书 4.1.4 节所述相同。

（4）交叉

交叉操作在保持种群多样性方面起着重要作用。文献[11]描述了在流水车间调度问题中常用的交叉算子，包括 LOX、PMX、NAX 等，文献[14]提出了一种 modOX 算子，这些算子可应用于基因为单个元素的算法框架中，而直接应用于本节中基因为二元组的情况则不适合。现提出一种二元组基因交叉（pair-gene crossover，PGX）算子，该算子的实施过程如下：

① 随机将种群中所有个体配成 $p \leqslant \dfrac{\text{Pop\_size}}{2}$ 对，令 $p \leftarrow 1$；

② 如果 $p \leqslant \dfrac{\text{Pop\_size}}{2}$，生成一个位于 0～1 间的随机数 u_C，转到步骤③，否则转到步骤⑦；

③ 如果 u_C 小于交叉概率 P_c，转到步骤④，否则，$p \leftarrow p+1$，转到步骤②；

④ 对于第 p 对个体（记为 A 和 B）复制出两个子代个体（记为 A* 和 B*），随机生成一个处于 1～W 间的整数 $w^{[C]}$；

⑤ 记两个个体中目的工位为 $w^{[C]}$ 的配送次数较小的为 $n^{[C]}$，交换两个子代个体中前 $n^{[C]}$ 个目的工位为 $w^{[C]}$ 的配送；如果某个子代个体的配送次数大于 $n^{[C]}$，则将其余的同工位的配送添加到另一个个体的尾部；

⑥舍弃四个个体（A、B、A*和B*）中适应度最小的两个个体；

⑦结束。

二元组基因交叉（PGX）操作示例如图 6-6 所示。

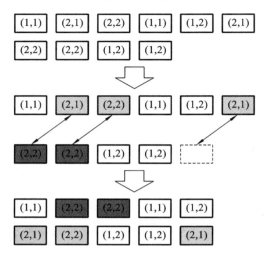

图 6-6　二元组基因交叉（PGX）操作示例

（5）变异

本节采用一种结合倒序（inversion）操作和合并-分离（combining-splitting，C&S）操作的变异算子，作用在根据变异概率 P_m 选取的个体上，其步骤具体如下：

①对任一个体 π，随机生成位于 0～1 间的实数 u_m，如果 $u_m < P_m$，转到步骤②，否则转到步骤⑥。

②随机生成位于 1～|π| 间的整数 h 和 j，将第 h 至 j 个基因之间的基因倒序。

③以相同概率选择转到步骤④、步骤⑤或步骤⑥。

④随机生成位于 1～W 间的整数 w_{cs}，如果存在两个基因 (w_{cs}, k_a) 和 (w_{cs}, k_b)，满足：

$$k_a + k_b \leqslant \min\{K_{w_{cs}}, Q_{w_{cs}} + 1\}$$

则任选两个满足这一条件的基因，将其合并为 $(w_{cs}, k_a + k_b)$（见图 6-7），转到步骤⑥；如果不存在满足条件的基因，则转到步骤⑥。

⑤随机生成位于 1～W 间的整数 w_{cs}，如果存在一个基因 (w_{cs}, k_a)，且 $k_a > 1$，选择任一满足这一条件的基因，将其分离成 $(w_{cs}, k_a - 1)$ 和 $(w_{cs}, 1)$，并将 $(w_{cs}, 1)$ 置于个体的尾部（见图 6-8），转到步骤⑥；如果不存在满足条件的基因，则直接转到步骤⑥。

⑥结束。

（6）邻域采样

为尽可能地改进个体，防止算法陷入局部最优解，可通过在当前个体的邻域内采样来产生新的个体，例如，Boysen 使用交换操作来生成一个"邻居"[3]。考虑到在本

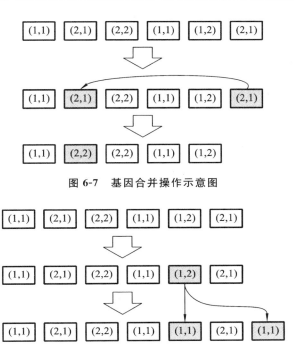

图 6-7　基因合并操作示意图

图 6-8　基因分离操作示意图

问题中交换配送并不能保证产生一个可行解,因此现采用一种启发式规则来尽量改进交换后的个体。

对于一个逆序的调度片段:

$$\sigma = \{(w^{(1)},k^{(1)}),(w^{(2)},k^{(2)}),\cdots,(w^{(H)},k^{(H)})\}$$

其中,$(w^{(d)},k^{(d)})$ 表示倒数第 d 次配送,各次配送的开始时间根据性质 6.1 确定,并记为 $t^{(1)},t^{(2)},\cdots,t^{(h)}$。现定义该调度片段的密度如下:

$$\mu(\sigma) = \frac{\sum\limits_{d=1}^{h} k^{(d)}}{t^{(1)} - t^{(h)}} \tag{6-23}$$

当某一调度片段密度较低时,意味着更多零部件需要被安排在其后的配送中,这样更易于违反性质 6.3 而导致形成一个不可行解,因此,有理由认为,当新添加到一个调度片段的配送使得形成的新片段具有更高的密度,则它更利于最终形成一个可行解。结合该规则,给出搜索个体的邻域的方法如下:

①将当前个体复制为一个新个体 π',令 $\psi^* \leftarrow \varnothing$。

②随机生成两个不等的整数 $a,b \in [1,|\pi|]$,交换新个体 π' 中第 a 个基因和第 b 个基因的位置。

③如果个体 π' 中没有基因使得个体违反性质 6.2、性质 6.3 或性质 6.4,转到步骤⑨,否则转到步骤④。

④如果第 d 个基因使得个体 π' 不满足性质 6.2、性质 6.3 和性质 6.4,移除 π' 中第 d 个及其之后的所有基因,并构造集合 $\psi \leftarrow \{\pi'\}$。

⑤获取集合 $\Omega_{\pi'} = \{(w,k) \mid 1 \leqslant w \leqslant W, 1 \leqslant k \leqslant K(\pi',w)\}$,其中

$$K(\pi',w) = \min\left\{Q_w + 1, K_w, \left(N - \sum_{e=1}^{d-1} \sigma_1(w,w^{(e)})k^{(e)}\right)\right\}$$

⑥对每个 $\psi_j \in \psi$ 及 $\omega_i \in \bigcup_{\forall \Psi \in \Psi} \Omega_\Psi$,构造一个调度片段的集合:

$$\psi_{w_i} = \{\psi'_{i,j} \mid \psi'_{i,j} = \psi \bigcup \{w_i\},$$ 且 $\psi'_{i,j}$ 满足性质 6.2、性质 6.3 及性质 6.4$\}$

如果 $|\psi_{w_i}|$ 大于给定的数 U,将保留其中密度最大的 U 个元素,转到步骤⑦;如果 $\psi_{w_i} = \varnothing$,$\forall w_i$,转到步骤⑧。

⑦更新 $\Psi \leftarrow \bigcup_{\forall w \in \Omega} \Psi w$,如果 ψ 中包含任何完成的个体,则将该个体并入集合 ψ^*,返回到步骤⑥。

⑧如果 $\psi^* = \varnothing$,$\pi' \leftarrow \pi$,转到步骤⑨;否则,取 π' 为 ψ^* 中最优个体。

⑨输出 π'。

对种群中的每个个体,通过上述步骤得到其邻域中的一个新个体,新个体是否取代原个体成为种群的成员,依据下式来判定:

$$\mathrm{Prob}(\pi \leftarrow \pi') = \begin{cases} 1, & \text{如果 } C(\pi') \leqslant C(\pi) \\ \exp\left(\dfrac{C(\pi) - C(\pi')}{\eta}\right), & \text{其他} \end{cases} \tag{6-24}$$

式中:η 为当前的全局温度。重复生成新个体和判定足够多次,以完成对邻域的较充分的搜索。

(7) 终止条件

每次迭代中,经过选择、交叉、变异、采样之后,即形成新的种群,此时更新全局温度:

$$\eta \leftarrow \kappa \cdot \eta$$

其中,$\kappa \in (0,1)$。当如下任一条件成立时,程序终止并输出所得的最好解:

①迭代次数已经达到预定的最大次数;

②温度值 η 足够接近 0。

6.1.5 实例验证及结果分析

某一物料配送车辆负责向发动机混流装配线上的五个工位配送相应的零部件,由于不同型号发动机在这些工位上装配的零部件存在差异,生产中采用小批量、高频次的方式进行配送,线边缓存区(料架)容量及行驶时间见表 6-2(车辆行驶成本系数 $\beta = 0.005$ 元/秒)。某一班次共生产七种型号的发动机,其相应的零部件的库存成本系数见表 6-3。

表 6-2　装配线零部件配送工位

工位	零部件	料架容量	行驶时间/s
LB30	金属通风管	20	11
LB40	飞轮总成	10	16
LB70	飞轮适配器	25	22
LB90	空调压缩机	10	23
LB120	惰轮	10	25

表 6-3　零部件库存成本系数 $\alpha_{i,w}$ 　　　　（单位：$\times 10^{-3}$ 元/秒）

工位	型号						
	481F	481H	484F	DA2	DA2-2	473A	473B
LB30	0.40	0.40	0.42	0.40	0.46	0.42	0.42
LB40	0.50	0.48	0.48	0.50	0.48	0.50	0.50
LB70	1.08	1.08	1.04	1.08	1.04	1.08	1.04
LB90	0.46	0.46	0.50	0.46	0.50	0.46	0.46
LB120	0.88	0.84	0.96	0.88	0.84	0.88	0.84

本小节使用 C++ 语言在主频为 2.0 GHz、内存为 2.0 GB 的计算机上运行上述逆序回溯算法和 GASA 混合算法，基于上述实例数据，随机生成长度分别为 10、20、30、50、100、200 的装配序列各 10 组，两种算法的运行结果见表 6-4。在实验中，当某一程序运行时间超过 72 h 时，则认为其无法在可接受的时间内获取更好的解。

如表 6-4 所示，本节提出的逆序回溯算法针对装配长度为 10 的实例在 2.8～7.6 h 内成功求得最优解，并且在长度为 20 的实例上求得了 3 个可行解，但对于长度为 30、50、100 及 200 的实例，该算法无法在 72 h 内找到任何可行解。而 GASA 混合算法在 3 min 内成功找到所有长度为 10 的实例的最优解；对于长度为 20 的实例，GASA 混合算法均找到可行解，且其中三个明显优于逆序回溯算法所得的解；对于长度为 30、50、100 及 200 的实例，GASA 混合算法均找到可行解。图 6-9 显示了 GASA 混合算法在不同规模下的平均收敛时间，从图中可以看出，该方法的收敛时间随装配长度的增加近似呈线性增长。

表 6-4 物料配送车辆调度计算结果

长度	实例	逆序回溯算法		GASA 混合算法	
		运行时间/s	最优成本/元	运行时间/s	最优成本/元
10	1	2.73×10^4	7.96	7	7.96
	2	1.02×10^4	7.86	126	7.86
	3	1.62×10^4	7.77	60	7.77
	4	1.28×10^4	7.76	62	7.76
	5	2.50×10^4	7.76	47	7.76
	6	1.32×10^4	7.73	67	7.73
	7	1.07×10^4	7.66	84	7.66
	8	2.31×10^4	7.62	47	7.62
	9	1.44×10^4	7.58	38	7.58
	10	1.32×10^4	7.55	154	7.55
20	1	2.41×10^5	38.35	120	15.98
	2	2.52×10^5	31.87	924	15.83
	3	2.55×10^5	27.13	629	15.81
	4	$>2.59 \times 10^5$	—	397	16.55
	5	$>2.59 \times 10^5$	—	876	16.19
	6	$>2.59 \times 10^5$	—	748	16.08
	7	$>2.59 \times 10^5$	—	1073	16.07
	8	$>2.59 \times 10^5$	—	126	15.49
	9	$>2.59 \times 10^5$	—	802	15.45
	10	$>2.59 \times 10^5$	—	61	15.16
30	1	$>2.59 \times 10^5$	—	364	24.93
	2	$>2.59 \times 10^5$	—	496	24.89
	3	$>2.59 \times 10^5$	—	1490	24.70
	4	$>2.59 \times 10^5$	—	280	24.66
	5	$>2.59 \times 10^5$	—	3640	24.51
	6	$>2.59 \times 10^5$	—	539	24.18
	7	$>2.59 \times 10^5$	—	85	24.07
	8	$>2.59 \times 10^5$	—	2217	24.00
	9	$>2.59 \times 10^5$	—	2459	23.98
	10	$>2.59 \times 10^5$	—	2629	23.69

长度	实例	逆序回溯算法		GASA 混合算法	
		运行时间/s	最优成本/元	运行时间/s	最优成本/元
50	1	$>2.59\times10^5$	—	6056	42.95
	2	$>2.59\times10^5$	—	7016	42.62
	3	$>2.59\times10^5$	—	424	41.96
	4	$>2.59\times10^5$	—	8708	41.30
	5	$>2.59\times10^5$	—	6603	41.14
	6	$>2.59\times10^5$	—	6358	40.59
	7	$>2.59\times10^5$	—	1.09×10^4	40.36
	8	$>2.59\times10^5$	—	2474	40.24
	9	$>2.59\times10^5$	—	6907	39.92
	10	$>2.59\times10^5$	—	1007	39.66
100	1	$>2.59\times10^5$	—	8578	89.88
	2	$>2.59\times10^5$	—	1.36×10^4	87.75
	3	$>2.59\times10^5$	—	6226	86.36
	4	$>2.59\times10^5$	—	2.56×10^4	85.67
	5	$>2.59\times10^5$	—	3660	85.61
	6	$>2.59\times10^5$	—	2.66×10^4	85.51
	7	$>2.59\times10^5$	—	3476	84.48
	8	$>2.59\times10^5$	—	1928	84.41
	9	$>2.59\times10^5$	—	2.47×10^4	84.06
	10	$>2.59\times10^5$	—	2.72×10^4	82.83
200	1	$>2.59\times10^5$	—	9830	189.54
	2	$>2.59\times10^5$	—	2.91×10^4	186.74
	3	$>2.59\times10^5$	—	2.88×10^4	195.70
	4	$>2.59\times10^5$	—	8702	192.85
	5	$>2.59\times10^5$	—	3.21×10^4	196.79
	6	$>2.59\times10^5$	—	2.86×10^4	191.28
	7	$>2.59\times10^5$	—	2.90×10^4	192.53
	8	$>2.59\times10^5$	—	4.36×10^4	198.16
	9	$>2.59\times10^5$	—	2.57×10^4	194.80
	10	$>2.59\times10^5$	—	9301	189.99

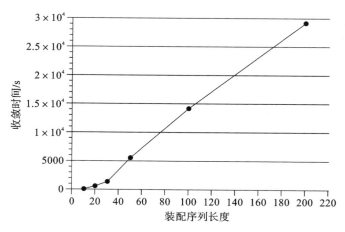

图 6-9　GASA 混合算法的收敛时间

6.2　混流装配系统的物料配送路径优化

以往的物料配送系统研究,一般假设车辆的运行速度为定值,即车辆到达目的节点的时间是固定的,这与车间实际物料配送不符。大量的统计数据表明,车辆的运送时间是服从正态分布的随机变量。本节以此为基础,构建物料配送系统的多目标优化模型,同时以最小化路径距离、最小化路径数、最大化车辆利用率为优化目标,提出了一种多目标人工蜂群算法。

6.2.1　物料配送路径优化问题描述

物料配送是混流装配线制造生产的重要环节,也是影响装配生产效率的关键问题。由于不同产品的共线装配生产,各种产品的批量不同,不同产品的装配件也不完全一致,这些都使得物料配送变得十分复杂。总装线工位的缓存空间有限,存放的零部件也有限,必须适时补充物料才能保证装配生产的顺利进行。

混流装配物料配送一般涉及以下几个方面:①配送频率。由装配线的生产节拍可以确定工位缓存区零部件的消耗率,据此可以进一步确定相应工位的配送频率。②配送量。根据产品的 BOM 表及产品批量信息,就可以确定工位的零部件需求量。而缓存区容量与零部件质量和体积也是配送决策时必须要考虑的重要因素。③配送路线。车辆在配送中心装载总装物料,按一定的路线访问不同的工位,从而完成物料配送并返回配送中心。合理的配送计划可以缩短车辆行驶路径,及时供应物料,提高配送效率,改善配送服务水准。

一般而言,产品的装配涉及种类繁多、数量不同的零部件。为保证物料供应的顺畅,将其划分为下三类:①易消耗件。易消耗件一般来说体积小、需求数量大,典型的如螺钉、螺母等。这类物料采购成本低,且适应面广,一般采用定期补充的物料配送方式。②通用件。通用件适用于多种型号产品的装配,一般由供应商直接送货至物料配送中心,再由车辆运输至相应工位。通用件的适用面较广,但仍然采用按需供应的方式,只是有着较弹性的时间窗口。③关键件。关键件一般为产品的特殊部件,通用性差,属于物料清单中的关键部件。与通用件相比,关键件虽然也采用按需供应的方式,但对时间窗口的要求十分严格。关键件的配送是物料配送系统考虑的核心问题,是本节研究的重点问题。

物料配送系统的功能为将物料通过装卸搬运发往各个工位节点,属于VRP[15-20]。考虑到物料配送一般有时间窗口的要求,可以进一步将物料系统建模为VRPTW(vehicle routing problem with time windows)[21-26]。

一般 VRPTW 可以用 $G=(N,A)$ 析取图描述,其中 $N=\{0,1,\cdots,n\}$,是客户节点集合,节点 0 代表配送中心,其他节点代表客户;$A=\{(i,j)|i,j\in N,i\neq j\}$,是有向弧集合。每个客户的需求量是已知的,服务时间窗口也是已知的。车辆从配送中心出发,以设定的路线依次访问客户,最后返回配送中心。

为方便后文描述,特定义以下符号:

①N,客户节点集合,$N=\{0,1,\cdots,n\}$;

②Q,车辆最大装载容量;

③L,车辆路径集合,$L=\{L_1,L_2,\cdots,L_K\}$;

④K,车辆路径数量;

⑤d_i,第 i 个客户节点的需求量;

⑥$[a_i,b_i]$,第 i 个客户节点的配送任务的时间窗口;

⑦s_{ik},车辆路径 k 在客户节点 i 的开始服务时间;

⑧e_{ik},车辆路径 k 在客户节点 i 的完成服务时间;

⑨d_{ij},客户节点 i 与 j 之间的行驶距离;

⑩t_{ij},客户节点 i 与 j 之间的行驶时间。

VRPTW 的求解,必须满足以下约束:

①在车辆送货的一次路径中,车辆装载了访问客户的需求量。因此,客户的需求量不能超过车辆的最大装载量。

②每条路径只能由单个车辆完成,且每个客户只能被车辆访问一次,即车辆一次性完成单个客户的服务。

③货物必须在预定的时间窗内到达,过早或延迟交货都会降低客户的满意度。

VRP 单目标优化问题一般以车辆行驶路径最短为目标,数学模型如下:

$$f_1 = \min \sum_{k \in K} \sum_{(i,j) \in A} d_{ij} x_{ijk} \tag{6-25}$$

s. t.

$$\sum_{k \in K} \sum_{(i,j) \in A} x_{ijk} = 1 \quad \forall i \in N \tag{6-26}$$

$$\sum_{j \in N} x_{0jk} = \sum_{i \in N} x_{i0k}, \quad \forall k \in K \tag{6-27}$$

$$\sum_{i \in A} x_{ijk} = \sum_{i \in A} x_{jik}, \quad \forall k \in K, \forall j \in N \tag{6-28}$$

$$\sum_{i \in N} \sum_{j \in N} d_{ij} x_{ijk} \leqslant Q, \quad \forall k \in K \tag{6-29}$$

$$x_{ijk}(s_{ik} + t_{ij} - s_{jk}) \leqslant 0, \quad \forall k \in K, (i,j) \in A \tag{6-30}$$

$$x_{ijk}(a_i - s_{jk}) \leqslant 0, \quad \forall k \in K, (i,j) \in A \tag{6-31}$$

$$x_{ijk}(s_{jk} - b_i) \leqslant 0, \quad \forall k \in K, (i,j) \in A \tag{6-32}$$

$$0 \leqslant \sum_{(i,j) \in A} d_{ij} x_{ijk} \leqslant n, \quad \forall k \in K \tag{6-33}$$

$$\sum_{k \in K} \sum_{(i,j) \in A} x_{ijk} = n \tag{6-34}$$

$$L_i = \{ x_{ijk} \mid x_{ijk} \neq 0, (i,j) \in A \}, \quad \forall k \in K \tag{6-35}$$

$$L_i \cap L_j = \varnothing, \quad i \neq j, \forall i \in K, \forall j \in K \tag{6-36}$$

$$x_{ijk} = \begin{cases} 1, & \text{路径 } k \text{ 包含从节点 } i \text{ 到 } j \\ 0, & \text{否则} \end{cases} \tag{6-37}$$

式(6-25)为优化目标,即车辆行驶路径总距离最小;式(6-26)表明每个客户节点只能分配到一条路径上;式(6-27)表明路径从一个客户节点开始出发并于另一个节点返回结束;式(6-28)表示车辆的行驶路线是一个完整的闭环,所有客户节点既是车辆行驶目的地,也是车辆行驶出发地;式(6-29)为车辆最大装载量约束,即任一路径的客户总需求量不能超过车辆的最大装载量;式(6-30)描述了车辆从节点 i 行驶至节点 j 时开始服务时间的约束关系;式(6-31)与式(6-32)指出车辆必须在规定的客户服务时间窗内完成访问;式(6-33)指出车辆访问的客户数必须小于或等于总客户数;式(6-34)表示所有车辆访问的客户数等于总客户数,确保了访问全部客户;式(6-35)表示车辆路径访问的客户集合;式(6-36)表示任意两辆车访问路径的客户的交集为空,即单个客户只能位于一条车辆路径上;式(6-37)表示决策变量的赋值,若车辆 k 从节点 i 行驶到节点 j,则值等于 1,否则为 0。

6.2.2　基于随机运输时间的物料配送系统建模

以前述 VRPTW 模型为基础,结合混流装配线生产的实际情况,本小节将物料配送系统描述为:设系统中有一定数量工位节点(即客户节点),这些节点的位置和配送物料品种、数量及服务时间窗口都是已知的。运送物料的装卸搬运设备性能一致,具有相同的容量和行驶速度。车辆在配送中心装载物料后以一定次序把物料送到相应的工作站,待车辆完成本次物料配送任务后,返回配送中心,然后进行下一轮的物料配送,直至完成全部物料配送任务。假设车辆在任意两个节点的行驶时间服从正态分布,且物料按期送达概率不小于预设概率。t_{ij} 为工位节点 i 与 j 之间的平均行驶时间,均方差 $\sigma_{ij} = t_{ij}/\lambda$。车辆到达目的工位后,会消耗装卸的时间,装卸时间与节点的物料需求量成正比。因此,本小节所建模型考虑车辆行驶时间的波动及车辆在各节点上的物料装卸时间,以符合现实车间生产的实际情况。

随机模式下的物料配送不仅包括前述约束条件,而且必须满足以下约束条件:

$$\text{Prob}\{a_i \leqslant s_{ik} \leqslant b_i\} \geqslant \alpha \tag{6-38}$$

$$\text{Prob}\{a_i \leqslant e_{ik} \leqslant b_i\} \geqslant \alpha \tag{6-39}$$

考虑到企业的实际情况,单一目标优化已经不能满足企业的要求,除最小化车辆行驶距离 f_1 外,还必须考虑路径数与车辆利用率两个目标的优化。

①最小化路径数:

$$f_2 = \min \sum\nolimits_{k \in K} \sum\nolimits_{j \in N} x_{0jk} \tag{6-40}$$

②最大化车辆利用率:

$$f_3 = \max\left\{\sum\nolimits_{i \in N} \sum\nolimits_{j \in N} d_{ij} x_{ijk} / Q \mid k \in (0,1,\cdots,K)\right\} \tag{6-41}$$

考虑到 f_1 与 f_2 是最小化优化问题,而 f_3 是最大化问题,为了将三者统一为最小化求解问题,将 f_3 由最大化问题转化为最小化问题,具体如下:

$$f_3 = 1 - \max\left\{\sum\nolimits_{i \in N} \sum\nolimits_{j \in N} d_{ij} x_{ijk} / Q \mid k \in (0,1,\cdots,K)\right\} \tag{6-42}$$

6.2.3　物料配送路径优化问题的多目标离散人工蜂群算法

VRP 是组合优化问题,已证明属于 NP-难问题。对于小规模的 VRP,可以运用精确算法求解,而对于大规模的 VRP,研究者普遍运用启发式算法或元启发式算法求解,这些算法能够在可接受的时间内搜索出满意解。人工蜂群(artificial bee colony,ABC)算法[27-29]是根据蜜蜂采蜜行为提出的群体智能算法,广泛应用于各种优化问题,表现出优异的搜索性能。人工蜂群算法运用蜜蜂采蜜过程中的独特的搜索模式,能够对复杂问题进行高效求解。人工蜂群算法将蜜蜂的工作进行了科学划分,雇佣蜂会将蜜源信息告诉巢穴中的观察蜂,观察蜂会依据蜜源信息随机选择蜜源地。显然,蜜源越好则会招募到更多的观察蜂进行搜索,然后依据贪婪准则更新蜜源。这一搜索方式非常符合物料配送问题搜索空间局部区域分布特点。若观察蜂在某一蜜源地进行有限次搜索而未能更新蜜源,则放弃该蜜源,侦察蜂出动寻找新的蜜源。这一搜索方式使算法能跳出局部最优,避免了算法的重复低效搜索,拓展了搜索范围。

传统人工蜂群算法基于连续空间进行求解,不能直接应用于 VRPTW 的求解[30],因此本小节提出了一种多目标人工离散蜂群算法,该算法设计了独特的雇佣蜂及侦察蜂搜索模式。同时,为使算法适应多目标问题的优化,对蜜源评价及蜜源选择准则也做了适应性改进,以提高算法的搜索性能。

(1)蜜源的表达与解的编码和解码

在人工蜂群算法中,蜜源表示待求优化问题的解,因此,蜜源的表现方式与解的表示形式在本质上是一致的。现采用基于节点的编码方式表示问题的解,这也是蜜源的表达方式,如图 6-10 所示。

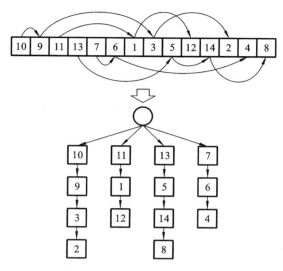

图 6-10　蜜源表达方式示意图

图 6-10 中的数字表示相应的节点号,这些节点号在编码中出现的顺序代表一定的访问路线。解码过程是:首先确定第一条路径的访问顺序,所有路径的出发点在节点 0,从左至右在编码中选择可以访问的节点号,如果满足交货期置信度要求和最大装载量要求这两个条件,则表示该节点可以访问,否则继续查看其他节点,直至最右节点,最后回到节点 0,如此完成一条路径的访问。在下一条路径的确定过程中,从左至右重复以上步骤,确定下一条路径的访问节点。经过数次确定路径的访问节点,就可完成所有节点的访问,至此解码过程结束。图 6-10 中,经过解码后有 4 条路径,分别是(0,10,9,3,2,0)、(0,11,1,12,0)、(0,13,5,14,8,0)和(0,7,6,4,0)。从上可以看出,经过解码后确定了 4 条明晰路径。

（2）雇佣蜂搜索机制

雇佣蜂在相应的蜜源执行交叉操作,进行局部搜索,具体流程为:在其他雇佣蜂中随机选取一个蜜源与当前蜜源进行交叉操作,如图 6-11 所示。首先,在两个解中分别随机选中两条路径,如图 6-11（a）中虚线框所示。然后,删除与对方被选中路径相同的节点,如图 6-11（b）中的灰色节点,同时记录被选择路径中的剩余节点。最后,将两条被选择的路径进行交换,并将记录的节点填充至空节点上,如图 6-11（c）所示。

（3）侦察蜂搜索机制

当某个蜜源经过有限次搜索而未能改善其适应度时,相应的雇佣蜂转化成侦察蜂,执行变异操作,进行全局搜索,具体流程为:将当前解的路径按照装载率依升序从左至右排列,然后依据重排列产生新的解并解码,见图 6-12。

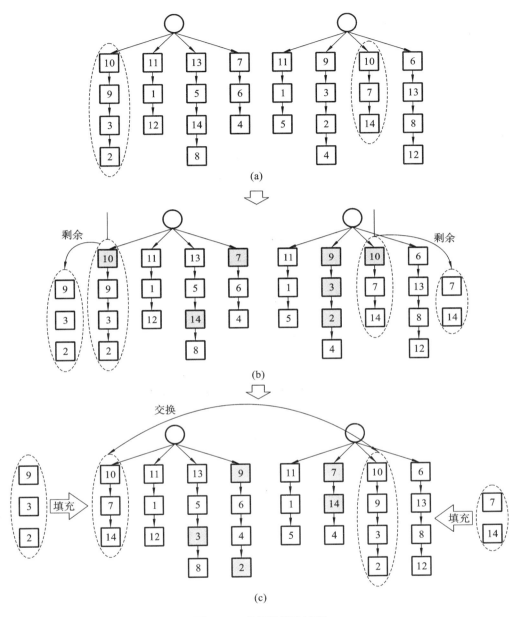

图 6-11　雇佣蜂搜索过程

（4）蜜源评价

在多目标离散人工蜂群算法中，蜜源的评价与帕累托阶层有关，即蜜源的阶层越高，蜜源的质量越好。这里将蜜源的丰裕度设置在 0～1 之间，表示蜜蜂搜索该蜜源的可能性，计算表达式如下：

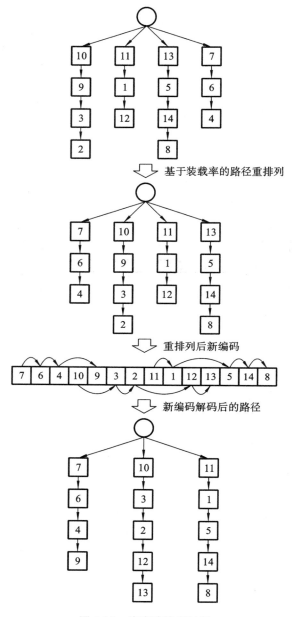

图 6-12　侦察蜂搜索过程

$$f_t = 1/\text{rank} \tag{6-43}$$

（5）蜜源更新

雇佣蜂及观察蜂在蜜源附近进行邻域搜索,以期得到更好的解。标准人工蜂群算法中雇佣蜂的邻域搜索为贪婪算法,即只选择邻域中的最优解。然而,对于多目标优化问题,蜜蜂必须面对互不支配的蜜源选择问题。为了避免最优蜜源的丢失,采用以下准则来处理。

①普通蜜源。

从两个互不支配的蜜源中随机选择一个成为当前蜜源,但不视作蜜源更新。

②最优蜜源。

两个互不支配的蜜源均予以保留。换言之,原有的蜜源保持不变,新的蜜源也通过替换其他资源耗尽的蜜源而保留。对于原有的蜜源不视作蜜源更新,而对于替换蜜源则视为蜜源更新。

(6) 蜜蜂工种的转化

蜜蜂工种的转化是蜜蜂采蜜过程中适应环境变化的必然选择。在本小节的蜂群算法中,蜜蜂工种的转化有以下两种。

①观察蜂与雇佣蜂的相互转化。

观察蜂与雇佣蜂是可以相互转化的。若观察蜂搜索出的蜜源好于雇佣蜂的蜜源,则两者相互转化。这种转化带来明显的搜索效果提高作用。观察蜂转化为雇佣蜂的意义在于,新发现的优质蜜源不仅会有更多的观察蜂来搜索,而且转化后的雇佣蜂也会进一步进行邻域搜索,因此也更有希望得到更好的结果。雇佣蜂转化为观察蜂的意义在于,先前的劣等蜜源被新的优质蜜源取代,之前在劣等蜜源工作的雇佣蜂已无继续搜索的必要,故返回蜂巢成为观察蜂。这意味着经过更新的蜜源能够重新吸引观察蜂进行搜索。

②雇佣蜂与侦察蜂的相互转化。

整个蜂群是在不断地放弃蜜源与发掘新蜜源中进行搜索的,最终找到最优蜜源。在同一蜜源进行多次搜索未果后,必须放弃该蜜源,此时,雇佣蜂转化为侦察蜂,探寻新的蜜源。在侦察蜂重新探寻到新的蜜源后,侦察蜂又转化为雇佣蜂,返回巢穴招募蜜蜂采蜜。

(7) 算法总体框架

在标准 ABC 算法的基础上,我们设计了多目标人工蜂群算法。算法的总体参数包括蜜源规模、迭代次数、蜜源搜索次数。在多目标 ABC 算法中,蜜源规模与蜂群规模相等。所提的多目标 ABC 算法如图 6-13 所示。

首先是算法初始化设置,包括蜜源规模、迭代次数和蜜源搜索次数。接下来是蜜源的初始化,此时整个蜂群均为侦察蜂,每只蜂都执行侦察任务,且只随机搜索一个蜜源地。初始化完成后,蜂群返回蜂巢,等待职责转化。蜜蜂转化为雇佣蜂的可能性与蜜源受益率成正比,具体操作为:产生一随机数 $r \in [0,1]$,若 r 小于蜜源受益率,则搜索该蜜源的侦察蜂转化为雇佣蜂,否则转化为观察蜂。

由丰裕度公式(式(6-43))可知,蜂群中的大部分蜜蜂将转化为观察蜂,小部分蜜蜂转化为雇佣蜂。这样一来,尽管整个蜂群初始执行侦察任务,并带回各自蜜源地的信息,但蜂群后续搜索并不搜索全部蜜源,仅继续搜索其中的小部分优质蜜源。其

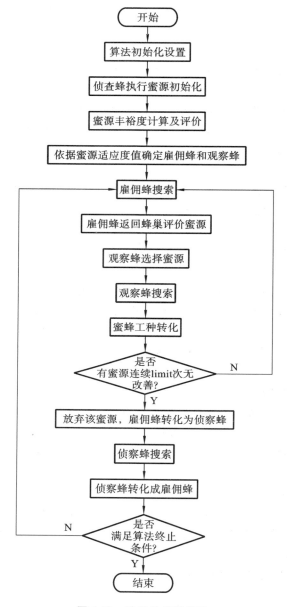

图 6-13　改进的蜂群算法

中,具有高丰裕度的蜜源被继续搜索的可能性很大,而具有低丰裕度的蜜源被继续搜索的可能性很低。从丰裕度公式可以看出,最优蜜源的丰裕度值为 1,其必定会被选中作为后续搜索蜜源,体现出算法的精英策略。在数量众多的最初蜜源中,尽管大部分不会作为后续蜜源被继续搜索,但这些蜜源信息并没有消失,而是通过观察蜂携带的方式储存起来。而观察蜂通过选择雇佣蜂执行所在蜜源的进一步搜索,搜索过程就是原有蜜源信息和当前蜜源信息的交互过程。

雇佣蜂将返回原蜜源继续进行邻域搜索,而观察蜂则会根据雇佣蜂的蜜源信息按轮盘赌原则随机选择一个蜜源进行搜索。优良的蜜源地不仅有雇佣蜂搜索,还伴随一定数量的观察蜂搜索,搜索效率较高。而劣等的蜜源地虽然有雇佣蜂搜索,但观察蜂较少,甚至没有观察蜂搜索,搜索效率较低。雇佣蜂在同一蜜源进行有限次搜索后,如不能取得更优解,则放弃该蜜源,雇佣蜂转化为侦察蜂,随机搜索新蜜源。从以上可以看出,蜜蜂放弃无挖掘潜力的蜜源,避免了蜂群资源的浪费,使更多的蜜蜂能够投入其他蜜源的搜索,有效提高了蜂群的利用率,从而提高了算法的性能。

6.2.4　实例验证及结果分析

由于随机型物料配送模型没有可供参考的基准算例,为验证多目标人工蜂群算法性能,以实际车间物料配送为例,进行算法测试。实例数据见附表 3-1。由于该车间机器较多且呈点状分布,因此不同工位之间距离可以用直线表达。附表 3-1 列出了 200 个工位节点的地理位置、交货期及相应的物料需求量。设物料车辆速度为 1 m/s,车辆装载量最大为 100 物料当量,均方差系数 λ 为 6,车辆如期到达概率不能低于 90%。

为了全面展示算法的性能,将所提多目标人工蜂群算法与著名的多目标遗传算法 NSGA-II 进行了对比验证。通过多次试验测试,分别确定所提多目标人工蜂群算法和 NSGA-II 算法相关参数,具体如下。

①本节算法参数:迭代次数 $G=800$,种群规模 Pop_size $=200$,局部搜索次数为 15。

②NSGA-II 算法参数:迭代次数 $G=1200$;种群规模 Pop_size $=300$;交叉概率 $P_c=0.8$;变异概率 $P_m=0.2$。

两种算法运行后的帕累托解集如表 6-5 所示。

表 6-5　多目标人工蜂群算法与 NSGA-II 运行结果

目标	多目标人工蜂群算法			NSGA-II	
f_1/m	6581.83	8073.47	8701.25	9047.4	9242.46
f_2/条	40	39	42	42	41
f_3	0.27	0.17	0.78	0.62	0.62

为了直观展示两种算法的搜索性能,这里列出了两种算法在三个目标值上所取得的最优值的对比情况,如图 6-14 所示。从图 6-14 中可以看出,改进的多目标 ABC 算法在三个目标值上均优于 NSGA-II。其中,对于目标 1(车辆行驶路径最短),改善路径距离效果明显;对于目标 2(最小化路径数),减少了路径数;对于目标 3(最大化车辆利用率),能够大幅均衡车辆负载。对比试验证实了所提算法的有效性。

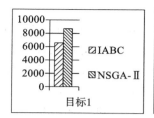 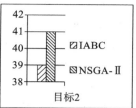 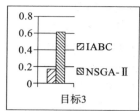

图 6-14　算法最优目标值对比

多目标人工蜂群算法运算出行驶距离最小的配送方案，该方案各路径的距离及车辆装载率如表 6-6 所示。

表 6-6　配送计划表

编号	路径	距离/m	装载率
1	0→15→34→98→52→192→138→170→152→0	278.014	79%
2	0→184→189→191→14→119→99→28→190→113→0	194.275	98%
3	0→165→161→130→62→168→200→0	241.444	100%
4	0→102→9→187→155→59→0	130.529	88%
5	0→90→137→29→114→54→42→181→0	196.734	87%
6	0→74→116→7→101→141→56→129→0	225.483	99%
7	0→150→38→199→39→197→140→0	165.383	99%
8	0→143→81→126→4→177→17→93→71→0	271.155	97%
9	0→111→2→70→174→77→0	157.222	95%
10	0→117→125→92→55→24→144→0	144.985	97%
11	0→124→196→131→112→1→0	194.671	93%
12	0→66→139→118→0	195.529	75%
13	0→172→21→78→31→193→0	131.621	96%
14	0→182→115→97→89→175→95→25→0	207.554	98%
15	0→185→60→109→159→43→0	159.257	98%
16	0→45→48→136→8→169→35→166→16→0	223.095	92%
17	0→183→85→57→156→0	199.16	90%
18	0→12→145→164→72→82→0	162.301	90%
19	0→46→75→37→153→0	191.073	99%
20	0→73→146→180→100→0	80.4689	100%
21	0→110→91→36→151→0	172.525	92%
22	0→120→26→11→142→0	94.0001	93%

续表

编号	路径	距离/m	装载率
23	0→106→40→47→173→67→0	101.861	99%
24	0→6→32→186→163→162→0	195.128	79%
25	0→44→19→30→33→0	199.491	95%
26	0→158→88→188→83→157→0	137.472	98%
27	0→127→23→53→195→0	139.574	97%
28	0→160→108→121→64→103→0	111.105	93%
29	0→96→171→58→198→18→149→84→0	229.356	99%
30	0→27→128→179→68→80→0	163.432	98%
31	0→51→133→154→94→0	121.629	88%
32	0→3→63→87→61→0	202.938	98%
33	0→13→10→22→135→0	137.846	73%
34	0→50→176→65→0	75.6237	94%
35	0→123→105→41→0	117.868	85%
36	0→134→86→167→49→122→0	197.785	86%
37	0→76→107→148→0	75.845	84%
38	0→79→147→178→0	100.503	81%
39	0→104→69→20→0	111.882	85%
40	0→5→194→132→0	146.01	73%

6.3　本 章 小 结

　　本章从车辆调度优化的角度研究了混流装配线零部件配送调度与路径优化问题。首先,以线边库存与车辆行驶总成本最小化为目标来建立模型,并基于四条调度性质,提出了一种逆序回溯算法,同时引入调度密度的概念来求解更大规模的问题,实例证明所提的结合调度密度启发式规则的 GASA 混合算法能以近似线性的收敛时间表现出较好的性能。其次,以最小化行驶距离和路径数、最大化车辆利用率为优化目标,建立了车辆行驶时间服从正态分布的多目标优化模型,并提出了一种多目标人工蜂群算法,该算法将车辆容量、时间窗口和置信度等约束与编码解码有效结合,设计了独特的雇佣蜂和观察蜂搜索模式,实现了全局搜索和局部收敛的平衡。算例分析表明,多目标人工蜂群算法不仅能够减小车辆行驶总距离,而且能够优化路径数,实现车辆负荷平衡,可以较好地解决现实车间的物料配送问题。

本章参考文献

[1]　于洋.汽车制造业大批量订单式生产过程物料配送方式研究[D].长春:吉林财经大学,2015.

[2]　洪旭东,徐克林,夏天.基于看板的生产线物料循环配送方式[J].工业工程,2009,12(4):116-120.

[3]　BOYSEN N, FLIEDNER M, SCHOLL A. Assembly line balancing: joint precedence graphs under high product variety[J]. IIE Transactions,2009,41(3):183-193.

[4]　曹振新.混流汽车总装过程的物料协同配送与管理信息系统研究[J].制造业自动化,2008,30(12):25-29.

[5]　EL KHAYAT G, LANGEVIN A, RIOPEL D. Integrated production and material handling scheduling using mathematical programming and constraint programming[J]. European Journal of Operational Research,2006,175(3):1818-1832.

[6]　莫太平,王蒙,范科峰,等.混流生产线物料索取系统的设计及实现[J].自动化与仪表,2013,28(2):52-56.

[7]　曹振新,朱云龙.混流轿车总装配线上物料配送的研究与实践[J].计算机集成制造系统,2006,12(2):285-291.

[8]　CHOI W,LEE Y. A dynamic part-feeding system for an automotive assembly line[J]. Computers & Industrial Engineering,2002,43(1-2):123-134.

[9]　RAO Y Q, WANG M C, WANG K P. JIT single vehicle scheduling in a mixed-model assembly line[J]. Advanced Materials Research,2011,211-212:770-774.

[10]　王楠.基于实时状态信息的混流装配生产优化与仿真技术研究[D].武汉:华中科技大学,2012.

[11]　WANG L,ZHENG D Z. An effective hybrid optimization strategy for job-shop scheduling problems[J]. Computers & Operations Research,2001,28(6):585-596.

[12]　WANG B G,RAO Y Q,SHAO X Y,et al. Scheduling mixed-model assembly lines with cost objectives by a hybrid algorithm[C]//XIONG C H,LIU H H, HUANG Y N, et al. Intelligent robotics and applications: first international conference, ICIRA 2008 Wuhan, China, October 2008 proceedings,part Ⅱ. Berlin,Heidelberg:Springer,2008.

[13]　OYSU C,BINGUL Z. Application of heuristic and hybrid-GASA algorithms

to tool-path optimization problem for minimizing airtime during machining [J]. Engineering Applications of Artificial Intelligence,2009,22(3):389-396.

[14] SHAO X Y, WANG B G, RAO Y Q, et al. Metaheuristic approaches to sequencing mixed-model fabrication/assembly systems with two objectives [J]. The International Journal of Advanced Manufacturing Technology, 2010,48:1159-1171.

[15] LENSTRA J K, KAN A H G R. Complexity of vehicle routing and scheduling problems[J]. Networks,1981,11(2):221-227.

[16] LEE C-Y, LEE Z-J, LIN S-W, et al. An enhanced ant colony optimization (EACO) applied to capacitated vehicle routing problem [J]. Applied Intelligence,2010,32(1):88-95.

[17] EKSIOGLU B,VURAL A V,REISMAN A. The vehicle routing problem:a taxonomic review[J]. Computers & Industrial Engineering, 2009, 57 (4): 1472-1483.

[18] MAGNANTI T L. Combinatorial optimization and vehicle fleet planning: perspectives and prospects[J]. Networks,1981,11(2):179-213.

[19] BODIN L,GOLDEN B. Classification in vehicle routing and scheduling[J]. Networks,1981,11(2):97-108.

[20] LAPORTE G,OSMAN I H. Routing problems:a bibliography[J]. Annals of Operations Research,1995,61(1):227-262.

[21] SAVELSBERGH M W P. Local search in routing problems with time windows[J]. Annals of Operations Research,1985,4(1):285-305.

[22] EL-SHERBENY N A. Vehicle routing with time windows:an overview of exact, heuristic and metaheuristic methods [J]. Journal of King Saud University-Science,2010,22(3):123-131.

[23] REGO C. A subpath ejection method for the vehicle routing problem[J]. Management Science,1998,44(10):1447-1459.

[24] GENDREAU M,LAPORTE G,SÉGUIN R. Stochastic vehicle routing[J]. European Journal of Operational Research,1996,88(1):3-12.

[25] LAPORTE G,LOUVEAUX F,MERCURE H. The vehicle routing problem with stochastic travel times [J]. Transportation Science, 1992, 26 (3): 161-170.

[26] TAN K C,LEE L H,ZHU Q L,et al. Heuristic methods for vehicle routing problem with time windows[J]. Artificial Intelligence in Engineering,2001, 15(3):281-295.

[27] KARABOGA D. Artificial bee colony algorithm[J]. Scholarpedia,2010,5

　　　　（3）:6915.

[28]　BANSAL J C,SHARMA H,JADON S S. Artificial bee colony algorithm:a
　　　　survey[J]. International Journal of Advanced Intelligence Paradigms,2013,5
　　　　(1-2):123-159.

[29]　KARABOGA D, GORKEMLI B, OZTURK C, et al. A comprehensive
　　　　survey:artificial bee colony(ABC)algorithm and applications[J]. Artificial
　　　　Intelligence Review,2014,42:21-57.

[30]　周炳海,彭涛.混流装配线准时化物料配送调度优化[J].吉林大学学报:工学
　　　　版,2017,47(4):1253-1261.

第7章 混流装配计划时效性和调度有效性分析与评估

本书第 2 章至第 6 章已经对混流装配制造系统中若干典型的优化问题(如批量、排序、调度、物料配送等)展开了研究,但计算出的优化结果只是一个理论值,是影响生产效率的静态因素,难以应对实际生产过程中可能出现的动态变化,如紧急插单、设备故障、材料供应延迟等。为应对实际生产中各种动态扰动导致的系统变化,本章将引入基于信息熵的复杂性测度方法,对混流装配制造系统计划的时效性与调度的有效性进行复杂性分析,从而指导系统做出调整。

首先,本章对混流装配制造系统的复杂性特征展开介绍,并建立了基于信息熵的混流装配制造系统复杂性模型;其次,一个好的生产计划时限必须能够适应不断变化的系统内外部环境,为避免原始计划与实际执行计划偏差过大,导致生产任务混乱,本章分别基于静态和动态复杂性度量方法对计划的时效性展开分析,用以指导生产计划执行周期的制定;最后,为应对生产过程中出现的不确定因素,提出一种制造系统调度有效性的分析方法,利用过程控制复杂性和调度偏离度方法来综合分析设备故障、紧急插单、工件优先级变化等多种因素对当前调度有效性的影响,以此来指导企业进行重调度决策。

7.1 基于信息熵的混流装配制造系统复杂性建模

制造系统已经成为一个复杂大系统,其运作过程处处都呈现出难以预计的复杂性特征。所谓制造系统的复杂性,是指制造系统难以被理解、描述、预测和控制的状态。从信息论的角度看,它是指描述制造系统的状态所预期需要的信息量[1]。复杂性的程度称为复杂度,复杂度越大,表明制造系统状态的不确定性和不可预测性越大,理解它所需要掌握的信息量越多。利用熵测度方法可以比较容易对制造系统中的不确定性进行度量,从而可实现对制造系统的控制与优化。因此,本节将引入基于信息熵的复杂性测度方法,建立基于信息熵的混流装配制造系统复杂性概念模型。

7.1.1 混流装配制造系统中的复杂性特征

混流装配制造模式下,工艺过程柔性化的提升极大地增加了制造系统和制造过程的组织、运营管理以及优化控制的复杂程度。而且在全球经济一体化的形势下,跨行业、跨地区乃至跨国界的制造企业和制造资源正在集结成一个庞大的、复杂的制造网络系统[2,3]。由此可见,"制造"已由个人和孤立机器完成的简单生产活动演变成必须由众多制造要素组成的制造系统来完成的复杂的系统工程。因此,制造系统的复杂性对系统的构成及运营控制所带来的影响受到了越来越多的关注。

首先,从系统论的角度来看,现代离散制造系统已经具备典型复杂大系统的一般复杂性特征。①多样性,为了满足个性化需求,制造过程中所涉及的资源、设备、人员等各种元素愈加丰富,且各元素间存在广泛而紧密的联系。②随机性,制造系统中很多随机因素使制造系统的某些性质成为带有偶然性的随机特征。③不确定性,制造系统中存在着大量的不确定性因素,如生产过程中的不确定性,包括各工序的处理时间、故障发生时间等,此外还存在外部环境的不确定性等。④动态性,制造系统的动态性主要表现在:a. 制造系统总是处于生产要素的不断输入和产品的不断输出的动态过程中;b. 制造系统内部的全部资源也处在不断变化中;c. 制造系统为适应环境总是处于不断发展、更新、完善的状态中。

其次,从制造系统的发展来看,科技发展和市场需求,使得制造系统的运作方式变得越来越复杂。①从制造系统的外部环境的变化来看,市场需求的急速变化,使得制造企业开发新产品的速度必须与市场保持同步,而原材料成本特别是钢材、煤矿、石油等资源性材料的价格的剧烈波动给制造企业的生产成本控制带来挑战。②从系统自身结构的变化来看,为应对市场的变化,如此大规模的生产系统又必须具备快速可重构的能力,以缩短产品的切换时间,降低生产准备成本。这些都使得系统物流、信息流等各个方面都十分复杂。③从系统对信息的需求来看,制造系统内部各组成环节间的信息联系以及制造系统与外部环境的信息联系,在广泛性和复杂性方面均不断提高。以制造过程为例,其需求的信息包括与工件相关的信息(如工件随机到达、加工时间等)、与机器相关的信息(如机器损坏、生产能力冲突信息等)、与工序相关的信息(如工序延误、质量问题和产量信息等)。这些信息都存在着不同程度的不确定性,为实现对这些信息的获取及有效利用,必须提升系统的信息采集及处理的能力,添加必要的软硬件设施,这又提升了系统的复杂性。

最后,从系统运行控制及优化问题来看,制造系统运作过程中的复杂性对系统的优化控制带来了严峻的挑战。系统所固有的复杂性特征的存在,会产生很多动态扰动因素(如人员疲劳、操作失误、加工超时等),它对理想条件下求解的优化方案产生影响,使得某些针对具体问题而给出的研究成果难以适应变幻莫测的制造系统的内外部环境的变化。如在生产计划的制订周期问题中,很多企业只是将其确定为日、周或旬计划等。实际上,若原始生产计划的计划时限过长,则可能在一定时间后,由于动态扰动的存在,计划的执行情况与原始计划偏差过大,使原始计划变得毫无意义;若计划时限过短,则系统的动态扰动可能未对原始计划产生太大的影响,反而会增加计划的生成成本及管理成本。由此可见,一个好的生产计划的执行周期必须能够适应不断变化的系统内外部环境,具备足够高的抗动态扰动能力,才能有效减少计划制订及修改的工作量,快速响应市场需求。

实际上,这些对系统的运行优化产生影响的动态因素的背后,都隐含着相应的复杂性特征[4]。而且这些问题都有可能受到系统不同层次的动态因素的影响,大量参数的变化造成了这些问题的复杂性激增。在不同的环境下,每个问题又会有所不同。只有通过寻找这些动态因素与相应的系统复杂性特征之间的联系,才能够减小这些因素在系统运行过程中产生的累积性影响,实现对制造系统的复杂性的控制。复杂性由系统论发展而来,被认为是系统的属性。大多数的学者把制造系统复杂性描述为制造系统的属性,即描述制造过程中各组成要素的状态、数量、关系及制造过程所需的信息量[5-7]。复杂性是一柄双刃剑,制造系统的复杂度太小可能缺乏足够的柔性,而复杂度太大则易造成系统失控。因此,对制造系统复杂性进行管理和控制,"兴利除弊",是优化制造系统设计与运行的有效途径。

7.1.2　混流装配制造系统的层次复杂性

1. 系统及熵的层次性

层次性是系统的一种基本性质,是正确认识复杂系统及系统复杂性特征的有效方法,下面分别从系统及熵测度两个方面来加以介绍。

系统的层次性指的是由于组成系统的种种差异,系统组织在地位、作用、结构和功能上表现出等级秩序性,形成具有质的差异的系统等级。从系统的组成要素来看,一个系统是它上一级系统的子系统(或称为要素);同时,此系统的要素却又由下一层的多个要素组成,最下层的子系统由组成系统的基本单位的各个部分构成。从系统的功能来看,系统的功能则是指系统与外部环境相互联系和相互作用的秩序与能力。系统功能对于上层的系统来说,则是一层一层地具体化的。

从系统复杂性的熵测度来看,复杂系统一般具有多个层次,每两个层次之间都可以用熵来描述在上一个层次确定后,下一个层次状态分布的不确定性具有的熵值。所以,在研究复杂系统的熵值时,首先必须指明是描述哪两个层次之间的不确定关系。对于不同层次,它们不仅熵值的大小不一样,而且熵的变化过程也不一样,更为重要的是,它们反映的内容也不一样,有质的区别[8,9]。

这些都充分说明,系统的复杂性及其熵测度都是有层次性的,要想研究制造系统的复杂性特征,首先必须对制造系统进行层次化建模,并区分不同层次的复杂性特征,实现对制造系统复杂性的全面理解。

2. 混流装配制造系统的多层次性

分层模型是制造系统建模中的重要方法之一,是集制造系统结构及功能于一体的统一描述模型。用分层方法建立的模型能够从结构、功能、信息和控制等多个角度,反映系统各成员的组织层次、行为和交互作用,是制定产品工艺规程、生产作业计划以及生产过程监控与调度的基础。装配制造系统作为制造系统的一种基本形式,采用分层模型同样能够很好地描述系统的硬件组成与控制结构。因此,本章根据装配制造系统的特点,建立了图 7-1 所示的装配制造系统的分层模型,并以此为基础对装配制造系统的复杂性进行分类研究。

整个模型由三大层组成,即工艺与结构层、生产过程层及运作控制层,其中每个层次又再次进行了细分,具体如图 7-1 所示。

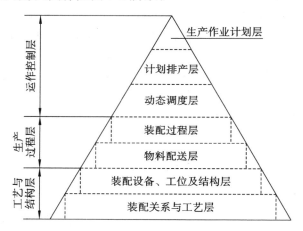

图 7-1　装配制造系统的分层模型

各层次的构成、具体功能及复杂性分类如下。

（1）工艺与结构层——结构复杂性

装配制造系统的装配设备、工位构成、系统布局及整个生产流程都是由所生产产品的装配工艺所决定的。一旦产品及加工能力确定后,其装配流程、系统布局及手/自动工位的配置也就随之确定下来。可将装配工艺与系统布局相结合,形成"工艺与结构层"作为整个装配制造系统的基础层。考虑到装配制造的特点,可再次细分为"装配关系与工艺层"和"装配设备、工位与结构层"。

工艺与结构层的复杂性特征是结构复杂性,它是用于描述静止状态下产品装配工艺及制造资源构成的函数,是对决定系统生产能力的各项硬件指标的复杂程度的度量。由于结构复杂性聚焦于系统设计阶段的布局、硬件构成等,而本章主要对混流装配制造系统的运行进行优化与分析,因此工艺与结构层不在本章研究范围之内,暂不对此展开详细研究。

（2）生产过程层——过程复杂性

通常,离散加工制造可以看作原材料进入制造系统后,经过多个设备间的传输及加工,最终形成成品的过程。但是,在装配生产过程中,除了所装配产品在装配线上不断流动外,还要及时配送产品装配所需的零部件。生产正式开始后,物料配送工作必须紧跟生产进度,一旦出现任何问题都有可能导致全线停产或者返工,从而造成非常严重的后果。因此,装配制造系统的加工过程与物料配送是密不可分的。针对这一问题,在本模型中我们用生产过程层来表示系统在运作过程中所有物料的流动情况,以反映系统的动态运行情况,并将其区分为装配过程层和物料配送层。

过程复杂性主要关注制造系统的静态资源为实现预定的生产计划所必须经历的过程,其取决于描述制造系统在运行过程中各类资源状态发生变化所需要的信息量。

与微观层分类法中的"动态复杂性"相比较,过程复杂性研究的内容更为丰富,其不仅要考虑被加工产品及其相关设备的状态变化过程;同时由于装配制造系统的特殊性,还必须考虑为满足产品顺利装配所开展的所有活动,如物料的配送、产品的切换、半成品的存储及运输等活动的执行过程。而且,所有活动的执行过程也都可以被区分为两类:一类是按生产计划预期发生的正常状态,称为受控状态;另一类是偏离计划的异常状态,称为失控状态。

（3）运作控制层——控制复杂性

在图 7-1 所示的模型中,将生产作业计划层、计划排产层和动态调度层合并为运作控制层,用以连接代表系统静态结构的工艺与结构层和代表动态运作的生产过程层。运作控制层包括实现系统的有效运作与优化控制的所有生产控制活动,是实现系统从静态结构向动态运作转化的基础与前提。运作控制层主要包括不同层次的生产管理与控制方法,如生产任务的规划、生产计划的制订、物料需求计划的制订、作业的动态调度、生产过程的监控和处理等工作。

运作控制层的复杂性特征是控制复杂性。需要说明的是,这里的"控制"和 Deshmukh 所提出的"控制"有所不同,他所指的"控制"是指对某些影响制造系统运行的参数进行调整,以实现对系统的非线性动态行为的推演,是对系统的物理动态特性进行的控制;而这里的"控制"是指通过工艺规划、生产计划制订、动态调度等生产活动对系统的运行进行规划及调整,保证系统运行的稳定及优化,是面向实际生产运作所展开的各项控制活动。

这种分层模型能够清晰地反映装配制造系统的各个成员的组织层次、行为和交互作用,使我们能够方便地了解装配制造系统的静态组成控制结构及运作过程,便于系统的控制与优化。

3. 各层次复杂性的细分

上述关于混流装配制造系统的复杂性分类只是对不同层次的复杂性特征的概括性描述,是对影响制造系统的各种复杂性特征的初步分类。若以此为基础对复杂性进行度量,会使得我们对"复杂性"的理解仍处于概念认识阶段。而且,在这种认知情况下度量复杂性,必定会忽略很多重要信息,甚至根本无法体现其复杂程度。因此,必须对上述各类复杂性进行二次细分,使得我们对复杂性的理解更加贴近于实际的生产制造系统。下面对本章所研究的过程和控制复杂性进行分类。

1）过程复杂性的分类

图 7-1 所示的分层模型反映了系统的组成及控制结构,而无法描述系统的动态行为和运作过程。如果仅仅以此来建立装配制造系统的复杂性模型,则无法实现对系统的动态控制与优化。在生产活动的执行过程中,所有的计划任务均存在两种状

态：一种是完全按照预期的生产执行，且没有受到任何动态扰动的受控状态，是生产过程的静态特征；另一种是受到动态扰动后偏离初始计划的异常状态，即失控状态，是生产过程的动态特征。

根据生产过程的静、动态特性，下面给出相应的复杂性特征。

（1）静态计划复杂性

静态计划复杂性主要描述制造系统在静止状态下（即计划状态下）每一个制造流程所预期拥有的状态所需要的信息量。

对于给定的制造系统，其生产过程的可预期状态取决于赋予该制造系统的生产排产计划，因此静态计划复杂性可根据计划中所包含的信息量进行测度。

（2）动态过程复杂性

静态计划复杂性考虑的是制造系统按生产计划运行所预期发生的状态，而动态过程复杂性则关注制造系统在运行过程中实际发生的状态。

动态过程复杂性则描述制造系统在运行过程中各流程的实际状态所需要的信息量，其主要考虑生产计划在执行过程中由于实际生产环境的扰动而造成与计划的偏差情况，如设备故障、操作超时、临时生产任务等。

2）控制复杂性的分类

从不同层次的控制水平及控制内容来看，可简单地将控制复杂性区分为调度控制复杂性、计划控制复杂性及运营控制复杂性。但是，由于影响制造系统有效控制的因素众多，而且其控制参数分布于系统的各个层次内，且各层次之间又有交叉，故这种分类只是从概念上对控制复杂性根据研究的粒度、层次性加以区分，并不具备展开具体度量及应用研究的条件。

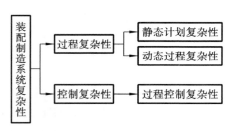

图 7-2　装配制造系统的复杂性分类

针对这一情况，本节提取出不同层次的系统运作过程的可控制程度作为控制复杂性的研究对象，以分析系统在运作过程中的受控情况并实现优化控制。为有别于一般意义上的控制复杂性，我们将其称为过程控制复杂性，简称控制复杂性。

图 7-2 给出了上述装配制造系统的复杂性分类。

7.1.3　基于信息熵的混流装配制造系统复杂性概念模型

不同企业所需要的复杂性水平不同，在将复杂性调整至合适水平之前，需要对复杂性进行测度[10,11]。

1. 复杂性概念模型的构建

为了更好地理解各类复杂性在制造系统中所起的作用及其相互之间的关系，建立图 7-3 所示的装配制造系统复杂性概念模型。整个模型从运作维、控制维及时间维三个维度来对混流装配制造系统运作过程及其各类复杂性之间的相互关系进行理解。这三个维度有助于我们区分制造系统不同层次下的复杂性特征及其表现方式，有助于深入研究不同复杂性之间细微的差别。

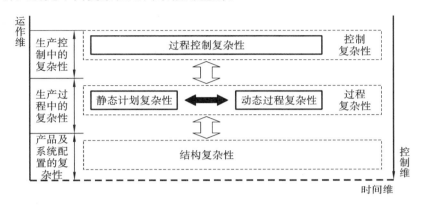

图 7-3　装配制造系统复杂性概念模型

（1）运作维

运作维是指制造系统在运作过程中所必须经历的步骤，代表整个制造系统从规划、运作及控制必须经历的各个过程。在这一维度下，各类复杂性自下而上逐层影响。首先在系统生产产品及期望产品的前提条件下，由装配关系复杂性和装配工艺复杂性确定系统配置复杂性；然后，由系统配置复杂性确定装配过程中的各类复杂性。以此类推，最终完成对构成系统的各类元素的复杂性的理解，实现对系统复杂性的总体评价。

（2）控制维

控制维则与运作维完全相反，是一种自上而下的相互影响过程。在系统的运作过程中，随着外界环境变化，系统必须不断地进行调整。在产品数量需求变化情况下，首先需要改进生产控制方式以满足市场需求，然后依次改变各层次的操作过程，以适应生产的总量；在产品更新换代情况下，如产品变化小，则仅需变动系统中少量硬件设备的构成，如产品变化大，则需改变产品的装配工艺，进而对系统重新进行布局。在这种变化下，相应各层次的复杂性都随之发生变化，以提供必要的控制参数，进而保证系统的正常运转。

（3）时间维

时间维是针对过程复杂性而言的，反映了在生产行为发生后，制造系统在物理状态上所发生的变化，是一种物理动态过程。通过时间维，我们可以清楚地认识到系统在理想状态下（即计划状态下）和在实际状态下复杂性之间的差异，可以找出在不同层次下各种不确定因素对系统的受控性的影响程度，为制造系统的控制与优化提供有效的参数。

2. 基于信息熵的复杂性度量方法

作为复杂性的一个基本特征,复杂度在一定程度上可以用不确定性的测度来表示[6,7]。关于不确定性的定量测度的研究最早可以追溯到 1872 年玻尔兹曼对热力学熵的统计解释。一些研究学者们也对复杂性的测量方法展开了研究。Deshmukh 等[12]分析了影响静态复杂性的因素,并根据待生产零件的加工要求和机器能力定义了静态复杂性度量。Frizelle 等[13]考虑了机器的加工状态,即当各设备加工不同的零件时,将其视为处于不同的状态。20 世纪 40 年代出于通信技术发展的需要,有必要给通信中消除不确定性的大小一个定量的测度,美国数学家香农(Shannon)首先提出了信息熵的概念[14]。在此基础上,又逐渐出现了柯尔莫哥洛夫熵[15]、拓扑熵[16]等。制造系统的信息熵研究近年来取得了很大的进展。Zhang[17]基于信息熵,分别建立了制造系统的静态熵和动态熵模型,并且提出了最大调度范围和调度依存性的可行性概念来定量评价调度的有效性。Elmaraghy 等[18]提出了一种制造系统复杂性编码方法,通过对系统中的加工设备、缓存区及物流设备进行分类和编码来获取系统不同资源的信息量,可以对制造系统的结构复杂度进行求解。Allen 等[19]指出制造系统中计算的信息熵的含义与一般熵的含义不同。Calinescu 等[20]认为评估静态熵模型所需的所有信息都可以从单个零件的生产订单和工艺计划中获得。Fujimoto 和 Ahmed[21]定义了装配的复杂性指数,该指标基于熵来评价产品的可装配性。Efstathiou 等[22]用信息熵来描述整个制造系统的信息综合,并证明了制造系统的信息熵与复杂性相等。Fujimoto 等[23]对装配工艺设计进行了全面的研究,提出了一种利用信息熵评价装配系统不同设计阶段复杂性的方法。Hu 等[24]以加工过程为例应用熵函数来量化制造系统及其配置的复杂性。段建国等[25]针对现有结构复杂性建模方法存在的不足,在考虑中间缓存区状态对制造系统状态影响的基础上,提出了一种基于通用发生函数法和信息熵理论的非串行制造系统结构复杂性建模与评价方法,从系统角度对制造系统的复杂性进行测度。

从上述研究来看,目前信息熵仍是研究复杂性测度最为重要的手段之一,信息熵已广泛应用于制造系统的复杂性研究。在信息论中,熵被定义为描述系统状态所需的信息量[26]。根据香农的信息熵,制造操作越复杂,零件通过系统所需的时间就越长,随着系统变得越来越复杂,系统的可靠性则变得越来越差,系统内大多数复杂的操作都容易成为瓶颈。因此,可以通过测量制造系统的熵值来定量分析制造系统的状态信息,从而准确地理解和把握制造系统结构与运行的复杂特征[12,27]。下面将对信息熵的计算方法及基本性质加以介绍。

设离散型随机变量 X 具有 n 个可能的取值$(x_1, x_2, \cdots, x_n)$,且取各值的概率分别为$(p_1, p_2, \cdots, p_n)$,则 X 的熵定义为

$$H(X) = -\sum_{i=1}^{n} p_i \log_2 p_i \tag{7-1}$$

式中，$p_i \geqslant 0, \sum\limits_{i=1}^{n} p_i = 1, \log_2 \sum\limits_{i=1}^{n} p_i = 0$。

如果 X 表示一系统，x_i 和 $p_i(i=1,2,\cdots,n)$ 表示该系统的 n 个可能的状态及各状态发生的概率，则 $H(X)$ 为系统 X 的信息熵，即描述系统 X 时所需要的信息量。$H(X)$ 亦刻画了系统 X 的不确定性的大小。信息熵越大，系统的不确定性越大。

信息熵具有以下特征：

①$H(X)$ 的值只与概率变量的取值有关，即与 $p_1, p_2, \cdots, p_n$ 有关，而与分布结构无关，即与事件的对应关系无关；

②$H(X)$ 是 $p_1, p_2, \cdots, p_n$ 的连续函数；

③当 p_i 中只有一个为 1，其余均为 0 时，系统信息熵最小，即 $H(X)=0$，此时 X 是完全确定性系统；

④当系统各状态等概率分布（即 $p_i=1/n$ 时），信息熵最大，且 $H(X)=\log_2 n$，此时 X 具有最大不确定性；

⑤任何引起 p_i 均等化的系统变化将导致系统不确定性增大，信息熵增加；

⑥当计算 $H(X)$ 取以 2 为底的对数时，信息量以二进制单位（比特，即 bit）度量。1 bit 信息是描述一个二元系统二状态等概率分布时所需要的信息量。

这里我们只给出了复杂性的基本度量方法，在后续复杂性分析章节中，我们将逐步给出不同复杂性的度量方法，从而完善装配制造系统复杂性的度量方法。

7.1.4　本章复杂性模型的应用范围

（1）装配生产计划的静态复杂性度量

由于静态计划复杂性是对理想状态下的制造活动的定量描述，也即对生产计划的复杂性描述，因此可以用其对不同层次的装配制造系统的生产计划进行复杂性度量，其也是研究计划时效性动态复杂性分析的基础，对应本书 7.2 节内容。

（2）计划时效性的动态复杂性分析

研究动态过程复杂性，能够度量实际生产状态与原有生产计划之间的偏差，及时调整生产计划。同时，长期分析动态过程复杂性、静态计划复杂性，能够有效挖掘对制造运作过程产生重要影响的因素及其影响规律，有助于制造系统的动态规划与不确定排产的研究，对应本书 7.3 节内容。

（3）调度有效性的过程控制复杂性分析

过程控制复杂性研究的是系统在非受控条件下，系统过程为满足正常生产所许可的变化范围。研究过程控制复杂性，能够分析在不同受控条件下调度的有效性，为系统的重调度决策提供必要的参数依据，对应本书 7.4 节内容。

7.2　装配生产计划的静态复杂性度量方法

一个好的生产计划时限必须能够适应不断变化的系统内外部环境，为避免原始计划与实际执行计划偏差过大而导致生产任务混乱,需要对计划时效性展开分析,静态计划复杂性是对系统中的为完成某项任务所必须经历的制造流程所预期需要的信息量的定量化描述。本节将静态复杂性度量方法引入生产计划的分析中,对静态计划复杂性进行分析。本节内容是 7.3 节计划时效性分析研究的基础。

7.2.1 装配生产计划与静态计划复杂性

随着现代制造系统的功能、构成、设备及人员的急剧扩大,生产作业计划的制订问题的复杂性愈加凸显,而不同层面的计划制订问题又有着其各自的特点,如与运作计划相关的工作必须充分考虑资源的预先承诺、需求的季节性、采购提前期、生产提前期等诸多因素;而与作业计划相关的工作则主要考虑在制品库存、空闲设备、加班加点、误期完成的订单等因素。这些问题研究对象不同,所受环境的影响不同,但是其根本都是为了实现系统在某一运行层面上的优化控制。对不同层次上的作业流程的预期状态的控制是研究这些问题的基础。

静态计划复杂性的提出,是为了实现对系统中每个层次的制造流程所预期需要的信息量的定量化描述。对不同层面的静态计划复杂性进行分解,有助于降低系统各运作层次之间的耦合作用,便于区分相同问题在不同层面上的表现方式。例如,同样是设备的维护工作,在研究运作计划时,只需要考虑设备的日常维护过程,而无须分析其在何时进行了何种维修;在进行作业计划制订时,则只需要考虑设备的预测性维修计划;而在执行具体的排产计划时,则只需要考虑当前的设备维修过程。对不同粒度的信息进行不同处理,有效降低了问题的求解难度。

对不同制造流程的复杂性差异进行比较,能够在不同的生产需求下,辨析制造过程复杂性的变化对系统带来的影响,从而为生产顺序的调整提供必要的依据。以混流装配排序为例,其主要工作就是在一定的生产工艺及制造资源的约束下,通过一系列的方法产生可供指导生产的上线序列,以达到提高生产效率、降低成本等目的。从生产效率的角度来看,若产品的相似程度高,各工位劳动强度相似,则可以减轻操作人员由于产品频繁切换所带来的不适感。但若连续生产类似产品的时间过长,则又可能会使操作人员产生疲劳感,形成执行相同任务后的惯性,增加产品切换后的错误发生率。在传统的研究中,这一问题往往被忽略。而静态计划复杂性由于是对不同层次的制造流程复杂性的定量化描述,故可以从总体及每个工序上区分不同产品之间的相似程度。

7.2.2 静态计划复杂性的度量

1. 静态计划复杂性说明

计算静态复杂度的关键在于对状态的定义。状态的认定及状态数取决于对制造系统的研究粒度,而粒度则取决于对系统的关注点及可操作性等因素的考虑。例如,对于一离散制造系统,如果只关心加工设备的负荷问题,则各设备的可能状态可取

"产品加工""工装调整""设备维护""设备空闲"等粗粒度离散事件;如果还关心各产品的具体生产情况,则可以进一步把各机床状态定义为"加工产品 A""加工产品 B""产品 A 工装调整""产品 B 工装调整"等。此外,静态复杂度中状态的认定应与动态复杂度紧密关联,以便于分析比较。

制造系统的静态工艺结构本质上决定了系统可能发生的状态及其数量(调度则决定各状态预期发生的概率),从而决定了制造系统的静态复杂度。静态复杂度随着制造系统中资源的总数量、可供零件共享的资源数量、零件种类及数量、零件工序数量及零件工艺柔性(包括零件加工顺序柔性和加工路线柔性)的增加而增加,且静态复杂度不随被加工零件的分组处理而改变。

在混流生产模式下,利用分形方法论能够很好地对一个完整的制造过程展开逐层分解,便于对不同层次的制造过程的复杂性进行研究[8-10]。装配生产过程可以按照粒度拆分成四个维度:短期生产计划、单批次内的生产活动、单件产品的装配、单个工位的装配。除了这四个维度外,整个生产过程还可以向两个极端方向加以扩展。例如,较之短期生产计划,还存在更粗粒度的中期、长期生产计划,要根据研究的实际问题对装配生产过程进行划分。在这种装配过程的分解方式下,各维度对应的装配系统过程复杂性如下:生产周期复杂性、批次过程复杂性、装配流程复杂性、工位操作复杂性。

本章 7.2 节和 7.3 节主要对计划的时效性进行分析,适宜从生产周期复杂性的粒度对静态计划复杂性进行度量,而其他维度复杂性的研究粒度过粗或过细,本书不加以研究。后续内容主要从生产周期复杂性方面对计划的时效性展开详细研究,后文中静态计划复杂性特指生产周期复杂性。

2. 静态计划复杂性计算

生产周期是指产品从原材料投入生产开始,到成品验收入库为止的全部日历时间,又称生产循环期。在混流装配生产模式下,一个完整的生产计划周期是由多个生产批次共同形成的,在批次与批次的生产过程之间,还需要执行产品切换、工装调整、设备维护等计划任务。生产周期复杂性就是描述在这一生产计划周期内,生产多批非同类产品复杂程度的函数。在生产周期复杂性的研究中,每一个批次计划的完成都可以视为构成生产周期的基本独立元素,除此之外,还包括产品切换计划、设备维护计划等,生产周期是计划执行过程中最粗粒度事件。本书研究计划的时效性时,静态计划复杂性取生产周期复杂性的计算结果。

定义 7.1 计划任务是指周期生产计划在执行过程中,所需要开展的各项阶段性计划,计划任务是决定生产周期复杂性大小的基本元素。同样,给出如下两种静态生产周期复杂性的计算方式。

静态生产周期复杂性:

$$H(C\_S) = -\sum_{c}^{n} p_{c\_s}\log_2 p_{c\_s} \tag{7-2}$$

式中：$p_{c\_S} \geqslant 0$，表示在该整个周期的生产过程中各计划任务出现的概率，且 $p_{c\_S} = \dfrac{t_c}{T_{PC}} \geqslant 0$，$\sum\limits_{c=1}^{n} p_{c\_S} = 1$，其中 t_c 表示第 c 个计划任务的持续时间，T_{PC} 表示整个生产周期的持续时间。

全息静态生产周期复杂性：

$$
\begin{aligned}
H(C\_S^N) &= H(CS_1 CS_2 \cdots CS_N) \\
&= H(CS_1) + H(CS_2 \mid CS_1) + \cdots \\
&\quad H(CS_{N-l} \mid CS_1 \cdots CS_{N-l-1}) + \cdots + H(CS_N \mid CS_1 \cdots CS_N)
\end{aligned}
\tag{7-3}
$$

式中：$H(CS_{N-l} \mid CS_1 \cdots CS_{N-l-1})$ 表示当第 $N-l$ 个计划任务发生时，描述该阶段状态下的生产周期的信息需求量。

7.2.3　静态计划复杂性计算实例

设某机械产品装配车间常规生产 5 种产品（$P_1 \sim P_5$），为批量流水作业。该车间根据上级下达的周装配计划生成每天（24 h）的计划方案，计划精度为 1 h。图 7-4 是一个典型的日计划方案示意图，其中 M 表示设备维护时间，$J_1 \sim J_5$ 分别表示产品 $P_1 \sim P_5$ 的装配作业时间，$S_1 \sim S_5$ 分别表示作业 $J_1 \sim J_5$ 的工装调整时间，Idle 表示设备空闲。下面就从生产周期层的过程复杂性出发，对该计划实例的静态计划复杂性进行计算。

图 7-4　某机械产品装配车间日计划方案

表 7-1 给出了一周的计划方案，取本案例调度中所有可能预期发生的离散事件作为制造系统的状态，有关这些状态的描述见表 7-1 中的第 2 列。为了获得这些状态发生的统计概率，取一周的调度数据进行统计，根据各个状态预期持续的平均时长 t_i 可得到各状态出现的概率 p_i，见表 7-1 中的第 4 列。计算本实例生产周期复杂性，根据式（7-2），可求出整个生产周期的静态计划复杂性为 3.0558 bit。

表 7-1　静态计划复杂性求解

状态	事件	计划时间/h	概率 p_i	$-p_i \log_2 p_i$ /bit
1	设备维护	2	0.0185	0.1065
2	工装调整 S_1	3	0.0278	0.1437
3	产品装配 J_1	16	0.1481	0.4081
4	工装调整 S_2	5	0.0463	0.2052
5	产品装配 J_2	18	0.1667	0.4309

状态	事件	计划时间/h	概率 p_i	$-p_i\log_2 p_i$/bit
6	工装调整 S_3	4	0.037	0.176
7	产品装配 J_3	25	0.2315	0.4887
8	工装调整 S_4	5	0.0463	0.2052
9	产品装配 J_4	12	0.1111	0.3522
10	工装调整 S_5	3	0.0278	0.1437
11	产品装配 J_5	15	0.1389	0.3956
	总计	108	1	3.0558

7.3　装配生产计划时效性分析与评估

　　静态复杂性只考虑制造系统按调度所预期发生的状态,而动态复杂性则关注制造系统在运行过程中实际发生的状态。在生产计划的实际执行过程中,存在着大量的动态扰动因素,如何对其进行定量化描述及控制,是制订一个合理有效的生产计划的重要保障。本节在静态计划复杂性分析的基础上,对影响生产过程的动态特征进行研究,为生产计划的时限制定问题提供必要的理论基础。

7.3.1　计划时效性与动态过程复杂性

　　在实际生产运行过程中,加工超时、设备故障、原材料供应延迟等动态扰动的存在,使得任何实际的生产过程都不可能完全按照既定的生产计划执行,其完工时间、完工数量都有可能与原始计划存在一定的差异。若原始生产计划的计划时限过长,则可能在一定时刻后,计划的执行情况与原始计划偏离过大,使原始计划变得毫无意义;若原始计划时限过短,则又可能会增加计划的生成成本及管理成本。由此可见,一个好的生产计划的执行周期必须能够适应不断变化的系统内外部环境(即所谓的计划时效性问题),以指导生产任务的顺利执行、减少计划制订工作量、提高工作效率、快速响应市场需求。

　　针对这一状况,利用动态过程复杂性,可关注制造系统在运行过程中实际发生的状态,判断原始计划的受控程度。从信息论的角度来看,原始生产计划所具有的静态信息量在计划的执行过程中会逐步转化为动态信息量。分析系统当前状态和预期状态内所包含的动、静态信息过程复杂性的差异,可以有效判别系统当前状态的受控程度。如果能够测定出包含在计划中的静态计划复杂性向动态过程复杂性的转化率,就可以对计划时限的可行性和合理性进行评估。

　　同时,实时量化实际生产状态与原有生产计划之间的动态过程复杂性和静态计划复杂性之间的差异,可用于指导生产计划的实时调整,实现对生产过程的动态调度。另外,长期分析生产计划的动态过程复杂性和静态计划复杂性之间的转化率,能够有效挖掘对制造运作过程产生重要影响的因素及其影响规律,有助于制造系统的动态规划与不确定排产的研究。

7.3.2　动态过程复杂性的度量

在生产中,车间生产的产品种类众多,使得其动态特性也更为复杂。除各批产品的生产超时外,还有可能出现工装调整超时、产品切换超时、非计划产品装配、非计划工装调整、成品存储、转存超时,外部原因导致停产等突发异常事件。装配过程中的四个层次的生产活动同样适用于动态过程复杂性的研究,并可将其区分为动态工位操作复杂性、动态装配流程复杂性、动态生产过程复杂性和动态生产周期复杂性。动态过程复杂性各层次的分类主要取决于所研究问题的性质,其所研究事件的粒度应当与静态计划复杂性的一致,以便于分析、比较。为继续研究计划时效性,本节继续选取生产周期层的复杂性作为动态过程复杂性的主要层次进行分析。

1. 制造系统实际运行状态

一般来说,根据静、动态两种过程复杂性对生产过程的诠释,可将系统的状态区分为如下两种:一种是按预期生产计划运行的正常状态,即受控状态;另一种是偏离计划的异常状态或失控状态[11]。为了分析动态过程复杂性的价值,按增值与否进一步对制造系统实际运行过程中的状态进行如下细分:

①受控/增值状态　指系统按预定的计划运行且对制造组织有益,即增值的状态。在实际的计划执行过程中,各层次的生产活动的完成时间可能先于计划时间,且没有发生任何突发事件。这样不仅保证了系统处于完全受控状态,也延长了后续生产活动的准备时间,提高了生产的质量和效率。

②受控/非增值状态　指系统虽按预定的计划运行但对制造组织无益,即非增值的状态。这类状态主要发生在当外部环境发生改变时,要求系统及时做出响应,而生产仍然按照原计划执行,减少了系统的收益。

③失控/增值状态　指系统虽然偏离预定的计划运行但对制造组织有益的状态。这类状态发生于以下情形:为了适应客户需求或环境的变化,制造系统在运行过程中主动偏离和调整原调度计划,如取消或追加某产品的生产等。

④失控/非增值状态　指系统偏离预定的计划运行且对制造组织无益的状态。这类状态发生于以下情形:由于制造环境的扰动(如机床故障、供料延误、操作延时等),系统在运行过程中被动偏离原始计划,甚至造成停产,降低了系统收益。

基于上述状态分类,可对制造系统的动态过程复杂性进行价值分析,找出导致非增值复杂性的原因及对策,最终达到消除或减少非增值复杂性、改善制造系统动态运行性能的目的。本节主要以第四种状态为主,研究动态过程复杂性相对于静态计划复杂性的偏离程度。

2. 基于动态特征的制造系统复杂性分类

动态过程复杂性的度量方法只需增加考虑计划外动态扰动对生产过程的影响。静态计划复杂性考虑的是所有任务在理想条件下执行完成后的情况,是对既定过程的固有复杂性的研究;而动态过程复杂性则随着每个任务的执行情况而改变,是不断变化的动态值。为了更好地区分装配计划任务的完成情况,又将动态过程复杂性区分为完全动态过程复杂性与实时动态过程复杂性。

1) 完全动态过程复杂性

完全动态过程是指在既定的生产计划的指导下,完成所有生产任务后的实际生产全过程,是对事件完全发生后的所有受控与非受控状态的描述。完全动态过程复杂性能够完整地描述系统在运行过程中由于偏离预期计划状态而产生的复杂度(即描述系统失控状态所需的信息量)。静态计划复杂性与完全动态过程复杂性共同构成了过程复杂性的两个极端值:一个代表在完全理想状态下的任务完成情况,另一个则代表在全部任务完成后的实际情况。

2) 实时动态过程复杂性

实时动态过程是指在执行生产计划过程中,部分任务已经完成,并假设系统将继续按照既定的生产计划执行剩余各项任务所必须经历的过程。整个过程包括已经发生事件的所有受控与非受控状态及未发生事件的理想受控状态。实时动态过程复杂性描述在计划执行过程中的某一时刻,系统的实际运行已经偏离预期计划状态而产生的复杂度,其作用就是研究生产计划在执行过程中实际的运行状态偏离理想计划状态的趋势与程度。

实时动态过程复杂性的度量方法和完全动态过程复杂性的类似,是对所有受控与非受控状态的定量化描述,体现了从静态计划复杂性向完全动态过程复杂性转化的全过程。

3. 完全动态过程复杂性的度量

为了更好地阐述完全动态过程复杂性的度量方法,下面我们以图 7-5 所示的操作过程为例,逐步说明完全动态过程复杂性的度量。

图 7-5(a)是计划执行过程,图 7-5(b)是实际执行过程,所有的操作执行时间都可以通过直接观测实际运行过程来获取。

除正常计划状态外,图 7-5(b)共有三种动态状态,即操作延迟状态、操作失误状态和操作提前状态。其中,操作延迟状态是指未能按照计划执行而产生的延误状态,其状态持续时间是实际执行时间与计划执行时间之差;操作失误状态是指在操作执行过程中出现的异常情况,其状态持续时间是从失误开始到生产恢复到正常状态所用的时间;操作提前状态是指在执行某操作时,其执行时间较计划时间早,属于生产过程中的失控增值状态,通常这种状态以计划执行时间的缩短来体现。

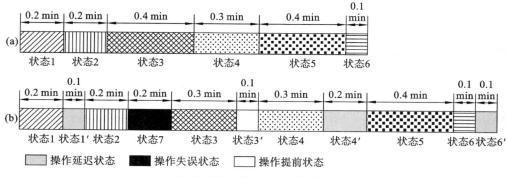

图 7-5　装配活动的动态过程示例

下面给出完全动态过程复杂性求解方法：

$$H(D) = -\sum_{i}^{n'} p_i' \log_2 p_i'$$
$$= -\sum^{n} p_s' \log_2 p_s' - \sum^{n'-n} p_D \log_2 p_D \tag{7-4}$$

式中：n' 表示发生事件的总数；p_i' 表示装配过程中所有状态在整个过程中发生的概率；$-\sum^{n} p_s' \log_2 p_s'$ 表示描述所有计划状态的信息需求量；$-\sum^{n'-n} p_D \log_2 p_D$ 表示描述所有非受控状态的信息需求量。

这样，可给出图 7-5 所示的动态过程复杂性为

$$H(D) = -\sum_{i}^{n'} p_i' \log_2 p_i' = -\sum^{n} p_s' \log_2 p_s' - \sum^{n'-n} p_D \log_2 p_D$$

$$= \left(-2 \times \frac{0.2}{2.2} \times \log_2 \frac{0.2}{2.2} - 2 \times \frac{0.3}{2.2} \times \log_2 \frac{0.3}{2.2} - \frac{0.4}{2.2} \times \log_2 \frac{0.4}{2.2} - \frac{0.1}{2.2} \right.$$

$$\left. \times \log_2 \frac{0.1}{2.2} \right) \text{bit} + \left(-3 \times \frac{0.1}{2.2} \times \log_2 \frac{0.1}{2.2} - 2 \times \frac{0.2}{2.2} \times \log_2 \frac{0.2}{2.2} \right) \text{bit}$$

$$= (0.6290 + 0.7839 + 0.4472 + 0.2027) \text{bit}$$

$$+ (0.6081 + 0.6290) \text{bit}$$

$$= 3.2999 \text{ bit}$$

其中，由计划状态所构成的过程复杂性衰减为 2.0628 bit，而由非受控状态构成的过程复杂性变为 1.2371 bit。

4. 实时动态过程复杂性的度量

下面以图 7-6 为例，介绍在操作执行了 0.7 min 后当前状态下实时动态过程复杂性的度量。图 7-6 中共包括三个计划执行过程，其中图 7-6(a) 为计划状态，图 7-6(c) 为执行完成状态，分别代表了静态过程和动态过程两个极端状态；而图 7-6(b) 为执行 0.7 min 这一时刻下的状态，是处于图 7-6(a)、(c) 两种状态之间的中间状态，其前 0.7 min 为已经执行的状态，而 0.7 min 后则仍为计划状态。

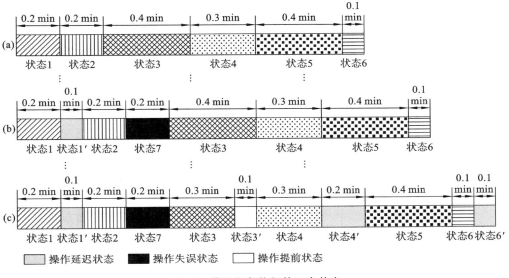

图 7-6　装配任务执行的三个状态

根据式（7-4），可给出当前时刻下的实时动态过程复杂性为

$$H(\text{RD\_}x) = -\sum_{i}^{n''} p''_{i\_x} \log_2 p''_{i\_x}$$
$$= -\sum^{l} p''_{\text{S\_}x} \log_2 p''_{\text{S\_}x} - \sum^{n''-n} p'_{\text{D\_}x} \log_2 p'_{\text{D\_}x} - \sum^{n-l} p'_{\text{S\_}x} \log_2 p'_{\text{S\_}x} \tag{7-5}$$

式中：n'' 表示已发生事件和将要发生事件的总数；$H(\text{RD\_}x)$ 表示 x 时刻下的实时动态过程复杂性；p''_{i_x} 表示 x 时刻下所有已执行和未执行事件在剩余计划期可能发生的概率；$-\sum^{l} p''_{\text{S\_}x} \log_2 p''_{\text{S\_}x}$ 表示描述已发生计划状态的信息需求量；$-\sum^{n''-n} p'_{\text{D\_}x} \log_2 p'_{\text{D\_}x}$ 表示描述所有已发生非受控状态的信息需求量；$-\sum^{n-l} p'_{\text{S\_}x} \log_2 p'_{\text{S\_}x}$ 表示描述未发生计划状态的信息需求量。

根据式（7-5），可给出图 7-6(b) 所示状态下的实时动态过程复杂性为

$$H(\text{O\_RD\_}x) = -\sum^{l} p''_{\text{O\_S\_}x} \log_2 p''_{\text{O\_S\_}x} - \sum^{n''-n} p'_{\text{O\_D\_}x} \log_2 p'_{\text{O\_D\_}x} - \sum^{n-l} p'_{\text{O\_S\_}x} \log_2 p'_{\text{O\_S\_}x}$$
$$= \left(-2 \times \frac{0.2}{1.9} \times \log_2 \frac{0.2}{1.9}\right) \text{bit} + \left(-\frac{0.1}{1.9} \times \log_2 \frac{0.1}{1.9} - \frac{0.2}{1.9} \times \log_2 \frac{0.2}{1.9}\right) \text{bit}$$
$$+ \left(-2 \times \frac{0.4}{1.9} \times \log_2 \frac{0.4}{1.9} - \frac{0.3}{1.9} \times \log_2 \frac{0.3}{1.9} - \frac{0.1}{1.9} \times \log_2 \frac{0.1}{1.9}\right) \text{bit}$$
$$= 2.8399 \text{ bit}$$

根据式（7-5），可求得图 7-6 所示的实时动态过程复杂性的变化情况，如图 7-7 所示。

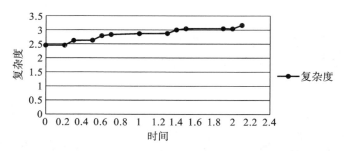

图 7-7　实时动态过程复杂性的变化情况

7.3.3　基于动态过程复杂性的计划时效性分析与评估

对静、动态复杂性之间的差异进行分析与拆解,能够挖掘出影响制造系统运行的重要参数,对系统的受控程度加以评判。下面就从生产周期层的过程复杂性出发,对计划的时效性问题加以研究。

1. 计划的时效性

计划周期是指覆盖计划期的时间长度。在传统的生产计划中,生产计划的周期的确定通常并没有一个具体的指标,仅仅根据当前的市场需求和生产状况简单地区分为长期、中期、短期三种计划。通常长期计划的计划周期一般为一年,中期计划为一个月,而短期计划则为一周或一天等。一般来说,中长期计划的计划量不是很准,只是对该年或该月的生产起到一个规划、指导的作用,而短期计划则比较详细,用于指导具体的生产过程。

事实上,由于制造环境的扰动,实际生产过程往往或多或少地偏离原始计划,并且随着时间的推移,这种偏离程度会越来越大,这一现象在短期计划的制订中尤为明显。若计划时限过长,则可能在超过某个时刻后,计划执行情况与原始计划偏离过大,而使原始计划变得毫无意义,无法有效指导生产的继续进行;若计划时限过短,则有可能过于追求计划的详细性,不仅会增加计划生成成本及管理成本,还有可能与调度工作相互重合,造成不必要的人力资源浪费。

这样就存在一个计划的时效性问题,一个合适的计划时限不仅能够很好地指导生产任务的顺利执行,还能够有效减少计划制订及修改的工作量,提高工作效率,快速响应市场需求。下面就从生产周期层的过程复杂性出发,分析动态过程复杂性和静态计划复杂性之间的差异,给出最大可行计划时限这一制造系统运行效能的评价指标。

2. 最大可行计划时限

从信息论和复杂性的角度看,计划方案发生偏离的实质是包含在方案中的部分静态信息量(静态计划复杂性)转化成系统运行过程中的动态信息量(动态过程复杂性),也就是非受控状态所产生的过程复杂性。因此,如果能够测定出包含在计划中的静态计划复杂性及其向动态过程复杂性的转化率,就可以对计划时限的可行性和合理性进行评估。当静态信息量已经完全转化为动态信息量时,意味着原始计划方案已经失效,必须重新制订新的生产计划,最大可行计划时限指的就是这段动、静态信息量的转化周期。

从过程复杂性的静、动态特征来看,静态计划复杂性及其向动态过程复杂性的转化主要包括两个方面:一是由于环境扰动而造成的动态过程复杂性的增加量;二是由于装配活动时间的延长及计划任务执行时间的缩短而造成的静态计划复杂性的减少量。这二者在单位时间内的平均值之差构成静态计划复杂性向动态过程复杂性的转化率。由于计划时效性主要反映在短期计划的制订过程中,属于生产周期层研究的范畴,故下面所有相关研究及计算方法都指的是生产周期层的过程复杂性。

首先来看由环境扰动造成的动态过程复杂性的最大增加量:

$$H(\Delta D)_{max} = H(D) - \left(- \sum_{n}^{n} p'_S \log_2 p'_S \right) \tag{7-6}$$
$$= - \sum^{n'-n} p_D \log_2 p_D$$

这样,在非计划时间内的动态过程复杂性的平均增加量为

$$h(\Delta D) = \frac{H(\Delta D)_{max}}{\Delta T} = \frac{H(\Delta D)_{max}}{T' - T} \tag{7-7}$$

式中:T' 表示生产计划的实际最终完成时间;T 为生产计划的预期完成时间。

再来看由于非计划时间的增加及计划任务执行时间的缩短而造成的静态计划复杂性的最大减少量:

$$H(\Delta S)_{max} = H(S) - \left(- \sum^{n} p'_S \log_2 p'_S \right) \tag{7-8}$$

则平均减少量为

$$h(\Delta S) = \frac{H(\Delta S)_{max}}{T} \tag{7-9}$$

这样,可求得最大可行计划时限为

$$T_{max} = \frac{H(S)}{h(\Delta D) - h(\Delta S)} = \frac{H(S)}{\frac{H(\Delta D)_{max}}{T' - T} - \frac{H(\Delta S)_{max}}{T}} \tag{7-10}$$

在 T_{max} 内,单位时间内的动态过程复杂性的增加量仍小于单位时间内的静态计划复杂性的减少量。一旦超出这一时限,系统运行的动态特征变化量就难以通过降低静态计划复杂性加以弥补,该时限以后的计划方案将与实际情况完全不符,必须重新制订生产计划。而当执行情况总是与计划方案完全相符时,$T_{max} = \infty$。由此可见,为保证计划的时效性,应根据具体生产计划方案的特点(如产品构成、工艺结构等)及制造系统的动态环境进行具体设置,不宜设置固定的计划时限。

利用最大可行计划时限来制订生产计划,能够有效应对计划执行过程中出现的不确定因素,避免因系统扰动过大而造成计划失效,使生产计划具有更高的稳定性及

柔性。需要说明的是,最大可行计划时限反映的是系统在内外部环境的扰动下的累积效应,因此其求解值只是一个参考值,具有一定的统计意义。因此,要想获得有效的参考值,就必须对大量现有计划执行过程加以分析及求解,最终获得用于指导生产计划制订的有效参数。

3. 计划时效性的实时评估

最大可行计划时限只是针对已经完成的生产计划所提出的,只能作为后期生产计划制订的参考依据。为了给出计划时效性的实时评估方法,下面将应用实时动态过程复杂性来分析静态计划复杂性向动态过程复杂性的转化过程。

如前所述,系统的运行过程就是静态计划复杂性不断向动态过程复杂性转换的过程。若在计划执行的某一时刻,单位时间内静态计划复杂性的减少量已经难以克服动态过程复杂性的增加量,即剩余的静态计划复杂性已经无法应对系统的动态扰动,则说明原始计划已经失效,必须重新制订新的生产计划,下面给出其计算方法。

首先,在时刻 t,动态过程复杂性的增加量为

$$H(\Delta D\_t) = H(\mathrm{RD}_t) - H(S'_t)$$

$$=- \sum_{i=1}^{m_t} p_i \log_2 p_i \tag{7-11}$$

在时刻 t,由于非计划事件发生而造成的静态计划复杂性的减少量为

$$H(\Delta S\_t) = H(S) - \left[H(\mathrm{RD}_t) - \left(- \sum_{i=1}^{m_t} p_i \log_2 p_i \right) \right]$$

$$= H(S) - \left(- \sum_{j=1}^{m'_t} p_j \log_2 p_j - \sum_{k=1}^{m''_t - m_t - m'_t} p_k \log_2 p_k \right) \tag{7-12}$$

这样,过程复杂性变化率(即动态过程复杂性的变化量与静态计划复杂性的变化量之差)的大小为

$$\Delta h(t) = H(\Delta D\_t) - H(\Delta S\_t) \tag{7-13}$$

在时刻 t,剩余静态计划复杂性的平均变化量为

$$H(S_{\mathrm{remain}})_{\mathrm{avg}} = \frac{H(\mathrm{RD}_t) - \left(- \sum_{i=1}^{m_t} p_i \log_2 p_i - \sum_{j=1}^{m'_t} p_j \log_2 p_j \right)}{M - M'}$$

$$= \frac{- \sum_{k=1}^{m''_t - m_t - m'_t} p_k \log_2 p_k}{\Delta M} \tag{7-14}$$

因此,如果 $\Delta h(t) \geqslant H(S_{\mathrm{remain}})_{\mathrm{avg}}$,则意味着初始的生产计划无法再适应系统环境的变化,必须重新制订新的生产计划。

7.3.4　装配生产计划时效性分析实例

由于制造环境的不确定性,如客户订单变化、零部件供应延误、设备故障等,日装

配计划在实际执行过程中经常发生偏离。在 7.2.3 节静态计划复杂性计算实例基础上，图 7-8 是对应计划方案的实际执行情况示意图，整个计划执行过程出现了装配超时、工装调整超时、设备故障停产、非计划产品装配、非计划工装调整、外部原因导致停产等多种动态事件。本节利用上述理论方法对该装配车间的生产计划进行量化分析。

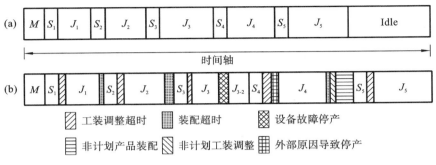

图 7-8　计划方案实际执行情况示意图

（1）动态过程复杂性计算

表 7-2 为图 7-8(b)所示计划方案实际执行时各事件的动态过程复杂性计算结果。为了便于与静态计划复杂性进行对比，取与静态计划复杂性测定中所有调度偏离状态作为计算系统动态过程复杂度的异常状态，见表 7-2 中第 2 列；经过统计与静态计划复杂性计算中同一观测期的状态，可求得各异常状态发生的概率，见表 7-2 中第 5 列。根据图 7-8(b)所示的动态执行过程计算动态过程复杂性，结果见表 7-2 中第 6 列和第 7 列（本案例中由于 S_3 和 S_5 后超时较短，故忽略不计）。最终求得动态过程复杂性为 3.6937 bit，其中计划状态构成的过程复杂性衰减为 2.7303 bit，非受控状态构成的过程复杂性增加为 0.9634 bit。

表 7-2　动态过程复杂性求解

状态	事件	状态属性	持续时间/h	概率	受控 H/bit	非受控 H/bit
1	设备维护	受控	2	0.0151	0.0918	
2	S_1	受控	3	0.0227	0.124	
3	S_1 超时	非受控	1	0.0076		0.0475
4	J_1	受控	16	0.1212	0.369	
5	J_1 超时	非受控	1	0.0076		0.0475
6	S_2	受控	5	0.0379	0.179	
7	S_2 超时	非受控	2	0.0151		0.0918
8	J_2	受控	18	0.1364	0.3851	
9	J_2 超时	非受控	2	0.0151		0.0918
10	S_3	受控	4	0.0303	0.1528	

续表

状态	事件	状态属性	持续时间/h	概率	受控 H/bit	非受控 H/bit
11	J_3-J_{3-2}	受控	25	0.1894	0.4547	
12	设备故障停产	非受控	6	0.0456		0.2031
13	S_4	受控	5	0.0379	0.179	
14	S_4 超时	非受控	2	0.0151		0.0918
15	外部原因停产	非受控	2	0.0151		0.0918
16	J_4	受控	12	0.0909	0.3145	
17	J_4 超时	非受控	1	0.0076		0.0475
18	非计划工装调整	非受控	1	0.0076		0.0475
19	非计划产品装配	非受控	6	0.0455		0.2031
20	S_5	受控	3	0.0227	0.124	
21	J_5	受控	15	0.1136	0.3564	
	总合		132	1	2.7303	0.9634

（2）最大可行计划时限求解

根据前文最大可行计划时限的求解方法可给出如下求解过程，其中静态计划复杂性计算值见表 7-1。

动态过程复杂性的平均增加量为

$$h(\Delta D) = \frac{H(\Delta D)_{\max}}{\Delta T} = \frac{H(\Delta D)_{\max}}{T' - T} = \frac{0.9634}{24}\text{bit} = 0.040142\ \text{bit}$$

静态计划复杂性的平均减少量为

$$h(\Delta S) = \frac{H(\Delta S)_{\max}}{T} = \frac{3.0558 - 2.7303}{108}\text{bit} = 0.003014\ \text{bit}$$

本实例的最大可行计划时限为

$$T_{\max} = \frac{H(S)}{h(\Delta D) - h(\Delta S)} = \frac{3.0558}{0.040142 - 0.003014}\text{h} = 82.3\ \text{h}$$

由此可见，最多可以一次编制连续 82.3 h 的生产计划，即约三天半的生产计划周期。

（3）计划有效性的评估

以图 7-9 为例，给出在时刻 6 h 下，其计划时效性的评估方法。

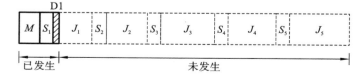

图 7-9　6 h 下的计划完成情况

$$H(D_{\text{RT\_6}}) = -\sum_{i=1}^{m_t} p_i \log_2 p_i + \left(-\sum_{j=1}^{m_t'} p_j \log_2 p_j - \sum_{k=1}^{m_t''-m_t-m_t'} p_k \log_2 p_k \right)$$

$$= (0.2485 + 0.0621 + 2.7924)\text{bit} = 3.1030\text{ bit}$$

$$H(\Delta D\_6) = 0.0621\text{ bit}$$

$$H(\Delta S\_6) = H(S) - 0.2485\text{ bit} - 2.7924\text{ bit} = (3.0558 - 0.2485 - 2.7924)\text{bit}$$
$$= 0.0149\text{ bit}$$

$$\Delta h(6) = H(\Delta D\_6) - H(\Delta S\_6) = (0.0621 - 0.0149)\text{bit} = 0.0472\text{ bit}$$

$$H(S_{\text{remain}})_{\text{avg}} = \frac{2.7924}{9}\text{bit} = 0.3103\text{ bit}$$

由于 $H(S_{\text{remain}})_{\text{avg}} > \Delta h(6)$，则证明当前情况下的原始计划仍然有效，无须制订新的生产计划。

表 7-3 给出所有时刻下的各参数变化情况。

表 7-3　所有时刻的参数变化情况

序号	起始时间/h	时间区间/h	实时动态过程复杂性/bit	动态过程复杂性的增加量/bit	静态计划复杂性的减少量/bit	过程复杂性变化率/bit	剩余平均静态计划复杂性/bit
1	$t=0$	$0 \leqslant t \leqslant 5$	3.0557	0	0	0	0.2778
2	$t=6$	$6 < t \leqslant 22$	3.103	0.0621	0.0149	0.0472	0.3103
3	$t=23$	$23 < t \leqslant 28$	3.1494	0.1233	0.0295	0.0938	0.2968
4	$t=29$		3.1953	0.1836	0.0441	0.1395	0.3089
5	$t=30$	$30 < t \leqslant 48$	3.2225	0.2253	0.0585	0.1668	0.3075
6	$t=49$		3.267	0.2841	0.0728	0.2113	0.2867
7	$t=50$	$50 < t \leqslant 79$	3.2933	0.3245	0.0869	0.2376	0.2854
8	$t=80$		3.3367	0.3819	0.1009	0.281	0.2643
9	$t=81$		3.3622	0.4212	0.1147	0.3065	0.2630
10	$t=82$		3.3809	0.4536	0.1284	0.3252	0.2617
11	$t=83$		3.3953	0.4816	0.142	0.3396	0.2604
12	$t=84$		3.4064	0.5062	0.1554	0.3508	0.2591
13	$t=85$	$85 < t \leqslant 90$	3.4151	0.5281	0.1687	0.3594	0.2578
14	$t=91$		3.4559	0.5821	0.1819	0.4002	0.2787
15	$t=92$		3.4798	0.619	0.1949	0.4241	0.2774
16	$t=93$		3.5196	0.6717	0.2078	0.4639	0.2761
17	$t=94$	$94 < t \leqslant 106$	3.5428	0.7077	0.2206	0.4871	0.2748
18	$t=107$		3.5816	0.7593	0.2333	0.526	0.2481

序号	起始时间/h	时间区间/h	实时动态过程复杂性/bit	动态过程复杂性的增加量/bit	静态计划复杂性的减少量/bit	过程复杂性变化率/bit	剩余平均静态计划复杂性/bit
19	$t=108$		3.62	0.8101	0.2459	0.5643	0.2470
20	$t=109$		3.6578	0.8604	0.2583	0.6021	0.2458
21	$t=110$		3.6796	0.8945	0.2706	0.6239	0.2447
22	$t=111$		3.6952	0.92226	0.2829	0.6395	0.2436
23	$t=112$		3.7069	0.946	0.2948	0.6512	0.2425
24	$t=113$		3.7157	0.9668	0.3068	0.66	0.2414
25	$t=114$	$114<t\leqslant132$	3.7222	0.9852	0.3187	0.6665	0.2403

如表 7-3 所示,当计划执行到 80 h 时,过程复杂性变化率已经大于剩余平均静态计划复杂性,因此必须立即停止原始计划的执行,并重新制订新的生产计划。

7.4　装配调度有效性分析与评估

本书前几章已经对调度优化方案展开了详细的研究,但由于缺乏有效的评价方法,人们较少关注调度方案的实际执行情况及最终结果,即调度的有效性。所谓调度的有效性,是指调度方案的实际执行情况与原调度方案的符合程度,有效性好,说明调度方案对实际生产的指导性强。作业车间的实际生产过程往往面临很多不确定因素的干扰,如紧急订单、设备故障、因质量问题返工等,一旦发生不确定因素,其原始生产计划就会因受到干扰而无法执行,此时必须对生产计划加以调整。为应对生产过程中出现的不确定因素,必须对排产计划进行重调度,以便对变动或干扰因素做出响应。本书 3.3 节已经对重排序的模型、策略、算法展开了详细研究,主要强调重排序的最优方案,但是没有对何时进行重排序开展深入研究,缺乏调度有效性的量化评估方法。基于此,本节提出一种制造系统调度有效性的分析方法,利用过程控制复杂性和调度偏离度方法来综合分析设备故障、紧急插单、工件优先级变化等多种因素对当前调度有效性的影响,以此来指导企业进行重调度的决策。

7.4.1　过程控制复杂性及其度量方法

由于缺乏有效的评价方法,人们较少关注调度方案的实际执行情况与原调度方案的符合程度。装配调度有效性好,说明调度方案对实际生产的指导性强;如果调度方案总是与实际执行情况不符,那么无论该调度方案事先设计得多么"优化",都毫无意义。为对调度的有效性进行度量,确定重调度点,即分析系统在运作过程中的调度受控情况并实现优化控制,首先引入过程控制复杂性理论,并构建其度量方法。下面针对过程控制复杂性展开详细介绍。

1. 过程控制复杂性特征

生产控制的对象是生产过程,其主要控制内容包括进度控制、质量控制、库存控制和成本控制等,构成这些控制活动的主要要素包括人、物资、设备、资金、任务和信息等。这些要素一方面存在于制造系统的各个环节,另一方面又每时每刻处于运动之中,使得对系统的控制变得异常复杂,造就了生产控制活动众多的复杂性特征[28,29]。一般来说,生产控制中的复杂性特征主要如下。

(1) 控制的整体性

生产过程管理包括计划、组织和控制三个职能。这三个职能相对独立又互相联系,在三者的共同作用下,生产系统才能正常运转。

(2) 控制活动的多样性

控制内容主要包括进度控制、质量控制、库存控制和成本控制等,但实现任何一个目标都必须展开大量的控制活动。例如,为保证生产进度,必须做好在制品管理、上下线管理、毛坯件管理、外协件管理、物料配送管理等,这些控制活动相互影响、相互制约,且可能产生新的问题而需要及时加以控制。

(3) 控制目标的可变性

制造系统在运作过程中,控制目标常常需要调整。例如市场需求发生变化,必须调整目标减少损失;又如因内部原因使原目标已无法实现,必须对目标进行调整。生产目标的调整涉及整个系统,调整的效果会影响系统的收益。

(4) 信息处理的延迟性

控制活动的分散性以及大量的手工作业,使得信息传递难免出现延迟,虽然出现了 MES(制造执行系统)等现代生产管理系统,但仍无法全面获取生产过程中的所有有用信息。此外,在信息的传递过程中,信息很容易被错误理解或丢失,使反馈的信息失去真实性,无法实现对系统的有效控制。

前面的研究通过对各类复杂性在实际问题中的应用,已经部分实现对各种不同复杂性的控制。尤其是对静态计划复杂性及动态过程复杂性的研究,使得我们能够清晰地认识到系统在非受控条件下过程复杂性的变化情况。因此,在上述研究的基础上,继续探讨系统实际装配过程中的控制复杂性,研究系统运作过程的可控程度,并以此来分析系统在运作过程中的受控情况,实现优化控制。为有别于一般意义上的控制复杂性[14],将其称为过程控制复杂性,简称控制复杂性。

2. 过程控制复杂性度量方法

根据事前控制方式,在生产计划制订过程中,往往根据影响系统行为的动态扰动因素做出种种预测,以制订出满足实际生产过程的生产计划[30]。在事前控制方式下制订的生产计划,除了确定各预期任务相应的执行时间外,还包括一定的非计划任务执行时间以应对可能出现的计划外事件,如任务延迟、非计划任务、突发事件等,即计划时间存在一定的"宽放率",或者称之为计划提前时间。

提前时间越长,说明系统可控制程度越大。过程控制复杂性就是用于研究在这种计划模式下,计划任务执行受到内外部环境扰动偏离理想状态后,系统仍处于受控状态下的复杂程度。

（1）系统控制复杂性

从计划执行过程来看,整个计划时间主要包括理想执行时间和用于应对非计划任务的计划受控时间,虽然各计划任务的"宽放率"会因市场需求信息和当前生产条件而存在一定的差异,但总的来说,整个计划包括"计划内事件"和"计划外事件"这两大类事件。因此,在不考虑每个具体执行任务的情况下,系统控制复杂性实际上就是用于描述制造系统在执行过程中受到内外部环境扰动但仍处于预期计划期内（即受控状态下）的可能的极限状态所需的信息需求量。根据信息熵,系统控制复杂性的计算公式为

$$H(C) = -p_c\log_2 p_c - \overline{p_c}\log_2 \overline{p_c}$$
$$= -\frac{T_c}{T}\log_2 \frac{T_c}{T} - \frac{T_s}{T}\log_2 \frac{T_s}{T} \tag{7-15}$$
$$T_c > T_s, \quad 且\ T_s + T_c = T$$

式中：T 表示全部计划时间；T_c 表示生产任务理想执行时间；T_s 表示系统计划受控时间。

由于上述计算公式没有考虑计划中生产任务的数量及执行时间,因此无法分辨在"计划/非计划"时间比例相同的条件下,不同计划任务的控制复杂性。考虑到静态计划复杂性能够很好地区分计划任务的数量及执行时间,系统控制复杂性的计算公式可改进为

$$H(C') = \frac{H(C)}{H(S)} = \frac{-p_c\log_2 p_c - \overline{p_c}\log_2 \overline{p_c}}{-\sum_{}^{n} p_s\log_2 p_s} \tag{7-16}$$

这样,在相同"计划/非计划"时间比例条件下,计划任务越多,静态计划复杂性越大,则系统可控制程度越小,即系统控制复杂性越小。为区分这两种控制复杂性,可将其分别称为系统控制复杂性 $H(C)$ 和相对系统控制复杂性 $H(C')$。

和过程复杂性一样,不同研究粒度的生产过程也具有不同的过程控制复杂性,其研究方法基本相同,计算方式也基本相同,这里就不再赘述,其大小分别可以用 $H(O\_C)$（工位操作层）、$H(F\_C)$（装配流程层）、$H(B\_C)$（装配过程层）、$H(C\_C)$（生产周期层）表示。考虑到实际生产环境中计划制订的详细程度,通常我们所研究的控制复杂性一般都是指生产周期层的过程控制复杂性。

需要说明的是,系统控制复杂性只考虑了"计划内"和"计划外"这两个统计事件,是从宏观的角度对系统的可控制程度进行研究,其度量值并没有充分考虑系统运行过程中的各项计划任务及受环境扰动产生的非计划任务,无法有效分辨单个任务的

可控制程度。通常,在详细计划的制订过程中,计划受控时间也会根据生产条件和市场需求分配到各个计划任务中。但是,由于计划受控时间的随机性、非计划事件的出现概率及持续时间的不确定性,即便制订最为详细的生产计划,也无法给出一个确定的控制复杂性的度量值。针对这一问题,下面分别提出最大控制复杂性、最小控制复杂性,以探讨不同计划条件下控制复杂性的大小。

（2）最小控制复杂性

最小控制复杂性是指在现有计划受控时间下,保证整个生产过程处于完全受控状态下的控制复杂性的基本值。若当前生产状态下的动态过程复杂性小于该值,则意味着该生产过程处于完全受控状态。

根据信息熵的性质,任何引起 p_i 均等化的变化将导致系统不确定性的增大,从而造成信息熵增加;另外,发生的事件越多,信息熵也越大。因此,要想获得最小控制复杂性,在整个生产过程中,除必须执行的计划事件外,可能发生的非计划事件数必须最少。因此,要想获得最小控制复杂性,可认为计划中的"计划受控时间"只能用于处理唯一的"非计划事件",且处理时间与"计划受控时间"完全相等。

因此,最小控制复杂性为

$$H(C_{\min}) = -\sum_i^n p_i \log_2 p_i - p_1 \log_2 p_1 \tag{7-17}$$

式中:p_i 表示计划事件在整个计划周期中所占的比重;p_1 表示计划受控时间在整个计划周期中所占的比重。

（3）最大控制复杂性

最大控制复杂性的提出是为了找出在现有计划受控时间下,生产过程的最大可能受控程度。与最小控制复杂性相反,若当前生产状态下的动态过程复杂性大于最大控制复杂性,则意味着该生产过程处于完全失控状态;若动态过程复杂性介于最小控制复杂性和最大控制复杂性之间,则必须通过非计划事件的累积处理时间加以判断。

根据信息熵,要想获得可能的理想的最大控制复杂性,必须将全部计划受控时间在均等化的原则下分配到各项非计划事件中去,且必须考虑全部可能发生的事件。为了求解最大控制复杂性,可认为整个生产计划周期内的活动事件包括计划任务事件、计划任务延迟事件、非计划任务事件,且每个计划时间在执行过程中都会产生延迟,并在均等化原则的基础上,将计划受控时间分配给所有的非计划任务事件。

根据均等化原则,求解各非计划任务事件持续时间的目标函数为

$$\min \sum_i^n \sum_j^m |t_i - t_j|$$

s. t.

$$T_P = \sum_i^n t_i \qquad T_{PC} = \sum_j^m t_j \tag{7-18}$$

式中：t_i 表示各计划任务执行时间，为确定值；t_j 表示各非计划任务事件执行时间，为待求值；T_P 为总理想计划执行时间；T_{PC} 为总计划受控时间。

考虑到该目标函数无法获得最优解，可根据信息熵的性质，当系统各状态等概率分布（即 $p_i = 1/n$ 时），系统信息熵最大，且 $H(X) = \log_2 n$，此时 X 具有最大不确定性。这样可对非计划任务事件的执行时间求平均值以获得近似最大熵，其求解方法为

$$T_{avg} = \frac{T_{PC}}{N_P + N_U} \tag{7-19}$$

式中：T_{avg} 为各非计划任务事件的平均执行时间；N_P 为计划任务的数量，即表示计划任务延迟事件的数量；N_U 为可能发生的非计划任务的数量。

在这种时间分配原则下，可求得最大控制复杂性为

$$H(C_{max}) = -\sum_i^N p_i \log_2 p_i$$

$$= -\sum_a^{N_P} p_a \log_2 p_a - (N_P + N_U) \cdot p_b \log_2 p_b \tag{7-20}$$

$$N = 2N_P + N_U, \quad p_b = \frac{T_{avg}}{T}$$

式中：N 为计划中所有事件的总数；p_a 为各计划任务事件在全部计划时间中所占的比重；p_b 为计划任务延迟事件和非计划任务事件在全部计划时间中所占的比重。

7.4.2　基于生产偏离度的调度有效性分析与评估

按照 Olumolade 的定义，重调度是指当既定生产调度方案在其执行过程中被干扰时，在既定生产调度方案的基础上生成新的调度方案，以适应当前状态的过程[31]。

对于重调度策略问题，首先要跟踪生产现场的变化，及时捕捉可能引发重调度的扰动因素，包括来自系统内部的设备环境和生产工艺的变化、系统外部的生产需求变化等。在获取这些变化后，要对这些因素进行综合分析，及时给出进行重调度的最佳重调度点[32-34]。本节综合考虑设备故障、紧急插单、工件优先级变化等多种因素对生产调度的影响，利用控制复杂性及生产偏离度对制造系统的调度有效性进行度量与分析，结合最大重调度时间间隔约束来指导重调度决策。

1. 调度偏离度与生产偏离度

（1）调度偏离度

从静态计划复杂性和动态过程复杂性的研究来看，调度方案执行的有效程度可以通过静态计划复杂性和动态过程复杂性之间的差异来体现。调度方案的执行越差，则系统受内外部环境的扰动越大，从而表现为静态计划复杂性向动态过程复杂性的大量转化。根据这一特点，提出了调度偏离度这一概念。

所谓调度偏离度，是指计划的实际执行情况与原计划方案的符合程度。调度在系统运行中发生偏离的实质是包含在计划中的静态计划复杂度被转化为系统的动态过程复杂度。相应地，调度的符合程度就可以用包含在调度中的剩余静态计划复杂

度来定量描述。由于调度偏离度用于研究计划的实际执行情况,是对当前生产状况优劣性的判断,具有一定的实时性,因此调度偏离度可通过实时动态过程复杂性求出,使其值随生产的延续而不断变化。

装配制造过程的调度方案一般可认为是一个批次内的多品种的混流排产方案,下面通过装配过程层的过程复杂性给出调度偏离度的求解公式:

$$A_B = \frac{h(B\_D) - H(B\_S)}{H(B\_S)} \times 100\% \qquad (7\text{-}21)$$

①$A_B = 0$,表示实际的生产进度完全符合调度计划;

②$A_B < 0$,表示实际的生产进度比生产计划期提前,即处于失控/增值状态;

③$A_B > 0$,表示实际的生产进度比生产计划期延迟,即处于失控/非增值状态。

在式(7-21)的计算中,我们采用实时动态过程复杂性 $h(B\_D)$ 进行求解,给出了一个随实际生产状况不断变化的值,它能够实时反映实际的生产过程与原始调度方案的偏离程度,因此可称为实时调度偏离度。

为了给出调度方案完成后的最终偏离程度,可将式(7-21)中的 $h(B\_D)$ 替换为完全动态过程复杂性,如式(7-22)所示,A_B' 称为完全调度偏离度。

$$
\begin{aligned}
A_B' &= \frac{H(B\_D) - H(B\_S)}{H(B\_S)} \times 100\% \\
&= \frac{-\sum_b^{n'} p_b' \log_2 p_b' - \sum_i^n p_{B\_S} \log_2 p_{B\_S}}{-\sum_i^n p_{B\_S} \log_2 p_{B\_S}} \times 100\%
\end{aligned}
\qquad (7\text{-}22)
$$

利用最大可行调度时限(即最大可行计划时限)和调度偏离度,可对现行的调度方案进行定量的分析评价,并提出相应的改善措施,以提高调度的有效性。一方面,可以通过设置合理的调度时限以控制计划的偏离程度;另一方面,可以进一步分析引起各层次调度偏离度下降的系统状态,特别是非增值状态及其原因,从而找到改善调度方案的途径。

(2) 生产偏离度

由于偏离度概念可适用于生产过程的各个层面,能够研究不同粒度的生产活动,因此调度偏离度又可扩展应用到其他生产过程层的研究,并统一称为生产偏离度。生产偏离度的求解公式为

$$A = \frac{H(D) - H(S)}{H(S)} \times 100\% \qquad (7\text{-}23)$$

这样各层次的生产偏离度可表示如下。

①操作偏离度(工位操作层):

$$A_O = \frac{H(O\_D) - H(O\_S)}{H(O\_S)} \times 100\% \qquad (7\text{-}24)$$

②流程偏离度(装配流程层):

$$A_F = \frac{H(F\_D) - H(F\_S)}{H(F\_S)} \times 100\% \qquad (7\text{-}25)$$

③周期偏离度（生产周期层）：

$$A_C = \frac{H(C\_D) - H(C\_S)}{H(C\_S)} \times 100\% \qquad (7\text{-}26)$$

（3）系统可适应生产偏离度

不同条件下的控制复杂性为系统可适应生产偏离度的确定提供了很好的依据。由于控制复杂性所描述的是系统在某特定条件下的生产任务执行情况，因此可将控制复杂性视为在当前任务执行条件下的完全动态过程复杂性。这样就可以根据生产偏离度的求解方法，分别给出各类控制复杂性条件下的生产偏离度，并通过分析最终给出系统可适应生产偏离度。

最小生产偏离度：

$$A'_{\min} = \frac{H(C_{\min}) - H(S)}{H(S)} \times 100\%$$

$$= \frac{-\sum_{i}^{n} p_i \log_2 p_i - p_1 \log_2 p_1 - \sum_{i}^{n} p_s \log_2 p_s}{-\sum_{i}^{n} p_s \log_2 p_s} \times 100\% \qquad (7\text{-}27)$$

最大生产偏离度：

$$A'_{\max} = \frac{H(C_{\max}) - H(S)}{H(S)} \times 100\%$$

$$= \frac{-\sum_{a}^{N_P} p_a \log_2 p_a - N_P p_b \log_2 p_b - N_U p_b \log_2 p_b - \sum_{i}^{n} p_s \log_2 p_s}{-\sum_{i}^{n} p_s \log_2 p_s} \times 100\%$$

$$(7\text{-}28)$$

平稳生产偏离度：

$$A'_{\text{std}} = \frac{H(C_{\text{std}}) - H(S)}{H(S)} \times 100\%$$

$$= \frac{-\sum_{x}^{N_P} p_x \log_2 p_x - \sum_{y}^{N_P} p_y \log_2 p_y - \sum_{i}^{n} p_s \log_2 p_s}{-\sum_{i}^{n} p_s \log_2 p_s} \times 100\% \qquad (7\text{-}29)$$

根据各类控制复杂性的定义，设当前生产状态下的生产偏离度为 A，则 A 取不同值时生产过程的状态属性如下：

①若 $0 < A < A'_{\min}$，生产过程处于完全受控状态；

②若 $A'_{\min} \leqslant A \leqslant A'_{\text{std}}$，生产过程处于相对受控状态；

③若 $A'_{std} < A < A'_{max}$，生产过程处于相对失控状态；

④若 $A \geqslant A'_{max}$，生产过程处于完全失控状态。

只有当系统生产偏离度 A 取值在前两个区间时，系统才有可能保证处于受控状态，即 $(0, A'_{min})$ 和 $[A'_{min}, A'_{std}]$ 是系统可适应生产偏离度 A_{fsb} 的取值区间。

若系统要求较高，则 A_{fsb} 的取值区间为 $(0, A'_{min})$，即能够保证系统一直处于受控状态，而无须考虑其他任何因素。若系统要求不高，则取值区间可选择 $[A'_{min}, A'_{std}]$，但是在判断该值之前，必须首先保证当前条件下的系统剩余控制复杂性仍大于 0。因此，为保证系统运行的稳定性，可选取 $(0, A'_{min})$ 为 A_{fsb} 的取值范围。

2. 基于生产偏离度分析的重调度触发因素

触发重调度的因素千变万化，它们的发生具有不确定性和偶然性的特点。从性质上来看，这些因素可分为跳变因素和渐变因素；从影响范围来看，这些因素又有全局因素和局部因素之分。下面就分别从这两个方面进行研究。

（1）生产偏离度对跳变因素、渐变因素的处理

一般来说，跳变因素主要包括紧急生产任务的插入、偶发性重大装配错误、设备故障、突发性生产事故等；渐变因素主要包括单工位生产延迟、设备老化而造成的生产时间延长及质量下降、由装配失误而造成的产品检验及返工次数的增加等。由于跳变因素对系统产生的影响较大，因此一般都选取跳变因素作为重调度的触发事件；而渐变因素参数的分布较广，难以掌握，且处理比较复杂。

动态过程复杂性及调度偏离度为跳变因素和渐变因素的综合考虑提供了非常有效的办法。如前所述，动态过程复杂性随着内外部环境的扰动而改变，它不仅能够突出跳变因素对系统的影响，还具有定量化描述渐变因素的特点。而调度偏离度则动态反映了系统在各种因素影响后的实际状态与原始方案之间的差异，是对系统在受到各种因素影响下的变化情况的动态综合量化值。因此，调度偏离度能够同时应对跳变因素及渐变因素对系统的影响。

从渐变因素对系统的影响来看，调度偏离度能够反映系统在所有渐变因素的影响下产生的累积效应，其量化值随着生产任务的执行而不断变化。这种方法有效避免了在固定时间间隔的重调度决策方法下的计算资源浪费问题。而设定合理的调度偏离度值 A，就能保证系统只有在受到足够大的扰动情况下才能够触发重调度的执行，杜绝了系统资源的浪费。

从跳变因素对系统的影响来看，虽然调度偏离度无法反映跳变因素的发生过程，但是当突发事件发生后，能够通过对该事件处理时间的评估，预测出该事件下的调度偏离度的大小。如果调度偏离度仍在有效范围内，则认为该突发事件不会对系统产生太大影响，原始调度方案依然有效，并不需要执行重调度；一旦该预测条件下的调度偏离度超过设定值，则可将其作为一个特定的触发事件驱动重调度的执行。

图 7-10 给出了基于调度偏离度面向跳变因素、渐变因素的调度有效性分析及重调度决策过程。

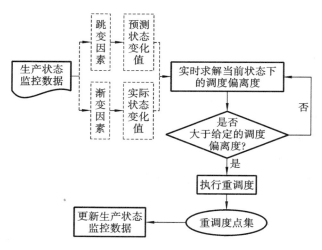

图 7-10　基于调度偏离度的调度有效性分析及重调度决策过程

由此可见,调度偏离度虽然不是一个特定的突发事件,但它是对所有跳变因素及渐变因素的综合量化,因此同样可以作为一个特定的触发事件驱动重调度的执行,具备其他方法无法比拟的优点。

（2）生产偏离度对局部因素、全局因素的处理

在实际的生产环境中,不同的不确定因素对系统的影响效果并不相同,如设备故障、紧急订单、订单取消等属于全局因素,这些因素一旦发生,则生产计划必须加以调整;而工件返工、加工时间偏差、临时工艺更改等则属于局部因素。

在传统的重调度研究中,由于手段的缺乏,并没有针对不同因素的影响范围而加以区分,只是简单地将其综合,并给出一个统一的重调度策略。这种处理方式很有可能忽略某些局部因素对系统的影响。如在装配某单件或连续几件产品的过程中受到多个局部因素的影响,导致单件产品的偏离程度过大。虽然这一影响可能并不足以激发重调度的执行,但是众多局部因素在装配一件产品时同时出现,其背后必然存在一定的原因,如因作业排序不合理而造成的产品切换过于频繁、物料配送不及时、生产时间过长而造成的人员与设备疲劳等。一般的重调度策略并不能及时处理这些局部因素对系统的影响,而不同层次下的生产偏离度则为这一问题的解决提供了很好的办法。

从批次过程层的生产偏离度（即调度偏离度）来看,其研究的是整个批次的生产过程,可以用于评价全局因素对系统的影响,如设备故障造成的整个生产的延迟、订单取消后生产活动的缩减等。另外,调度偏离度还能够处理因局部因素的累积而造

成的全局效应,如在装配单一产品时由于多工位生产的延迟而造成的生产延误等。因此,设定合理的调度偏离度,能使得系统对所受全局因素的影响及时做出反应。

从装配流程层的生产偏离度(即流程偏离度)来看,其研究的是单件产品的生产过程,属于局部因素的影响范围。研究当前装配线上所有被装配产品的流程偏离度,能够反映所有被装配产品在局部因素影响下的生产过程,一旦某产品所受局部影响因素过多,则意味着装配流程与计划流程偏差过大,势必会直接或间接地影响整个生产过程。因此,设定合理的流程偏离度,能够保证系统对局部因素的影响也能及时做出反应,触发重调度的执行。

除了这两类生产偏离度外,由于其他两个生产偏离度(工位操作层的操作偏离度和生产周期层的周期偏离度)所研究的触发事件的粒度过细或过粗,一般来说可不对其进行分析。但如果在实际的生产中需要对这两个层面的生产偏离度加以控制,也可采用上述相同的方法进行分析并将其应用到重调度决策中。

图 7-11 给出了在调度偏离度和流程偏离度共同作用下的面向全局因素、局部因素的重调度决策方法。

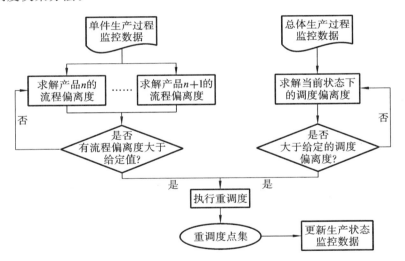

图 7-11　基于调度偏离度及流程偏离度的面向全局因素、局部因素的重调度决策方案

3. 最大重调度时间间隔约束与调度有效性分析

(1) 最大重调度时间间隔约束

按照一般混合重调度策略的判定方法,根据固定时间间隔可以得到一组重调度点 T_1,而根据突发事件的发生又会插入一组重调度点 T_2。由于 T_1 和 T_2 是按照不同的策略独立生成的,故有可能出现相邻间隔过近或过远的问题。

采用调度偏离度的方法,已经能够避免传统的调度决策中因相邻重调度间隔过短而造成的资源浪费问题。但是生产偏离度只适用于评估系统当前的受控情况,只能对已发生的非计划事件进行处理,而无法应对一些未发生但可以预测的非计划事件。在这种情况下重调度周期过远的问题就会出现,并使重调度失去应有的柔性。如当有临时任务需安排在近期生产时,如果该事件不需要在当前立刻执行,则调度偏离度可能不会对该突发事件加以预判,只要当前生产状况仍符合设定的调度偏离度,重调度就不会被触发执行,这样该临时任务就会被忽略,从而导致生产失误。

为避免这一情况的出现,引入最大重调度时间间隔 T_{max},当执行前一次调度方案 T_{max} 时间后,虽然当前调度偏离度的大小仍在许可范围之内,但仍需执行重调度。若在 T_{max} 时间之前,调度偏离度已经超出了许可范围,则立刻执行重调度。

（2）基于调度偏离度、流程偏离度与时间间隔约束的调度有效性分析

上述讨论能够得到基于复杂性理论的调度有效性分析方法,如图 7-12 所示。利用流程偏离度与调度偏离度对系统的调度执行情况展开分析,及时做出重调度决策。由此产生的混合重调度点集,能够根据生产过程的实际情况动态给出重调度时间间隔,避免了系统计算资源的浪费,同时又综合考虑了由于某些可预测但未发生的非计划事件可能会对系统产生的影响。利用最大重调度时间间隔约束,保证了重调度策略应对突发事件的柔性。

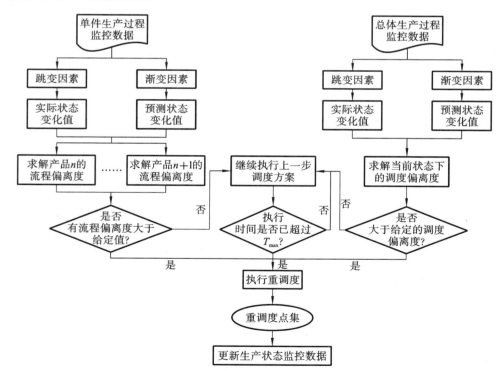

图 7-12　基于调度偏离度、流程偏离度与时间间隔约束的调度有效性分析

7.4.3　装配调度有效性分析实例

设某装配线由 10 个工位构成,该装配线共能生产三种产品,生产计划如表 7-4 所示。每个工位在生产不同的产品时都设有具体的额定操作时间,具体数据如表7-5 所示,还假设在生产过程中,每个操作时间都服从相应的指数分布,并设定相应的上下限值。另外,假设 OP3、OP5 和 OP8 三个工位为错误易发工位,并给定相应的错误发生类型、相应的错误发生率及错误修复时间的概率分布,如表 7-6 所示。

表 7-4　生产计划

编号	产品	生产数量
1	A	50
2	C	40
3	A	45
4	B	35
5	A	30
6	C	50
7	B	60
8	A	30
9	C	40
10	A	20

表 7-5　各工位额定操作时间

工位	OP1			OP2			OP3			OP4			OP5		
	A	B	C	A	B	C	A	B	C	A	B	C	A	B	C
额定操作时间	65	51	48	57	42	35	52	45	56	44	48	41	62	48	59

工位	OP6			OP7			OP8			OP9			OP10		
	A	B	C	A	B	C	A	B	C	A	B	C	A	B	C
额定操作时间	54	62	38	48	42	44	56	52	55	50	48	52	43	58	34

注:各工位额定操作时间单位为秒(s),且均服从相应的指数分布。

表 7-6　OP3、OP5 及 OP8 的错误发生率及错误修复时间的概率分布

工位	错误	发生率/修复时间
OP3	A3	$0.021/N(30,2)$
	B3	$0.036/N(24,4)$
	C3	$0.012/N(40,6)$

续表

工位	错误	发生率/修复时间
OP5	A5	$0.042/N(15,3)$
	B5	$0.02/N(30,4)$
OP8	A8	$0.024/N(25,4)$
	B8	$0.015/N(20,3)$
	C8	$0.018/N(12,3)$

注:错误修复时间的单位为分(min)。

仿真软件采用西门子公司的 Plant Simulation 9,具体仿真过程如图 7-13 所示。仿真时首先调入初始周生产计划"Ori_Planning",并在仿真运行过程中给定相应的临时生产计划"Temp_Planning",相关工位的错误发生率设定为"Mistake",具体的调度方法为"Schedule_Method",每次生成的调度方案都存储在"Rush_Order"。表 7-7 给出了在不同参数下的面向各种因素的重调度结果。

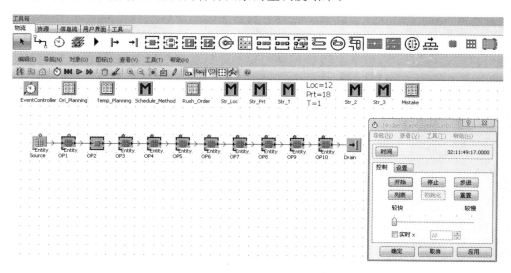

图 7-13　仿真过程图

表 7-7　在不同参数下的仿真结果

编号	调度偏离度	流程偏离度	最大时间间隔/h	全局重调度/h	局部重调度/h	间隔/h	总计/h
1	0.03	0.05	6	11	12	3	26
2	0.03	0.08	6	9	12	3	24
3	0.04	0.10	8	8	11	2	21
4	0.05	0.10	10	10	10	2	22

编号	调度偏离度	流程偏离度	最大时间间隔/h	全局重调度/h	局部重调度/h	间隔/h	总计/h
5	0.06	0.12	12	7	11	1	19
6	0.07	0.12	16	6	8	1	15

由此可见,以控制复杂性分析为指导的调度有效性分析方法不仅能够综合时间周期及系统对动态扰动事件的响应,还能进一步区分全局重调度和局部重调度之间的差异,良好地兼顾重调度的稳定性和灵敏性。而且该调度有效性分析方法利用调度偏离度和流程偏离度两个参数共同评判,可以分析外部环境的变化对系统的综合性影响,通过对这几个参数的调整,可以找到系统最为适合的动态调整频率。

因此,本节给出的调度有效性分析方法,以及在此支持下的混合排序重调度决策机制,具有很强的适应性与可扩展性,可应用于多种不同类型的装配线型企业中。若装配线采取单件混流生产,且对某种类型产品的交货期的要求很高,则可提高当前产品的流程偏离度,以提升该产品单件生产完成情况的实时性;若装配线采取多品种、中小批量方式生产,则可以提高调度偏离度,以保证对每一批产品的生产时间的控制。

7.5　本 章 小 结

本章将基于信息熵的过程复杂性理论引入计划时效性与调度有效性的分析中。首先,对装配制造系统的复杂性特征进行研究,并建立了基于信息熵的混流装配制造系统复杂性概念模型,给出了基于信息熵的复杂性度量方法;依据生产计划是否受到动态扰动而产生偏离,将过程复杂性分为静态计划复杂性与动态过程复杂性两种。其次,分析了静态计划复杂性与生产计划之间的关系,提出了装配生产计划的静态过程复杂性度量方法。为研究生产计划的时效性问题,在静态计划复杂性研究的基础上,将动态过程复杂性区分为实时动态过程复杂性和完全动态过程复杂性两种,分别对不同层次下的两种动态过程复杂性进行度量,同时给出了最大可行计划时限和计划时效性的实时评估方法,方便对生产计划周期进行决策。最后,介绍了过程复杂性的特征及系统在各种受控条件下的过程复杂性的度量方法,并基于调度偏离度给出了生产偏离度的求解方法,结合最大重调度时间间隔,构建调度有效性的分析方法,对调度方案的实际执行情况与原调度方案的符合程度进行量化,以此来指导重调度决策。本章所提的计划时效性与调度有效性分析方法也在企业实例中进行了应用与验证。

本章参考文献

[1]　黎明,雷源忠.现代制造科学展望[J].中国机械工程,2000,11(3):345-347.

[2]　熊有伦,吴波,丁汉.新一代制造系统理论及建模[J].中国机械工程,2000,11(1):49-52.

[3]　王志坚.制造企业信息化系统研究综述[J].中国管理信息化,2008(13):62-66.

[4]　董春雨,姜璐.试论熵概念的层次性[J].自然辩证法研究,1995,11(8):23-26.

[5]　董春雨,姜璐.层次性:系统思想与方法的精髓[J].系统辩证学学报,2001,9(1):1-4.

[6]　弗里德里希·克拉默.混沌与秩序:生物系统的复杂结构[M].柯志阳,吴彤,译.上海:上海科技教育出版社,2000.

[7]　SHINER J S, DAVISON M, LANDSBERG P T. Simple measure for complexity[J]. Physical Review E,1999,59(2):1459.

[8]　许国志.系统科学[M].上海:上海科技教育出版社,2000.

[9]　颜泽贤.复杂系统演化论[M].北京:人民出版社,1993.

[10]　秦书生.复杂性技术观[M].北京:中国社会科学出版社,2004.

[11]　饶运清,JANET E.基于信息熵的制造系统复杂性测度及其在调度中的应用[J].机械工程学报,2006,42(7):8-13.

[12]　DESHMUKH A V, TALAVAGE J J, BARASH M M. Complexity in manufacturing systems, part 1: analysis of static complexity [J]. IIE Transactions,1998,30(7):645-655.

[13]　FRIZELLE G, WOODCOCK E. Measuring complexity as an aid to developing operational strategy[J]. International Journal of Operations & Production Management,1995,15(5):26-39.

[14]　DESHMUKH A V. Complexity and chaos in manufacturing systems[D]. West Lafayette:Purdue University,1993.

[15]　杨世锡,汪慰军.柯尔莫哥洛夫熵及其在故障诊断中的应用[J].机械科学与技术,2000,19(1):6-8.

[16]　ADLER R L, KONHEIM A G, MCANDREW M H. Topological entropy[J]. Transactions of the American Mathematical Society,1965,114(2):309-319.

[17]　ZHANG Z F. Manufacturing complexity and its measurement based on entropy models[J]. The International Journal of Advanced Manufacturing Technology,2012,62:867-873.

[18]　ELMARAGHY W, ELMARAGHY H, TOMIYAMA T, et al. Complexity in engineering design and manufacturing [J]. CIRP Annals, 2012, 61 (2):

793-814.

[19] ALLEN P M, STRATHERN M. Evolution, emergence, and learning in complex systems[J]. Emergence: Complexity & Organization, 2003, 5(4): 8-33.

[20] CALINESCU A, EFSTATHIOU J, SIVADASAN S, et al. Information-theoretic measures for decision-making complexity in manufacturing[C]// Proceedings of the 5th World Multi-Conference on Systemics, Cybernetics and Informatics, 2001.

[21] FUJIMOTO H, AHMED A. Entropic evaluation of assemblability in concurrent approach to assembly planning[C]//Proceedings of the 2001 IEEE International Symposium on Assembly and Task Planning (ISATP 2001). Assembly and Disassembly in the Twenty-first Century. New York: IEEE, 2001.

[22] EFSTATHIOU J, TASSANO F, SIVADASAN S, et al. Information complexity as a driver of emergent phenomena in the business community [C]//Proceedings of the International Workshop on Emergent Synthesis, 1999.

[23] FUJIMOTO H, AHMED A, IIDA Y, et al. Assembly process design for managing manufacturing complexities because of product varieties [J]. International Journal of Flexible Manufacturing Systems, 2003, 15(4): 283-307.

[24] HU S J, ZHU X, WANG H, et al. Product variety and manufacturing complexity in assembly systems and supply chains[J]. CIRP Annals, 2008, 57 (1): 45-48.

[25] 段建国, 李爱平, 谢楠, 等. 基于状态熵的制造系统结构复杂性建模与评价[J]. 机械工程学报, 2012, 48(5): 92-100.

[26] SUH N P. Complexity: theory and applications [M]. Oxford: Oxford University Press, 2005.

[27] MAWBY D, STUPPLES D. Deliver complex projects successfully by managing uncertainty [C]//Proceedings of 2nd European Systems Engineering Conference, 2000.

[28] 徐俊刚, 戴国忠, 王宏安. 生产调度理论和方法研究综述[J]. 计算机研究与发展, 2004, 41(2): 257-267.

[29] KNILL B. Application of manufacturing execution systems [J]. Industry Week, 1996, 245(9): 8-10.

[30] 李淑霞, 单鸿波. MES 中的复杂信息分析[J]. 中国制造业信息化(学术版), 2005, 34(12): 19-22, 26.

[31]　OLUMOLADE M O. Reactive scheduling system for cellular manufacturing with failure-prone machines[J]. International Journal of Computer Integrated Manufacturing,1996,9(2):131-144.

[32]　FARN C-K, MUHLEMANN A P. The dynamic aspects of a production scheduling problem[J]. International Journal of Production Research,1979, 17(1):15-21.

[33]　SIM S K, YEO K T, LEE W H. An expert neural network system for dynamic job shop scheduling[J]. The International Journal of Production Research,1994,32(8):1759-1773.

[34]　PORTOUGAL V,ROBB D J. Production scheduling theory:just where is it applicable? [J]. Interfaces,2000,30(6):64-76.

第8章 混流装配系统运行优化平台及应用

本章基于前文所述的优化模型与方法,应用 J2EE 相关技术,设计并开发了面向混流装配系统的运行优化平台及关键功能模块,以支持混流装配系统中生产计划、调度、物料配送等方面的优化,以及系统中计划与调度的分析与决策,并介绍了优化平台在某发动机公司部署的实际情况及应用效果。

8.1 混流装配系统运行优化平台设计与实现

8.1.1 总体结构

混流装配系统根据从外部获取的需求数据、成品库存信息、在制品库存信息、各生产线工艺参数等来制定装配线的投产批量、零部件加工线的生产计划、各生产线的作业排序以及装配所需外购件的配送计划。其中,需求数据可能来自下游工厂/销售商的需求计划,也可能来自销售部门对市场的需求预测;各生产线的上线顺序需经过优化后形成作业计划下达至现场,由现场工人依照作业计划进行操作;外购件、毛坯件等物料的采购参考生产批量计划、库存量等数据根据具体情况安排,以保障装配和加工的顺利进行;装配所需的外购件涉及两种基本的配送形式,通用可互换的零部件根据看板动态地安排具体的配送,而非通用的零部件则需要由系统根据装配排序生成详细的配送计划,并交由配送人员执行。因而,为支持混流装配系统的高效运行,混流装配系统管理平台需要实现计划的优化、调整及批准,生产进度的反馈,生产作业计划与配送计划相关数据的传输与显示,物料库存信息的及时更新等功能,考虑系统的模块化、可配置性、可扩展性、与 ERP(企业资源计划)系统对接等,设计的混流装配系统运行优化平台的总体结构如图 8-1 所示。

基于混流装配系统运行优化平台的总体结构,下面分别对关键功能模块展开介绍。

(1)生产线管理子系统

该模块用于维护各生产线的设备、产品型号、工艺流程、对应物料等基本信息,并提供可视化的生产线模型,以支持生产线信息的可视化配置、计划任务可视化跟踪、现场状况的可视化显示等功能。

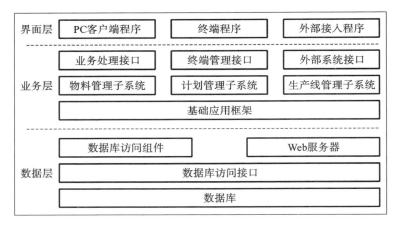

图 8-1　混流装配系统运行优化平台总体结构

（2）计划管理子系统

该模块的输入数据包括成品需求计划、成品库存量、在制品库存量等，经过装配系统批量优化或混流装配-加工集成优化，生成装配线及加工线的生产计划，再通过优化排序生成各生产线的上线计划，并通过集成的管理平台及终端向现场下达生产计划，同时通过终端实时传回的生产状态监控数据，进行计划时效性分析与重调度决策。该模块的关键功能具体包括：

①生产计划管理　根据预测需求计划，应用第 2 章所述方法生成投产批量计划，或根据第 5 章所述方法集中地生成装配批量计划和零部件生产计划；再由生产管理人员根据具体情况进行手动调整，经管理人员确认后发布，供零部件、毛坯件供应商安排各自生产和配送时参考；生产计划中第一天的投产批量计划经优化排序后生成作业计划并下达车间现场执行，其中装配线的排序可应用第 3 章的优化方法，零部件加工线排序应用第 4 章所述的优化方法，装配线与零部件加工线协同优化应用第 5 章所述的优化方法；当计划数据更新后，重新计算本计划期内剩余班次的批量计划。

②计划时效性分析　采集周期计划的完成情况的数据，计算当前计划完成的有效情况，判断是否需要停止当前计划，并为后期的计划周期制订提供必要的参数。

③调度有效性分析　重调度决策模块实时判断当前日计划的执行情况，如果当前计划已经无法满足其重调度决策的参数，则向调度人员发出警告，调度员根据当前计划执行情况重新制订新的计划。

（3）物料管理子系统

本模块维护 BOM、外购零部件库存、成品库存、在制品库存等信息，并根据生产计划制订外购零部件及毛坯件的配送计划。其关键功能是配送计划管理，即根据下达的生产计划和线边库存量数据，应用第 6 章所述优化方法，生成配送计划，经管理人员手动调整和确认后，下达至相应配送车辆上的数据终端，配送人员则依照配送指令进行物料配送。

（4）数据终端子系统

从上述生产线管理、计划管理和物料管理子系统的功能可看出,相关业务的展开有赖于计划部门与作业现场之间的通信,故数据终端成为整个系统运行的一个关键环节。针对生产线管理、计划管理和物料管理对现场数据的需求及混流加工作业执行的需求,数据终端子系统功能包括加工线作业指令显示、装配线作业指令显示、配置与通信等。

8.1.2　平台关键技术与功能实现

1. 关键技术与平台架构

除与终端的通信采用 C/S 结构(客户机/服务器结构)外,系统的其他功能均采用 B/S 结构(浏览器/服务器结构),其基础框架采用"Struts＋Hibernate"框架,应用服务器选用 Tomcat,数据库选用 MS SQL Server;此外,为实现对每个任务的跟踪,系统还应用了 jBPM 工作流(workflow)管理引擎。

（1）Struts 框架

为应对软件系统规模不断增大带来的开发和维护上的问题,人们提出了 MVC (model-view-controller)设计模式,即"模型-视图-控制器"模式,它主张将 Web 显示页面与业务逻辑分离,从而使程序的结构更清晰、可扩展性和可维护性更好。Struts 是 MVC 模式的一种实现,它克服了单纯采用 JSP 和 Servlet 造成的程序内部流程逻辑错综复杂和系统修改、扩展及维护困难等不足。Struts 清晰地划分了控制部分、事务逻辑和外观视图,让开发者遵循一个统一的模式进行系统设计和编码,并提供了良好的页面导航功能,通过配置 struts-config. xml 文件即可把握系统各部分之间的关联,清晰掌握整个系统的体系结构[1]。Struts 框架的基本结构如图 8-2 所示。

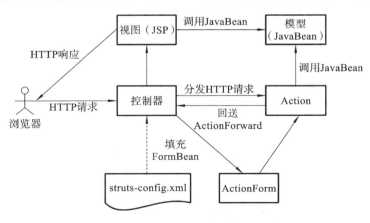

图 8-2　Struts 框架的基本结构

（2）Hibernate 框架

在开发大型应用时,数据库非常庞大,数据表之间关系复杂,由开发人员直接通

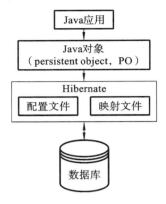

图 8-3　Hibernate **框架的结构**

过 JDBC 进行数据存储将使得代码极其复杂且难以扩展和维护,同时也会占用大量的开发时间。Hibernate 是一个数据持久层框架,它对 JDBC 做了轻量级封装,不仅提供 ORM(对象关系映射)服务,还提供数据缓存功能,它协调应用与数据库间的交互,通过清晰的配置文件来衔接应用中的 Java 对象和数据表中的字段,它让开发人员可以专注于业务的开发,而无须分配太多精力在烦琐的数据库编程工作上[2]。Hibernate 框架的结构如图 8-3 所示。

(3) jBPM

jBPM(Java business process management)是一个基于 J2EE 技术的轻量级工作流管理系统[3,4],它结合了状态机、活动图、Petri 网三方面的知识,其基本元素包括令牌(token)、信号(signal)、节点(node)、变迁(transition)、动作(action)、事件(event)、任务(task)、泳道(swimlane)及异常处理(exception-handler)等[5]。jBPM 使用 jPDL 作为流程定义语言,当一个业务流程开始执行时,jBPM 引擎会根据流程定义文件创建流程实例,并用令牌在节点之间的转移来表示该流程实例的推进。

(4) 运行优化平台

基于上文,综合应用 Struts、Hibernate 及 jBPM 等技术,构建集成的运行优化平台,平台架构如图 8-4 所示,其主界面见图 8-5。

2. 平台关键功能实现

(1) 装配线生产计划优化功能

生产管理人员根据输入或导入的最新需求数据,更新原有计划中的参考数据,再根据更新后的需求信息来更新批量计划,在紧跟需求变化的同时,充分考虑生产能力的合理分配以及库存水平的控制。如图 8-6 所示,打开"批量计划管理"页面,可查看或编辑批量计划的方案,以及审核、确定并下达批量计划。

编辑批量计划时,需求数据被自动读出(见图 8-7),用户可以选择传统的"批对批法""确定规划法",或选择"机会约束规划法(仅装配线)"使用本书第 2 章所提出的不确定机会约束优化方法来生成装配批量计划。当选择"机会约束规划法(仅装配线)"时,系统自动读取需求量、所涉及型号的成品库存、工艺参数、装配线生产能力限制等数据,利用用户设置的需求类型、参数及范围,采用第 2 章所提出的混合优化算法,计算出各型号产品在计划期内的批量计划。图 8-8 显示了基于机会约束规划法(仅装配线)求得的发动机装配线各型号投产批量部分结果。

(2) 装配线生产排序优化功能

优化排产是根据生产线的要求,对生产序列进行优化,对于装配线,选择的优化目标为平顺化部件消耗和最小化最大装配完工时间。确定了装配线班次装配的产品

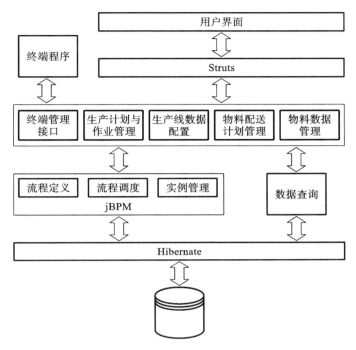

图 8-4　基于 Struts＋Hibernate＋jBPM 的运行优化平台架构

图 8-5　混流装配制造系统运行优化平台主界面

图 8-6　批量计划管理

图 8-7　批量计划编辑

类型和各种产品的装配数量后,在平台界面中点击"装配线多目标优化排序"按钮,系统经过计算,显示出若干可行的优化投产方案,如图 8-9 所示,供决策者选择,这里可以充分融入调度员的经验。调度员根据每个投产方案对应的目标函数值,选择其中一个投产方案,点击"确定"按钮,则显示出该方案对应的详细的投产序列,如图 8-10 所示。

　　(3)加工线作业排序优化功能

　　零部件加工线的批量计划下达后,调度员根据批量计划使用本书第 4 章所提出

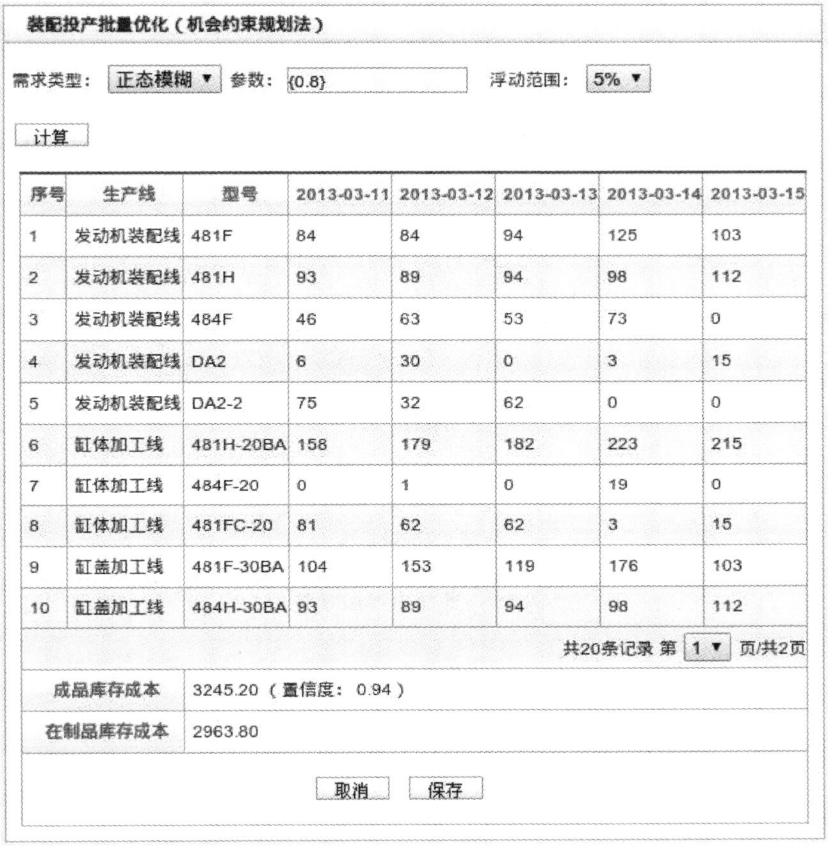

序号	生产线	型号	2013-03-11	2013-03-12	2013-03-13	2013-03-14	2013-03-15
1	发动机装配线	481F	84	84	94	125	103
2	发动机装配线	481H	93	89	94	98	112
3	发动机装配线	484F	46	63	53	73	0
4	发动机装配线	DA2	6	30	0	3	15
5	发动机装配线	DA2-2	75	32	62	0	0
6	缸体加工线	481H-20BA	158	179	182	223	215
7	缸体加工线	484F-20	0	1	0	19	0
8	缸体加工线	481FC-20	81	62	62	3	15
9	缸盖加工线	481F-30BA	104	153	119	176	103
10	缸盖加工线	484H-30BA	93	89	94	98	112

成品库存成本	3245.20（置信度：0.94）
在制品库存成本	2963.80

图 8-8　基于机会约束规划法(仅装配线)求得的投产批量

的方法进行优化排序，生成相应的作业排序(见图 8-11)，再根据毛坯件库存和配送情况，决定是否手动调整排序。作业排序一旦被下达，各加工线上线工位处的终端即显示当前应上线的型号，并等待工人操作完成后按“确认”按钮。

(4) 装配线与加工线生产排序集成优化功能

对于混流装配-加工系统，选择的优化目标为平顺化部件消耗和最小化混流装配-加工系统总的完工时间成本。确定了装配线班次装配计划后，在平台界面中点击“加工-装配系统集成优化排序”按钮，系统经过计算，显示出若干可行的优化投产方案(见图 8-12)，供决策者选择，这里可以充分融入调度员的经验。调度员根据每个投产方案对应的目标函数值，选择其中一个投产方案，点击“确定”按钮，则显示出该方案对应的详细的投产序列，如图 8-13 所示。

(5) 装配线与加工线生产计划集成优化功能

用户在图 8-7 所示界面点击“机会约束规划法(装配-加工集成)”，系统自动读取

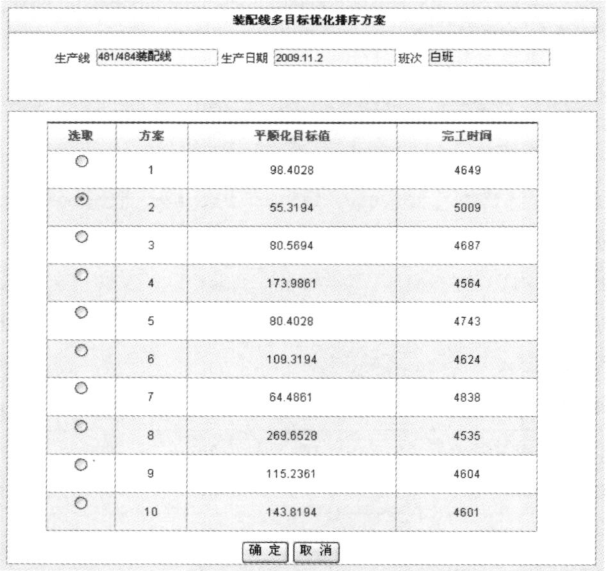

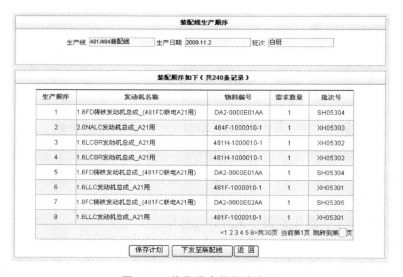

装配线多目标优化排序方案

生产线 481/484装配线　生产日期 2009.11.2　班次 白班

选取	方案	平顺化目标值	完工时间
○	1	98.4028	4649
⊙	2	55.3194	5009
○	3	80.5694	4687
○	4	173.9861	4564
○	5	80.4028	4743
○	6	109.3194	4624
○	7	64.4861	4838
○	8	269.6528	4535
○	9	115.2361	4604
○	10	143.8194	4601

确 定　取 消

图 8-9　多目标优化方案

装配线生产顺序

生产线 481/484装配线　生产日期 2009.11.2　班次 白班

装配顺序如下（共240条记录）

生产顺序	发动机名称	物料编号	需求数量	批次号
1	1.6FD铸铁发动机总成_(481FD联电A21用)	DA2-0000E01AA	1	SH05304
2	2.0NALC发动机总成_A21用	484F-1000010-1	1	XH05303
3	1.6LCBR发动机总成_A21用	481H-1000010-1	1	XH05302
4	1.6LCBR发动机总成_A21用	481H-1000010-1	1	XH05302
5	1.6FD铸铁发动机总成_(481FD联电A21用)	DA2-0000E01AA	1	SH05304
6	1.6LLC发动机总成_A21用	481F-1000010-1	1	XH05301
7	1.8FC铸铁发动机总成_(481FC联电A21用)	DA2-0000E02AA	1	SH05305
8	1.6LLC发动机总成_A21用	481F-1000010-1	1	XH05301

<1 2 3 4 5 6>共30页 当前第1页 跳转到第 页

保存计划　下发至装配线　返 回

图 8-10　优化排产的投产序列

需求量、所涉及型号的成品库存、在制品库存、工艺参数、各生产线生产能力限制等数据，利用用户设置的需求类型、参数及范围，采用第 5 章所提出的混合优化算法，计算出各型号成品、零部件在计划期内每天的批量，成品库存费用的临界值以及零部件库存费用，如图 8-14 所示；用户点击“保存方案”按钮，相应批量数据即填充到图 8-7 所示批量计划中，用户还可根据具体情况进行手动调整。

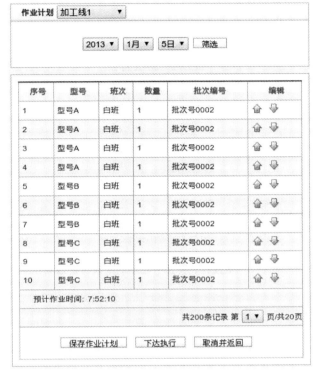

作业计划 加工线1

2013 1月 5日 筛选

序号	型号	班次	数量	批次编号	编辑
1	型号A	白班	1	批次号0002	
2	型号A	白班	1	批次号0002	
3	型号A	白班	1	批次号0002	
4	型号A	白班	1	批次号0002	
5	型号B	白班	1	批次号0002	
6	型号B	白班	1	批次号0002	
7	型号B	白班	1	批次号0002	
8	型号C	白班	1	批次号0002	
9	型号C	白班	1	批次号0002	
10	型号C	白班	1	批次号0002	

预计作业时间：7:52:10

共200条记录 第 1 页/共20页

保存作业计划　下达执行　取消并返回

图 8-11　加工线作业排序

加工-装配系统集成优化排序方案

生产日期 2009.11.9 班次 白班

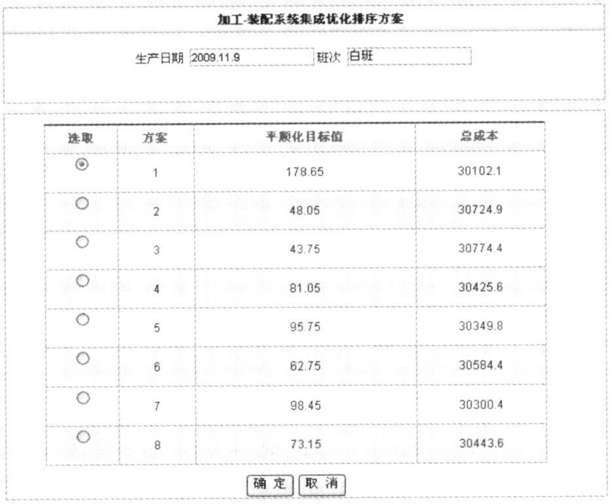

选取	方案	平顺化目标值	总成本
⊙	1	178.65	30102.1
○	2	48.05	30724.9
○	3	43.75	30774.4
○	4	81.05	30425.6
○	5	95.75	30349.8
○	6	62.75	30584.4
○	7	98.45	30300.4
○	8	73.15	30443.6

确定　取消

图 8-12　加工-装配系统集成优化排序方案

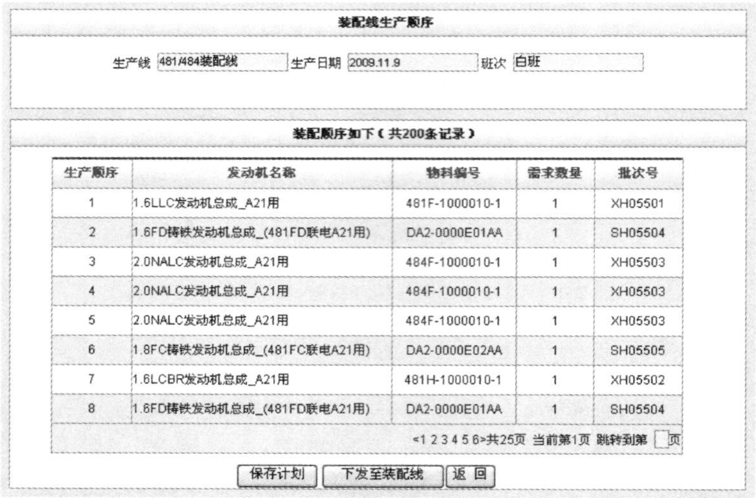

装配线生产顺序

生产线 481/484装配线　生产日期 2009.11.9　班次 白班

装配顺序如下（共200条记录）

生产顺序	发动机名称	物料编号	需求数量	批次号
1	1.6LLC发动机总成_A21用	481F-1000010-1	1	XH05501
2	1.6FD铸铁发动机总成_(481FD联电A21用)	DA2-0000E01AA	1	SH05504
3	2.0NALC发动机总成_A21用	484F-1000010-1	1	XH05503
4	2.0NALC发动机总成_A21用	484F-1000010-1	1	XH05503
5	2.0NALC发动机总成_A21用	484F-1000010-1	1	XH05503
6	1.8FC铸铁发动机总成_(481FC联电A21用)	DA2-0000E02AA	1	SH05505
7	1.6LCBR发动机总成_A21用	481H-1000010-1	1	XH05502
8	1.6FD铸铁发动机总成_(481FD联电A21用)	DA2-0000E01AA	1	SH05504

<1 2 3 4 5 6>共25页 当前第1页 跳转到第 页

保存计划　下发至装配线　返 回

图 8-13　集成优化排序方案中装配线排产结果

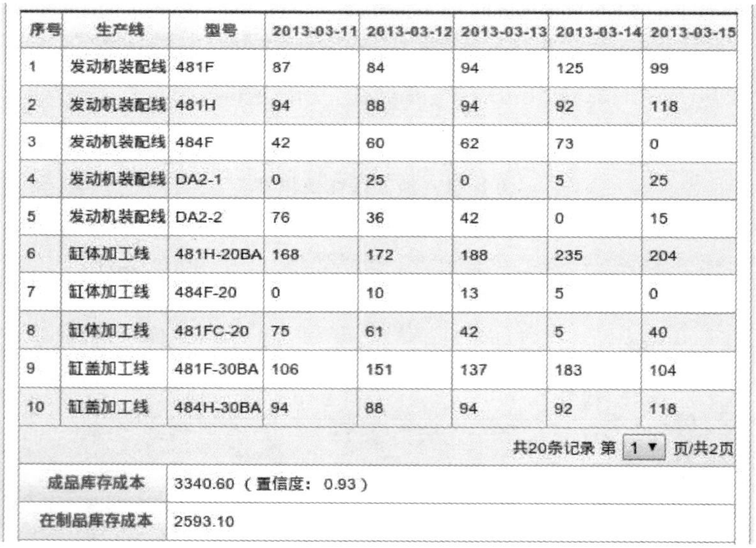

序号	生产线	型号	2013-03-11	2013-03-12	2013-03-13	2013-03-14	2013-03-15
1	发动机装配线	481F	87	84	94	125	99
2	发动机装配线	481H	94	88	94	92	118
3	发动机装配线	484F	42	60	62	73	0
4	发动机装配线	DA2-1	0	25	0	5	25
5	发动机装配线	DA2-2	76	36	42	0	15
6	缸体加工线	481H-20BA	168	172	188	235	204
7	缸体加工线	484F-20	0	10	13	5	0
8	缸体加工线	481FC-20	75	61	42	5	40
9	缸盖加工线	481F-30BA	106	151	137	183	104
10	缸盖加工线	484H-30BA	94	88	94	92	118

共20条记录 第 1 页/共2页

成品库存成本	3340.60（置信度：0.93）
在制品库存成本	2593.10

图 8-14　混流装配-加工系统集成优化求得的投产批量

（6）混流装配线物料配送调度优化功能

在生产调度人员编制并下达装配线的作业计划后，物料管理人员也有权限查询和获取装配线作业计划，并使用第 6 章所提出的优化方法，生成小车的配送作业计划（见图 8-15），然后通过显示设备等下达给拣料人员和小车司机。

（7）计划时效性分析功能

计划时效性主要服务于生产计划管理，通过采集周期计划完成情况的数据，计算

图 8-15　针对物料小车生成下一班次的配送作业计划

当前计划完成的有效情况,判断是否需要停止当前计划,并为后期的计划周期制订提供必要的参数。其主要功能包括:①导入初始计划;②设定计划时效性计算周期;③当初始计划时效性变差时发出警报,由人工判断是否继续执行初始计划;④记录历史计划时效性信息,并统计相关数据为后期计划的制订提供参考。

图 8-16 展示了计划时效性决策界面,通过选择相关生产线的当前计划执行情况,可实时计算当前计划执行的时效性,并及时判定是否需要停止当前任务。

(8) 调度有效性分析功能

调度有效性分析模块实时判断当前日计划的执行情况,如果当前计划已经无法满足其有效性的参数设定值,则向调度员发出警告,调度员根据当前计划执行情况重新制订新的计划。其主要功能包括:①导入初始日排产计划;②实时获取当前计划完成情况;③根据当前计划执行情况进行重调度决策判定;④若重调度决策判断当前计划执行情况无法满足需求,则发出警报。

图 8-17 展示了排序重调度界面,通过设定相应的调度偏离度、流程偏离度及最大执行区间,可对当前的调度有效性进行分析,当条件无法满足时,发出报警信号,以重新生成新的调度计划。

(9) 数据终端功能

在混流装配-加工系统运行优化平台中,数据终端起着连接计划与执行的作用,它接收作业计划数据、指导现场操作工人作业以及采集和反馈车间中的动态数据。

图 8-16　计划时效性决策界面

图 8-17　排序重调度界面

在零部件加工线上,应该部署终端的工位包括上线工位、下线工位以及需要切换加工程序的工位;在装配线上,应部署终端的工位包括上线工位、下线工位、涉及外形相近易被装错的零件(常称为"差异件")的工位;在外购件仓库,应在拣货理货处部署终端。

部署在加工线的终端界面如图 8-18～图 8-20 所示,当上线、下线或加工工序完成时,操作工人点击相应确认按钮,数据通过现场的无线网络传回协同制造管理平台系统,系统更新每个工件对应的工作流实例的状态;当发现工件有砂眼、变形等缺陷时,操作工人点击"报告缺陷"按钮,物料管理人员则可以即时补充配送新的毛坯件,系统中相应的工作流实例被删除。

图 8-18　加工线上线工位终端界面　　　　　　图 8-19　加工线切换工位终端界面

部署在装配线上线工位和下线工位的终端界面与图 8-18 及图 8-20 类似,安装在差异件工位的终端界面如图 8-21 所示,终端上提示当前装配的产品型号,并列出相应的零件型号和数量,装配工人在装配完毕后点击"放行"按钮,系统更新相应的工作流实例的状态。

图 8-20　加工线下线工位终端界面　　　　　　图 8-21　装配线差异件工位终端界面

8.2　运行优化平台在发动机制造中的应用

混流装配系统批量问题与生产排序问题、面向装配作业的生产加工排序问题、混流装配-加工系统集成运行优化问题以及混流装配系统物料配送调度问题,是混流装配系统面临的共性问题。8.1 节所提出的运行优化平台应用通用的系统技术和针对这些共性问题的优化算法,可应用于汽车、发动机、家具等行业中采用混流装配制造系统的企业。该运行优化平台可帮助这类企业降低生产成本、提高生产效率,下面从典型的混流装配线生产排序、面向混流装配的加工排序、计划时效性与调度有效性分析方面介绍该运行优化平台在某发动机公司的应用。

8.2.1　某发动机公司生产系统简介

某发动机公司包括一条混流发动机装配线和五条 5C 件加工线(缸体加工线、缸盖加工线、曲轴加工线、凸轮轴加工线及连杆加工线),如图 8-22、图 8-23 所示,各条生产线上均大量采用高性能的自动化设备,如工业机器人、加工中心、自动检测设备等。当前该生产系统共生产 481、484、473(DS)、DT、DA、DB 等六大系列共 20 余种型号的发动机,年产量达 20 万台。

图 8-22　某发动机公司装配线

某发动机公司涉及的生产计划包括如下四个层次。

①年度计划:该计划由总公司生产部于每年 11 月依据销售部门对下一年度整车需求的预测来制订,初步确定下一年度各个月份的各型号整车的需求量及相应的发动机型号的需求量。该计划用于指导较长时间跨度内的生产能力安排、提前期较长的零部件(海外大批量)采购等业务。

②月计划:该计划于每月 15 日前依据较短时期内的市场预测、参照年度计划制订,大致确定下一月每天各条生产线的产量。该计划同时提供给零部件供应商,以便其安排备货。

③周计划:总公司于每周最后一个工作日召开生产平衡会,通过评审销售公司、

图 8-23　某发动机公司缸盖加工线

国际公司需求量,确定下一周的整车总装生产计划,并据此确定下一周各条生产线每天各型号产品的需求量。5C 件加工线每天各型号的产量主要依据该周计划来安排。此外,该计划同时被送至零部件仓库及供应商,以便安排零部件订货及配送。

④日计划:除周计划外,为充分考虑需求变动和生产过程中的不确定性,整车总装厂还会在周计划基础上制订三日滚动计划,其中第一天的计划为整车总装厂实际执行的计划,其后两天的计划为参考计划。该计划每天下午临近下班前送至某发动机公司,该公司依据该滚动计划及发动机成品库存排定第二天发动机装配日计划。

由于周计划确定的需求量仍可能发生变动,因此该发动机公司装配线的生产主要依据整车总装厂的三日滚动计划,并没有利用周计划中的数据进行统筹优化,当某天需求量较大时,则部分发动机需要推迟交货,而当需求量较小时,则将发生生产能力闲置,造成人力和设备资源浪费,同时造成供应商紧急配送零部件而增加供应链成本。

5C 件加工线班组长在每天的晨会上向工作人员传达具体的作业计划,而进度的跟踪和统计则通过下班前的统计报表来反映。由于不同型号 5C 件的外形相似、难以辨认,并且存在同一型号毛坯件可加工成不同型号 5C 件的分支工艺等情况,为确保作业计划被准确理解和顺利执行,每条 5C 件加工线原则上每个班次仅生产一到两种型号;而为了应对多样化的需求,在 5C 件加工线末端为各种型号维护大约一个班次装配用量的在制品库存量,设备的柔性没有得到充分发挥,在制品库存占用资金严重。

某发动机公司物流科负责装配线所需的零部件配送,主要采用看板模式进行管理,由专人巡线收集看板或空容器送到仓库,再由车辆将零部件配送至指定工位,并没有正式的书面配送计划或明确的配送指令,随意性较大。装配线需要配送零部件的工位很多,零部件的种类也很多,由于装配线采用混流装配,一个工位需要准备多种不同型号发动机的零部件,加之存储空间小、配送周期短,因此配送人员必须熟悉每个工位对应的零部件种类和数量、产品的型号结构以及该工位的装配能力,以保证零部件配送与装配的同步,零部件的配送严重依赖配送人员的经验,新聘用的员工需要较长的时间来熟悉。此外,零部件的出入库由仓库单独管理,其使用的信息系统主要面向财务结算,零部件库存信息并不向生产部门实时反馈,因而,对于生产计划或调度是否会面临零部件缺货的情况,相关人员无法及时知悉。

　　基于现实需求,某发动机公司部署安装了基于混流装配制造系统运行优化平台的发动机协同制造系统,如图 8-24 所示,在装配线批量计划、加工生产计划及作业排序、装配线排序、装配-加工线集成优化、物料配送方面均获得了良好的应用效果。下面对该平台的典型应用展开介绍。

图 8-24　某发动机公司采用的发动机协同制造系统界面

8.2.2　装配线生产排序优化功能应用实例

　　首先,需要确认当前班次实际生产量,打开需要确认的班次装配计划,进入计划显示界面,如图 8-25 所示,可以看到已经对应生成的发动机班次装配计划的详细信息,包括发动机型号、该型号发动机的现有库存量(将鼠标放在某一种产品的显示行上,即可显示该产品的库存量)等,调度员根据实际情况,按照"既满足总装需求,又不继续产生库存"的原则确认班次实际生产量。

　　其次,对装配线进行优化排产。优化排产是根据生产线的要求,对生产序列进行优化,对于装配线,选择的优化目标为平顺化部件消耗和最小化最大装配完工时间。确定了装配线班次装配的产品类型和各种产品的装配数量后,在平台界面中点击"装

图 8-25　装配线班次计划确认界面

配线多目标优化排序"按钮,系统经过计算后可显示若干可行的优化投产方案,供决策者选择,这里可以充分融入调度员的经验,优化结果显示如图 8-9 所示。调度员根据每个投产方案对应的目标函数值,选择其中一个投产方案,点击"确定"按钮,即可显示该方案对应的详细的投产序列,如图 8-10 所示。某些情况下,系统优化排产的结果并不能完全符合生产的实际要求,此时调度员可以对结果进行人工调整。下面介绍多目标优化排序方案详细计算过程。

　　以该公司某一个班次的装配计划为例,需要装配的产品型号共有 5 种,分别为511E-1000010-1、511H-1000010-1、514F-1000010-1、DA2-0000E01AA 和 DA2-0000E02AA。班次生产能力为 240 件。该条装配线共有 70 个工位,每个工位上只有一台机器,相邻两工位间存在不同数量的有限中间缓存区,缓存区的容量分别为1,2,1,2,1,1,3,1,2,1,1,1,2,1,2,1,1,3,1,2,1,1,1,2,1,2,1,1,3,1,2,1,1,1,2,1,2,1,1,3,1,2,1,1,1,2,1,2,1,1,1,1,2,1,2,1,1,3,1,2,1,1,2,1,2。该装配线班次生产计划见表 8-1,产品和 5C 件的消耗对应关系见表 8-2,各工位对于不同型号产品的装配时间见表 8-3 和表 8-4。发动机超过安全库存的多余库存量分别为10,10,10,10,10。

表 8-1　发动机订单需求量

发动机型号	511E-1000010-1	511H-1000010-1	514F-1000010-1	DA2-0000E01AA	DA2-0000E02AA
需求量	60	70	40	80	40

表 8-2　相关发动机与部分 5C 件消耗对应表

部件	部件型号	发动机型号				
		511E-1000010-1	511H-1000010-1	514F-1000010-1	DA2-0000E01AA	DA2-0000E02AA
缸体	511H-1002010BA	1	1	0	0	0
	514F-1002010	0	0	1	0	0
	511EC-1002010	0	0	0	1	1
缸盖	511E-1003010BA	1	0	1	0	0
	511H-1003010BA	0	1	0	0	0
	511ED-1003010	0	0	0	1	0
	511EB-1003010	0	0	0	0	1
曲轴	511H-1005011	1	1	0	1	0
	484J-1005011	0	0	1	0	1
凸轮轴	511E-1006010	1	0	1	1	0
	511EB-1006010	0	0	0	0	1
	511H-1006010	0	1	0	0	0
	511E-1006035	1	0	1	1	1
	511H-1006030	0	1	0	0	0

表 8-3　发动机短发线作业时间表　　　　　　　　（单位：s）

序号	工序内容	发动机型号				
		511E-1000010-1	511H-1000010-1	514F-1000010-1	DA2-0000E01AA	DA2-0000E02AA
1	上缸体	40	55	58	52	45
2	自动打码缸盖加油	19	25	32	29	26
3	拓号	32	47	53	39	36
4	卡环压装	27	31	34	23	19
5	拆连杆盖	79	88	107	90	84
6	装连杆瓦	28	39	43	32	23
7	装活塞连杆	13	17	35	30	21
8	翻转	15	26	29	23	19
9	自动松框架、主轴承盖螺栓	29	44	49	39	32

续表

序号	工序内容	发动机型号				
		511E-1000010-1	511H-1000010-1	514F-1000010-1	DA2-0000E01AA	DA2-0000E02AA
10	装油道丝堵	35	43	23	30	26
11	装主轴上瓦	27	35	41	32	26
12	装主轴下瓦	29	36	46	39	32
13	轴瓦加油	8	9	13	12	10
14	曲轴上料	30	35	39	32	26
15	装曲轴	27	32	42	35	29
16	自动涂胶	26	29	32	34	31
17	拧紧主轴承盖、框架螺栓	21	26	30	27	25
18	装连杆、定位销	45	48	55	52	45
19	拧紧连杆盖螺栓,测转动力矩和轴向间隙	27	31	39	35	32
20	装水泵	26	39	42	32	29
21	装机油泵	27	26	35	32	29
22	自动压装前油封	15	19	19	21	17
23	自动压装后油封	13	19	21	18	15
24	装隔板,装收集器	42	46	57	50	39
25	涂油底壳胶	19	21	23	23	15
26	装油底壳	32	39	46	43	35
27	拧紧油底壳螺栓	14	19	23	16	13
28	复紧螺栓	14	19	22	18	13
29	翻转	18	22	21	17	13
30	试漏	26	28	30	21	19
31	装气缸垫、定位销	8	9	11	10	10
32	装上缸盖	21	17	19	18	21
33	装上缸盖螺栓	8	10	10	9	8
34	拧紧缸盖螺栓	44	49	52	50	45

序号	工序内容	发动机型号				
		511E- 1000010-1	511H- 1000010-1	514F- 1000010-1	DA2- 0000E01AA	DA2- 0000E02AA
35	装摩擦片、 半圆件、后罩盖	30	39	46	40	36
36	装惰轮	19	23	29	27	26
37	装正时皮带	31	39	43	36	32
38	紧螺栓	30	34	43	39	26
39	下工装	19	23	27	26	16
40	装气门室罩盖	39	43	48	45	35
41	拧紧气门室罩盖螺栓	16	19	23	13	10
42	下线检查	37	46	49	44	40

表 8-4　发动机长发线作业时间表　　　　（单位：s）

序号	工序内容	发动机型号				
		511E- 1000010-1	511H- 1000010-1	514F- 1000010-1	DA2- 0000E01AA	DA2- 0000E02AA
1	门架机械手上料	16	28	36	26	21
2	装堵头,装爆震, 装丝堵	45	57	66	61	50
3	分装调温器总成, 装金属通风管	55	63	72	67	58
4	装点火线圈, 装飞轮	44	49	68	61	52
5	拧紧飞轮	39	41	52	48	45
6	飞轮拧紧机操作	34	43	45	39	31
7	装信号轮,装高压 导线,装适配器	31	34	49	44	39
8	装机滤总成	55	66	71	59	51
9	发动机冷试	37	44	55	52	46
10	冷试抽油机	44	45	49	46	40
11	装发电机	37	53	55	48	44

序号	工序内容	发动机型号				
		511E-1000010-1	511H-1000010-1	514F-1000010-1	DA2-0000E01AA	DA2-0000E02AA
12	装空压机	44	49	59	55	52
13	装动力泵	48	53	55	45	44
14	装正时前罩盖上下体	53	58	59	57	52
15	装皮带盘	40	43	53	48	36
16	装惰轮,装张紧器,拧紧螺栓	32	35	48	46	43
17	上进气管	10	13	17	16	12
18	分装进气管	48	52	55	53	48
19	进气管试漏	43	45	55	52	50
20	装进气管垫片	14	21	25	16	13
21	装进气管	48	56	64	52	45
22	装排气管	49	57	71	52	45
23	装通风系统	43	48	55	52	39
24	装机油口盖,贴条形码	51	57	71	53	45
25	装油压开关,拆适配器	50	56	62	52	45
26	装从动盘	42	54	59	52	50
27	装皮带,装机油标尺管	53	55	58	52	50
28	发动机下线	52	57	64	58	55

　　从表 8-1 可以看出,最小生产集合(MPS)是(5,6,3,7,3),10 次循环生产 MPS 中的产品就可以满足整个生产计划的需求。运用多目标遗传算法(MOGA)进行多目标优化,经过算法参数敏感性计算试验,选择的 MOGA 参数如下:Popsize=50, $G=50$, $P_c=0.95$, $P_m=0.08$, $N=10$, $O_s=20$, $P_s=0.8$。表 8-5 和表 8-6 列出了在完全混流生产方式下采用 MOGA 的优化结果。其中,表 8-5 是包含最优第一目标函数值(平顺化部件消耗)的非支配解集;表 8-6 是包含最优第二目标函数值(最小化最大完工时间)的非支配解集。调度人员根据车间实际生产更关注的目标情况,选择合适

的解作为优化排序结果并下发至车间。

表 8-5　多目标优化结果(包含平顺化部件消耗)

序号	生产序列	第一目标值	第二目标值/min
1	D→B→C→A→D→B→E→A→C→C→D→B→D→ B→E→D→A→B→D→D→B→A→E→A	98.4028	4649
2	D→C→B→B→D→A→E→A→D→A→E→B→D→ A→C→B→D→D→B→A→E→C→B→D	55.3194	5009
3	A→E→D→B→C→D→B→D→B→A→C→C→B→ D→D→B→A→E→D→A→D→B→E→A	80.5694	4687
4	A→D→C→B→D→C→C→B→D→D→B→E→B→ A→D→B→D→D→E→B→A→A→E→A	173.9861	4564
5	A→E→B→D→C→B→A→D→A→D→E→B→C→ C→B→D→D→B→D→D→B→A→E→A	80.4028	4743
6	A→D→D→B→E→B→A→A→C→C→B→D→D→ D→E→D→A→B→D→D→B→A→E→A	109.3194	4624
7	A→D→E→B→C→A→D→C→B→E→B→C→B→ A→B→D→C→B→D→D→B→A→E→A	64.4861	4838
8	D→C→D→B→C→B→D→A→C→D→B→A→D→ D→D→E→B→B→E→A→A→A→E→A	269.6528	4535
9	A→D→B→D→C→E→B→C→C→B→D→A→D→ E→A→B→D→B→D→D→B→E→A→A	115.2361	4604
10	A→B→D→D→C→C→B→D→C→B→E→A→D→ D→B→D→E→D→B→A→B→A→E→A	143.8194	4601

表 8-6　多目标优化结果(包含最小化最大完工时间)

序号	生产序列	第一目标值	第二目标值/min
1	A→D→B→C→D→C→C→B→D→B→D→E→B→ A→D→A→D→D→B→B→E→E→A→A	169.9861	4562
2	D→B→A→E→A→D→B→C→C→D→B→C→D→ B→E→D→A→D→B→D→B→A→E→A	80.1528	4712
3	A→D→E→D→B→C→B→C→C→B→D→A→B→ D→A→D→E→D→B→D→B→A→E→A	117.4861	4604
4	B→D→C→C→C→B→D→D→B→A→D→B→ B→D→D→B→A→A→E→E→A→E→A	316.6528	4532

续表

序号	生产序列	第一目标值	第二目标值/min
5	D→B→C→D→C→C→B→D→B→D→B→A→D→ A→D→D→B→B→E→E→A→A→E→A	261.4028	4535
6	A→D→E→B→A→D→B→C→C→C→B→D→D→ B→E→D→A→D→B→B→A→E→A	103.4028	4624
7	A→B→A→B→C→D→C→D→C→D→D→B→ D→D→E→A→D→D→B→A→E→A	124.7361	4597
8	A→B→A→C→B→A→B→C→D→C→D→E→B→ A→D→A→D→D→B→B→E→E→A→A	151.2361	4568
9	A→B→E→A→D→C→C→D→C→D→ B→E→D→D→A→D→B→B→D→E→A→A	85.6528	4688
10	E→A→B→D→C→D→C→C→B→D→A→B→ D→A→D→E→D→B→D→B→A→E→A	112.4028	4612

8.2.3　加工线作业排序优化功能应用实例

基于混流装配-加工集成优化平台生成的生产计划,系统调用第 4 章提出的并行加工排序优化算法,对五条 5C 件加工线各线的上线顺序进行优化,所得排序结果如图 8-26 所示,调度员可将此结果下发至加工车间。同时,调度员可视现场情况对排序进行人工调整。下面介绍发动机装配的加工排序方案详细计算过程。

对该公司的缸盖加工线、缸体加工线、凸轮轴加工线、曲轴加工线及连杆加工线的作业排序进行齐套性优化。算法综合考虑五条并行的零部件加工线的齐套性,与原有模式下按型号依次生产的排序方法相比,齐套性的提高改善了零部件向装配线的供应情况,相应地降低了原有粗放模式下为应付装配过程中缺件现象而额外设置的在制品库存。发动机与各零部件需求量见表 8-7~表 8-12。

①BOM 与发动机需求量。该发动机公司的装配线分为两段:第一段称为"短发线",用于将 5C 件装配成发动机基础框架;第二段称为"长发线",依需求在发动机基础框架上选配不同的外购零部件,最终形成发动机成品。短发线装配任务类型和某一班次的需求量见表 8-7,各型号产品对 5C 件的需求量见附表 1-1。

②缸体加工线。缸体加工线加工 4 种缸体(型号见附表 1-1),线上共有 15 个工位,各工位作业时长及工位间的缓存区容量见附表 1-3。根据附表 1-1 分解得到缸体加工线各型号缸体的需求量,见表 8-8。

图 8-26　加工线作业排序结果

表 8-7　发动机需求

发动机型号	481F	481H	484F	DA2	DA2-2	473A	473B
需求量	40	40	60	55	30	10	10

表 8-8　缸体需求量

型号	481H-20BA	484F-20	481FC-20	473B-20
需求量	80	60	95	10

③缸盖加工线。缸盖加工线加工 5 种缸盖（型号见附表 1-1），线上共有 13 个工位，作业时长及工位间缓存区容量见附表 1-4。根据附表 1-1 分解得到缸盖加工线各型号缸盖的需求量，见表 8-9。

表 8-9　缸盖需求量

型号	481F-30BA	484H-30BA	481FD-30	481FB-30	473B-30
需求量	100	40	55	40	10

④曲轴加工线。曲轴加工线加工 3 种曲轴（型号见附表 1-1），线上共有 16 个工位，各工位作业时长及工位间缓存区容量见附表 1-5。根据附表 1-1 分解得到曲轴加

工线各型号曲轴的需求量,见表 8-10。

表 8-10　曲轴需求量

型号	481H-50	484J-50	473B-50
需求量	135	100	10

⑤凸轮轴加工线。凸轮轴加工线加工 6 种凸轮轴(型号见附表 1-1),线上共有 13 个工位,各工位作业时长及工位间缓存区容量见附表 1-6。根据附表 1-1 分解得到凸轮轴加工线各型号凸轮轴的需求量,见表 8-11。

表 8-11　凸轮轴需求量

型号	481F-60	484FB-60	481H-60	481F-6035	481H-6030	473B-60
需求量	165	40	40	195	40	10

⑥连杆加工线。连杆加工线加工 2 种连杆(型号见附表 1-1),线上共有 9 个工位,各工位作业时长及工位间缓存区容量见附表 1-7。根据附表 1-1 分解得到连杆加工线各种型号连杆的需求量,见表 8-12。

表 8-12　连杆需求量

型号	481F/H	473
需求量	900	100

采用完全混排方式对加工线的排序进行优化求解。种群规模取 500,精英列表长度取 80,终止代数为 400 代,最大允许相似度取 10,交叉概率取 0.85,变异概率取 0.20,按照第 4 章所提优化方法进行加工线排序优化,得出优化后的批量排序方案,见附录 2。该排序方案的齐套性指标 $\eta=0.016$,最小装配等待时间为 0.47 h,最迟完工时间为 14.27 h。

8.2.4　计划时效性与调度有效性分析实例

1. 计划时效性分析实例

图 8-16 展示了计划时效性决策界面,该界面显示相关生产线的当前计划执行情况,计算当前计划的有效完成度,判断是否需要停止当前计划,并为后续的计划周期制订提供必要的参数。其中,计划时效性的详细分析过程如下。

某发动机公司的计划制订方式为装配线根据总装需求量制订日生产计划,而 5C 件加工线则根据整车的月计划制订周生产计划,并不再制订详细的日计划。考虑到日装配计划的产品分割量较小,且装配线的切换时间较短,设备故障率较低,而 5C 件加工线由于采用的是周计划,批次量较大,产品切换时间长,且加工设备的故障发生率较高,因此这里以缸盖加工线的加工情况为例进行研究。目前缸盖加工线能够生产两种材料(铝、铁)共四个型号的缸盖产品,额定最大生产能力为 700 件/天,其产品切换时间如表 8-13 所示。

表 8-13　缸盖加工线生产的产品型号及产品切换时间

产品型号	481H	481FD	481FC	484F
481H	0	2.5 h	2.5 h	0
481FD	2.5 h	0	0	3 h
481FC	2.5 h	0	0	3 h
484F	0	3 h	3 h	0

表 8-14 为某周缸盖需求量,其相应的生产计划如表 8-15 所示。

表 8-14　某周缸盖需求量

产品型号	481H	484F	481FD	481FC	481H	484F	481FD
需求量	600	400	350	400	750	300	700
额定生产时间/h	20.5	13.7	12	13.7	25.7	10.3	24

表 8-15　原始生产计划

编号	任务	持续时间
1	设备维护	2 h
2	481H	20.5 h
3	484F	13.5 h
4	切换(484F/481FD)	3 h
5	481FD	12 h
6	481FC	13.5 h
7	切换(481FC/481H)	2.5 h
8	481H	26 h
9	484F	10.5 h
10	切换(484F/481FD)	3 h
11	481FD	24 h

表 8-16 为计划在执行过程中的停线原因及停线时间。另外,由于某发动机公司还没有实现全面信息化管理,因此其对计划任务的具体完成时间没有详细记录。图 8-27 为根据表 8-15 及表 8-16 所绘的原始计划及具体执行情况。

表 8-16　停线原因及停线时间

生产线	日期	故障原因	停线时间段	持续时间/h
481/484 缸盖线	周一	OP160 压装机故障	06:00—08:00	2

续表

生产线	日期	故障原因	停线时间段	持续时间/h
481/484 缸盖线	周一	OP30 水管破裂	16:30—17:30	1
481/484 缸盖线	周二	OP30 水管破裂	12:30—14:30	2
481/484 缸盖线	周二	OP80 压装报警	17:00—19:00	2
481/484 缸盖线	周三	OP80 主机急停电路故障	00:30—01:30	1
481/484 缸盖线	周四	OP40 轴故障	08:00—16:30	8.5
481/484 缸盖线	周五	OP130 夹具夹不紧	09:00—12:00	3
481/484 缸盖线	周六	OP40 冷却液报警	02:00—05:00	3
481/484 缸盖线	周六	OP150 清洗机器人故障	11:00—15:30	4.5
481/484 缸盖线	周日	OP130 抓刀手断裂	04:30—08:00	3.5

N\M	J_1	J_2	Q_1	J_3	J_4	Q_2	J_5	J_6	Q_3	J_7
2	20.5	13.5	3	12	13.5	2.5	26	10.5	3	24

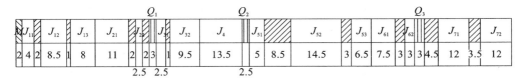

■设备维护　|||产品切换　▨设备故障

图 8-27　原始计划及计划具体执行情况

可求得静态计划复杂性为 3.0707 bit，动态过程复杂性为 3.7641 bit，其中计划状态构成的过程复杂性衰减为 2.7346 bit，非受控状态构成的过程复杂性增加为 1.0295 bit。

动态过程复杂性的平均增加量为

$$h(\Delta D) = \frac{H(\Delta D)_{\max}}{\Delta T} = \frac{H(\Delta D)_{\max}}{T' - T} = \frac{1.0295}{30.5} \text{bit} = 0.03375 \text{ bit}$$

静态计划复杂性的平均减少量为

$$h(\Delta S) = \frac{H(\Delta S)_{\max}}{T} = \frac{3.0707 - 2.7346}{130.5} \text{bit} = 0.002575 \text{ bit}$$

本实例的最大可行计划时限为

$$T_{\max} = \frac{H(S)}{h(\Delta D) - h(\Delta S)} = \frac{3.0707}{0.03375 - 0.002575} \text{h} = 98.5 \text{ h}$$

可见，最多可以一次编制连续 98.5 h 的生产计划。

图 8-28 为半年内的计算数据，假设其服从均匀分布，可求得其期望值为 93.9，方

差为 14.98。根据这一数据,在后期的生产线计划编制过程中,可采用 4 天一次的计划编制方法,以适应缸盖线受到的扰动。另外,也可以采用两次三天半的周计划编制方法,以避免变动企业管理方式,提高生产线的快速响应能力。

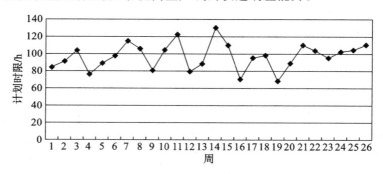

图 8-28　半年内的计算数据

2. 调度有效性分析实例

图 8-17 展示了排序重调度界面。该模块实时评估当前的日计划执行状况,当发现当前计划不能满足其有效性标准时,会向调度员发出警报。通过设定调度偏离度、流程偏离度和最大执行范围等参数,系统能够分析当前调度的有效性并在必要时触发警报,以便生成新的调度计划。其中,调度有效性的详细分析过程如下。

对某发动机公司的调度有效性进行分析,为保证研究的合理性,采用了"批次过程层"和"生产周期层"的偏离度。另外,由于经过重调度后的排序方案还不能直接下达到具体的工位中,因此这里只能对经过重调度决策分析后的第一次重调度时间进行计算。表 8-17 所示为一周的日生产计划。

表 8-17　一周装配计划

型号	周一	周二	周三	周四	周五	周六	周日
511E	60	77	0	150	102	36	84
511ED	320	271	288	306	338	166	343
511EC	116	96	88	0	6	24	60
484	29	89	186	110	71	91	45
总计	525	533	562	566	517	317	532
完成时间	每天 08:00—18:00						

下面以周一的生产完成情况为例,展开调度有效性分析。如表 8-17 所示,每日生产时间为 08:00—18:00,其中中午休息半个小时,完成第一件完整的产品的时间估算为 0.5 h,这样每日的实际计划时间为 9 h。下面按照生产节拍(即 58 s 为标准作业时间),计算系统可适应的周期偏离度和调度偏离度。

首先计算全体计划的周期偏离度。

①在只考虑生产任务的条件下，静态生产周期复杂性为

$$H(C\_S) = -\sum_c^n p_{C\_S} \log_2 p_{C\_S}$$

$$= \left(-\frac{60}{525} \times \log_2 \frac{60}{525} - \frac{320}{525} \times \log_2 \frac{320}{525} - \frac{116}{525} \times \log_2 \frac{116}{525} - \frac{29}{525} \times \log_2 \frac{29}{525}\right) \text{bit}$$

$$= 1.5051 \text{ bit}$$

②在 9 h 的计划时间下，其最大控制复杂性为

$$H(C_{\max}\_S) = -\sum_a^{N_P} p_a \log_2 p_a - (N_P + N_U) \cdot p_b \log_2 p_b$$

$$= \left(-\frac{60 \times 58}{32400} \times \log_2 \frac{60 \times 58}{32400} - \frac{320 \times 58}{32400} \times \log_2 \frac{320 \times 58}{32400}\right.$$

$$- \frac{116 \times 58}{32400} \times \log_2 \frac{116 \times 58}{32400} - \frac{29 \times 58}{32400} \times \log_2 \frac{29 \times 58}{32400}$$

$$\left.- \frac{4 \times 487.5}{32400} \times \log_2 \frac{60 \times 58}{32400}\right) \text{bit}$$

$$= 1.863 \text{ bit}$$

③生产周期层的偏离度为

$$A_C = \frac{H(C\_D) - H(C\_S)}{H(C\_S)} \times 100\%$$

$$= \frac{1.863 - 1.5051}{1.5051} \times 100\% = 23.8\%$$

其次，分别计算各批次计划内的调度偏离度，以第一批 60 个产品为例。

①静态生产过程复杂性：

$$H(B\_S) = -\sum_b^n p_{b\_S} \log_2 p_{b\_S} = (\log_2 60) \text{bit} = 5.9069 \text{ bit}$$

②在计划时间内的最大控制复杂性：

$$H(C_{\max}\_B) = 60 \times \left(-\frac{58}{3702} \times \log_2 \frac{58}{3702} - \frac{3.71}{3702} \times \log_2 \frac{3.71}{3702}\right) \text{bit}$$

$$= 6.2351 \text{ bit}$$

③调度偏离度为

$$A_B = \frac{H(B\_D) - H(B\_S)}{H(B\_S)} \times 100\%$$

$$= \frac{6.2351 - 5.9069}{5.9069} \times 100\% = 5.6\%$$

表 8-18 所示为当日计划的完成情况及各产品的具体完工时间。

表 8-18　各产品实际完成时间

序号	额定时间/h	实际时间/h
1	58	58
2	58	56
3	58	63
4	58	59
5	58	64
…	…	…
51	58	65
52	58	62
53	58	58
54	58	56
55	58	64
…	…	…
101	58	67
102	58	63
103	58	68
104	58	65
105	58	59
…	…	…

经过计算,当日的第一次重调度时间为 4.3 h,主要原因是第二批次的产品的装配过程中延迟现象较为严重,调度偏离度较大,无法满足既定的目标,因此必须重新生成新的生产计划,以保证任务的顺利完成。

图 8-29 所示为一周计划的初次重调度时间,由图可见,重调度有可能由不同的原因造成。

运行优化平台在某发动机公司应用以后,取得了良好的效果,突出体现在交货速度的加快、物料配送滞后的减少、装配质量的提高以及在制品库存水平的降低;单台发动机加工/装配时间由应用前的平均 5.8 人·时/台缩短为 4.2 人·时/台,平均每月在制品库存从 4000 万元降低到 2800 万元以内,装配出错率从 0.05% 降低到 0.003%。

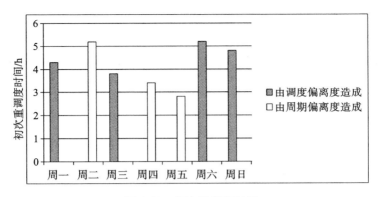

图 8-29　初次重调度时间

8.3　本章小结

　　本章以前文提出的模型和方法为基础,针对混流装配-加工系统,基于 J2EE 及工作流管理技术设计开发了生产运行优化平台,实现了装配线生产计划优化、装配线与加工线生产计划集成优化、并行加工线作业排序优化、装配线物料配送调度优化、系统运行决策及相应的管理功能。某发动机公司部署和应用了该平台,取得了良好的应用效果。

本章参考文献

[1]　王海涛,贾宗璞.基于 Struts 和 Hibernate 的 Web 应用开发[J].计算机工程,2011,37(9):112-114.

[2]　孟小华,安现波,李展.Struts 和 Hibernate 在移动卡类业务系统中的应用[J].计算机工程与设计,2010,31(2):406-409.

[3]　范玉顺.工作流管理技术基础:实现企业业务过程重组、过程管理与过程自动化的核心技术[M].北京:清华大学出版社,2001.

[4]　周伟.舱体类产品分批调度方法及应用研究[D].武汉:华中科技大学,2010.

[5]　高杰.深入浅出 jBPM[M].北京:人民邮电出版社,2009.

附录 1　某发动机公司车间数据

附表 1-1　发动机型号物料需求清单(部分)

| 部件 | 部件型号 | 发动机型号 | | | | | | | 单位库存持有成本/(元/天) |
		481F	481H	484F	DA2	DA2-2	473A	473B	
缸体	481H-20BA	1	1	0	0	0	0	0	3.00
	484F-20	0	0	1	0	0	0	0	3.00
	481FC-20	0	0	0	1	1	1	0	3.10
	473B-20	0	0	0	0	0	0	1	3.20
缸盖	481F-30BA	1	0	1	0	0	0	0	2.70
	484H-30BA	0	1	0	0	0	0	0	2.75
	481FD-30	0	0	0	1	0	0	0	2.70
	481FB-30	0	0	0	0	1	1	0	2.90
	473B-30	0	0	0	0	0	0	1	2.92
曲轴	481H-50	1	1	0	1	0	0	0	2.00
	484J-50	0	0	1	0	1	1	0	1.95
	473B-50	0	0	0	0	0	0	1	2.10
凸轮轴	481F-60	1	0	1	1	0	1	0	1.80
	484FB-60	0	0	0	0	1	0	1	1.80
	481H-60	0	1	0	0	0	0	0	1.80
	481F-6035	1	0	1	1	1	1	0	1.80
	481H-6030	0	1	0	0	0	0	0	1.80
	473B-60	0	0	0	0	0	0	1	1.80
连杆	481F/H	4	4	4	4	4	0	0	1.40
	473	0	0	0	0	0	4	6	1.40

附表 1-2　装配线作业时间及工位间缓存区容量

| 工位 | 作业时间/s | | | | | | | 工位间缓存区容量 |
	481F	481H	484F	DA2	DA2-2	473A	473B	
SB010	40	55	58	52	45	41	62	—

续表

工位	作业时间/s							工位间缓存区容量
	481F	481H	484F	DA2	DA2-2	473A	473B	
SB10.2	19	25	32	29	26	14	20	1
SB20	32	47	53	39	36	44	41	2
PCR015	27	31	34	23	19	25	24	1
PCR025	79	88	107	90	84	77	81	2
PCR30	28	39	43	32	23	32	34	1
PCR30.1	13	17	35	30	21	17	15	1
SB030	15	26	29	23	19	18	19	3
SB040	29	44	49	39	32	34	33	1
SB060	35	43	23	30	26	44	38	1
SB070	27	35	41	32	26	40	36	2
SB070.2	29	36	46	39	32	42	37	1
SB080	8	9	13	12	10	9	11	1
SB085	30	35	39	32	26	27	32	1
SB90	27	32	42	35	29	35	34	2
SB100	26	29	32	34	31	30	28	1
SB120	21	26	30	27	25	29	30	2
SB130	45	48	55	52	45	52	53	1
SB140	27	31	39	35	32	32	30	1
SB160	26	39	42	32	29	33	27	3
SB150	27	26	35	32	29	30	31	1
SB150.2	15	19	19	21	17	19	22	2
SB170	13	19	21	18	15	20	17	1
SB180	42	46	57	50	39	44	38	1
SB190	19	21	23	23	15	21	25	1
SB200	32	39	46	43	35	38	33	2
SB210	14	19	23	16	13	15	16	1
SB220	14	19	22	18	13	20	20	2
SB225	18	22	21	17	13	19	20	1
SB240	26	28	30	21	19	21	27	1
SB230	8	9	11	10	10	9	10	3

工位	作业时间/s							工位间缓存区容量
	481F	481H	484F	DA2	DA2-2	473A	473B	
SB248	21	17	19	18	21	20	21	1
SB250	8	10	10	9	8	9	10	2
SB250.2	44	49	52	50	45	48	50	1
SB260	30	39	46	40	36	37	36	1
SB270	19	23	29	27	26	25	23	1
SB272	31	39	43	36	32	41	35	2
SB280	30	34	43	39	26	28	30	1
SB290	19	23	27	26	16	20	16	2
SB300	39	43	48	45	35	36	43	1
SB310	16	19	23	13	10	12	17	1
SB330	37	46	49	44	40	49	40	3
LB010	16	28	36	26	21	34	23	1
LB020	45	57	66	61	50	43	47	2
LB030	55	63	72	67	58	60	65	1
LB040	44	49	68	61	52	71	69	1
LB050	39	41	52	48	45	47	43	1
LB060	34	43	45	39	31	47	39	2
LB070	31	34	49	44	39	45	46	1
LB258	55	66	71	59	51	56	56	2
LB150	37	44	55	52	46	37	44	1
LB280	44	45	49	46	40	46	50	1
LB090	37	53	55	48	44	46	47	3
LB090.2	44	49	59	55	52	49	48	1
LB100	48	53	55	45	44	51	50	2
LB100.2	53	58	59	57	52	54	54	1
LB113	40	43	53	48	36	42	40	1
LB120	32	35	48	46	43	37	31	1
LB170	10	13	17	16	12	14	15	2
LB190	48	52	55	53	48	54	50	1
LB200	43	45	55	52	50	47	46	2

工位	作业时间/s							工位间缓存区容量
	481F	481H	484F	DA2	DA2-2	473A	473B	
LB220	14	21	25	16	13	17	14	1
LB220.2	48	56	64	52	45	61	61	1
LB225	49	57	71	52	45	63	50	3
LB230	43	48	55	52	39	45	47	1
LB300	51	57	71	53	45	61	65	2
LB305	50	56	62	52	45	48	54	1
LB310	42	54	59	52	50	45	46	1
LB340	53	55	58	52	50	51	52	2
LB320	52	57	64	58	55	54	54	1

附表 1-3　缸体加工线作业时间及工位间缓存区容量

工位	加工时间/s				工位间缓存区容量
	481H-20BA	484F-20	481FC-20	473B-20	
OP10	52	56	58	61	—
OP20	132	188	163	172	1
OP30	363	428	382	402	2
OP40	204	146	172	211	1
OP50	212	196	204	190	3
OP60	94	127	116	130	2
OP70	202	156	184	197	4
OP80	184	145	166	143	1
OP90	163	176	226	190	1
OP100	46	68	58	58	2
OP110	156	204	248	217	3
OP120	162	189	221	223	1
OP130	104	122	97	96	2
OP140	93	105	124	131	2
OP150	156	113	137	126	1

附表 1-4　缸盖加工线作业时间及工位间缓存区容量

工位	加工时间/s					工位间缓存区容量
	481F-30BA	484H-30BA	481FD-30	481FB-30	473B-30	
OP10	124	143	162	166	133	—
OP20	128	164	206	148	222	3
OP30	152	183	224	156	210	2
OP40	62	78	64	92	95	3
OP50	93	65	96	74	95	2
OP60	68	82	74	86	81	4
OP70	96	63	84	102	107	1
OP80	172	145	138	167	164	2
OP90	150	118	122	136	109	2
OP100	93	69	82	78	72	3
OP110	85	102	78	92	116	2
OP120	87	62	96	92	103	2
OP130	113	86	122	75	110	2

附表 1-5　曲轴加工线作业时间及工位间缓存区容量

工位	加工时间/s			工位间缓存区容量
	481H-50	484J-50	473B-50	
OP10	88	109	76	—
OP20	272	238	258	3
OP30	90	102	113	1
OP40	116	104	98	2
OP50	82	106	107	2
OP60	84	95	102	1
OP70	102	88	102	2
OP80	75	96	87	3
OP90	80	108	76	3
OP100	109	82	112	1
OP110	86	68	91	1
OP120	82	72	75	2
OP130	87	75	72	1

续表

工位	加工时间/s			工位间缓存区容量
	481H-50	484J-50	473B-50	
OP140	95	32	77	1
OP150	61	75	81	2
OP160	48	78	84	1

附表 1-6　凸轮轴加工线作业时间及工位间缓存区容量

工位	加工时间/s						工位间缓存区容量
	481F-60	484FB-60	481H-60	481F-6035	481H-6030	473B-60	
OP10	54	61	67	73	85	81	—
OP20	147	197	178	166	154	186	1
OP30	15	33	27	21	40	31	2
OP40	95	71	83	89	71	92	1
OP50	46	52	40	33	27	36	2
OP60	21	40	33	25	21	57	1
OP70	71	108	95	102	77	60	1
OP80	58	64	71	95	83	60	3
OP90	27	21	15	33	40	33	1
OP100	52	27	46	40	21	25	2
OP110	33	27	21	40	52	66	1
OP120	46	21	27	21	46	38	1
OP130	21	40	33	46	27	27	1

附表 1-7　连杆加工线作业时间及工位间缓存区容量

工位	加工时间/s		工位间缓存区容量
	481F/H	473	
OP10	11	12	—
OP20	32	36	20
OP30	11	9	10
OP40	10	10	10
OP50	34	37	40
OP60	24	24	30

工位	加工时间/s		工位间缓存区容量
	481F/H	473	
OP70	22	29	10
OP80	8	8	10
OP90	10	11	10

附录 2 某发动机公司加工线作业排序实例详细计算结果

（A、B、C、D、E、F 依次表示附表 1-1 中五条加工线各零部件的型号）

（1）缸体加工线

D→D→D→D→D→C→A→A→A→A→C→C→A→B→B→C→C→A→A→A
→C→C→C→B→C→C→C→B→B→B→A→A→A→C→C→C→B→C→C→B→
B→B→C→B→C→C→C→C→C→A→A→A→C→D→A→A→A→B→C→A→C
→A→D→C→C→A→B→A→D→A→A→B→C→A→B→A→A→A→C→C→B
→D→D→C→C→C→A→B→A→B→C→A→B→A→A→A→A→C→B→C
→B→C→A→B→A→A→A→A→C→B→B→B→C→C→C→C→A→C→C
→B→C→C→B

（2）缸盖加工线

E→E→E→E→E→E→E→E→B→C→D→D→A→B→A→C→C→B→A→
D→A→A→C→D→B→B→D→D→B→C→A→A→D→D→B→C→A→C→A→
A→B→C→D→A→A→B→A→C→D→D→A→D→C→A→C→D→
C→D→A→A→B→A→C→B→A→A→C→A→D→A→D→C→A→C→D→
C→D→A→A→B→A→C→B→A→A→C→A→D→A→D→C→A→C→D→
C→C→D→A→A→B→C→D→A→B→B→D→A→C→A→A→C→E→C→
B→A→C→A→A→A→A→D→C→D→D→A→B→D→A→D→C→D→A→C→A→
D→A→A→C→A

（3）曲轴加工线

C→C→C→C→C→C→C→C→C→B→B→A→A→A→B→B→A→B→B→B→
A→A→A→C→A→A→A→B→B→A→A→A→B→A→A→B→A→A→A
→B→A→B→A→A→B→A→B→A→A→B→A→A→B→A→A→A→A→B
→A→B→A→A→A→B→A→B→A→A→B→B→A→B→A→A→A→A→B
→A→A→B→B→A

（4）凸轮轴加工线

F→C→F→C→F→C→D→D→C→D→D→D→D→C→D→C→A→A→D→D→
A→D→D→D→D→D→D→A→A→A→B→F→A→D→A→D→A→C→A→D→D→

B→D→D→A→A→D→A→D→D→A→B→A→A→D→D→A→A→A→A→D→D
→E→E→B→D→D→D→D→D→D→A→E→A→E→E→A→D→D→A→A→C→D
→D→E→A→D→B→A→A→B→C→D→A→A→D→D→C→D→D→D→A→D
→D→D→A→B→A→B→D→A→A→A→C→D→D→D→D→A→C→A→D→C→E
→A→E→E→A→A→D→E→A→B→D→B→D→D→A→D→D→D→F→A→A→A
→A→B→D→D→D→D→D→A→E→E→A→C→A→D→A→D→D→D→B→A→B
→E→B→A→A→A→A→A→A→A→A→A→D→D→B→A→F→A→E→F→C→
A→B→D→F→D→D→A→E→D→C→A→B→A→A→B→A→A→B→A→D→A→
D→D→B→A→A→A→C→A→D→A→D→B→D→D→E→A→B→A→E→A→D→
D→E→D→E→F→D→A→D→D→B→D→C→B→F→A→D→E→D→A→C→D→D
→D→D→D→D→C→B→D→A→A

（5）连杆加工线

B→B→B→B→B→B→B→B→B→A→A→A→A→A→B→A→A→A→A→A→
B→A→A→A→A→A→A→A→A→A→A→A→A→A→A→A→A→A→A→A
→A→A→B→A→A→A→A→A→A→A→B→A→A→A→A→A→A→A
→A→B→A→A→B→B→A→A→A→A→A→A→A→A→A→A→A→A
A→A→A→A→B→A→A→A→A→A→A→A→A→A→A→A→B→A→A→A
→A→A→A→A→A→A→A→A→A→A→A→A→A→A→B→A→A→A→A
→A→A→A→A→A→A→A→A→A→B→A→A→A→A→A→A→A→A→A
→A→B→A→A→B→A→A→A→A→A→A→B→B→A→A→A→A→A→A→
A→A→A→A→A→A→B→B→A→A→A→A→A→B→A→B→A→A→A→A→A
→A→A→A→B→B→A→A→A→B→A→B→A→B→A→A→A→A→A→A→B→
B→A→A→A→B→A→A→A→A→A→A→A→A→A→A→A→A→A→A→A
→A→A→A→A→A→A→B→A→A→A→A→A→A→A→B→A→A→A→A
→A→A→A→B→A→B→A→A→A→A→A→A→A→A→A→A→B→A→A→
B→A→A→A→A→A→A→B→A→A→A→A→A→B→A→A→A→A→A→A
→A→A→A→A→A→A→A→A→A→A→A→A→A→A→A→A→A→A→A
→B→B→A→A→A→B→A→A→B→A→A→A→A→A→A→A→A→A→A→
A→A→A→A→A→A→A→A→B→A→A→A→A→A→B→A→A→A→A→A
→A→A→A→A→A→A→A→A→B→A→E→A→B→D→A→B→A→
B→A→A→A→A→A→A→A→A→A→A→A→A→A→A→B→A→A→B→A→B
→B→A→A→A→A→A→A→B→A→A→B→B→A→A→A→B→A→A→A→A
B→B→A→A→A→A→A→B→A→A→A→A→A→B→A→A→A→A→A→A→A
→A→B→A→A→A→A→A→A→A→A→A→A→A→A→A→B→A→B→
B→A→B→A→B→B→A→A→A→B→A→A→A→A→A→B→B→B→B→A→A→
A→A→B→A→A→A→B→B→B→A→A→A→A→A→A→A→B→A→A→A→A→A

→B→B→B→A→A→A→A→B→A→A→A→A→A→A→B→A→A→B→A→
A→A→B→A→A→A→A→A→A→A→B→A→A→B→B→A→A→A→B→A→B
→B→A→A→B→B→B→A→A→A

附录3 某公司混流装配车间工位坐标及物料需求数据

附表 3-1 200 个节点的坐标及物料需求

序号	x 轴	y 轴	需求量	开始时间/s	结束时间/s
0	71	74	9	8	1808
1	38	26	19	752	1003
2	57	57	21	562	1042
3	2	12	39	281	333
4	1	3	7	636	712
5	16	26	12	213	255
6	86	90	16	481	494
7	2	9	13	785	937
8	7	10	34	407	546
9	31	27	28	1019	1241
10	25	28	20	225	650
11	86	92	27	414	517
12	96	89	17	189	206
13	60	72	18	366	373
14	103	100	8	718	745
15	102	98	20	850	932
16	44	44	9	608	821
17	65	50	13	857	1406
18	5	1	15	396	579
19	82	77	11	184	262
20	100	99	38	475	535
21	110	117	27	164	311
22	43	35	15	414	720
23	120	121	36	306	344

序号	x 轴	y 轴	需求量	开始时间/s	结束时间/s
24	99	100	9	610	962
25	110	112	19	625	1114
26	100	100	28	208	517
27	97	102	21	190	211
28	89	95	12	855	1027
29	136	134	1	880	993
30	76	89	16	88	368
31	118	110	12	405	484
32	135	128	16	453	694
33	12	27	39	586	873
34	24	34	2	949	1141
35	30	21	24	386	657
36	24	9	33	490	578
37	32	25	19	864	1292
38	42	46	15	450	876
39	55	61	20	927	1051
40	105	98	15	453	652
41	114	113	22	322	755
42	129	130	30	1058	1242
43	56	54	12	599	965
44	67	79	29	179	342
45	83	88	5	29	44
46	22	22	23	547	651
47	100	108	33	416	849
48	81	86	3	50	322
49	21	13	24	428	472
50	101	96	36	389	506
51	102	100	12	99	123
52	12	0	11	947	1475
53	117	123	29	312	606
54	144	132	13	634	1033

序号	x 轴	y 轴	需求量	开始时间/s	结束时间/s
55	113	118	16	824	1006
56	31	41	4	1026	1099
57	4	5	25	415	696
58	28	20	40	230	350
59	37	30	21	1226	1346
60	21	24	11	159	524
61	26	22	19	314	676
62	100	106	29	975	1065
63	2	3	21	389	444
64	99	102	27	619	873
65	71	75	20	101	735
66	24	32	15	1079	1199
67	86	98	15	909	1037
68	126	126	25	443	879
69	100	99	27	220	687
70	59	54	28	753	1119
71	77	79	8	514	1149
72	128	125	20	516	606
73	97	95	21	585	654
74	26	38	21	567	959
75	9	2	37	729	1123
76	90	83	26	130	142
77	91	86	12	1015	1314
78	119	114	23	364	734
79	81	76	32	551	557
80	102	103	19	653	747
81	67	58	26	164	383
82	125	123	18	601	880
83	122	116	11	422	647
84	32	27	9	675	766
85	11	7	10	157	510

序号	x 轴	y 轴	需求量	开始时间/s	结束时间/s
86	17	19	8	270	315
87	6	2	19	368	524
88	118	109	19	196	249
89	135	140	9	683	858
90	119	125	11	784	1020
91	16	12	25	329	752
92	104	103	19	740	1340
93	60	58	12	693	1040
94	105	97	26	484	758
95	119	114	5	879	1064
96	19	30	5	57	99
97	143	145	14	552	800
98	22	36	12	1103	1448
99	103	86	10	790	923
100	100	84	36	888	977
101	10	17	15	887	1107
102	38	42	18	865	1270
103	86	94	24	647	872
104	112	112	20	158	242
105	107	112	25	199	310
106	102	89	23	552	628
107	97	88	19	223	240
108	89	80	16	118	510
109	18	25	31	616	847
110	22	23	16	229	674
111	81	87	19	462	522
112	30	23	18	844	1167
113	53	51	2	915	1250
114	139	133	11	824	982
115	139	131	11	650	1140
116	5	0	18	703	857

序号	x轴	y轴	需求量	开始时间/s	结束时间/s
117	79	82	3	491	727
118	7	4	41	825	1444
119	101	97	12	779	1036
120	101	104	27	150	175
121	98	90	13	478	594
122	12	18	38	601	653
123	102	103	38	151	177
124	38	38	4	410	464
125	103	108	21	619	692
126	21	23	18	375	1059
127	86	87	12	69	196
128	119	128	22	352	394
129	24	35	9	731	1149
130	48	41	19	620	764
131	3	10	38	707	1123
132	19	29	12	402	520
133	116	114	30	268	612
134	21	18	15	228	279
135	55	66	20	754	885
136	16	15	2	72	315
137	122	133	11	742	1345
138	31	30	17	1190	1621
139	28	29	19	1133	1260
140	39	30	19	1128	1272
141	26	28	19	825	1066
142	87	96	11	384	513
143	50	45	9	208	231
144	68	67	29	933	1488
145	121	128	17	260	467
146	93	93	25	618	734
147	95	100	15	667	844

续表

序号	x 轴	y 轴	需求量	开始时间/s	结束时间/s
148	91	100	39	425	525
149	3	2	3	413	594
150	55	56	10	646	947
151	56	60	18	653	784
152	53	65	6	862	1579
153	39	40	20	857	1140
154	107	99	20	389	595
155	37	29	9	855	1191
156	0	8	40	466	876
157	101	98	21	380	724
158	105	104	19	118	407
159	17	25	33	601	823
160	66	60	13	369	917
161	24	13	22	580	623
162	101	101	14	952	1045
163	134	143	23	667	1266
164	129	127	18	409	550
165	45	41	12	418	1089
166	32	23	5	602	707
167	7	11	1	296	346
168	98	103	6	841	1098
169	14	8	10	465	890
170	38	37	4	939	1489
171	12	21	5	113	246
172	96	98	22	90	110
173	91	98	13	581	1186
174	99	99	15	677	1053
175	129	135	16	537	943
176	97	96	38	197	579
177	28	39	4	741	1190
178	103	111	34	596	958

序号	x 轴	y 轴	需求量	开始时间/s	结束时间/s
179	115	126	11	277	451
180	100	86	18	766	1007
181	115	114	10	1146	1329
182	126	118	24	594	882
183	24	22	15	313	844
184	89	81	4	465	477
185	24	17	11	412	538
186	134	127	10	711	848
187	38	25	12	1046	1144
188	122	108	28	354	426
189	115	111	4	556	588
190	56	62	24	1052	1242
191	104	100	22	682	717
192	26	26	7	1001	1365
193	106	105	12	304	627
194	18	28	49	431	472
195	116	118	20	341	666
196	8	26	14	465	823
197	35	35	19	1078	1359
198	13	1	22	315	557
199	37	43	16	678	1189
200	93	102	12	879	1161